P ython ^{3.9}

技術手冊

序

　　程式設計是可傳承的心智活動，能從中探索不同設計者面對需求的想法與解決的思路，進而認識這世界如此多元，擁有各自迥然不同的思考模式，一直以來都是我的工作與最愛。

　　在探索眾多設計者的過程中，我也有了自己的經驗與做法，從中揀選了適合以 Python 來表現的一部份，凝聚在這本書。

　　冀望你也能從中認識這多樣化的世界，產生屬於你的思考方式！

2020.10

導讀

這份導讀讓你可以更了解如何使用本書。

新舊版差異

本書改版的重點之一，放在添加 Python 3.7 之後的新特性，包括了 Python 3.8 的：

- PEP 570（Positional-Only Parameters）
- PEP 572（Assignment Expressions）
- `f'{expr=}'` 運算式
- `Final`、`Protocol`、Literal Type 型態提示

以及 Python 3.9：

- PEP 584（Union Operators To dict）
- PEP 585（Type Hinting Generics In Standard Collections）
- `collection.abc` 的泛型支援

本書改版的重點之二，是對於 Python 3.7 以前的重要特性做更多的說明，例如 Unicode 特性、`dataclass` 模組、@運算子、規則表示式的 Unicode 模式等，13.3.4 以後的 Asyncio 介紹有較多的改寫，主要是配合 `asyncio.run()`，讓範例簡化，減少入門 Asyncio 時的負擔。

改版時對於 Python 3.7 的補充，Python 3.8、3.9 的新特性，都安插在各章適當的地方進行介紹，並適時地融入各範例，因此雖然各章順序不變，然而內容描述與範例整個都重新審閱過，有不少地方微調了。

附錄的部份也有修改，附錄 B 更新至 Django 3.1，附錄 C 增加了 `requests` 第三方程式庫的介紹。

字型

本書內文中與程式碼相關的文字，都用等寬字型來加以呈現，以與一般名詞作區別。例如 Python 是一般名詞，而 `str` 為程式碼相關文字，使用了等寬字型。

程式範例

你可以在以下網址下載本書的範例：

- books.gotop.com.tw/download/ACL059900

本書許多的範例都使用完整程式實作來展現，當看到以下程式碼示範時：

basicio upper.py

```
import sys

src_path = sys.argv[1]
dest_path = sys.argv[2]          ❶分別以'r'與'w'模式開啟

with open(src_path) as src, open(dest_path, 'w') as dest:
    content = src.read()         ← ❷ 使用 read()讀取資料
    dest.write(content.upper())  ← ❸ 使用 write()寫入資料
```

範例開始的左邊名稱為 basicio，表示可以在範例檔的 **samples** 資料夾中各章節資料夾中，找到對應的 basicio 專案，而右邊名稱為 upper.py，表示可以在專案中找到 upper.py 檔案。如果程式碼中出現標號與提示文字，表示後續的內文中，會有對應於標號及提示的更詳細說明。

建議每個專案範例都親手動作撰寫，如果由於教學時間或實作時間上的考量，本書有建議進行的練習，若在範例開始前發現有個 **Lab** 圖示，例如：

game1 rpg.py

```
class Role:   ◄——— ❶定義類別 Role
    def __init__(self, name: str, level: int, blood: int) -> None:
        self.name = name   # 角色名稱
        self.level = level # 角色等級
        self.blood = blood # 角色血量

    def __str__(self):
        return "('{name}', {level}, {blood})".format(**vars(self))
```

```
    def __repr__(self):
        return self.__str__()

class SwordsMan(Role):   ◀── ❷ 繼承父類別 Role
    def fight(self):
        print('揮劍攻擊')

class Magician(Role):   ◀── ❸ 繼承父類別 Role
    def fight(self):
        print('魔法攻擊')

    def cure(self):
        print('魔法治療')
```

表示建議範例動手實作，而且在範例檔的 **labs** 資料夾中，會有練習專案的基礎，可以開啟專案後，完成專案中遺漏或必須補齊的程式碼或設定。

如果使用以下的程式碼呈現，表示它是個程式碼片段，主要展現程式撰寫時需要特別注意的片段：

```
class Account:
    略...
    def deposit(self, amount):
        if amount <= 0:
            print('存款金額不得為負')
        else:
            self.balance += amount

    def withdraw(self, amount):
        if amount > self.balance:
            print('餘額不足')
        else:
            self.balance -= amount
```

對話框

在本書中會出現以下的對話框：

提示 ▶▶▶ 針對課程中提到的觀念，提供一些額外的資源或思考方向，暫時忽略這些提示對課程進行沒有影響，然而有時間的話，針對這些提示多作閱讀、思考或討論是有幫助的。

注意 >>> 針對課程中提到的觀念，以對話框方式特別呈現出必須注意的一些使用方式、陷阱或避開問題的方法，看到這個對話框時請集中精神閱讀。

附錄

附錄的內容不是本書撰寫的主旨之一，純綷提供給有興趣的讀者，知道有這類主題的存在，因而介紹時的步調快速而簡要。

附錄 A 說明使用 Python 3.3 以後內建的 venv 模組建立虛擬環境，附錄 B 簡介了如何使用 Django 撰寫簡單的 Web 應用程式，附錄 C 談到 Beautiful Soup 與 requests，用來簡化 HTML 網頁分析與網頁擷取。

聯繫作者

若有堪誤回報等相關書籍問題，可透過網站與作者聯繫：

- openhome.cc

目錄

1 Python 起步走

2 從 REPL 到 IDE

3 型態與運算子

4 流程語法與函式

5 從模組到類別

6 類別的繼承

7　例外處理

11　常用內建模組

14 進階主題

A venv

B Django 簡介

C Beautiful Soup、requests 簡介

範例下載

本書範例程式請至碁峰網站 http://books.gotop.com.tw/download/ACL059900 下載。檔案為 ZIP 格式，讀者自行解壓縮即可運用。其內容僅供合法持有本書的讀者使用，未經授權不得抄襲、轉載或任意散佈。

Python 起步走

學習目標

- 初識 Python 資源
- 認識 Python 實作
- 建立 Python 環境

1.1 認識 Python

Python 誕生於 1991 年，至今足足有二十幾個年頭，算是一門古老的語言，在這麼漫長的 Python 發展過程中，如果現在要開始學習 Python，究竟要先認識些什麼，正是這個小節接下來要告訴你的。

1.1.1 Python 3 的誕生

正因為 Python 是門古老的語言，它的應用極為廣泛，包括了系統管理、科學計算、Web 應用程式、嵌入式系統等各個領域，都可以看到 Python 的蹤跡，然而，這邊並不打算從它的誕生開始談起，如果你真的有興趣，可以看看維基百科上的〈Python[1]〉條目，就這個時間點來說，必須關心的是反而不是 Python 的誕生，而是 Python 3 的釋出。

時光暫且回到 2008 年 12 月 3 日，新出爐的 Python 3.0（也被稱為 Python 3000 或 Py3K）中，包含了許多人引頸期盼的新功能，其中最引人注目的是 Unicode 的支援[2]，將 str/unicode 做了個統合，並明確地提供了另一個 bytes 類型，解決了許多開發者在處理字元編碼時遇到的問題，規則表示式也預設支援 Unicode 模式等；然而，其他語法與程式庫方面的變更，也破壞了向後相容性，導致許多基於 Python 2.x 的程式，無法直接在 Python 3.0 的環境中運行。

> 提示 >>> 在談論這段歷史的過程中，難免會出現一些專有名詞，如果不清楚這些名詞，先別擔心，之後看過各章節的內容，回頭再來看這些介紹，就會明白這些名詞的意義。

對程式語言而言，破壞向後相容性是條危險的路，歷史上少有語言能走這條路而獲得成功。許多語言都小心翼翼地在推出新版的同時，兼顧與先前版本的相容，然而代價往往就是越來越肥大的語言，有時想要吸收一些在其他語言中看似不錯的特性，又為了要符合向後相容性保證，總會將這類特性做些畸形

---

[1] 維基百科的〈Python〉條目：zh.wikipedia.org/wiki/Python
[2] Unicode HOWTO：docs.python.org/3/howto/unicode.html

的調整，特性越來越多的結果，也會使得處理一件任務時，錯誤與正確的做法越來越多，同時並存於語言之中。

從這個層面來看，Python 3.0 選擇破壞相容性，基本上是可以理解的，而 Python 3.0 演進的指導原則，正是「將處理事情的老方法移除，以減少特性的重複」，這也符合〈PEP 20 [3]〉的規範，也就是 Python 哲學（The Zen of Python）中「做事時應該只有一種（也許也是唯一）明確的方式」之條目。

然而，正如先前談到，Python 的應用極為廣泛，以往累積起來的程式庫等龐大資源，並非一朝一夕就昇級至能相容 Python 3.0，因此在開發新的程式時，開始有人問「我要用 Python 2 還是 Python 3？」，而打算開始學習 Python 的人們也在問「我要學 Python 3，還是 Python 2？」

在 Python 3.0 剛釋出沒多久的那段日子裏，答案通常會是「學習 Python 2.x，因為許多程式庫還不支援！」然而，隨著時間的過去，答案漸漸地變得難以選擇，許多介紹 Python 的入門文件或書藉，也不得不同時介紹 Python 2 與 3 兩個版本；儘管有「2to3 [4]」這個工具，聲稱可以將 Python 2 的程式碼轉換為 Python 3，它也不能發現所有的問題；漸漸地，甚至開始有了〈Python 3 is killing Python [5]〉這類的文章出現，預測著 Python 社群將會分裂，甚至既有擁護者也可能會離開 Python。

1.1.2　從 Python 3.0 到 3.7

儘管破壞向後相容性的語言，多半不會有什麼好的結果，然而，就這幾年來 Python 3.x 與 2.x 的發展來看，過程與那些失敗了的語言不太一樣。

---

[3]　PEP 20：www.python.org/dev/peps/pep-0020/
[4]　Automated Python 2 to 3 code translation：docs.python.org/3.0/library/2to3.html
[5]　Python 3 is killing Python：blog.thezerobit.com/2014/05/25/python-3-is-killing-python.html

官方的推動

首先，Python 本身以每隔一年左右推出一個 3.x 版本前進著，過程也並不是官方一廂情願地推進，而是不斷地傾聽著社群聲音，不斷地為相容轉換做出了努力。

表 1.1 Python 3.0 至 3.9 釋出日期

版本	釋出日期
Python 3.0	2008/12/03
Python 3.1	2009/06/27
Python 3.2	2011/02/20
Python 3.3	2012/09/29
Python 3.4	2014/03/16
Python 3.5	2015/09/13
Python 3.6	2016/12/23
Python 3.7	2018/06/27
Python 3.8	2019/10/14
Python 3.9	**2020/10/05**

舉例來說，如果想在 Python 2 中就開始使用 Python 3.x 的一些特性，可以試著 from __future__ import 想使用的模組，例如最基本的 from __future__ import print_function，就可以開始使用 Python 3.x 中的 print() 函式（Function），以相容方式來撰寫輸出陳述。

在 Python 官方的〈Python2orPython3[6]〉，也整理了許多相容轉換的相關資源，其中指出，Python 3.0 的一些較不具破壞性的特性，回饋（backport）到 Python 2.6 之中，而 Python 3.1 的特性，回饋到了 Python 2.7 之中；回饋也會反過來從 2.x 至 3.x，例如，在 Python 3.3 中又支援了 u'foo' 來表示 unicode 字串，b'foo' 來表示 byte 字串，相容性同時在 2.x 與 3.x 之間前進著，試著讓語法有更多交集。

---

[6] Python2orPython3：wiki.python.org/moin/Python2orPython3

Python 3.x 本身也不斷地吸納社群經驗，舉例來說，Python 3.3 中包含了 venv 模組，相當於過去社群用來建立虛擬環境的 virtualenv 工具；Python 3.4 本身就包含了 pip，這是過去社群中，建議用來安裝 Python 相關模組的工具；Python 3.5 更納入了 Type hints，儘管 Python 本身是個動態定型語言，然而，Type hints 特性有助於靜態分析、重構、執行時期類型檢查，對大型專案開發有顯著的幫助，而且對既有程式碼不會有影響；Python 3.6 進一步加強了 Type hints、新增了格式化字串常量（Formatted string literals）等；Python 3.7 在效能上做了很大的改進，宣稱在許多測試上都比 Python 2.7 來得快[7]；Python 3.8 在指定、參數、格式化字串常量等方面做了些改進；Python 3.9 使用了新的語法剖析器，讓未來的 Python 在語法上有更多的可能性。

另一方面，**Python 2.7 是 Python 2 最後一個版本（不會再有 Python 2.8）**，**官方已經在 2020 年 1 月 1 日正式停止支援**，不再加入新特性，也不會針對臭蟲或安全問題進行修正。

社群的接納

儘管 Python 3.x 本身不斷在相容性、新特性與效能上釋出利多，然而，社群不買單的話，基本上也是徒勞無功，所幸的是，實際的情況並非如此。

在 Python 官方的持續推動之下，許多基於 Python 2.x 的程式庫或框架，不斷地往 Python 3.x 遷移，例如 Web 快速開發框架 Django，從 1.5 版本就開始支援 Python 3.x；一些科學運算套件，像是 Numpy、SciPy 等，也都有支援 Python 3.x 的版本。

許多程式庫也不再支援 Python 2.x，有些作業系統也已進行相對應的調整，像是 Linux 系統，不少已預設使用 Python 3.x，以 Ubuntu 為例，從 16.04 之後的版本開始，就預設使用 Python 3.5，而且不再預載 Python 2.x。

當然，一定還是會有不支援 Python 3.x 的元件、程式庫或應用程式，而身為 Python 開發者，將來也可能有必須面對這些殘存（Legacy）程式庫的時候，然而重要的是，無論現階段個人偏好為何，在遇到「我要學習 Python 2.x 還是

---

[7]　Which is the fastest version of Python？：goo.gl/pTLQEj

Python 3.x？」的類似問題時，答案早已不是單純的「學習 Python 2.x，因為許多程式庫還不支援！」，而是該針對（本身或客戶）需求，做個全面性的調查，就像在選擇一門語言，或者是調查某個程式庫是否可以採用時，必須有著諸多考量，像是瞭解其更新（Update）的時間、修改記錄（Changelog）、修正問題（Issue）的速率、作者身份等。

當然，Python 2.7 已經在 2020 年 1 月 1 日正式停止支援，**目前就學習 Python 來說，如果沒有包袱，當然是先學 Python 3.x**，因為有了 Python 3.x 的基礎，將來若有必要面對與學習 Python 2.x，並不是件難事。

1.1.3　初識社群資源

認識一門語言，不能只是學習語言的語法，更要逐步深入瞭解語言背後的社群與文化，要瞭解語言的社群與文化，對於 Python 這門語言來說，這點更為重要，最好的方式就是從認識語言創建者開始，瞭解語言設計的理念，接著從社群網站出發，尋獲更多可以瞭解並參與社群的資源。

🔵 Python 之父

使用 Python 可別不認識 Python 的創建者 Guido van Rossum，Guido 是首位享有 BDFL 封號的開放原始碼軟體創建者，BDFL 全名為 Benevolent Dictator For Life，中文常翻為「仁慈的獨裁者」，意思是擁有這類稱號的開放原始碼軟體創建者，對社群仍持續關注，在必要時能針對社群中的意見與爭議提出想法與做出最後裁決，Python 3.x 得以持續推進就是一個例子，因為 Python 3.x 正是 Guido van Rossum 的最愛，沒有他的堅持，或許 Python 3.x 難以有今日的接受度。

提示 ›»　在 Guido van Rossum 的 Google+ 專頁上，曾經張貼過一則真實的笑話，有獵人頭公司的人寫信給 Guido，說透過 Google 搜尋看過他的簡歷，覺得他在 Python 上似乎極為專業，想介紹一個 Python 開發者的職缺給他。

Guido 在 2005 年至 2012 年曾受雇於 Google，大半時間在維護 Python 的開發，2013 年之後離開 Google 進入 Dropbox，2019 年 10 月從 Dropbox 退休，

可以在官方個人頁面[8]找到他，上面也會告訴你 Guido van Rossum 究竟怎麼發音。

> **提示 >>>** Python 改進提案 PEP 572，在社群中引發極大爭議，在爭議落幕之前，Guido 就決定採納 PEP 572（實現於 Python 3.8），這引來了許多反對者的批評，甚至有人說 Guido 的獨裁遠多於仁慈，為此，Guido 在 2018 年 7 月 12 日於〈Transfer of power[9]〉對社群宣布，永久卸下 BDFL 身份。

Python 軟體基金會

Python Software Foundation[10]常簡稱為 PSF，主要任務為推廣、維護與促進 Python 程式語言的發展，同時也支持協助全球各地各式各樣 Python 程式設計師與社群的成長。PSF 是非營利組織，持有 Python 程式語言背後的智慧財產權。

Python 改進提案

Python Enhancement Proposals[11]常簡稱為 PEPs，Python 的改進是由 PEP 流程主導，PEP 流程會收集來自社群的意見，為將來打算加入 Python 的新特性提出文件提案，過去重要的 PEP 會經由社群與 Guido 審閱與評估，決定是否成為正式的 PEP 文件。

> **提示 >>>** 在 Guido 卸下 BDFL 身份之後，PEP 的決策將交由社群自行決定，Guido 也建議可以將決策程序寫為 PEP，成為社群的章程。

因此 PEP 文件本身說明了它對 Python 的改變，以及實作特性時應遵守的標準，在剛開始認識 Python 時，有幾個重要的 PEP 是必須認識的，像是 PEP 1、PEP 8、PEP 20、PEP 257 等。

---

[8] Guido van Rossum：www.python.org/~guido/
[9] Transfer of power：goo.gl/5S3WmX
[10] Python Software Foundation：www.python.org/psf/
[11] Python Enhancement Proposals：www.python.org/dev/peps/

表 1.2 初學應認識的 PEP 文件

文件	說明
PEP 1	PEP 的作用與執行準則，說明什麼是 PEP、PEP 的類型、提案方式等。
PEP 8	Python 的程式碼風格，包括了程式碼的編排、命名、註解等風格指引，想寫出有 Python 味道的程式碼，必定要參考的一份文件。
PEP 20	Python 禪學（The Zen of Python），撰寫 Python 時的精神指標，或者說是金玉良言，像是美麗優於醜陋（Beautiful is better than ugly）、明確好過隱誨（Explicit is better than implicit）等。
PEP 257	撰寫 Docstrings 時的慣例，Docstring 是可內建於 Python 程式中的說明文件字串，第 6 章會加以介紹。

Python 研討會

全世界各地都有 Python 使用者，這些使用者會在各地舉辦各式大大小小的 Python 研討會（Python Conference），如果想要知道各地的研討會資訊，可以從 PyCon[12]網站開始，它列出了全球各地 Python 研討會的網址、活動日期等資訊。

在 PyCon 網站上，你可以找到〈"PyCon Taiwan"〉，按下連結之後，可以看到台灣 Python 社群關注的重要研討會訊息。

Python 使用者群組

除了研討會之外，Python 使用者會舉辦週期性的聚會，可以在〈LocalUserGroups[13]〉上找到全球各地的 Python 使用者聚會資訊，以台灣來說，撰寫這段文字的同時，上頭記錄的週期性聚會資訊包含 PyTUG Wiki（台灣 Python 使用者群組 Wiki 網站）、PyTUG Groups（台灣 Python 使用者群組論壇）、PyHUG Meetups（新竹 Python 使用者群組）、Taipei.py Meetups（台北 Python 使用者群組）、Tainan.py Meetups（台南 Python 使用者群組）。

---

[12] PyCon：www.pycon.org
[13] LocalUserGroups：wiki.python.org/moin/LocalUserGroups

1.2　建立 Python 環境

在這本書中，將會使用 Python 3.9 作為環境，然而現今這個時間點，作業系統的選擇上多元化了，基於篇幅考量，在介紹如何安裝 Python 的這一節中，只會以 Windows 作業系統的環境建置來進行介紹，因為相對來說，Windows 的使用者，較有可能在建置程式設計相關環境上缺少經驗，因而會需要較多這方面的協助。

1.2.1　Python 的實作

在介紹如何安裝 Python 之前，得先來認識幾個 Python 的實作品，能執行 Python 語言的實作品不少，接下來介紹幾個主要的實作。

CPython

CPython 是 Python 官方的參考實作，一般如果提到安裝 Python，沒有特別聲明的話，多半指的就是安裝 CPython，顧名思義，它是以 C 撰寫的實作品，提供 Python 套件（Package）與 C 擴充模組的最高相容性，本書會安裝的 Python 環境，就是 Windows 版本的 CPython。

Python 是直譯式語言，不過並非每次都從原始碼直譯後執行，CPython 會將原始碼編譯為中介位元碼（Bytecode），之後再由虛擬機器載入執行，每次執行同一程式時，若原始碼檔案偵測到沒有變更，就不會對原始碼重頭進行語法剖析等動作，而可以從位元碼開始直譯，以加快直譯速度。

PyPy

PyPy[14] 名稱上來看，是用 Python 實現的 Python，正確地說，是使用 RPython（Restricted Python）來實現 Python，RPython 不是完整的 Python，是 Python 的子集，不過 PyPy 可以執行完整的 Python 語言，運行速度可以比 CPython 要快，目的在改進 Python 程式的執行效能，同時追求與 CPython 的最大相容性。

---

[14] PyPy：pypy.org

對於 Python 3.x 的支援來說，PyPy 是個指標性代表，就撰寫這段文字的同時，它有 Python 2.7 與 3.6 的支援版本。

Jython

Jython[15]是用 Java 實現的 Python，會將 Python 程式碼轉譯為 Java 的位元碼，可讓使用 Python 語言撰寫的程式運行於 JVM（Java virtual machine）上，既然可以運行在 JVM 上，也就能匯入、取用 Java 的相關程式庫，因而得以運用 Java 領域中的各式資源。

在撰寫這段文字的同時，Jython 的最新版本是 2.7.2，Jython 的主要開發者之一 Frank Wierzbicki 曾表示，在 Jython 2.7 之後，會認真地開始處理 Jython 3，不過難以有確定的時間表。目前 Github 上有個 jython3[16]的專案。

IronPython

IronPython[17]是可與.NET 平台結合的 Python 開放原始碼實現，可以使用.NET Framework 程式庫，也讓.NET 平台上的其他語言可易於使用 Python 程式庫。

IronPython 的創建者 Jim Hugunin 同時也是 Jython 創建者。IronPython 3[18]是以支援 Python 3.x 為目標的一個專案。

1.2.2 下載與安裝 Python 3.9

要下載 Python，請連接到 Python 官方網站 **python.org**，在首頁的「Downloads」選單中，會自動偵測作業系統，直接列出可下載安裝的檔案：

---

[15] Jython：www.jython.org
[16] jython3：github.com/jython/jython3
[17] IronPython：ironpython.net
[18] IronPython 3：github.com/IronLanguages/ironpython3

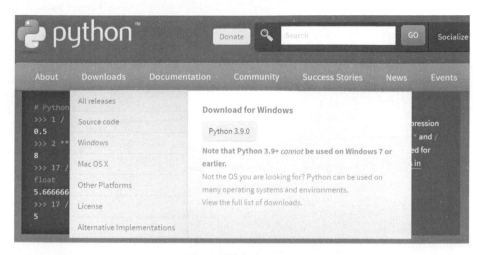

圖 1.1 下載 Python 3.9

注意 >>> 正如圖 1.1 看到的，Python 3.9 以後的版本，無法在 Windows 7 以前的版本上使用，本書是在 Windows 10 示範安裝過程。

Python 的版本號是採用 **major.minor.micro** 的形式，也就是主版本號、次版本號與小版本號。主版本號只在語言本身有重大變革時才會遞增，像是從 Python 2 變成 3 就是個例子；次版本號是在增加了重要特性，但不至於影響整個語言層面時遞增，約一年多推出一次，像是 Python 3.0 至 3.9 這樣的過程；小版本號是每隔一段時間釋出，用以修正臭蟲之類的問題。

因此，Python 3.9 是在 2020 年 10 月 5 日釋出，也就是圖 1.1 看到的 Python 3.9.0，若是為了修正臭蟲而釋出的下個版本，會是 Python 3.9.1 這樣的 3.9.x 版本號形式。

提示 >>> 對 Python 的版本語義有更多的興趣嗎？這規範在 PEP 0440[19] 之中。

對於 Windows 10 64 位元版本的使用者，按下圖 1.1 的「Python 3.9.0」按鈕，會下載一個 python-3.9.0-amd64.exe 檔案，因為是從網路下載可執行檔，根據 Windows 中的安全設定等級之不同，可能必須在該檔案上按右鍵執行選單中的「內容」進行「解除封鎖」的動作，才能夠進一步執行。

---

[19] PEP 0440：www.python.org/dev/peps/pep-0440

圖 1.2 解除封鎖

如圖 1.2 勾選「解除封鎖」並按下「確定」後,再次於 python-3.9.0-amd64.exe 按兩下滑鼠左鍵執行安裝,會看到以下的安裝啟始畫面:

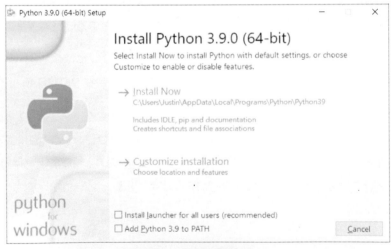

圖 1.3 安裝啟始畫面

　　當使用者於「命令提示字元」（又稱 Console，中文常稱為主控台）中鍵入某個指令時，作業系統會看看 PATH 環境變數設定的資料夾中，是否能找到指定的指令檔案，因此**請勾選「Add Python 3.9 to PATH」**，這樣就不用親自設定 PATH 環境變數，對於初學者比較方便。

　　在圖 1.3 中可以看到，預設用來安裝 Python 3.9 的路徑是使用者資料夾下的 AppData\Local\Programs\Python\Python39 資料夾，這資料夾路徑又臭又長，若想改變這個路徑，可以按下「Customize installation」，然後下一個畫面直接按下「Next」按鈕，就會出現可以進行修改的欄位，例如，可以安裝至 C:\Winware\Python39（Winware 是自行建立的資料夾）。

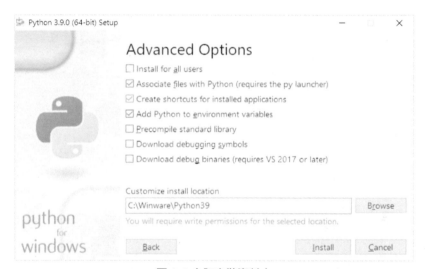

圖 1.4 自訂安裝資料夾

　　接著只要按下「Install」按鈕，靜待安裝完成，想確定是否可執行基本的 python 指令，可以在 Windows 的程式選單中尋找、執行「命令提示字元」，然後鍵入 python -V（大寫的 V）這會顯示執行的 python 指令版本。

圖 1.5 查看 Python 版本

1.2.3 認識安裝內容

那麼你到底安裝了哪些東西呢？無論是預設安裝至使用者資料夾中的 AppData\Local\Programs\Python\Python39，或者是如圖 1.4 安裝至 C:\Winware\Python39，現在都請開啟該資料夾，認識幾個重要的安裝內容。

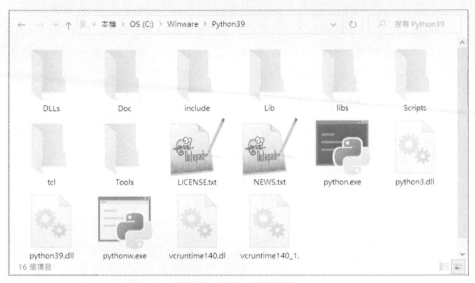

圖 1.6 Python 安裝內容

🌐 python 指令

在圖 1.6 中可以看到 python.exe，若你勾選了圖 1.3 中「Add Python 3.9 to PATH」，那麼圖 1.5 下達 python 指令時就是執行這個程式，它可以用來進入 Python 的 REPL（Read-Eval-Print Loop）環境，也就是一個簡單的，互動式的程式設計環境，之後的章節就會介紹與使用 REPL；python 指令也用來執行 Python 原始碼或模組，本書中會頻繁地使用這個指令。

提示 ≫≫ 你還有看到 pythonw.exe，若開發了桌面圖形介面應用程式，使用這個指令可以不出現主控台畫面，在 Windows 中也就是可以不出現命令提示字元畫面。

◎ Doc **資料夾**

在 Windows 版本的 Python 裏，這個資料夾中提供了一個 python390.chm 檔案，包含了許多 Python 文件，方便隨時取用查閱。

圖 1.7 Python 說明文件

◎ Lib **資料夾**

剛安裝完 Python 時，這個資料夾包括了許多標準程式庫的原始碼檔案，日後有能力且有興趣時，可以試著找幾個原始碼檔案來閱讀、觀察、學習標準程式庫中如何實作相關功能。

這個資料夾中有個 **site-packages** 資料夾，將來安裝 Python 的第三方（Thrid-party）程式庫時，通常會將相關檔案放到此資料夾。

◎ Scripts **資料夾**

包含了 pip 與 easy_install 指令的相關檔案，若勾選了圖 1.3 中「Add Python 3.9 to PATH」，那麼 PATH 環境變數中，也會包含 Scripts 資料夾，因此在命令提示字元中，也可以執行 pip 與 easy_install 指令。

Tools 資料夾

一些範例程式碼，以及使用 Python 撰寫的工具程式，例如其中的 scripts 資料夾就包括了 2to3.py 檔案，用來將 Python 2 的原始碼，轉換成 Python 3 的原始碼。

進入 Python 的準備工作就先到這邊，從下一章開始，就可以正式進行 Python 程式的撰寫了，如果你意猶未盡，那麼試著在命令提示字元中鍵入 python -c "import this"，這會出現一段文字，也就是 1.1.3 提過的 Python 禪學，試著先從文字中品味一下 Python 的精神吧！

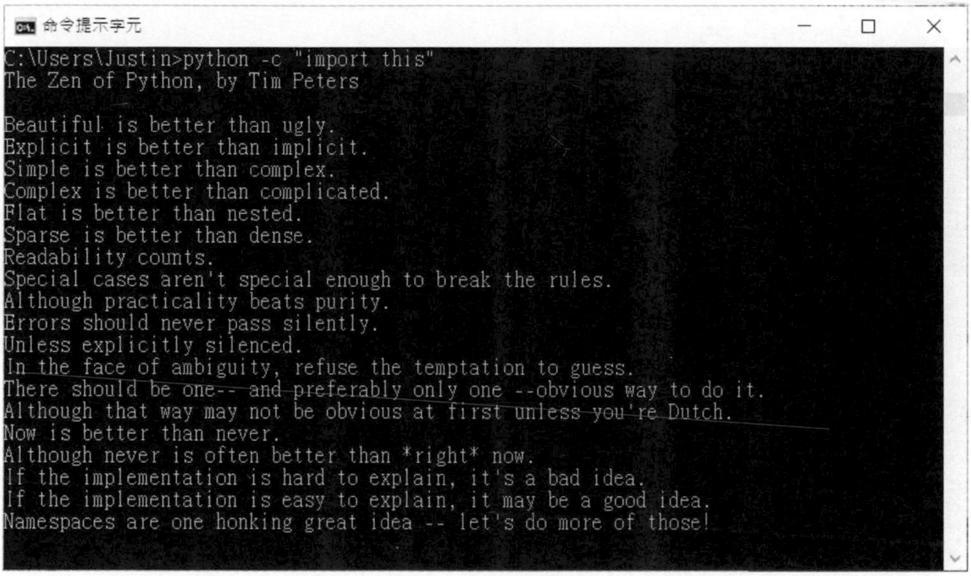

```
命令提示字元                                              —    □    ×

C:\Users\Justin>python -c "import this"
The Zen of Python, by Tim Peters

Beautiful is better than ugly.
Explicit is better than implicit.
Simple is better than complex.
Complex is better than complicated.
Flat is better than nested.
Sparse is better than dense.
Readability counts.
Special cases aren't special enough to break the rules.
Although practicality beats purity.
Errors should never pass silently.
Unless explicitly silenced.
In the face of ambiguity, refuse the temptation to guess.
There should be one-- and preferably only one --obvious way to do it.
Although that way may not be obvious at first unless you're Dutch.
Now is better than never.
Although never is often better than *right* now.
If the implementation is hard to explain, it's a bad idea.
If the implementation is easy to explain, it may be a good idea.
Namespaces are one honking great idea -- let's do more of those!
```

圖 1.8 Python 禪學

1.3　重點複習

Python 誕生於 1991 年，而 Python 3.0 釋出於 2008 年，新功能中最引人注目的是 Unicode 的支援，將 str/unicode 做了個統合，並明確地提供了另一個 bytes 類型，解決了許多人處理字元編碼的問題，然而，其他語法與程式庫方面的變更，也破壞了向後相容性，導致許多基於 Python 2.x 的程式，無法直接在 Python 3.0 的環境中運行。

Python 3.3 中包含了 `venv` 模組，相當於過去社群用來建立虛擬環境的 virtualenv 工具；Python 3.4 包含了 `pip`，這是過去社群中，建議用來安裝 Python 相關模組的工具；Python 3.5 更納入了 Type hints；Python 3.6 進一步加強了 Type hints、新增了格式化字串常量等；Python 3.7 在效能上做了很大的改進。

Python 2.7 是 Python 2 的最後一個版本（不會再有 Python 2.8 了），僅支援至 2020 年。

Python 的創建者 Guido van Rossum，是首位享有 BDFL 封號的開放原始碼軟體創建者，BDFL 全名為 Benevolent Dictator For Life，中文常翻為「仁慈的獨裁者」，意思是擁有這類稱號的開放原始碼軟體創建者，對社群仍持續關注，在必要時能針對社群中的意見與爭議提出想法與做出最後裁決；Guido 在 2018 年 7 月 12 日宣布永久卸下 BDFL 身份。

Python Software Foundation 常簡稱為 PSF，主要任務為推廣、維護與促進 Python 程式語言的發展，同時也支持協助全球各地各式各樣 Python 程式設計師與社群的成長。PSF 是非營利組織，持有 Python 程式語言背後的智慧財產權。

Python Enhancement Proposals 常簡稱為 PEPs，Python 的改進多是由 PEP 流程主導，PEP 流程會收集來自社群的意見，為將來打算加入 Python 的新特性提出文件提案。

如果想知道各地的研討會資訊，可以從 PyCon 網站開始，它列出了全球各地 Python 研討會的網址、活動日期等資訊。除了研討會之外，Python 使用者會舉辦週期性的聚會，可以在〈LocalUserGroups〉上找到全球各地的 Python 使用者聚會資訊。

CPython 是 Python 官方的參考實作，一般如果提到安裝 Python，沒有特別聲明的話，多半指的就是安裝 CPython，顧名思義，它是以 C 撰寫的實作品，提供與 Python 套件與 C 擴充模組的最高相容性。

Python 官方網站是 **python.org**。

Python 釋出時的版本號是採用 major.minor.micro 的形式，也就是主版本號、次版本號與小版本號。主版本號只在語言本身有重大變革時才會遞增，像是從 Python 2 變成 3 就是個例子；次版本號是在增加了重要特性，但不至於影響整個語言層面時遞增，約一年多推出一次，像是 Python 3.0 至 3.9 這樣的過程；小版本號是每隔一段時間釋出，用以修正臭蟲之類的問題。

從 REPL 到 IDE

2.1 從 'Hello World' 開始

第一個'Hello World'的出現，是在 Brian Kernighan 寫的《A Tutorial Introduction to the Language B》書籍中（B 語言是 C 語言的前身），用來將'Hello World'文字顯示在電腦螢幕上，自此之後，許多程式語言教學文件或書籍上，已經無數次地將它當作第一個範例程式。為什麼要用'Hello World'來當作第一個程式範例？因為它很簡單，初學者只要鍵入簡單幾行程式（甚至一行），就能要求電腦執行指令並得到回饋：顯示'Hello World'。

本書也要從顯示'Hello World'開始，然而，在完成這簡單的程式之後，千萬要記得，探索這簡單程式之後的種種細節，千萬別過於樂觀地以為，你想從事的程式設計工作就是如此容易駕馭。

2.1.1 使用 REPL

第一個顯示'Hello World'的程式碼，我們預計在 REPL（Read-Eval-Print Loop）環境中進行（又稱為 Python Shell），這是一個簡單、互動式的程式設計環境，不過，雖然它很簡單，然而在日後開發 Python 應用程式的日子裏，你會經常地使用它，因為 REPL 在測試一些程式片段的行為時非常方便。

 現在開啟「命令提示字元」，直接輸入 python 指令（不用加上任何引數），這樣就會進入 REPL 環境。

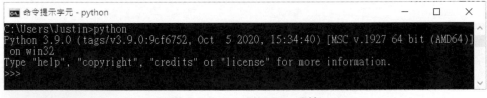

```
C:\Users\Justin>python
Python 3.9.0 (tags/v3.9.0:9cf6752, Oct  5 2020, 15:34:40) [MSC v.1927 64 bit (AMD64)]
 on win32
Type "help", "copyright", "credits" or "license" for more information.
>>>
```

圖 2.1 Python 的 REPL 環境

來很快地撰寫一些小指令進行測試，首先做些簡單的加法運算吧！從輸入 `1 + 2` 之後按下 Enter 開始：

```
>>> 1 + 2
3
>>> _
3
>>> 1 + _
4
```

```
>>>
4
>>>
```

一開始執行了 `1 + 2`，顯示結果為 3，`_` 代表了互動環境中上一次運算結果，方便在下次的運算中，直接取用上一次的運算結果。

提示 >>> 在 REPL 環境中，可以按 Home 鍵將游標移至行首，按 End 鍵可以將游標移至行尾。

一開始不是說要顯示'Hello World'嗎？接著就來命令 REPL 環境執行 `print()` 函式，顯示指定的文字 `'Hello World'` 吧！

```
>>> 'Hello World'
'Hello World'
>>> print(_)
Hello World
>>> print('Hello World')
Hello World
>>>
```

在 Python 中，使用單引號`''`包含住的文字，會是程式中的一個字串值，有關字串的特性，先知道這個就可以了，後續章節還會詳加探討。在 REPL 輸入一個字串值後，會被當成是上一次的執行結果，因此 `print(_)` 時，`_`就代表著 `'Hello World'`，因此跟 `print('Hello World')` 的執行結果是相同的。

如果在 REPL 中犯錯了，REPL 會有些提示訊息，乍看這些訊息有點神秘：

```
>>> print 'Hello World'
  File "<stdin>", line 1
    print 'Hello World'
                      ^
SyntaxError: Missing parentheses in call to 'print'. Did you mean print('Hello
World')?
>>>
```

在 Python 2.x 中，`print` 是個陳述句（Statement），然而**從 Python 3.0 開始，必須使用 print() 函式**，因此 `print 'Hello World'`會發生語法錯誤，其實上面的訊息中 **SyntaxError** 也告知發生了語法錯誤，初學時面對這類錯誤訊息，只要找出這個 Error 結尾的文字作為開始，慢慢也能看得懂發生了什麼錯誤。

若要取得協助訊息，可以輸入 help()，例如：

```
>>> help()

Welcome to Python 3.9's help utility!

If this is your first time using Python, you should definitely check out
the tutorial on the Internet at https://docs.python.org/3.9/tutorial/.

Enter the name of any module, keyword, or topic to get help on writing
Python programs and using Python modules.  To quit this help utility and
return to the interpreter, just type "quit".

To get a list of available modules, keywords, symbols, or topics, type
"modules", "keywords", "symbols", or "topics".  Each module also comes
with a one-line summary of what it does; to list the modules whose name
or summary contain a given string such as "spam", type "modules spam".

help>
```

這會進入 help()說明頁面，注意提示符號變成了 help>，在上頭這段文字中有說明頁面的使用方式，像是想結束說明頁面，可以輸入 quit，想知道有哪些模組、關鍵字等，可以輸入 modules、keywords 等，例如來看看 Python 中有哪些關鍵字：

```
help> keywords

Here is a list of the Python keywords.  Enter any keyword to get more help.

False               break               for                 not
None                class               from                or
True                continue            global              pass
__peg_parser__      def                 if                  raise
and                 del                 import              return
as                  elif                in                  try
assert              else                is                  while
async               except              lambda              with
await               finally             nonlocal            yield

help>
```

剛才有使用過 print()函式，你會好奇它怎麼使用嗎？在說明頁面中輸入 print 就可以查詢了：

```
help> print
Help on built-in function print in module builtins:

print(...)
    print(value, ..., sep=' ', end='\n', file=sys.stdout, flush=False)
```

```
    Prints the values to a stream, or to sys.stdout by default.
    Optional keyword arguments:
    file: a file-like object (stream); defaults to the current sys.stdout.
    sep:   string inserted between values, default a space.
    end:   string appended after the last value, default a newline.
    flush: whether to forcibly flush the stream.

help>
```

　　現在輸入 quit，回到 REPL 中，實際上，在 REPL 中也可以直接輸入 help(print)來查詢函式等說明：

```
help> quit

You are now leaving help and returning to the Python interpreter.
If you want to ask for help on a particular object directly from the
interpreter, you can type "help(object)".  Executing "help('string')"
has the same effect as typing a particular string at the help> prompt.
>>> help(print)
Help on built-in function print in module builtins:

print(...)
    print(value, ..., sep=' ', end='\n', file=sys.stdout, flush=False)

    ...略

>>>
```

　　如果要離開 REPL 環境，可以執行 quit()函式。實際上，如果只是要執行個小程式片段，又不想麻煩地進入 REPL，可以在使用 python 指令時加上-c 引數，之後接上使用""包含的程式片段。例如：

```
>>> quit()

C:\Users\Justin>python -c "print('Hello World')"
Hello World

C:\Users\Justin>python -c "help(print)"
Help on built-in function print in module builtins:

print(...)
    print(value, ..., sep=' ', end='\n', file=sys.stdout, flush=False)

    ...略

C:\Users\Justin>
```

提示 >>> 在 Python 官方網站 **python.org** 首頁，也提供了一個互動環境，臨時要試個程式小片段，又不想要安裝 Python 或找個裝有 Python 的電腦時，開個瀏覽器就可以使用囉！

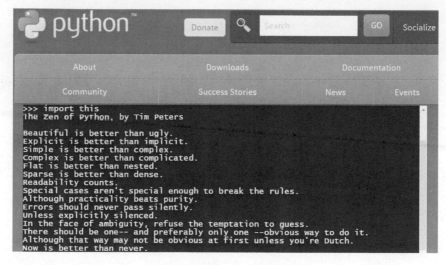

圖 2.2 Python 的 REPL 環境

2.1.2 撰寫 Python 原始碼

我們總是要開啟一個原始碼檔案，正式一點地撰寫程式吧？在正式撰寫程式之前，請先確定你可以看到檔案的副檔名，Windows 預設不顯示副檔名，這會造成重新命名檔案時的困擾，如果在「檔案總管」下無法看到副檔名，Windows 8 或 10 都可以執行「檢視/選項」，之後都是切換至「檢視」頁籤，取消「隱藏已知檔案類型的副檔名」之選取。

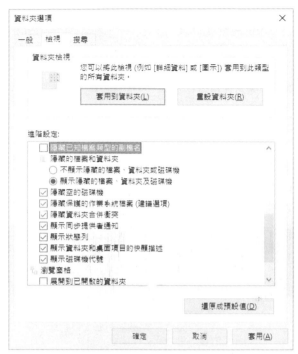

圖 2.3 取消「隱藏已知檔案類型的副檔名」

　　接著選擇一個資料夾來撰寫 Python 原始碼檔案，本書都是在 C:\workspace 資料夾中撰寫程式，請新增「文字文件」（也就是.txt 文件），並重新命名文件為「hello.py」，由於將文字文件的副檔名從.txt 改為.py，系統會詢問是否更改副檔名，請確定更改，如果是在 Windows 中第一次安裝 Python，而且依照本章之前的方式安裝，那麼會看到檔案圖示變換為以下樣式，這個圖示上的吉祥物是兩隻小蟒蛇（因為 Python 也有蟒蛇之意）：

圖 2.4 變更副檔名為.py 後的圖示

提示 >>> 雖然 Python 有蟒蛇之意，不過 Guido van Rossum 曾經表示，Python 這個名稱是取自他熱愛的 BBC 著名喜劇影集《Monty Python's Flying Circus》，Python 官方網站的 FAQ 中〈Why is it called Python?〉[1] 也記錄著這件事，這個 FAQ 的下一則還很幽默地列出了「Do I have to like "Monty Python's Flying Circus"?」這個問題，答案是「No, but it helps. :)」。

圖 2.4 可以看到的，如果在 .py 檔案上按滑鼠右鍵，可以執行「Edit with IDLE」來開啟檔案進行編輯，IDLE 是 Python 官方內建的編輯器（本身也使用 Python 撰寫），這會比使用 Windows 內建的記事本撰寫 Python 程式來得好一些，你可以如下撰寫程式碼：

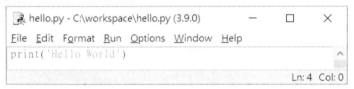

圖 2.5 第一個 Python 程式

很簡單的一個小程式，只是使用 Python 的 print() 函式指定文字，執行時 print() 函式預設會在主控台（Console）顯示指定的文字。

接著執行選單「File/Save」儲存檔案。雖然可以直接在 IDLE 中執行「Run/Run Module」，啟動 Python 的 REPL 來執行程式，不過，在這邊要直接使用命令提示字元，請開啟命令提示字元，切換工作資料夾至 C:\workspace（執行指令 cd c:\workspace），然後如下使用 python 指令執行程式：

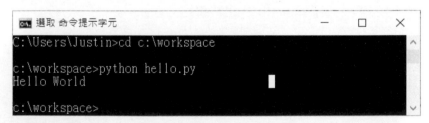

圖 2.6 執行第一個 Python 程式

---

1 Why is it called Python?：docs.python.org/3/faq/general.html#why-is-it-called-python

2.1.3　哈囉！世界！

就程式語言來說，Python 確實是個容易入門的語言，不過，無論任何領域都請記得，**事物的複雜度不會憑空消失，只會從一個事物轉移到另一個事物**，在程式設計領域也是如此，如果純綷只想行銷 Python 這門語言給你，介紹完方才的 Hello World 程式後，我就可以開始歌頌 Python 的美好。

實際上 Python 也有其深入的一面，也有其會面臨的難題，若你將來打算發揮 Python 更強大的功能，或者需要解決更複雜的問題，就會需要進一步深度探索 Python，在本書之後的章節，也會談到 Python 一些比較深入的議題。

至於現在，作為中文世界的開發者，想稍微觸碰一下複雜度，除了顯示 Hello World 之外，不如再來試試顯示「哈囉！世界！」如何？請建立一個 hello2.py 檔案，這次不要使用 IDLE，直接使用 Windows 的「記事本」撰寫程式：

圖 2.7 第二個 Python 程式

在 hello2.py 的程式碼中，input()是個函式，可用來取得使用者輸入的文字，呼叫函式時指定的文字會作為主控台中的提示訊息，在使用者輸入文字並按下 Enter 後，input()函式會以字串傳回使用者輸入的文字，在這邊將之指定給 name 變數，之後使用 print()函式依序顯示了'哈囉'、name 與'！'。

如果你的記事本視窗右下角，如圖 2.7 一樣顯示著 UTF-8，你的作業系統應該是 Windows 10 Build 1903 以後的版本，使用的是新版的記事本，這時在主控台中執行 python hello2.py，可以正確地執行：

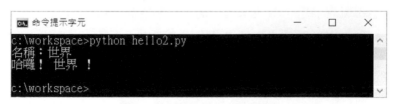

圖 2.8 執行第二個 Python 程式

提示 >>> 若你使用的是新版記事本，基本上不用看這一節接下來的內容，然而建議略為瀏覽一下有個印象，之後遇到類似問題時才不會不明就理。

如果你的記事本視窗右下角並沒有顯示 UTF-8，表示你使用的是舊版的記事本，例如：

hello2.py - 記事本
檔案(F) 編輯(E) 格式(O) 檢視(V) 說明(H)
name = input('名稱：')
print('哈囉！', name, '！')

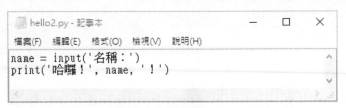

圖 2.9 舊版的記事本

這時若在主控台中執行 `python hello2.py`，就會出現錯誤：

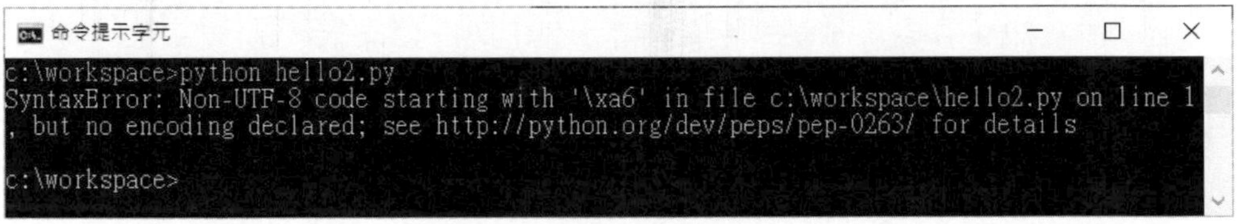

命令提示字元
c:\workspace>python hello2.py
SyntaxError: Non-UTF-8 code starting with '\xa6' in file c:\workspace\hello2.py on line 1
, but no encoding declared; see http://python.org/dev/peps/pep-0263/ for details
c:\workspace>

圖 2.10 喔哦！執行出錯了！

Unicode 與 UTF

錯誤訊息中顯示 `SyntaxError`，也就是語法錯誤，原因在於 **Python 3 以後，`python` 直譯器預期的原始碼檔案編碼必須是 UTF-8**（Python 2.x 預期的是 ASCII），然而，舊版 Windows 的記事本預設編碼是 MS950（相容於 Big5），兩者對於中文字元的位元組排列方式並不相同，`python` 直譯器看到無法解釋的位元組，就發生了 `SyntaxError`。

那麼什麼是 UTF-8？這必須瞭解 Unicode 與 UTF 間的關係，也就是字元集與字元編碼間的關係。**字元集是一組符號的集合，字元編碼是字元實際儲存時的位元組格式**，如先前看到的，讀取時使用的編碼不正確，編輯器會解讀錯誤而造成亂碼，在還沒有 Unicode 與 UTF（Unicode Transformation Format）前，各個系統間編碼不同而造成的問題，困擾著許多開發者。

　　要統一編碼問題，必須統一管理符號集合，也就是要有統一的字元集，ISO/IEC 與 Unicode Consortium 兩個團隊都曾經想統一字元集，而 ISO/IEC 在 1990 年先公佈了第一套字元集的編碼方式 UCS-2，使用兩個位元組來編碼字元。

　　字元集中每個字元會有個編號作為**碼點（Code point）**，實際儲存字元時，UCS-2 以兩個位元組作為一個**碼元（Code unit）**，也就是管理位元組的單位；最初的想法很單純，令碼點與碼元一對一對應，在編碼實作時就可以簡化許多。

　　後來 1991 年 ISO/IEC 與 Unicode 團隊都認識到，世界不需要兩個不相容的字元集，因而決定合併，之後才發佈了 Unicode 1.0。

　　由於越來越多的字元被納入 Unicode 字元集，超出碼點 U+0000 至 U+FFFF 可容納的範圍，因而 UCS-2 採用的兩個位元組，無法對應 Unicode 全部的字元碼點，後來在 1996 年公佈了 UTF16，除了沿用 UCS-2 兩個位元組的編碼部份之外，超出碼點 U+0000 至 U+FFFF 的字元，採用四個位元組來編碼，因而視字元是在哪個碼點範圍，對應的 UTF-16 編碼可能是兩個或四個位元組，也就是說採用 UTF-16 儲存的字元，可能會有一個或兩個碼元。

　　UTF-16 至少使用兩個位元組，然而對於+/?@#$或者是英文字元等，也使用兩個位元組，感覺蠻浪費儲存空間，而且不相容於已使用 ASCII 編碼儲存的字元，Unicode 的另一編碼標準 UTF-8 用來解決此問題，UTF-8 儲存字元時使用的位元組數量也是視字元落在哪個 Unicode 範圍而定，從 UTF-8 的觀點來看，ASCII 編碼是其子集，儲存 ASCII 字元時只使用一個位元組，其他附加符號的拉丁文、希臘文等，會使用兩個位元組，至於中文部份，UTF-8 採用三個位元組儲存，更罕見的字元，可能會用到四到六個位元組。

　　簡單來說，Unicode 對字元給予編號以便進行管理，真正要儲存字元時，可以採用 UTF-8、UTF-16 等編碼為位元組，而 UTF-8 是目前很流行的文字編碼方式，現在不少文字編輯器預設也會使用 UTF-8，像是方才使用的 IDLE，相同的程式碼使用 IDLE 撰寫儲存，執行時並不會發生錯誤，然而問題在於，許多人不使用 IDLE，你將來也可能會換用其他編輯器，因此，在這邊必須告訴你這個事實。

舊版 Windows 的記事本可以在「另存新檔」時選擇文字編碼為 UTF-8，這是解決問題的一個方式：

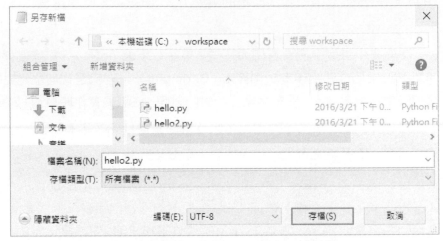

圖 2.11 記事本可在「另存新檔」時選擇文字編碼為 UTF-8

提示 >>> Windows 中內建的記事本並不是很好用，我個人習慣用 NotePad++（notepad-plus-plus.org），編輯檔案時，就可以直接在選單「編碼」中選擇文字編碼：

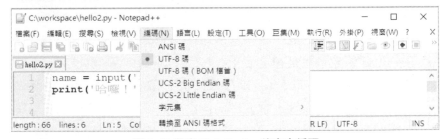

圖 2.12 設定 NotePad++的文字編碼

⊙ 設定原始碼編碼

使用舊版 Windows 記事本時，若不想將檔案的文字編碼另存為 UTF-8，另一個解決方式是在原始碼的第一行，使用註解設定編碼資訊。最簡單的設定方式是：

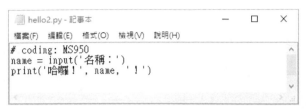

圖 2.13 設定 Python 原始碼檔案編碼

　　在 **Python 原始碼檔案中，#開頭代表這是一行註解，#之後不會被當成是程式碼的一部份**，如上加上#coding=MS950 之後，採用 MS950 儲存的原始碼檔案，就可以如圖 2.8 正確地執行了。

　　至於為什麼說是最簡單的設定方式呢？將來你可能會看到其他的編碼設定方式，例如：

-*- **coding: Big5** -*-

　　或者是：

vim: set file**encoding=Big5** :

　　也許你還會看到更多其他的方式，這是因為實際上，python 直譯器只要在註解中看到 **coding=<encoding name>**或者 **coding: <encoding name>**出現就可以了，因此，就算在第一行撰寫#orz coding=MS950、#XDcoding: MS950，也都可正確找出文字編碼設定。

提示 >>> 這是為了因應各種編輯器的特性，有興趣的話，可以參考 PEP 0263[2]，當中有說明，python 直譯器會使用底下這段規則表示式（Regular expression）來擷取文字編碼設定：

　　^[\t\v]*#.*?coding[:=][\t]*([-_.a-zA-Z0-9]+)

本書 11.3 會介紹什麼是規則表示式，以及在 Python 中如何使用。

2　PEP 0263：www.python.org/dev/peps/pep-0263/

2.2 初識模組與套件

對於初學者來說，通常只需要一個.py 原始碼檔案，就可以應付基本範例程式的程式碼數量，然而實際應用程式需要的程式碼數量，遠比範例程式要來得多，只使用一個.py 原始碼檔案來撰寫，勢必造成程式碼管理上的混亂，你必須學會依職責將程式碼劃分在不同的模組（Module）中撰寫，也要知道如何使用套件（Package），來管理職責相近或彼此輔助的模組。

模組與套件也有一些要知道的細節，這一節將只介紹簡單的入門，目的是足以應付本書一開始的幾個章節，更詳細的模組與套件說明，會在稍後稍後的章節詳細介紹。

2.2.1 簡介模組

有件事實也許會令人驚訝，其實你已經撰寫過模組了，**每個.py 檔案本身就是一個模組**，當你撰寫完一個.py 檔案，而別人打算直接享用你的成果的話，只需要在他撰寫的.py 檔案中匯入（import）就可以了。舉個例子來說，若想在一個 hello3.py 檔案中，直接重用先前撰寫好的 hello2.py 檔案，可以如下撰寫程式：

圖 2.14 匯入模組

每個**.py 檔案的主檔名就是模組名稱**，想要匯入模組時必須使用 `import` 關鍵字指定模組名稱，若有取用模組中定義的名稱，必須在名稱前加上模組名稱與一個「**.**」，例如 `hello2.name`。接著來直接執行 hello3.py，看看會有什麼結果：

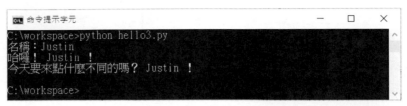

圖 2.15 結合另一模組的執行結果

　　結果中前兩行顯示的，就是 hello2.py 中撰寫的內容，被 import 模組中的程式碼會被執行，接著才執行 hello3.py 中 import 之後的程式碼。

提示 >>> 此時若查看 .py 檔案所在的資料夾，會發現多了個 __pycache__ 資料夾，當中會有 .pyc 檔案，這是 CPython 將 .py 檔案轉譯後的位元碼檔案，之後再次匯入同一模組，若原始碼檔案偵測到沒有變更，就不會對原始碼重頭進行語法剖析等動作，而可以從位元碼開始直譯，加快直譯速度。

　　類似地，Python 本身提供有標準程式庫，若需要這些程式庫中的某個模組功能，可以將模組匯入，例如，若想取得命令列引數（Command-line argument），可以透過 sys 模組的 argv 清單（list）：

圖 2.16 取得命令列引數

　　由於 argv 定義在 sys 模組中，在 import sys 後，就必須使用 sys.argv 來取用，sys.argv 清單中的資料取用時，必須指定索引（Index）號碼，這個號碼實際上從 **0** 開始，然而 sys.argv[0] 會儲存原始碼檔名，就上面的例子來說，就是儲存 'hello4.py'，若有提供命令列引數，就依序從 sys.argv[1] 開始儲存。一個執行結果如下：

圖 2.17 取得命令列引數範例

如果有多個模組需要 import，除了逐行 import 之外，也可以在單一行中使用逗號「，」來區隔模組。例如：

```
import sys, email
```

使用模組來管理原始碼，有利於原始碼的重用且可避免混亂，然而有些函式、類別等經常使用，每次都要 import 就顯得麻煩了，因此這類常用的函式、類別等，也會被整理在一個__builtins__模組中，**在__builtins__模組中的函式、類別等名稱，都可以不用 import 直接取用，而且不用加上模組名稱作為前置**，像是先前使用過的 print()、input()函式。

提示 >>> 想知道還有哪些函式或類別嗎？可以在 REPL 中使用 dir()函式查詢 __builtins__模組，dir()函式會將可用的名稱列出，例如 dir(__builtins__)：

圖 2.18 查詢__builtins__模組

在官方網站文件〈Built-in Functions[3]〉、〈Built-in Constants[4]〉中，也有一些__builtins__模組中函式、常數的說明文件。

---

[3] Built-in Functions：docs.python.org/3/library/functions.html
[4] Built-in Constants：docs.python.org/3/library/constants.html

2.2.2　設定 **PYTHONPATH**

你已經學會使用模組了，現在有個小問題，若想取用他人撰寫好的模組，一定要將.py 檔案放到目前的工作資料夾中嗎？舉個例子來說，目前的.py 檔案都放在 C:\workspace，如果執行 python 指令時也在 C:\workspace，基本上不會有問題，然而若在其他資料夾就會出錯了：

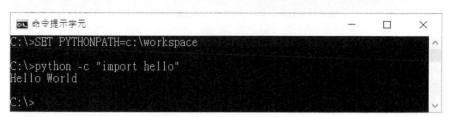

```
C:\workspace>python -c "import hello"
Hello World

C:\workspace>cd ..

C:\>python -c "import hello"
Traceback (most recent call last):
  File "<string>", line 1, in <module>
ModuleNotFoundError: No module named 'hello'

C:\>
```

圖 2.19 找不找得到 `hello` **模組呢？**

在 2.1.1 中談過，python -c 可以指定一段小程式來執行，因此，python -c "import hello"，就相當於在某個.py 檔案中執行了 import hello，因此這邊用來測試是否可找到指定模組。可以看到，在找不到指定模組時，會發生 ModuleNotFoundError 錯誤。

如果想將他人提供的.py 檔案，放到其他資料夾（例如 lib 資料夾）中加以管理，可以設定 **PYTHONPATH** 環境變數來解決這個問題。python 直譯器會到此環境變數中設定的資料夾中，尋找是否有指定模組名稱對應的.py 檔案。例如：

```
C:\>SET PYTHONPATH=c:\workspace

C:\>python -c "import hello"
Hello World

C:\>
```

圖 2.20 設定 PYTHONPATH

在 Windows 中，可以使用 SET PYTHONPATH=路徑 1;路徑 2 的方式來設定 PYTHONPATH 環境變數，多個路徑時中間使用分號「;」來區隔。實際上，**python**

直譯器會根據 **sys.path** 清單中的路徑來尋找模組，以目前的設定來看，sys.path 會包含以下內容：

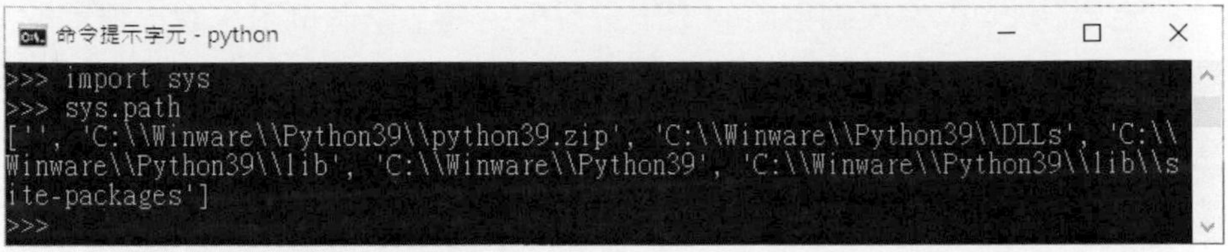

圖 2.21 查詢 sys.path

提示 >>> 如果 Windows 中安裝了多個版本的 Python 環境，也可以按照類似方式設定 PATH 環境變數，例如 SET PATH=Python 環境路徑，這樣就可以切換執行的 python 直譯器版本。

因此，如果想動態地管理模組的尋找路徑，也可以透過程式變更 sys.path 的內容來達到。例如在沒有對 PYTHONPATH 設定任何資訊的情況下，在進入 REPL 後，可以如下進行設定：

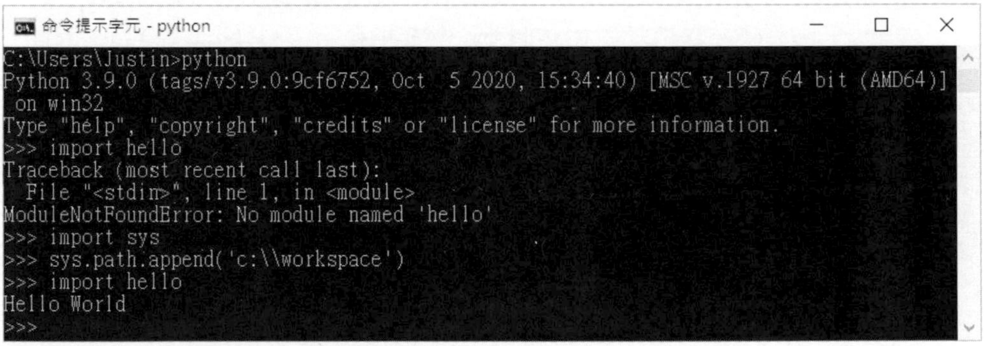

圖 2.22 動態設定 sys.path

在上面的圖片中可以看到，sys.path.append('c:\\workspace') 對 sys.path 新增了一個路徑資訊，因此之後 import hello 時，就可以在 c:\workspace，找到對應的 hello.py 了。

2.2.3　使用套件管理模組

現在你撰寫的程式碼，可以分別放在各模組之中，就原始碼管理上比較好一些了，但還不是很好，就如同你會分不同資料夾，放置不同作用的檔案，模組也應該分門別類加以放置。

舉例來說，一個應用程式中會有多個類別彼此合作，也有可能由多個團隊共同分工，完成應用程式的某些功能塊，再組合在一起，如果應用程式是多個團隊共同合作，卻不分門別類放置模組，那麼 A 部門寫了個 util 模組，B 部門也寫了個 util 模組，當他們要將應用程式整合時，想將模組都放在同一個 lib 目錄中的話，就會發生同名的 util.py 檔案覆蓋的問題。

兩個部門各自建立資料夾放置自己的 util.py 檔案，然後在 PYTHONPATH 中設定路徑的方式行不通，因為執行 import util 時，只會使用 PYTHONPATH 第一個找到的 util.py，你真正需要的方式，必須是能夠 import a.util 或 import b.util 來取用對應的模組。

為了便於進行套件管理的示範，我們來建立一個新的 hello_prj 資料夾，這就像是新建立應用程式專案時，必須有個專案資料夾來管理專案的相關資源。假設你想在 hello_prj 中新增一個 openhome 套件，那麼請在 hello_prj 中建立一個 openhome 資料夾。

注意 >>>　在 Python 3.2 以前，資料夾中一定要有一個 __init__.py 檔案，該資料夾才會被視為一個套件，在套件的進階管理中，__init__.py 會用來撰寫程式，如果沒有要撰寫的程式，也可以保持檔案內容為空。

如果模組數量很多，也可以建立多層次的套件，也就是套件中還會有套件。同樣地，在 Python 3.2 以前，若想建立 openhome.blog 套件，那麼 openhome 資料夾中要有個 __init__.py 檔案，而 openhome/blog 資料夾中，也要有個 __init__.py 檔案。

接著，請將 2.1.3 撰寫的 hello2.py 檔案，複製至 openhome 套件之中，然後將 2.2.1 撰寫的 hello3.py 檔案，複製至 hello_prj 專案資料夾，並修改 hello3.py 如下：

圖 2.23 取用套件中的模組

主要的修改就是 import openhome.hello2 與 openhome.hello2.name，也就是模組名稱前被加上了套件名稱，這就說明了，**套件名稱會成為名稱空間的一部份**。

當 python 直譯器看到 import openhome.hello2 時，會尋找 sys.path 中的路徑裏，是否有某個資料夾中含有 openhome 資料夾，若有就確認有 openhome 套件了，接著看看其中是否有 hello2.py，如果找到，就可以順利完成模組的 import。

要執行 hello3.py，請在主控台中切換至 c:\workspace\hello_prj 資料夾，一個執行範例如下所示：

圖 2.24 取用套件中模組的執行範例

由於套件名稱會成為名稱空間的一部份，就先前 A、B 兩部門的例子來說，可以分別建立 a 套件與 b 套件，當中放置各自的 util.py，當兩個部門的 a、b 兩個資料夾放到同一個 lib 資料夾時，並不會發生 util.py 檔案彼此覆蓋的問題，而在取用模組時，可以分別 import a.util 與 import b.util，若想取用各自模組中的名稱，也可以使用 a.util.some、b.util.other 來區別。

提示 》》 還記得 1.2.3〈認識安裝內容〉中談過，在安裝 Python 的 Lib 資料夾中，包括了許多標準程式庫的原始碼檔案嗎？Lib 資料夾包含在 sys.path 之中，這個資料夾中也使用了一些套件來管理模組，而其中還有個 site-packages 資料夾，用來安裝 Python 的第三方程式庫，這資料夾也包含在 sys.path 之中，通常第三方程式庫也會使用套件來管理相關模組。

2.2.4　使用 `import as` 與 `from import`

使用套件管理，解決了實體檔案與 import 模組時名稱空間的問題，然而有時套件名稱加上模組名稱，會使得存取某個函式、類別等時，必須撰寫又臭又長的前置，若嫌麻煩，可以使用 import as 或者 from import 來解決這個問題。

◎ `import as` 重新命名模組

如果想改變被匯入模組在當前模組中的變數名稱，可以使用 import as。例如可修改先前 hello_prj 中的 hello3.py 為以下：

hello_prj2 hello3.py

```
import openhome.hello2 as hello
print('今天要來點什麼不同的嗎？', hello.name, '！')
```

在上面的範例中，`import openhome.hello2 as hello` 將 openhome.hello2 模組，重新命名為 hello，接下來就能使用 hello 這個名稱，直接存取模組中定義的名稱。

◎ `from import` 直接匯入名稱

使用 import as 是將模組重新命名，然而，存取模組中定義的名稱時，還是得加上名稱前置，如果仍然嫌麻煩，可以使用 from import 直接將模組中指定的名稱匯入。例如：

hello_prj3 hello.py

```
from sys import argv
print('哈囉！', argv[1], '！')
```

在這個範例中，直接將 sys 模組中的 argv 名稱匯入至 hello 模組中，也就是目前的 hello.py 之中，接下來就可以直接使用 argv，而不是 sys.argv 來存取命令列引數。

如果有多個名稱想要直接匯入目前模組，除了逐行 from import 之外，也可以在單一行中使用逗號「,」來區隔。例如：

```
from sys import argv, path
```

你可以更偷懶一些，用以下的 `from import` 語句，匯入 `sys` 模組中全部的名稱：

```
from sys import *
```

不過這個方式有點危險，因為容易造成名稱衝突問題，若兩個模組中正好都有相同名稱，那麼後面 `from import` 的名稱會覆蓋先前的名稱，導致一些意外的臭蟲發生，因此，除非是撰寫一些簡單且內容不長的指令稿，否則並不建議使用 `from xxx import *` 的方式。

`from import` 除了從模組匯入名稱之外，也可以從套件匯入模組，例如，若 `openhome` 套件下有個 `hello` 模組，就可以如下匯入模組名稱：

```
from openhome import hello
```

2.3　使用 IDE

在開始使用套件管理模組以後，你必須建立與套件對應的實體資料夾階層，3.2 以前還要自行新增 `__init__.py` 檔案，其實有點麻煩，你可以考慮開始使用 IDE（Integrated Development Environment），由 IDE 代勞一些套件與相關資源管理的工作，提昇你的產能。

2.3.1　下載、安裝 PyCharm

在 Python 的領域中，有為數不少的 IDE，然而使用哪個 IDE，必須根據開發的應用程式特性，或者基於一些團隊管理等因素來決定，有時其實也是個人口味問題，以下是一些我看過有人推薦或使用過的 IDE：

- PyCharm（www.jetbrains.com/pycharm）
- PyDev（www.pydev.org）
- Komodo IDE（komodoide.com）
- Spyder（code.google.com/archive/p/spyderlib）
- WingIDE（wingware.com）

- NINJA-IDE（www.ninja-ide.org）

- Python Tools for Visual Studio（pytools.codeplex.com/）

提示 》》 有時甚至會考慮使用一些功能強大的編輯器，加上一些外掛來組裝出自己專屬的 IDE，在 Python 這個領域，要使用 IDE 或是編譯器，也是個經常論戰的話題，這當中也有一些值得思考的要素，有興趣可以參考〈IDE、編輯器的迷思〉這篇文章：

openhome.cc/Gossip/Programmer/IDEorEditor.html

　　為了能與本書至今談過的觀念相銜接，我在這邊選擇使用 PyCharm 進行基本介紹，它提供了社群版本，對於入門使用者練習來說，已足堪使用，你可以直接連線 www.jetbrains.com/pycharm/download/，按下頁面右方的 Community 底下的 Download 按鈕，就可進行下載。

圖 2.25 下載 PyCharm 社群版本

　　就撰寫這段文件的同時，可下載的 PyCharm Community 版本是 2020.2.2，檔案是 pycharm-community-2020.2.2.exe，由於下載後是個.exe 檔案，你必須如 1.2.2 介紹的方式「解除封鎖」，並以「以系統管理員身分執行」進行安裝，安裝的預設路徑是 C:\Program Files\JetBrains\PyCharm Community Edition 2020.2.2，基本上只需要直接一直按「Next」與「Install」就可以完成安裝了。

在安裝完成後，應用程式選單中會有個 JetBrains 資料夾，其中有個 PyCharm Community Edition 2020.2.2 的圖示，按下就可啟動 PyCharm，初次開啟需要同意隱私授權，後續會有個設定 UI theme 畫面，預設是 Darcula 佈景主題，你可以使用這個主題，不過暗黑色的背景不利書籍印刷，因此本書選擇 Light 佈景主題。

圖 2.26 選擇佈景主題

接下來是選擇一些 plugins，本書範圍內不需要安裝任何 plugins，可直接開始使用 IDE。

2.3.2　IDE 專案管理基礎

IDE 基本上就是建立於目前安裝的 Python 環境之上，無論使用哪個 IDE，最重要的是知道，它如何與既有的 Python 環境對應，只有在認清這樣的對應，才不會淪入只知道 IDE 上一些傻瓜式的操作，卻不明瞭各個操作背後原理的窘境，這也是為何要在這邊要介紹一下 IDE 的緣故。

先前在介紹套件與模組時提到，我們會建立一個專案資料夾，在其中管理套件、模組或其他相關資源，使用 IDE 的第一步，也是先新增專案，因此請先按下「New Project」：

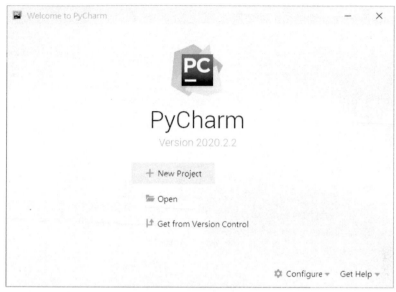

圖 2.27 建立新專案

　　下一步是要決定專案資料夾位置，以及使用的 Python 直譯器，未來你的電腦中可能不只安裝一個版本的 Python 環境，在 IDE 中通常可以管理、選擇不同的 Python 環境來開發程式，這也是使用 IDE 的好處之一。在這邊選擇在 c:\workspace\hello_prj4 中建立專案，並使用目前安裝的 Python 直譯器：

圖 2.28 設定專案資料夾與直譯器版本

接著按下「Create」按鈕就可以建立專案了：

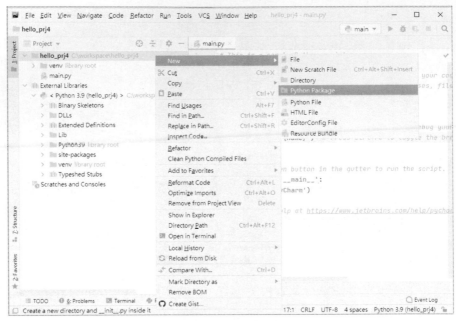

圖 2.29 專案基本架構

　　如上圖中可看到的，在「External Libraries」中，可直接瀏覽目前使用的 python 直譯器，程式庫的位置等，基本上這些資訊，你可以試著執行「New/Python Package」建立一個 openhome 套件，在該套件上執行「New/Python File」建立一個 hello.py，寫點程式並執行看看：

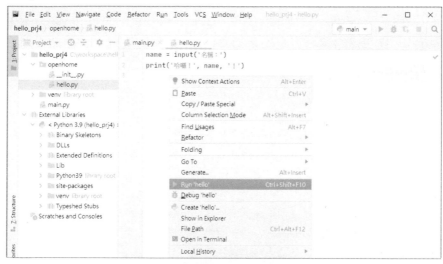

圖 2.30 建立套件、模組與執行

可以看到，基於對 Python 舊版的相容性，在建立套件時，IDE 會自動建立 __init__.py，想執行模組的話，可以按右鍵執行「Run 'hello'」，其中 hello 會依目前的模組名稱而有所不同，執行過程式顯示在下面窗格中，當中明確地顯示了使用的指令，非常地方便。

你也許會想要設定命令列引數，這可以執行選單「Run/Run...」來設定，這會出現一個「Run」設定窗格，可選擇要設定哪個模組，例如：

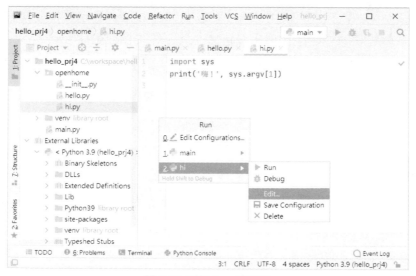

圖 2.31 編輯 Run 的設定

在按下「Edit」之後，會出現「Edit configuration settings」，可用來設定 python 直譯器的選項，像是 PYTHONPATH 之類的設定，其中命令列引數可以在「Parameters」中設定。

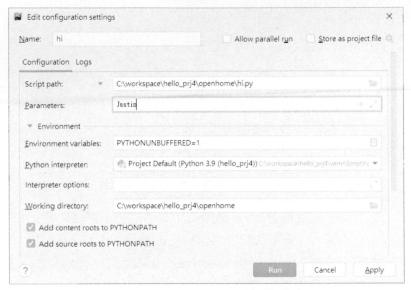

圖 2.32 設定 python 直譯器相關選項

基於書籍篇幅有限，本書無法詳細地介紹 IDE 的每個功能，不過，在開始使用一個 IDE 時，基本上就是像這樣，逐一找出與 Python 環境的對照，而且要知道哪個功能在沒有使用 IDE 下，會是如何設定，透過這樣的探索，才能一方面享有 IDE 的方便性，另一方面又不至於被 IDE 綑綁住。

在知道怎麼撰寫、執行各種'Hello World'程式之後，接下來就要更進一步瞭解一下 Python 這個程式語言，下一章會來看看 Python 語言的基本元素，像是內建型態、流程語法等。

2.4　重點複習

REPL 環境是個簡單、互動式的程式設計環境，在測試一些程式片段的行為時非常方便。

Python 3 以後，python 直譯器預期的原始碼檔案編碼必須是 UTF-8。若不想將檔案的文字編碼設定為 UTF-8，另一個解決方式是在原始碼的第一行，使用註解設定編碼資訊，python 直譯器只要在註解中看到 coding=<encoding name>或者 coding: <encoding name>出現就可以了。

在 Python 原始碼檔案中，#開頭代表這是一行註解，#之後不會被當成是程式碼的一部份。

每個.py 檔案本身就是一個模組，檔案的主檔名就是模組名稱，想匯入模組時，必須使用 import 關鍵字指定模組名稱，若有取用模組中定義的名稱，必須在名稱前加上模組名稱與一個「.」。

若想取得命令列引數，可以透過 sys 模組的 argv 清單。sys.argv 清單中的資料取用時必須指定索引號碼，這個號碼從 0 開始，sys.argv[0]會儲存原始碼檔名，若有提供命令列引數，就依序從 sys.argv[1]開始儲存。

如果有多個模組需要 import，除了逐行 import 之外，也可以在單一行中使用逗號「,」來區隔模組。

在__builtins__模組的函式、類別等名稱，都可以不用 import 直接取用，而且不用加上模組名稱作為前置。

python 直譯器會在 PYTHONPATH 環境變數中設定的資料夾中，尋找是否有指定模組名稱對應的.py 檔案。python 直譯器會根據 sys.path 清單中的路徑來尋找模組。如果想要動態地管理模組的尋找路徑，也可以透過程式變更 sys.path 的內容來達到。

在 Python 3.2 以前，資料夾中一定要有一個__init__.py 檔案，該資料夾才會被視為一個套件。套件名稱會成為名稱空間的一部份。可以建立多層次的套件，也就是套件中還會有套件，每個擔任套件的資料夾與子資料夾中，各要有一個__init__.py 檔案。

如果想改變被匯入模組在當前模組中的變數名稱，可以使用 import as。可以使用 from import 直接將模組中指定的名稱匯入。

除非是撰寫一些簡單且內容不長的指令稿，否則不建議使用 from xxx import * 的方式，以免造成名稱空間衝突的問題。

型態與運算子

3.1 內建型態

Python 是個可實作多重典範（Paradigm）的程式語言，像是程序式（Procedural）、物件導向（Object-Oriented）、函數式（Functional）等，在正式探討這類典範風格的實現之前，對於語言的基礎元素，必須要有一定的認識。那麼要從哪個開始呢？Pascal 之父 Niklaus E. Writh 曾說過：

Algorithms + Data Structures = Programs

演算法與資料結構就等於程式，而一門語言提供的資料型態（Data type）、運算子（Operator）、程式碼封裝方式等，會影響演算法與資料結構的實作方式，因此在這一章會先來說明內建型態、變數、運算子等元素，在 Python 語言中如何表現，至於基本流程語法、函式、類別（Class）等內容，將在之後各章分別說明。

3.1.1 數值型態

在 Python 中，數值型態有整數、浮點數、布林與複數，**所有的資料都是物件**，但可以使用實字（Literal）方式來撰寫數值，實際上，這一章所謂的內建型態，是指內建在 python 直譯器中，可以實字方式撰寫來建立實例的型態。

> 提示 》》 在 Python 中，萬物皆物件！不過，物件導向並非 Python 的主要典範，Python 創建 Guido van Rossum 曾經說過，自己並非物件導向信徒。
>
> 在《Masterminds of Programming》書中，Guido van Rossum 也談到：「Python 支援程序式的程式設計以及（某些程度）物件導向。這兩者沒太大不同，然而 Python 的程序式風格仍強烈受到物件影響（因為基礎的資料型態都是物件）。Python 支援小部份函數式（Functional）程式設計－不過它不像是任何真正的函數式語言。」

◉ 整數型態

Python 3 以後，整數型態為 int，不區分整數與長整數，整數的長度不受限制（除了硬體物理上的限制之外）。 直接寫下一個整數值，例如 10，預設是十進位整數，如果要撰寫二進位實字，要在數字前置 0b 或 0B；如果要撰寫八進位實字，要在數字前置 0o 或 0O，之後接上 1 到 7 的數字；如果要撰寫十六進位整數，以

0x 或 0X 開頭,之後接上 1 到 9 以及 A 到 F。例如以下的寫法,都相當於十進位
整數 10:

```
>>> 10
10
>>> 0b1010
10
>>> 0o12
10
>>> 0xA
10
>>>
```

　　Python 會自動依整數大小選擇適當記憶體長度,如果想知道 int 物件耗用
了多少位元組,可以透過 sys 模組的 getsizeof() 函式,例如:

```
>>> import sys
>>> sys.getsizeof(1)
28
>>> sys.getsizeof(1073741824)
32
>>>
```

　　從 Python 3.6 開始,在撰寫數字時,可以使用底線,這對冗長的數字在撰
寫與閱讀上很有幫助。例如:

```
>>> 1_000_000_000_000_000
1000000000000000
>>> 0x_FF_FF_FF_FF
4294967295
>>> 0b_1001_0100_1011_0011
38067
>>>
```

　　無論是十進位、二進位、八進位或十六進位整數,都是 int 類別的實例,
想知道某個資料的型態,可以使用 type() 函式。例如:

```
>>> type(10)
<class 'int'>
>>> type(0b1010)
<class 'int'>
>>> type(0o12)
<class 'int'>
>>> type(0xA)
<class 'int'>
>>>
```

若想從字串、浮點數、布林等型態建立整數，可以使用 int()，浮點數的小數會被截去，布林值的 True 會傳回 1，False 會傳回 0，而使用 oct()、hex() 可以將十進位整數，分別以八進位、十六進位表示字串傳回。例如：

```
>>> int('10')
10
>>> int(3.14)
3
>>> int(True)
1
>>> int(False)
0
>>> oct(10)
'0o12'
>>> hex(10)
'0xa'
>>>
```

使用 int() 從字串建構整數時，預設會將字串當成 10 進位剖析，然而也可以指定基底。例如：

```
>>> int('10', 2)
2
>>> int('10', 8)
8
>>> int('10', 16)
16
>>>
```

> 提示 >>> 「物件（Object）」與「實例（Instance）」這兩個名詞，就技術上而言略有不同，不過在本書會將它們當成是相同的意思，例如有時會說「1 是 int 物件」，有時會說「1 是 int 的實例」。

◎ 浮點數型態

浮點數是 float 型態，可以使用 3.14e-10 這樣的表示法，如果想將字串剖析為浮點數，可以使用 float()。例如：

```
>>> type(3.14)
<class 'float'>
>>> 3.14e-10
3.14e-10
>>> float('1.414')
1.414
>>>
```

如果有個字串是 '3.14'，想取得整數部份並剖析為 int，不可以直接使用 int()，這樣會出現 ValueError 錯誤，要先使用 float() 剖析為 float，接著再用 int() 取得 int 整數。例如：

```
>>> int('3.14')
Traceback (most recent call last):
  File "<stdin>", line 1, in <module>
ValueError: invalid literal for int() with base 10: '3.14'
>>> int(float('3.14'))
3
>>>
```

布林型態

布林型態的值只有兩個，分別是 True 與 False，為 bool 型態。可以使用 bool() 將 0 轉換為 False，而非 0 值轉換為 True，為什麼不是只有 1 能轉換為 True？

實際上，bool() 可以傳入任何型態，目前可以先知道的是，**將 None、False、0、0.0、0j（複數）、''（空字串）、()（空 Tuple）、[]（空清單）、{}（空字典）等傳給 bool()，都會傳回 False，這些型態以外的其他值傳入 bool()，都會傳回 True。**

提示 »»　第 5 章會學到自定義類別，在自定義類別時可以定義 __bool__() 或 __len__() 方法（Method），這些方法傳回 False 或整數 0 的話，就會被 bool() 轉換為 False。

複數

Python 支援複數的實字表示，撰寫時使用 a + bj 的形式，複數是 complex 類別的實例，可以直接對複數進行數值運算，例如：

```
>>> a = 3 + 2j
>>> b = 5 + 3j
>>> a + b
(8+5j)
>>> type(a)
<class 'complex'>
>>>
```

> 提示 >>> 雖然在數學界，複數會使用 i 來代表虛數的部份，然而在電子電機相關的工程領域，慣例卻是使用 j 來表示虛部，這是因為 i 在這類工程領域，往往被用來表示電流符號，Python 的複數表示方式，顯然也受到了工程領域的影響。

3.1.2 字串型態

如果要在 Python 中表示字串，可以使用''或""包括文字，兩者在 Python 中具相同作用，Python 3 以後的版本都是產生 str 實例，可視情況互換。例如：

```
>>> "Just'in"
"Just'in"
>>> 'Just"in'
'Just"in'
>>> 'c:\workspace'
'c:\\workspace'
>>> "c:\workspace"
'c:\\workspace'
>>>
```

◎ 基本字串表示

單引號或雙引號的字串表示，在 Python 中可以交替使用，就像上例中，若要在字串中包括單引號，可使用雙引號包括字元序列，反之亦然，然而多數 Python 開發者的習慣是使用單引號。

在某些情況下，不用特別對'\'進行轉義（Escape），Python 會自動將之視為'\\'，然而在底下這種情況下就需要了：

```
>>> print('c:\todo')
c:    odo
>>> print('c:\\todo')
c:\todo
>>>
```

第一個示範中顯示的結果中間有個 Tab 空白，這是因為'\t'在 Python 是 Tab 的轉義表示方式，其他表示方式還有：

表 3.1 常用的字串轉義表示方式

符號	說明
\\	反斜線。
\'	單引號，在使用''來表示字串，又要表示單引號'時使用，例如 'Justin\'s Website'。
\"	雙引號，在使用""來表示字串，又要表示雙引號"時使用，例如 "\"text\" is a string"。
\ooo	以 8 進位數字 ooo 表示字元碼點（Code point），最多三位數，例如 '\101'表示字串'A'。
\xhh	以 16 進位數字 hh 表示字元碼點，例如'\x41'表示字串'A'。
\uhhhh	以 16 進位數字 hhhh 表示字元碼點，例如'\u54C8\u56C9'表示'哈囉'。
\Uhhhhhhhh	以 16 進位數字 hhhhhhhh 表示字元碼點，例如 '\U000054C8\U000056C9'表示'哈囉'，'\U0001D11E'表示高音譜記號' 𝄞 '。
\0	空字元，請別與空字串搞混，'\0'相當於'\x00'。
\n	換行。
\r	歸位。
\t	Tab。

提示 >>> 在一些程式語言中（例如 Java），字串轉義表示會有碼元（Code unit）、代理對（Surrogate pair）之類的問題，Python 3.x 完全支援 Unicode，只需選擇適當的格式來表示碼點。

　　因此，想要以字串表示\t 這類文字，就必須撰寫'\\t'，這有些不方便，這時可使用原始字串（Raw String）表示，只要在字串前加上 r 即可。例如：

```
>>> print('\\t')
\t
>>> print(r'\t')
\t
>>> r'\t'
'\\t'
>>> print(r'c:\todo')
c:\todo
>>>
```

　　使用""或''表示字串時，不可以換行。如果字串內容必須跨越數行，可以使用三重引號，在三重引號間輸入的任何內容，在最後的字串會照單全收，像是包括換行、縮排等。例如：

```
>>> '''Justin is caterpillar!
...     caterpillar is Justin!'''
'Justin is caterpillar!\n   caterpillar is Justin!'
>>> print('''Justin is caterpillar!
...     caterpillar is Justin!''')
Justin is caterpillar!
   caterpillar is Justin!
>>>
```

在 REPL 中，若程式碼撰寫過程中有換行，會使用「...」來提示，因此上面的示範中，「...」並不是跨行字串時要輸入的部份，使用 REPL 是為了方便看到多行字串換行時的 '\n' 表示。

提示 >>> 雖然 Python 不支援多行註解，然而，三重引號間輸入的任何內容，都會被當成字串來看待，因此有些開發者，會用三重引號暫時包含不想執行的程式碼，也就是變相地當成是多行註解使用。

可以使用 str() 類別將數值轉換為字串。若想知道某個字元的碼點，可以使用 ord() 函式，使用 chr() 則可以將指定碼點轉換為字元：

```
>>> str(3.14)
'3.14'
>>> ord('哈')
21704
>>> chr(21704)
'哈'
>>>
```

◎ print 函式

至今為止，為了在主控台顯示輸出結果，只使用過 print() 函式，當需要在一行中顯示多個字串時，可在呼叫 print() 函式時，以逗號「,」來區隔多個字串，例如：

```
name = 'Justin'
print('Hello', name) # 顯示 Hello Justin 後換行
```

若指定多個字串給 print() 函式，預設的分隔符號是一個空白字元，如果想指定其他字元的話，可以指定 sep 參數。例如：

```
name = 'Justin'
print('Hello', name, sep = ', ') # 顯示 Hello, Justin 後換行
```

print() 函式的顯示預設是會換行，**這是由 print() 的 end 參數控制，在指定的字串顯示之後，end 參數指定的字串就會輸出**，不想換行的話，將 end 指定為空字串'' 就可以了。例如下面這個程式片段輸出結果不會換行：

```
print('Hello', end = '')
print('Justin') # 顯示 HelloJustin 後不換行
```

除了 end 與 sep 參數的指定之外，也許還有其他的顯示格式需求，在其他程式語言中，可能會提供 printf() 之類的函式，以便完成這類的顯示格式需求，不過 Python 沒有這類函式，相對地，必須直接對字串進行格式化，接著將格式化後的字串交給 print() 函式。

雖然這邊只是在進行型態的基本認識，然而格式化字串這件事，也許比你想像的還要重要且常用，因此得在這邊先做個介紹。Python 3.x 基本上支援兩種格式化方式，一種舊式（從 Python 2 就存在），一種新式（從 Python 2.6 以後開始支援），目前兩種方式都很常見，從 Python 3.6 開始，還支援格式化字串實字（Formatted string literals），這邊都會加以介紹。

舊式字串格式化

舊式字串格式化是使用 string % data 或 string % (data1, data2, …) 的方式，直接來看個範例會比較清楚：

```
>>> '哈囉！%s！' % '世界'
'哈囉！世界！'
>>> '你目前的存款只剩 %f 元' % 1000
'你目前的存款只剩 1000.000000 元'
>>> '%d 除以 %d 是 %f' % (10, 3, 10 / 3)
'10 除以 3 是 3.333333'
>>> '%d 除以 %d 是 %.2f' % (10, 3, 10 / 3)
'10 除以 3 是 3.33'
>>> '%5d 除以 %5d 是 %.2f' % (10, 3, 10 / 3)
'   10 除以     3 是 3.33'
>>> '%-5d 除以 %-5d 是 %.2f' % (10, 3, 10 / 3)
'10    除以 3     是 3.33'
>>> '%-5d 除以 %-5d 是 %10.2f' % (10, 3, 10 / 3)
'10    除以 3     是       3.33'
>>>
```

也就是%前面的字串中，會有一些佔位用的控制符號，像是%s、%d、%f，分別表示這邊會有一個字串、整數、浮點數，%之後的()中要依序擺放實際的值，如果只有一個控制符號需要取代，那麼可以不使用()。常見的控制符號有：

表 3.2 常用格式化控制符號

符號	說明
%%	%符號已經被用來作為控制符號前置，所以規定使用%%才能在字串中表示%。
%d	10 進位整數。
%f	10 進位浮點數。
%g	10 進位整數或浮點數。
%e, %E	以科學記號浮點數格式化，%e 表示輸出小寫表示，如 2.13 e＋12，%E 表示大寫表示。
%o	8 進位整數。
%x, %X	以 16 進位整數格式化，%x 表示字母輸出以小寫表示，%X 以大寫表示。
%s	字串格式符號。
%r	以 repr() 函式取得的結果輸出字串，第 5 章稍後會談到 repr()。

在先前的範例中也可以看到，%之後還可以指定最小欄位寬度與小數點個數。例如%5d 表示最少保留五個欄位寬度給整數使用，若整數不足五個位數，就使用空白表示，若加上減號「-」表示靠左對齊，而%.2f 表示小數點後保留兩個位數。若不想寫死欄位寬度或小數點，也可以以%*.*來表示。例如：

```
>>> n1 = 10
>>> n2 = 3
>>> '%-5d 除以 %-5d 是 %10.2f' % (n1, n2, n1 / n2)
'10    除以 3     是       3.33'
>>> '%*d 除以 %*d 是 %*.*f' % (-5, n1, -5, n2, 10, 2, n1 / n2)
'10    除以 3     是       3.33'
>>>
```

新式字串格式化

舊式格式化方式在複雜的格式化需求下，可讀性並不好，**建議使用新的格式化方式**。直接來看幾個範例：

```
>>> '{} 除以 {} 是 {}'.format(10, 3, 10 / 3)
'10 除以 3 是 3.3333333333333335'
>>> '{2} 除以 {1} 是 {0}'.format(10 / 3, 3, 10)
```

```
'10 除以 3 是 3.3333333333333335'
>>> '{n1} 除以 {n2} 是 {result}'.format(result = 10 / 3, n1 = 10, n2 = 3)
'10 除以 3 是 3.3333333333333335'
>>>
```

　　新的格式化方式中，佔位符號的部份使用{}，若當中沒有數字或名稱，
format()方法中就要依序指定對應的數值，若{}中有數字，例如{1}，就表示使
用 format()方法中第二個引數，這是因為索引值從 0 開始。若{}中指定了名稱，
例如{n1}，就表示使用 format()中的具名參數 n1 對應的值，在這種情況下，不
用在意 n1、n2、result 在 format()中的指定順序。

　　無論是{0}或是{n}這樣的方式，都可以指定型態，也可以指定欄位寬度與
小數點個數，例如：

```
>>> '{0:d} 除以 {1:d} 是 {2:f}'.format(10, 3, 10 / 3)
'10 除以 3 是 3.333333'
>>> '{0:5d} 除以 {1:5d} 是 {2:10.2f}'.format(10, 3, 10 / 3)
'   10 除以     3 是       3.33'
>>> '{n1:5d} 除以 {n2:5d} 是 {r:.2f}'.format(n1 = 10, n2 = 3, r = 10 / 3)
'   10 除以     3 是 3.33'
>>> '{n1:<5d} 除以 {n2:<5d} 是 {r:.2f}'.format(n1 = 10, n2 = 3, r = 10 / 3)
'10    除以 3     是 3.33'
>>> '{n1:>5d} 除以 {n2:>5d} 是 {r:.2f}'.format(n1 = 10, n2 = 3, r = 10 / 3)
'   10 除以     3 是 3.33'
>>> '{n1:*^5d} 除以 {n2:!^5d} 是 {r:.2f}'.format(n1 = 10, n2 = 3, r = 10 / 3)
'*10** 除以 !!3!! 是 3.33'
>>>
```

　　在上面的範例中，<用來指定向左靠齊，>用來指定向右靠齊，若沒有指定，
預設是向右靠齊；如果想在數字位數不足欄位寬度時，補上指定的字元，可以
在^前面指定。

　　format()方法甚至可以進行簡單的運算，像是使用索引取得清單元素值，
使用鍵（Key）名稱取得字典中對應的值，或者存取模組中的名稱，例如：

```
>>> names = ['Justin', 'Monica', 'Irene']
>>> 'All Names: {n[0]}, {n[1]}, {n[2]}'.format(n = names)
'All Names: Justin, Monica, Irene'
>>> passwords = {'Justin': 123456, 'Monica': 654321}
>>> 'The password of Justin is {passwds[Justin]}'.format(passwds = passwords)
'The password of Justin is 123456'
>>> import sys
>>> 'My platform is {pc.platform}'.format(pc = sys)
'My platform is win32'
>>>
```

關於清單與字典，稍後就會說明。如果只是要格式化單一數值，可以使用 format() 函式。例如：

```
>>> format(3.14159, '.2f')
'3.14'
>>>
```

字串格式化實字

從 **Python 3.6 開始，若撰寫字串實字時以 f 或 F 作為前置，就可以進行字串的格式化，又稱 f-strings**。在 f-strings 中，{與}之間可以撰寫運算式，運算結果與其他字串結合後傳回。例如：

```
>>> name = 'Justin'
>>> f'Hello, {name}'
'Hello, Justin'
>>> f'1 + 2 = {1 + 2}'
'1 + 2 = 3'
>>> f'you want to show {{ and }}?'
'you want to show { and }?'
>>>
```

由於{與}用來標示字串中要先進行運算的部份，若要在 f-strings 中表示{或}，必須分別使用{{與}}。

f-strings 的{與}間可以撰寫運算式，因而像 if...else 運算式、函式呼叫等也都可以。例如：

```
>>> name = None
>>> f'Hello, {"Guest" if name == None else name}'
'Hello, Guest'
>>> name = 'Justin'
>>> f'Hello, {"Guest" if name == None else name}'
'Hello, Justin'
>>> f'"林"的 16 進位值 {ascii("林")}'
'"林"的 16 進位值 \'\\u6797\''
>>>
```

在第 4 章會看到，Python 有 if...else 運算式，上面看到的就是將 if...else 運算式運用於 f-strings 之中，不過顯然不易閱讀，這只是個示範，f-strings 在使用上，應以易讀易寫為優先考量。

f-strings 的{}中若要指定欄位寬度與小數點個數，可以使用:，例如，將新式字串格式化中的一個範例，改為使用 f-strings 來寫的話會是：

```
>>> '{0:5d} 除以 {1:5d} 是 {2:10.2f}'.format(10, 3, 10 / 3)
'   10 除以     3 是       3.33'
>>> n = 10
>>> m = 3
>>> f'{n:5d} 除以 {m:5d} 是 {n / m:10.2f}'
'   10 除以     3 是       3.33'
>>>
```

　　如果想呼叫的函式為 ascii()、str()或是 repr()，f-strings 定義了三個特別的轉換符號!a、!s 與!r。例如：

```
>>> name = '林'
>>> f'{name!a}' # 相當於 f'{ascii(name)}'
"'\\u6797'"
>>> f'{name!s}' # 相當於 f'{str(name)}'
'林'
>>> f'{name!r}' # 相當於 f'{repr(name)}'
"'林'"
>>>
```

　　在 f-strings 呼叫 ascii()、str()、repr()，通常是為了取得一些日誌（Logging）用的訊息，傳回的字串與物件特殊方法__str__()、__repr__()有關，細節會在 5.2 時說明。

　　有時在建立日誌用的訊息時，會想要顯示運算式與值，在 Python 3.7 以前透過 f-strings，必須如下撰寫：

```
>>> level = 10
>>> f'level = {level}'
'level = 10'
>>> name = 'justin'
>>> f'name.upper() = {name.upper()}'
'name.upper() = JUSTIN'
>>>
```

　　顯然地，重複撰寫了運算式是個麻煩，Python 3.8 以後改進了這點，可以如下撰寫：

```
>>> level = 10
>>> f'{level=}'
'level=10'
>>> f'{level = }'
'level = 10'
>>> name = 'justin'
>>> f'{name.upper()=}'
"name.upper()='JUSTIN'"
>>> f'{name.upper() = :-^20}'
'name.upper() = -------JUSTIN-------'
```

```
>>> f'Hello, {"Guest" if name == None else name=}'
'Hello, "Guest" if name == None else name=\'justin\''
>>>
```

f-strings 使用 f'{expr=}'格式時，會自動記錄 expr 實際的名稱， =前後可以有空白，=之後可以指定格式，expr 也可以是函式呼叫等合法的運算式，只不過既然是為了建立日誌時使用的訊息，記得撰寫時，一切以可讀性為主。

提示 >>> 那麼 Python 3.6 以後，使用字串的 format()方法好呢？還是使用 f-strings 好呢？如果沒有版本相容問題，以可讀性為優先考量，若考慮程式可能用於 Python 3.5 以前的版本，那就使用 format()。

str 與 bytes

在 1.1.1 就談到了，Python 3 最引人注目的是 Unicode 的支援，將 str/unicode 做了個統合，並明確地提供了另一個 bytes 類型，解決了許多人處理字元編碼的問題，在這邊就來解釋一下 str、unicode 與 bytes 之間的關係。

先來談一下 len()函式，它可以用來得知一個字串的長度，那麼你覺得 len('哈囉') 會得到的數字是多少？應該是 2？如果是 Python 3 以後的版本，這個答案是正確的。

從 Python 3 以後，每個字串都包含了 Unicode 字元，每個字串都是 str 型態。如果想將字串轉為指定的編碼實作，可以使用 encode()方法指定編碼，取得一個 bytes 實例，當中包含了位元組資料，如果有個 bytes 實例，也可以使用 decode()方法，指定該位元組代表的編碼，將 bytes 解碼為 str 實例。

```
>>> text = '哈'
>>> len(text)
1
>>> text.encode('UTF-8')
b'\xe5\x93\x88'
>>> text.encode('Big5')
b'\xab\xa2'
>>> big5_impl = text.encode('Big5')
>>> type(big5_impl)
<class 'bytes'>
>>> big5_impl.decode('Big5')
'哈'
>>>
```

當使用 UTF-8 來實作一個中文字時，會需要用到三個位元組，因此在上頭，'哈'使用了三個位元組 b'\xe5\x93\x88'，而 Big5 實作一個中文字時，會用到兩個位元組，也就是 b'\xab\xa2'。

提示 》》》 搞不清楚誰可以用 encode()而誰可以用 decode()嗎？'\xe5\x93\x88'這樣的資訊，人類不容易理解，編碼就是將可理解的東西，變為不容易理解的資訊（encode()），反之將不易理解的資訊，變為可理解的東西就是解碼（decode()）。

在 REPL 顯示結果中也可以看到，可以在字串前加上 b 來建立一個 bytes，這是從 Python 3.3 以後開始支援的語法，也可以在字串前加上 u，結果會是個 str，然而就現今 Python 3 的採用率來說，不用特別加上 u 了，這個語法只是當初要推廣 Python 3，為了多一點與 Python 2 的相容性而加入。

因為在 Python 2，如果有個 u'哈囉'字串，會建立一個 unicode，而 len(u'哈囉')的結果會是 2，然而，如果單純撰寫'哈囉'字串，會建立一個 str，然而 len('哈囉')的結果，令人意外地，得視你的原始碼檔案文字編碼而定，如果是 UTF-8 編碼的話，結果會是 6，如果是 Big5 編碼的話，結果會是 4。

這是因為在 Python 2 中，str 實際上代表著字串編碼實作的位元組序列（Byte sequence），而 len()函式傳回的就是位元組序列的長度，而不是字元長度，為了支援 Unicode，才有了 u'哈囉'這樣的語法。相對地，在 Python 2 中，str 實例可以使用 decode()指定編碼，傳回一個 unicode，而 unicode 實例可以使用 encode()指定編碼，傳回一個 str。

提示 》》》 如果你不用面對 Python 2 的環境，就直接忽略以上 Python 2 字串處理方式的說明吧！

從 Python 3 以後，想要取得字串中某位置的字元時，可以使用索引，索引從 0 開始。想要測試某字元是否在字串中，可以使用 in。例如：

```
>>> text = '哈囉'
>>> text[0]
'哈'
>>> text[1]
'囉'
>>>
>>> '哈' in text
```

```
True
>>>
```

　　字串建立後就不可變動（Immutable），無法修改它的內容，因此不能對字串某索引位置進行指定，這會引發 TypeError：

```
>>> text = '哈囉'
>>> text[1] = '哈'
Traceback (most recent call last):
  File "<stdin>", line 1, in <module>
TypeError: 'str' object does not support item assignment
>>>
```

3.1.3　群集型態

　　在撰寫程式的過程中，經常要收集資料以備後續處理，因應不同的需求，收集資料上會需要不同資料結構，例如可能會需要有序清單、元素不重複的集合、鍵值對應的字典等，在其他語言中，要建立這類資料結構，可能要使用函式呼叫等形式，然而在 Python 中，要建立這類常用的資料結構，語法上有直接的支援，這也是 Python 易於使用的一大原因。

　　接下來會對 Python 常用的群集型態做些簡介，然而這些群集型態功能強大，更多強大的 API 使用，在之後的章節還會有詳細說明。

◉ 清單（list）

　　清單的型態是 list，特性為有序、具備索引，內容與長度可以變動。要建立串列，可以使用[]實字，串列中每個元素，使用逗號「,」區隔。例如：

```
>>> numbers = [1, 2, 3]
>>> numbers
[1, 2, 3]
>>> numbers.append(4)
>>> numbers
[1, 2, 3, 4]
>>> numbers[0]
1
>>> numbers[1]
2
>>> numbers[3] = 0
>>> numbers
[1, 2, 3, 0]
>>> numbers.remove(0)
>>> numbers
```

```
[1, 2, 3]
>>> del numbers[0]
>>> numbers
[2, 3]
>>> 2 in numbers
True
>>>
```

可以使用[]建立長度為 0 的 list，可以對 list 使用 append()、pop()、remove()、reverse()、sort()等方法，若要附加多個元素，可以使用 extend()方法，例如 numbers.extend([10, 20, 30])，想複製 list 的話，可以透過 copy()方法，例如 numbers.copy()。

想知道 list 中是否含有某元素，能使用 in，想知道長度，可以使用 len()，清單中的元素通常是同質的，也就是通常是相同型態，然而，也可以建立異質元素，例如 [1, 'two', True]，不過不鼓勵這麼做。

注意》》 在上頭的 REPL 示範中可以看到，list 的 remove()方法可指定要移除的元素值，若要指定索引位置刪除，使用的是 del。

如果想從其他可迭代（Iterable[1]）的物件（之後章節會說明）建立 list，像是字串、集合或 Tuple 等，可以使用 list()，例如：

```
>>> list('哈囉！世界！')
['哈', '囉', '！', '世', '界', '！']
>>> list({'哈', '囉', '哈', '囉'})
['哈', '囉']
>>> list((1, 2, 3))
[1, 2, 3]
>>>
```

◉ 集合（set）

集合的內容無序、元素不重複，要建立集合，可以使用{}包括元素，元素間使用「,」區隔，這會建立 set 實例，若有重複元素會加以剔除，就像上頭的 REPL 中，{'哈', '囉', '哈', '囉'}建立了一個 set，當中不會有重複的'哈'、'囉'。

---

[1] Iterable：docs.python.org/3/glossary.html#term-iterable

　　如果要建立空集合，不是使用{}，因為這會建立空的 dict，而不是 set，若想建立空集合，必須使用 set()，想新增元素，可以使用 add()方法，想移除元素，可以使用 remove()方法，想測試元素是否存在於集合中，可以使用 in。例如：

```
>>> users = set()
>>> users.add('caterpillar')
>>> users.add('Justin')
>>> users
{'caterpillar', 'Justin'}
>>> users.remove('caterpillar')
>>> 'caterpillar' in users
False
>>>
```

　　想複製 set 的話，可以透過 copy()方法，若想合併 set，可以使用 update()，例如：

```
>>> s1 = {'哈', '囉'}
>>> s2 = {'哈', '啦'}
>>> r = s1.copy()
>>> r.update(s2)
>>> r
{'啦', '囉', '哈'}
>>>
```

　　集合必須保證內容的不重複，因而並非任何元素，都能放到集合中，例如 list 就不行，甚至 set 也不行。例如：

```
>>> {[1, 2, 3]}
Traceback (most recent call last):
  File "<stdin>", line 1, in <module>
TypeError: unhashable type: 'list'
>>> {{1, 2, 3}}
Traceback (most recent call last):
  File "<stdin>", line 1, in <module>
TypeError: unhashable type: 'set'
>>>
```

　　錯誤訊息中明確地指出，list 或 set 都是 unhashable 的型態，第 9 章會說明什麼樣的物件才是 hashable[2]。

　　如果想從其他可迭代的物件中建立 set，像是字串、list 或 Tuple 等，可以使用 set()。例如：

---

[2] Hashable：docs.python.org/3/glossary.html#term-hashable

```
>>> set('哈囉！世界！')
{'哈', '囉', '！', '世', '界'}
>>> set([1, 2, 3])
{1, 2, 3}
>>> set((1, 2, 3))
{1, 2, 3}
>>>
```

字典（dict）

字典用來儲存兩兩對應的鍵與值，為 dict 型態。底下直接示範如何以實字建立字典物件：

```
>>> passwords = {'Justin' : 123456, 'caterpillar' : 933933}
>>> passwords['Justin']
123456
>>> passwords['caterpillar']
933933
>>> passwords['Irene'] = 970221
>>> passwords
{'caterpillar': 933933, 'Irene': 970221, 'Justin': 123456}
>>> passwords['Irene']
970221
>>> del passwords['caterpillar']
>>> passwords
{'Irene': 970221, 'Justin': 123456}
>>>
```

建立 dict 之後，鍵可以用來取得對應的值，dict 的鍵不會重複，必須是 hashable，想指定鍵取得值時是使用[]。建立 dict 後，可以隨時再加入成對鍵值。如果要刪除某對鍵值，則可以使用 del。

直接使用[]指定鍵要取得值時，若 dict 中沒有該鍵的存在，會發生 KeyError 的錯誤。可以使用 in 來測試鍵是否存在於字典中。例如：

```
>>> passwords = {'Justin' : 123456, 'caterpillar' : 933933}
>>> 'Justin' in passwords
True
>>> passwords['Monica']
Traceback (most recent call last):
  File "<stdin>", line 1, in <module>
KeyError: 'Monica'
>>> passwords.get('Monica')
>>> passwords.get('Monica') == None
True
>>> passwords.get('Monica', 9999)
9999
>>>
```

上頭也示範了 dict 的 get() 方法，使用 get() 方法指定的鍵若不存在，預設會傳回 None（在 REPL 中不會有任何顯示），get() 也可以指定預設值，在指定的鍵不存在時就傳回預設值。

> **提示 ›››** list、set、dict 與稍後要介紹的 tuple，都支援 in 運算子，實際上，只要物件實作了 __contains__() 方法，都可以支援 in 運算子。

如果要取得 dict 中的每一對鍵值，可以使用 items() 方法，這會傳回 dict_items 實例，可以從中逐一取得代表各對鍵值的 Tuple。如果只想取得鍵，可以使用 keys() 方法，這會傳回 dict_keys 實例，可以從中逐一取得每個鍵。如果要取得值，可以使用 values() 方法，這會傳回 dict_values 實例，可以從中逐一取得每個值。dict_items、dict_keys、dict_values 都是可迭代物件，因此，可以傳給 list()，建立一個 list 來包含其中全部的值。

```
>>> passwords = {'Justin' : 123456, 'caterpillar' : 933933}
>>> list(passwords.items())
[('caterpillar', 933933), ('Justin', 123456)]
>>> list(passwords.keys())
['caterpillar', 'Justin']
>>> list(passwords.values())
[933933, 123456]
>>>
```

> **提示 ›››** dict 的 items()、keys()、values() 為什麼不直接傳回 list 呢？若 dict 中有許多鍵值，相較於建立一個夠長的 list 來儲存這些元素，Python 3 的作法比較經濟，因為 dict_items、dict_keys、dict_values 傳回後，尚未實際取得 dict 中的對應鍵值，只有在真正需要下個元素時，才會進行相關運算，這樣的特性稱為惰性求值（Lazy evaluation）。

除了實字表示方式之外，也可以使用 dict() 來建立字典。例如：

```
>>> passwords = dict(justin = 123456, momor = 670723, hamimi = 970221)
>>> passwords
{'hamimi': 970221, 'justin': 123456, 'momor': 670723}
>>> passwords = dict([('justin', 123456), ('momor', 670723), ('hamimi', 970221)])
>>> passwords
{'hamimi': 970221, 'justin': 123456, 'momor': 670723}
>>> dict.fromkeys(['Justin', 'momor'], 'NEED_TO_CHANGE')
{'Justin': 'NEED_TO_CHANGE', 'momor': 'NEED_TO_CHANGE'}
>>>
```

　　有時候會需要合併兩個 dict，可以透過 dict 的 update() 方法，它在遇到指定的鍵相同時，會使用引數的 dict 鍵值。若合併後希望以新的 dict 傳回結果，可以複製 dict 後再進行 update()，例如：

```
>>> d1 = {'a': 10, 'b': 20}
>>> d2 = {'b': 30, 'c': 40}
>>> r = d1.copy()
>>> r.update(d2)
>>> r
{'a': 10, 'b': 30, 'c': 40}
>>>
```

Tuple（tuple）

　　Tuple 許多地方都跟 list 很像，是有序結構，可以使用[]指定索引取得元素，能使用 in 來測試元素是否存在，不過 Tuple 建立後就無法變動，想要建立 Tuple，只要在某個值後面加上一個逗號「,」就可以。例如：

```
>>> 10,
(10,)
>>> 10, 20, 30,
(10, 20, 30)
>>> acct = 1, 'Justin', True
>>> acct
(1, 'Justin', True)
>>> type(acct)
<class 'tuple'>
>>>
```

　　建立 Tuple 時，最後一個逗號可以省略。可以看到，Tuple 的型態是 tuple。雖然只要在值之後加上逗號就可以了，不過，通常會加上()讓人一眼就看出這是個 Tuple，例如(1, 2, 3)、(1, 'Justin', True)，不過要注意，只包含一個元素的 Tuple，不能寫成(elem)，而是要寫成 elem,或者是(elem,)，如果要建立沒有任何元素的 Tuple，倒是可以只寫()。

提示 >>>　事實上，之前在建立 list、set 或 dict 時，也都是省略了最後一個元素之後的逗號，日後有機會在一些程式碼中看到最後有個逗號，就不要太訝異了。

　　Tuple 可以做什麼呢？有時想要傳回一組相關的值，又不想特地定義一個型態，就會使用 Tuple，像是(1, 'Justin', True)，也許就代表了從資料庫中臨時撈出來的一筆資料。有時希望某函式不要修改傳入的資料，因為 Tuple 無法變動，這時就可將資料放在 Tuple 中傳入，萬一函式的實作者試圖修改資料，執行時就會出錯，也就會知道有人試圖做出規格外的事情。另外，Tuple 佔用的記憶體空間比較小。

可以將 Tuple 中的元素拆解（Unpack），逐一分配給每個變數，例如：

```
>>> data = (1, 'Justin', True)
>>> id, name, verified = data
>>> id
1
>>> name
'Justin'
>>> verified
True
>>>
```

記得嗎？Tuple 的()括號可以省略，雖然多數情況下，為了表示是個 Tuple 而寫括號，然而以下情況省略括號，卻是 Python 中最常被拿來津津樂道的特性之一：

```
>>> x = 10
>>> y = 20
>>> x, y = y, x
>>> x
20
>>> y
10
>>>
```

這個置換（Swap）變數值的動作，在其他語言中，通常需要一個暫存變數，而在 Python 中只要一行就可以完成。

拆解元素指定給變數的特性，在 list、set 等物件上，也可以使用，例如 x, y, z = [1, 2, 3]的結果，x 會是 1、y 會是 2 而 z 會是 3。

提示 >>> 為什麼要認識這麼多型態？實際上，電腦裏一切都是位元，將一組有用的位元資料，定義為一個資料型態，這樣就可以用具體概念來操作這組位元，而不用直接面對 0101 的運算。

3.2 變數與運算子

在前一節中使用過變數，也在介紹 Python 的內建型態時，對它們做了些基本操作，接下來會進一步認識變數，並探討 Python 的運算子，在內建型態上會

有什麼樣的功能表現，這也是為了突顯一個事實，未來若有必要，你也能自定
義運算子的行為。

3.2.1　變數

在前一節介紹各個內建型態時，多半是直接使用實字寫下一個值，實際在
撰寫程式時，這麼寫可不行：

```
print('圓半徑：', 10)
print('圓周長：', 2 * 3.14 * 10)
print('圓面積：', 3.14 * 10 * 10)
```

半徑 10 同時出現在程式碼中多個位置，圓周率 3.14 也是，如果將來要修
改半徑呢？或者是要使用更精確一些的圓周率，像是 3.14159 呢？你得修改多
個地方！

這時若能要求 Python 保留某些名稱，可以對照至 10 與 3.14 這些值，每次
要運算時，都透過這些名稱取得對應的值，若將名稱對應的值有變化了，既有
的程式碼就會取得新的對應值來運算，這樣不是很方便嗎？

```
radius = 10
PI = 3.14
print('圓半徑：', radius)
print('圓周長：', 2 * PI * radius)
print('圓面積：', PI * radius * radius)
```

radius、PI 這些名稱稱為**變數（Variable）**，因為它們的對應值是可以變動
的，如你所見，程式碼清楚多了，原來 10 這個值是半徑（radius），3.14 是圓
周率（PI），而不是魔術數字（Magic number[3]），而公式的部份，像是 2 * PI
* radius，比 2 * 3.14 * 10 有意義的多。

依照型態資訊是記錄在變數之上，或者是執行時期的物件之上，程式語言
可以區分為靜態定型（Statically-typed）、動態定型（Dynamically-typed）語
言。

Python 屬於動態定型語言，在執行時期，變數本身沒有型態資訊，建立變
數時不用宣告型態，只要命名變數並以指定運算「=」指定對應的值，就建立了

---

[3] Magic number：en.wikipedia.org/wiki/Magic_number_(programming)

一個變數。在建立變數前就嘗試存取某變數，會發生 NameError，表示變數未定義的錯誤。例如：

```
>>> x
Traceback (most recent call last):
  File "<stdin>", line 1, in <module>
NameError: name 'x' is not defined
>>>
```

在 Python 中，變數始終是個參考（對應）至值的名稱，指定運算只是改變了變數的參考對象。例如：

```
>>> x = 1.0
>>> y = x
>>> print(id(x), id(y))
1996838054736 1996838054736
>>> y = 2.0
>>> print(id(x), id(y))
1996838054736 1996838054416
>>>
```

在上面的範例中，x 一開始參考至 1.0 浮點數物件，而後將 x 參考的物件指定給 y 來參考，id() 函式能用來取得變數參考的物件記憶體位址值，可以看到一開始 x 與 y 都參考同一物件，之後 y 參考至 2.0，x 與 y 就參考了不同的物件。下面這個例子也顯示，變數在 Python 中只是一個參考：

```
>>> x = 1
>>> id(x)
1996835088688
>>> x = x + 1
>>> id(x)
1996835088720
>>>
```

一開始 x 參考至 1 整數物件，之後+運算後，建立了新的整數物件 2，而後指定給 x，因此 x 參考至新物件。由於變數在 Python 中，只是個參考至物件的名稱，對於可變動物件，才會有以下的操作結果：

```
>>> x = [1, 2, 3]
>>> y = x
>>> x[0] = 10
>>> y
[10, 2, 3]
>>>
```

在指定 y = x 時，x 與 y 就參考了同一個物件，將 x[0]修改為 10，透過 y 就會看到修改的元素。除了使用 id()察看變數參考的物件位址值，以確認兩個變數是否參考同一物件之外，還可以使用 is 或 is not 運算。例如：

```
>>> list1 = [1, 2, 3]
>>> list2 = [1, 2, 3]
>>> list1 == list2
True
>>> list1 is list2
False
>>>
```

稍後在介紹關係運算子時會看到，==運用在 list 上時，可以逐一比較兩個 list 中的元素是否全部相等，因此在上面，list1 == list2 的結果會是 True，然而，list1 與 list2 參考了不同的物件，因此 list1 is list2 的結果會是 False。

變數本身沒有型態，同一個變數可以前後指定不同的資料型態，若想透過變數操作物件的某個方法，只要確認該物件上確實有該方法即可。例如底下 x 前後分別指定了 list 與 tuple，然而兩個物件上，都有可查詢元素索引位置的 index()方法，因此並不會出現錯誤：

```
>>> x = [1, 2, 3]
>>> x.index(2)
1
>>> x = (10, 20, 30)
>>> x.index(20)
1
>>>
```

這是動態定型語言界流行的**鴨子定型（Duck typing**[4]**）**：「**如果它走路像個鴨子，游泳像個鴨子，叫聲像個鴨子，那它就是鴨子。**」

提示 >>> Python 是動態定型語言，然而 Python 3.5 開始，納入了型態提示（Type Hints）特性，可以搭配工具程式，實現靜態型態分析，也就是執行程式前檢查型態方面的錯誤，本書從 4.3 開始，會開始運用型態提示特性。

如果想知道物件有幾個名稱參考至它，可以使用 sys.getrefcount()函式。例如：

```
>>> import sys
>>> x = [1, 2, 3]
```

---

[4] Duck typing：en.wikipedia.org/wiki/Duck_typing

```
>>> y = x
>>> z = x
>>> sys.getrefcount(x)
4
>>>
```

如果某個變數不再需要，可以使用 del 來刪除它。例如：

```
>>> x = 10
>>> x
10
>>> del x
>>> x
Traceback (most recent call last):
  File "<stdin>", line 1, in <module>
NameError: name 'x' is not defined
>>>
```

> 提示 **》》》** 在其他語言中，可以將變數設定為指定值後無法修改，Python 3.8 以後可以透過型態提示（Type Hints）的 Final，結合 mypy 之類的工具來進行靜態時期檢查，型態提示會在 4.3 談到。

3.2.2　+、-、*、/運算子

學習程式語言，加減乘除應該是很基本，不就是使用+、-、*、/運算子嗎？許多程式設計書籍也都很快地談完這個部份，不過，實際上並不是那麼簡單，畢竟你還是在跟電腦打交道，目前還沒有一個程式語言，可以高階到完全忽略電腦的物理性質，因此，有些細節還是要注意一下。

◎ 應用於數值型態

首先來看看+、-、*、/應用在數值型態時，有哪些要注意的地方。1 + 1、1 - 0.1 對你來說都不成問題，結果分別是 2、0.9，那麼你認為 0.1 + 0.1 + 0.1、1.0 - 0.8 會是多少？前者不是 0.3，後者也不是 0.2。

```
>>> 0.1 + 0.1 + 0.1
0.30000000000000004
>>> 1.0 - 0.8
0.19999999999999996
>>>
```

訝異嗎？開發人員基本上都要知道 IEEE 754 浮點數算術標準[5]，Python 也遵守此標準，這個算術標準不使用小數點，而是使用分數及指數來表示小數，例如 0.5 會以 1/2 來表示，0.75 會以 1/2＋1/4 來表示，0.875 會以 1/2＋1/4＋1/8 來表示，然而，有些小數無法使用有限的分數來表示，像是 0.1，會是 1/16＋1/32＋1/256＋1/512 ＋1/4096＋1/8192＋...沒有止境，因此造成了浮點數誤差。

那麼有這個誤差又怎麼了嗎？如果對小數點的精度要求很高的話，就要小心這個問題，像是最基本的 `0.1 + 0.1 + 0.1 == 0.3`，結果會 False，如果程式碼中有這類的判斷，那麼就會因為誤差，而使得程式行為不會是你想像的方式進行。

提示 ››› 在 Google 搜尋中輸入「算錢用浮點」，你會看到什麼搜尋建議呢？試試看吧！

如果需要處理小數，而且需要精確的結果，可以使用 `decimal.Decimal` 類別。例如：

```
operator  decimal_demo.py
import sys
import decimal

n1 = float(sys.argv[1])
n2 = float(sys.argv[2])
d1 = decimal.Decimal(sys.argv[1])
d2 = decimal.Decimal(sys.argv[2])

print('# 不使用 decimal')
print(f'{n1} + {n2} = {n1 + n2}')
print(f'{n1} - {n2} = {n1 - n2}')
print(f'{n1} * {n2} = {n1 * n2}')
print(f'{n1} / {n2} = {n1 / n2}')

print()  # 換行

print(f'{d1} + {d2} = {d1 + d2}')
print(f'{d1} - {d2} = {d1 - d2}')
print(f'{d1} * {d2} = {d1 * d2}')
print(f'{d1} / {d2} = {d1 / d2}')
```

---

[5]　IEEE Standard for Floating-Point Arithmetic：en.wikipedia.org/wiki/IEEE_floating_point

這個程式可以使用命令列引數指定兩個數字，可以觀察到是否使用的差別，一個執行範例是：

```
>python decimal_demo.py 1.0 0.8
# 不使用 decimal
1.0 + 0.8 = 1.8
1.0 - 0.8 = 0.19999999999999996
1.0 * 0.8 = 0.8
1.0 / 0.8 = 1.25

# 使用 decimal
1.0 + 0.8 = 1.8
1.0 - 0.8 = 0.2
1.0 * 0.8 = 0.80
1.0 / 0.8 = 1.25
```

要注意的是，指定數字時必須使用字串，而你也沒有看錯，decimal.Decimal 可以直接使用+、-、*、/等運算子，這樣的方便性，也是 Python 在數值運算上受歡迎的原因之一，運算結果也是以 decimal.Decimal 型態傳回。

在乘法運算上，除了可以使用*進行兩個數字的相乘之外，還可以使用**進行指數運算。例如：

```
>>> 2 ** 3
8
>>> 2 ** 5
32
>>> 2 ** 10
1024
>>> 9 ** 0.5
3.0
>>>
```

在除法運算上，有/與//兩個運算子，前著若有小數部份會加以保留，後者的運算結果只留下整數部份：

```
>>> 10 / 3
3.3333333333333335
>>> 10 // 3
3
>>> 10 / 3.0
3.3333333333333335
>>> 10 // 3.0
3.0
>>>
```

　　//會在除法運算後，針對除法結果往負方面取整數部份，結果就是不超過除法結果的最大整數，例如，10 除 3 的結果是 3.333333333…不超過這個數的最大整數部份是 3。

　　那麼 10 除以-3 呢？10 除-3 的結果是-3.333333333…不大於這個數的最大整數是-4，可以使用底下的範例來印證：

```
>>> 10 // -3
-4
>>> 10 // -3.0
-4.0
>>>
```

　　還有個%沒談到，a % b 時會進行除法運算，並取餘數作為結果。至於布林值需要進行+、-、*、/等運算時，True 會被當成是 1，False 會被當成是 0，接著再進行運算。

應用於字串型態

　　使用+運算子可以串接字串，使用*可以重複字串：

```
>>> text1 = 'Just'
>>> text2 = 'in'
>>> text1 + text2
'Justin'
>>> text1 * 10
'JustJustJustJustJustJustJustJustJustJust'
>>>
```

　　字串不可變動，因此+串接字串時產生新字串。在強型別（Strong type）與弱型別（Weak type）的光譜中，Python 偏向強型別，也就是型態間在運算時，比較不會自行發生轉換，在 Python 中，字串與數字不能進行+運算，若要進行字串串接，得將數字轉為字串，若要進行數字運算，得將字串剖析為數字。例如：

```
>>> '10' + 1
Traceback (most recent call last):
  File "<stdin>", line 1, in <module>
TypeError: Can't convert 'int' object to str implicitly
>>> '10' + str(1)
'101'
>>> int('10') + 1
11
>>>
```

◉ 應用於 list 與 tuple

list 有許多方面與字串類似，使用+運算子可以串接 list，使用*可以重複 list：

```
>>> nums1 = ['one', 'two']
>>> nums2 = ['three', 'four']
>>> nums1 + nums2
['one', 'two', 'three', 'four']
>>> nums1 * 2
['one', 'two', 'one', 'two']
>>>
```

雖然 list 本身的長度可變動，不過，+串接兩 list 會產生新 list，然後將來源兩個 list 的元素**參考**，複製至新產生的 list 上，同樣道理也應用在使用*重複 list 時，請注意，我說的是**複製參考**，而不是複製元素本身，這可以用以下的實驗來印證：

```
>>> nums1 = ['one', 'two']
>>> nums2 = ['three', 'four']
>>> nums_lt = [nums1, nums2]
>>> nums_lt
[['one', 'two'], ['three', 'four']]
>>> nums1[0], nums1[1] = '1', '2'
>>> nums_lt
[['1', '2'], ['three', 'four']]
>>>
```

在上例中，nums_lt[0]只是參考至 nums1 參考的 list，因此，透過 nums1 來修改索引位置的元素，nums_lt 取得的也會是修改過的結果。

tuple 與 list 有許多類似之處，+與*的操作在 tuple 也有同樣效果，雖然說，tuple 本身的結構不可變動，不過，這並不是指當中的元素本身也不可變動。例如：

```
>>> nums1 = ['one', 'two']
>>> nums2 = ['three', 'four']
>>> nums_tp = (nums1, nums2)
>>> nums_tp
(['one', 'two'], ['three', 'four'])
>>> nums1[0], nums1[1] = '1', '2'
>>> nums_tp
(['1', '2'], ['three', 'four'])
>>>
```

看到了嗎？`nums_tp` 本身是個 `tuple`，然而放了兩個 `list` 作為元素，`list` 是可變動的，因此才會有這樣的結果，所謂 `tuple` 本身不能變動，是指不能做 `nums_tp[0] = ['five', 'six']`這類的事。

3.2.3　比較與指定運算子

對於大於、小於、等於這類的比較，Python 提供了`>`、`>=`、`<`、`<=`、`==`、`!=`、`<>`等運算子，其中`<>`效果與`!=`相同，然而建議別再使用`<>`，使用`!=`比較清楚，`<>`只是為了相容性而存在。

這些比較運算有個很 Python 的特色，就是它們可以串接在一起，例如 `x < y <= z`，其實相當於 `x < y and y <= z`，`and` 是布林運算子，表示「而且」。如果願意，也可以像 `w == x == y == z` 這樣一直串接下去。

請注意不要將`==`、`!=`與 `is` 及 `is not` 搞混，`==`、`!=`是比較物件實際的值、狀態等的相等性，而 `is` 及 `is not` 是比較兩個物件的參考是否相等。

想知道物件是否能進行`>`、`>=`、`<`、`<=`、`==`、`!=`等比較，以及它們比較之後的結果為何，應該看看它們的`__gt__()`、`__ge__()`、`__lt__()`、`__le__()`、`__eq__()`或`__comp__()`等方法如何實作，在第 5 章談到自定義類別時，就能知道如何實作這些方法。

對於數值型態，進行`>`、`>=`、`<`、`<=`、`==`、`!=`等比較沒有問題，就是比較數字，至於其他型態，可以先知道的是，字串與 `list` 也能進行`>`、`>=`、`<`、`<=`、`==`、`!=`，字串會逐字元依字典順序來比較，因此`'AAC' < 'ABC'`會是 True，`'ACC' < 'ABC'`會是 False。你可以寫一個簡單的程式，透過命令列引數指定兩個字串，看看比較的結果：

operator　compare.py

```python
import sys

str1 = sys.argv[1]
str2 = sys.argv[2]

print(f'"{str1}" > "{str2}" ? {str1 > str2}')
print(f'"{str1}" == "{str2}" ? {str1 == str2}')
print(f'"{str1}" < "{str2}"  ? {str1 < str2}')
```

一個執行結果如下：

```
>python compare.py Justin Monica
"Justin" > "Monica"  ? False
"Justin" == "Monica" ? False
"Justin" < "Monica"  ? True
```

至於 list，則是逐元素進行比較，因[1, 2, 3] == [1, 2, 3]結果是 True，然而[1, 2, 3] > [1, 3, 3]結果會是 False。

到目前為止只看過一個指定運算子，也就是=運算子，事實上指定運算子還有以下幾個：

表 3.3 指定運算子

指定運算子	範例	結果
+=	a += b	a = a + b
-=	a -= b	a = a - b
*=	a *= b	a = a * b
/=	a /= b	a = a / b
%=	a %= b	a = a % b
&=	a &= b	a = a & b
|=	a |= b	a = a | b
^=	a ^= b	a = a ^ b
<<=	a <<= b	a = a << b
>>=	a >>= b	a = a >> b

指定運算子構成了陳述句（Statement）而不是運算式（Expression），也就是這些指定運算子不會有傳回值，因此無法作為函式呼叫時的引數，或任何需要運算式的場合，例如：

```
>>> print(a = 10)
Traceback (most recent call last):
  File "<stdin>", line 1, in <module>
TypeError: 'a' is an invalid keyword argument for print()
>>>
```

從 Python 3.8 開始，新增了指定運算式（Assignment Expressions[6]）特性，透過:=運算子，可以完成指定，而且會將指定的值作為結果傳回，例如：

---

[6] PEP 572 -- Assignment Expressions：www.python.org/dev/peps/pep-0572/

```
>>> print(a := 10)
10
>>>
```

因為:=運算子橫著看，像個海象的臉，社群中亦稱其為海象運算子（Walrus Operator），然而對其有正反面不同的看法，有些開發者認為某些場合中它很有用，另一群開發者覺得這讓指定必須區分陳述句、運算式的不同，也可能被濫用而令程式碼變得複雜。

我的看法是，一切以可讀性為優先，如果有助於閱讀程式就使用，本書後續的內容中，若有適當場合，會運用一下:=運算子。

提示 》》 在 1.1.3 的提示中談到，Guido 因為採納了海象運算子，在社群中引發極大爭議，就此宣佈永久卸下 BDFL 身份。

3.2.4 邏輯運算子

在邏輯上有所謂的「且」、「或」與「反相」，Python 也提供對應的邏輯運算子（Logical operator），分別為 and、or 及 not。底下這個程式是個簡單的示範，可以判斷命令列引數指定的兩個字串大小寫關係：

operator uppers.py

```
import sys

str1 = sys.argv[1]
str2 = sys.argv[2]

print('兩個都大寫？', str1.isupper() and str2.isupper())
print('有一個大寫？', str1.isupper() or str2.isupper())
print('都不是大寫？', not (str1.isupper() or str2.isupper()))
```

一個執行結果如下：

```
>python uppers.py Justin MONICA
兩個都大寫？ False
有一個大寫？ True
都不是大寫？ False
```

在 3.1.1 談到布林型態時曾經談過，將 None、False、0、0.0、0j、''、()、[]、{}等傳給 bool()，都會傳回 False，這些型態的其他值傳入 bool()，都會傳回 True。在 and、or、not 運算時，遇到非 bool 型態時，也是這麼判斷。例如，若 value 為 None、False、0、0.0、0j、''、()、[]、{}等其中之一,那麼 not value 結果都會是 True。

　　and、or 有捷徑運算的特性。and 左運算元若判定為假,就可以確認邏輯不成立,因此不用繼續運算右運算元;or 是左運算元判斷為真,就可以確認邏輯成立,不用再運算右運算元。當判斷確認時停留在哪個運算元,就會傳回該運算元,例如:

```
>> [] and 'Justin'
[]
>>> [1, 2] and 'Justin'
'Justin'
>>> [] or 'Justin'
'Justin'
>>> [1, 2] or 'Justin'
[1, 2]
>>>
```

3.2.5　&、|、^、~運算子

　　在數位設計上有 AND、OR、NOT、XOR 與補數運算,在 Python 中提供對應的位元運算子(Bitwise Operator),分別是&(AND)、|(OR)、^(XOR)與~(補數)。如果不會基本位元運算,可以從以下範例瞭解各個位元運算結果:

```
operator  bitwise_demo.py
print('AND 運算:')
print('0 AND 0 {:5d}'.format(0 & 0))
print('0 AND 1 {:5d}'.format(0 & 1))
print('1 AND 0 {:5d}'.format(1 & 0))
print('1 AND 1 {:5d}'.format(1 & 1))

print('\nOR 運算:')
print('0 OR 0 {:6d}'.format(0 | 0))
print('0 OR 1 {:6d}'.format(0 | 1))
print('1 OR 0 {:6d}'.format(1 | 0))
print('1 OR 1 {:6d}'.format(1 | 1))

print('\nXOR 運算:')
print('0 XOR 0 {:5d}'.format(0 ^ 0))
print('0 XOR 1 {:5d}'.format(0 ^ 1))
print('1 XOR 0 {:5d}'.format(1 ^ 0))
print('1 XOR 1 {:5d}'.format(1 ^ 1))
```

執行結果就是各個位元運算的結果：

```
AND 運算：
0 AND 0    0
0 AND 1    0
1 AND 0    0
1 AND 1    1

OR 運算：
0 OR 0     0
0 OR 1     1
1 OR 0     1
1 OR 1     1

XOR 運算：
0 XOR 0    0
0 XOR 1    1
1 XOR 0    1
1 XOR 1    0
```

位元運算是逐位元運算，例如 10010001 與 01000001 作 AND 運算，是一個一個位元對應運算，答案就是 00000001。補數運算是將所有位元 0 變 1，1 變 0。例如 00000001 經補數運算就會變為 11111110：

```
>>> 0b10010001 & 0b01000001
1
>>> number1 = 0b0011
>>> number1
3
>>> ~number1
-4
>>> number2 = 0b1111
>>> number2
15
>>> ~number2
-16
>>>
```

number1 的 0011 經補數運算就變成 1100，這個數在電腦中以二補數[7]來表示就是-4。要注意的是，Python 的整數是有號整數，使用二進位實字寫法表示一個整數時，例如用 0b1111 表示 15，實際上 1111 更左邊的位元會是 0，經過補數運算後，1111 的部份會變成 0000，而更左邊的位元變成 1，整個值用二補數來表示就是-16。

---

[7] Two's complement：en.wikipedia.org/wiki/Two%27s_complement

在位元運算上，Python 還有左移（<<）與右移（>>）兩個運算子，左移運算子會將所有位元往左移指定位數，左邊被擠出去的位元會被丟棄，而右邊補上 0；右移運算則是相反，會將所有位元往右移指定位數，右邊被擠出去的位元會被丟棄，至於最左邊補上原來的位元，如果左邊原來是 0 就補 0，1 就補 1。

使用左移運算來作簡單的 2 次方運算示範：

operator shift_demo.py

```
number = 1
print('2 的 0 次方: ', number);
print('2 的 1 次方: ', number << 1)
print('2 的 2 次方: ', number << 2)
print('2 的 3 次方: ', number << 3)
```

執行結果：

```
2 的 0 次方:  1
2 的 1 次方:  2
2 的 2 次方:  4
2 的 3 次方:  8
```

實際來左移看看，就知道為何可以如此作次方運算了：

```
00000001 → 1
00000010 → 2
00000100 → 4
00001000 → 8
```

實際上，&、|、^ 不只能用在數值型態上，還可以應用在 set 型態，這是 Python 中最有趣也最實用的特性之一。例如，若想比較兩個使用者群組的狀態，可以如下：

operator groups.py

```
import sys

admins = {'Justin', 'caterpillar'}
users = set(sys.argv[1:])
print('站長：{}'.format(admins & users))
print('非站長：{}'.format(users - admins))
print('全部使用者：{}'.format(admins | users))
print('身份不重複使用者：{}'.format(admins ^ users))
print('站長群包括使用者群？{}'.format(admins > users))
print('使用者群包括站長群？{}'.format(admins < users))
```

使用在 set 型態時，&可用來進行交集，|可用來做聯集，^可用來做互斥，除此之外，上面的程式中也看到了，-可用來做減集，>、<（以及>=、<=、==）可用來測試兩集合的包括關係。一個測試範例如下：

```
>python groups.py Justin Monica momor Irene hamimi
站長：{'Justin'}
非站長：{'Monica', 'momor', 'Irene', 'hamimi'}
全部使用者：{'caterpillar', 'Monica', 'momor', 'Irene', 'Justin', 'hamimi'}
身份不重複使用者：{'caterpillar', 'momor', 'Irene', 'hamimi', 'Monica'}
站長群包括使用者群？False
使用者群包括站長群？False
```

在上面的範例中，看到了 sys.argv[1:]這個程式碼，這是 Python 的切片（Slicing）運算，意思是將 sys.argv 索引 1 開始，至 list 尾端的全部元素，切出成為新的 list，這是為了取得使用者輸入的命令列引數（因為 sys.argv[0] 是.py 檔案名稱），之後再交給 set()轉換為 set 型態。稍後將會認識更多切片運算的方式。

從 Python 3.9 開始，|可以應用在 dict 型態，作用是合併 dict，傳回新 dict，若作為運算元的 dict 有重複鍵值，傳回的 dict 會使用|右運算元的鍵值，例如 3.1.3 談到 dict 合併時的範例，可以如下簡化：

```
>>> d1 = {'a': 10, 'b': 20}
>>> d2 = {'b': 30, 'c': 40}
>>> r = d1 | d2
>>> r
{'a': 10, 'b': 30, 'c': 40}
>>>
```

3.2.6　索引切片運算子

在 Python 的內建型態中，只要具有索引特性，基本上都能進行切片運算，像是字串、list、tuple 等，底下以字串為例，來示範幾個切片運算：

```
>>> name = 'Justin'
>>> name[0:3]
'Jus'
>>> name[3:]
'tin'
>>> name[:4]
'Just'
>>> name[:]
'Justin'
```

```
>>> name[:-1]
'Justi'
>>> name[-5:-1]
'usti'
>>>
```

上頭示範了切片運算時，可以是[start:end]形式，也就是指定起始索引（包括）與結尾索引（不包括）來切出子字串。如果是[start:]形式，只指定起始索引，不指定結尾索引，表示切出從起始索引至字串結束間的子字串。若是[:end]形式，只指定結尾索引，不指定起始索引，表示切出從 0 索引至（不包括）結尾索引間的子字串。若兩個都不指定，也就是[:]的話，就相當於複製字串了。

Python 中的索引，不僅可指定正值，還能指定負值，實際上了解索引意義的開發人員，都知道索引其實就是相對第一個元素的偏移值，在 Python 中，正值索引就是指正偏移值，負值索引就是負偏移值，也就是-1 索引就是倒數第一個元素，-2 索引就是倒數第二個元素。

在切片運算時，起始索引與結尾索引都可以指定負值，實際上，省略結尾索引時，就相當於結尾索引使用-1（省略起始索引時，就相當於使用 0）。

切片運算的另一個形式是[start:end:step]，意思是切出起始索引與結尾索引（不包括）之間，每次間隔 step 元素的內容（也就是省略 step 時，就相當於使用 1）。例如：

```
>>> name = 'Justin'
>>> name[0:4:2]
'Js'
>>> name[2::2]
'si'
>>> name[:5:2]
'Jsi'
>>> name[::2]
'Jsi'
>>> name[::-1]
'nitsuJ'
>>>
```

注意最後一個範例，當 step 指定為正時，表示正偏移每 step 個取出元素，間隔指定為負時，表示負偏移每 step 個取出元素。[::-1]表示從索引 0 至結尾，以負偏移 1 方式取得字串，結果就是反轉字串了。

以上的操作，對於 tuple 也是適用的，來幾個簡單的例子：

```
>>> nums = 10, 20, 30, 40, 50
>>> nums[0:3]
(10, 20, 30)
>>> nums[1:]
(20, 30, 40, 50)
>>> nums[:4]
(10, 20, 30, 40)
>>> nums[-5:-1]
(10, 20, 30, 40)
>>> nums[::-1]
(50, 40, 30, 20, 10)
>>>
```

在使用 [:] 時要注意，[:] 只是做淺層複製（Shallow copy），也就是複製元素時只複製元素的參考，而不是複製整個元素內容，對於字串來說，這不會造成什麼困擾，不過，若是 tuple 或 list 中包含可變動元素，就要注意了：

```
>>> nums1 = [10, 20, 30, 40, 50]
>>> nums2 = [60, 70, 80, 90, 100]
>>> tlp1 = (nums1, nums2)
>>> tlp2 = tlp1[:]
>>> tlp2[0][0] = 1
>>> tlp1
([1, 20, 30, 40, 50], [60, 70, 80, 90, 100])
>>>
```

由於只複製元素的參考，因此在上面範例中，對 tlp2 索引 0 的 list 修改內容，透過 tlp1 也就看到了修改的結果。

若是 list 這類元素可變動的結構，在進行切片運算時，還可以進行元素取代，例如：

```
>>> lt = ['one', 'two', 'three', 'four']
>>> lt[1:3] = [2, 3]
>>> lt
['one', 2, 3, 'four']
>>> lt[1:3] = ['ohoh']
>>> lt
['one', 'ohoh', 'four']
>>> lt[:] = []
>>> lt
[]
```

事實上，與其說是取代元素，不如說是會將指定的索引範圍元素清除，再將指定的 list 之元素放入，因此，對於 lt[1:3] = ['ohoh']，有兩個元素消失了，只置入了一個'ohoh'，而對於 lt[:] = [] 這樣的指定，就相當於清空元素了（實際上是讓 lt 參考至[]）。

對於可變動的 list，若要直接刪除某一段元素，也可以使用 del 結合切片運算。例如：

```
>>> lt = ['one', 'two', 'three', 'four']
>>> del lt[1:3]
>>> lt
['one', 'four']
>>>
```

3.2.7　*與**拆解運算子

Python 3 以後，可以使用*來拆解可迭代物件，這特性稱為 Extended Iterable Unpacking[8]，例如：

```
>>> a, *b = (1, 2, 3, 4, 5)          # 拆解 tuple
>>> a
1
>>> b
[2, 3, 4, 5]
>>> a, *b, c = [1, 2, 3, 4, 5]       # 拆解 list
>>> a
1
>>> b
[2, 3, 4]
>>> c
5
>>> a, *b, c = range(5)              # 拆解 range
>>> a
0
>>> b
[1, 2, 3]
>>> c
4
>>> a, *b = {1, 2, 3}                # 拆解 set
>>> a
1
>>> b
[2, 3]
```

---

[8]　PEP 3132 -- Extended Iterable Unpacking：www.python.org/dev/peps/pep-3132/

```
>>> a, *b = {'x': 1, 'y': 2, 'z': 3}   # 拆解 dict
>>> a                                   # 取得的是鍵
'x'
>>> b
['y', 'z']
>>>
```

在某個變數上指定星號「*」，其他變數被分配了單一個值之後，剩餘的元素，就會以 list 指定給標上了星號的變數。

Python 3.5 以後，增加了 Additional Unpacking Generalizations[9]特性，可以將可迭代物件拆解至 list、set、tuple、dict，以 set 為例：

```
>>> s1 = {'哈', '囉'}
>>> s2 = {'哈', '啦'}
>>> r = {*s1, *s2}
>>> r
{'啦', '囉', '哈'}
>>>
```

這成為合併 set、list、tuple 的另一種方式；雖然*也可以應用於 dict，不過僅會拆解出鍵，若想同時拆解出鍵值，可以使用**，例如：

```
>>> d1 = {'a': 10, 'b': 20}
>>> d2 = {'b': 30, 'c': 40}
>>> r1 = {*d1, *d2}
>>> r2 = {**d1, **d2}
>>> r1
{'c', 'b', 'a'}
>>> r2
{'a': 10, 'b': 30, 'c': 40}
>>>
```

在 Python 3.5 以後，3.9 之前，**的這個新特性，可用來簡單地合併多 dict，當然，如 3.2.5 中談過的，Python 3.9 以後，可以透過|來更簡單地合併 dict。

9　PEP 448 - Additional Unpacking Generalizations：www.python.org/dev/peps/pep-0448/

3.3 重點複習

Python 的資料都是物件，然而可以使用實字方式來撰寫一些內建型態。想知道某個資料的型態，可以使用 type()函式。

從 Python 3 以後，整數型態為 int，不區分整數與長整數，整數的長度不受限制（除了硬體物理上的限制之外）。

如果有個字串是'3.14'，想取得整數部份並剖析為 int，不可以直接使用 int()，這樣會出現 ValueError 錯誤，要先使用 float()剖析為 float，接著再用 int()取得 int 整數。

將 None、False、0、0.0、0j（複數）、''（空字串）、()（空 Tuple）、[]（空清單）、{}（空字典）等傳給 bool()，都會傳回 False，這些型態的其他值傳入 bool()，都會傳回 True。

Python 支援複數的實字表示，撰寫時使用 a + bj 的形式，複數是 complex 類別的實例，可以直接對複數進行數值運算。

可以使用''或""包括文字，兩者在 Python 中具相同作用，都是產生 str 實例，可視情況互換。想使用原始字串表示，只要在字串前加上 r 即可。如果字串內容必須跨越數行，可以使用三重引號，在三重引號間輸入的任何內容，在最後的字串會照單全收，像是包括換行、縮排等。

print()函式的顯示預設是會換行，print()有個 end 參數，在指定的字串顯示之後，end 參數指定的字串就會輸出。

Python 3.x 基本上支援兩種格式化方式，一種舊式（從 Python 2 就存在），一種新式（從 Python 2.6 以後開始支援），目前兩種方式都很常見，從 Python 3.6 開始，還支援格式化字串實字。

Python 3 以後，每個字串都包含了 Unicode 字元，每個字串都是 str 型態。如果想將字串轉為指定的編碼實作，可以使用 encode()方法指定編碼，取得一個 bytes 實例，當中包含了位元組資料，如果有個 bytes 實例，也可以使用 decode()方法，指定該位元組代表的編碼，將 bytes 解碼為 str 實例。

可以在字串前加上個 b 來建立一個 bytes，這是從 Python 3.3 以後開始支援的語法，相對地，也可以在字串前加上一個 u，結果會是個 str。在 Python 3 之後，字串預設就是 str，因此不用特別加上 u，這個語法是為了增加與 Python 2 的相容性而增加。

set 中的元素必須都是 hashable。

建立 dict 時，每個鍵會用來取得對應的值，dict 中的鍵不重複，必須是 hashable。

如果要取得 dict 中的每一對鍵值，可以使用 items() 方法，這會以 dict_items 物件，可使用 Tuple 取得每一對鍵值。如果只要取得鍵，可以使用 keys() 方法，這會傳回 dict_keys 物件，可以逐一取得每個鍵。如果要取得值，可以使用 values() 方法，這會傳回 dict_values 物件。

Tuple 許多地方都跟 list 很像，是有序結構，可以使用 [] 指定索引取得元素，不過 Tuple 建立之後，就不能變動了。

Python 屬於動態定型語言，變數本身並沒有型態資訊，變數始終是個參考至實際物件的名稱，指定運算只是改變了變數的參考對象，同一個變數可以前後指定不同的資料型態，若想透過變數操作物件的某個方法，只要確認該物件上確實有該方法即可。

動態定型語言界流行的鴨子定型：「如果它走路像個鴨子，游泳像個鴨子，叫聲像個鴨子，那它就是鴨子。」

開發人員基本上都要知道 IEEE 754 浮點數算術標準，Python 也遵守此標準，這個算術標準不使用小數點，而是使用分數及指數來表示小數。

如果需要處理小數，而且需要精確的結果，那麼可以使用 decimal.Decimal 類別。decimal.Decimal 可以直接使用 +、-、*、/ 等運算子。

在強型別與弱型別的光譜中，Python 偏向強型別，也就是型態間在運算時，比較不會自行發生轉換，在 Python 中，字串與數字不能進行 + 運算，若要進行字串串接，得將數字轉為字串，若要進行數字運算，得將字串剖析為數字。

+串接兩 list，實際上會產生新的 list，然後將原有兩個 list 中的元素參考，複製至新產生的 list 上，同樣道理也應用在使用*重複 list 時，複製參考，而不是複製元素本身。

<>效果與!=相同，不過建議不要再用<>，使用!=比較清楚，<>只是為了相容性而存在。

比較運算有個很 Python 的特色，就是它們可以串接在一起，例如 x < y <= z，其實相當於 x < y and y <= z。

從 Python 3.8 開始，新增了指定運算式特性，透過:=運算子，可以完成指定，而且會將指定的值作為結果傳回。

and、or 有捷徑運算的特性。and 左運算元若判定為假，就可以確認邏輯不成立，因此不用繼續運算右運算元；or 是左運算元判斷為真，就可以確認邏輯成立，不用再運算右運算元。當判斷確認時停留在哪個運算元，就會傳回該運算元。

&、|、^不只能用在數值型態上，還可以應用在 set 型態；從 Python 3.9 開始，|可以應用在 dict 型態。

在 Python 的內建型態中，只要具有索引特性，基本上都能進行切片運算。Python 中的索引，不僅可指定正值，還可以指定負值。

在使用[:]時要注意，[:]只是做淺層複製，也就是複製元素時只複製元素的參考，而不是複製整個元素。

Python 3 以後，可以使用*來拆解可迭代物件，稱為 Extended Iterable Unpacking，Python 3.5 以後，增加了 Additional Unpacking Generalizations 特性。

3.4 　課後練習

實作題

1. 建立一個程式，可用命令列引數接受使用者輸入的字串清單，列出清單中不重複的字串與數量。例如要有以下的執行結果：

```
>python exercise1.py your right brain has nothing left and your left brain
has nothing right
有 7 個不重複字串：{'left', 'has', 'your', 'right', 'nothing', 'brain', 'and'}
```

2. 建立一個程式，可用命令列引數接受使用者輸入的字串清單，第一個參數可用來指定查詢後續參數某字串出現的次數。例如要有以下的執行結果：

```
>python exercise2.py brain your right brain has nothing left and your left
brain has nothing right
brain 出現了 2 次。
```

提示：list、str、tuple 等型態，都有個 count() 方法，詳情可參閱：docs.python.org/3/library/stdtypes.html#common-sequence-operations。

流程語法與函式

4.1 流程語法

現實生活中待解決的事千奇百怪，在電腦發明以後，想使用電腦解決的需求也是各式各樣：「如果」發生了…，就要…；「對於」…，就一直執行…；「如果」…，就「中斷」…。為了告訴電腦特定條件下該執行的動作，要使用各種條件式來定義程式執行的流程。

4.1.1 if 分支判斷

流程語法中最簡單也最常見的是 if 分支判斷，在 Python 中是這樣寫的：

```
basic  hello.py
import sys

name = 'Guest'
if len(sys.argv) > 1:
    name = sys.argv[1]

print(f'Hello, {name}')
```

在 **Python** 中，程式區塊是使用冒號「**：**」開頭，同一區塊範圍要有相同的縮排，不可混用不同空白數量，不可混用空白與 **Tab**，**Python** 建議使用四個空白作為縮排。

這個範例中，預設的名稱是 'Guest'，如果執行時提供命令列引數，sys.argv 的長度就會大於 1（記得索引 0 會是.py 檔案名稱），len(sys.argv) > 1 的結果是 True，if 條件成立，因而將 name 設定為使用者提供的命令列引數。一個執行範例如下：

```
>python hello.py
Hello, Guest

>python hello.py Justin
Hello, Justin
```

if 可以搭配 else，在 if 條件不成立時，執行 else 中定義的程式碼，例如寫個判斷數字為奇數或偶數的範例：

Lab.

basic is_odd.py

```
import sys

number = int(sys.argv[1])
if number % 2:
    print('f{number} 為奇數')
else:
    print(f'{number} 為偶數')
```

若是偶數，那麼 number % 2 就會是 0，在 if 判斷式中就會被認定為 False，因此會執行 else 區塊內容。一個執行範例如下：

```
>python is_odd.py 10
10 為偶數

>python is_odd.py 9
9 為奇數
```

Python 的區塊定義方式，可以避免 C/C++、Java 這類 C-like 語言中，某些不明確的狀況。例如在 C-like 語言中，可能會出現這樣的程式碼：

```
if(condition1)
    if(condition2)
        doSometing();
else
    doOther();
```

乍看之下，else 似乎是與第一個 if 配對，但實際上，else 是與最近的 if 配對，也就是第二個 if。在 Python 中的區塊定義，就沒有這個問題：

```
if condition1:
    if condition2:
        do_something()
else:
    do_other()
```

以上例而言，else 必定是與第一個 if 配對，如果是下例，else 必定是與第二個 if 配對：

```
if condition1:
    if condition2:
        do_something()
    else:
        do_other()
```

提示 》》》 Apple 曾經提交一個 iOS 上的安全更新：support.apple.com/kb/HT6147
原因是在某個函式中有兩個連續的縮排：

```
...
if ((err = SSLHashSHA1.update(&hashCtx, &signedParams)) != 0)
        goto fail;
        goto fail;
if ((err = SSLHashSHA1.final(&hashCtx, &hashOut)) != 0)
        goto fail;
...
```

因為縮排在同一層，閱讀程式碼時大概也就沒注意到，又沒有{與}定義區塊，
結果就是 goto fail 無論如何都會被執行到的錯誤。

如果有多重判斷，可以使用 if..elif..else 結構。例如：

basic grade.py

```
score = int(input('輸入分數：'))
if score >= 90:
    print('得 A')
elif 90 > score >= 80:
    print('得 B')
elif 80 > score >= 70:
    print('得 C')
elif 70 > score >= 60:
    print('得 D')
else:
    print('不及格')
```

一個執行範例如下：

```
>python grade.py
輸入分數：88
得 B
```

在 Python 中有個 if..else 運算式語法。直接來看看如何改寫先前 is_odd.py
的程式碼：

basic is_odd2.py

```
import sys

number = int(sys.argv[1])
print('{} 為 {}'.format(number, '奇數' if number % 2 else '偶數'))
```

當 if 的條件式成立時，會傳回 if 前的數值，若不成立則傳回 else 後的數值，這個程式的執行結果，與 is_odd.py 是相同的。

4.1.2　`while` 迴圈

Python 提供 while 迴圈，可根據指定條件式來判斷是否執行迴圈本體，語法如下所示：

```
while 條件式:
    陳述句
else:
    陳述句
```

在條件式成立時，會執行 while 區塊，至於可與 while 搭配的 else，是其他語言幾乎沒有的特色，**不建議使用**，原因稍後再來說明。先來看個很無聊的遊戲，看誰可以最久不碰到 5 這個數字：

---

basic　lucky5.py

```
from random import randint
                    ❶隨機產生 0 到 9 的數
                         ↓
while (number := randint(0, 9)) != 5:  ←──── ❷如果不是 5 就執行迴圈
    print(number)

print('我碰到 5 了....Orz')
```

---

random 的 randint() 函式會隨機產生 0 到 9 的整數❶，這邊運用了 Python 3.8 新增的海象運算子指定給 number，加上括號表示指定運算式會先運算，之後再判斷 number 是否為 5，若判斷為 True 就執行迴圈❷。一個參考的執行結果如下：

```
1
1
9
8
7
我碰到 5 了....Orz
```

運用迴圈的場合，可能是海象運算子的使用，就這個例子來說，若不使用海象運算子，要有相同執行結果，可以如下撰寫：

```
from random import randint

number = 0
```

```
while number != 5:
    number = randint(0, 9)
    if number == 5:
        break

    print(number)

print('我碰到 5 了....Orz')
```

在迴圈中若執行 break，就會中斷迴圈，因此在 number 為 5 的情況下，print(number)不會被執行；相對之下，使用海象運算子的版本比較簡潔。

至於可跟 while 搭配的 else，乍看會以為類似 if...else，誤認為若沒有執行 while 迴圈，就執行 else 的部份，然而實際上，若 while 迴圈正常執行結束，也會執行 else 的部份。

```
>>> while False:
...     print('while')
... else:
...     print('else')
...
else
>>> num = 0
>>> while num == 0:
...     print('while')
...     num = 1
... else:
...     print('else')
...
while
else
>>>
```

若不想讓 else 執行，必須是 while 中因為 break 而中斷迴圈，底下是求最大公因數的程式，程式碼經過特別安排，或許會比較好懂這個邏輯：

basic gcd.py

```
print('輸入兩個數字...')

m = int(input('數字 1: '))
n = int(input('數字 2: '))

while n != 0:
    r = m % n
    m = n
    n = r
    if m == 1:
```

```
        print('互質')
        break        ◄── break 可用來中斷迴圈
else:
    print("最大公因數：", m)
```

　　在上面的範例中，如果求出的最大公因數是 1，顯示兩數互質並使用 break，在迴圈中若遇到了 break，迴圈就會中斷，此時就不會執行 else。一個執行結果如下：

```
>python gcd.py
輸入兩個數字...
數字 1: 20
數字 2: 16
最大公因數： 4

>python gcd.py
輸入兩個數字...
數字 1: 10
數字 2: 3
互質
```

　　在範例程式碼中，特別使用粗體標示的部份，活像組成了一對 if…else，「if 某條件而執行 break 了，就不會執行 else」，或者反過來想「if 沒有執行 break，就執行 else」，這樣或許會比較能理解 while 與 else 的關係吧！

　　無論如何，這實在太難懂了，**建議別使用 while 與 else 的形式**，上頭的範例，改成以下寫法才容易理解：

basic gcd2.py

```
print('輸入兩個數字...')

m = int(input('數字 1: '))
n = int(input('數字 2: '))

while n != 0:
    r = m % n
    m = n
    n = r

if m == 1:
    print('互質')
else:
    print("最大公因數：", m)
```

4.1.3 **for in** 迭代

如果想循序迭代某個序列，例如字串、list、tuple，可以使用 for in 陳述句。例如，迭代使用者提供的命令列引數，轉為大寫後輸出。

```
basic  uppers.py

import sys

for arg in sys.argv:
    print(arg.upper())
```

要被迭代的序列，是放在 in 之後，對於字串、list、tuple 等具索引特性的序列，for in 會依索引順序逐一取出元素，並指定給 in 之前的變數。一個執行結果如下：

```
>python uppers.py justin monica irene
UPPERS.PY
JUSTIN
MONICA
IRENE
```

如果在迭代的同時，需要同時提供索引資訊，那麼有幾個方式，例如使用 range()函式產生一個指定的數字範圍，使用 for in 進行迭代，再利用迭代出來的數字作為索引。例如：

```
>>> for i in range(len(name := 'Justin')):
...     print(i, name[i])
...
0 J
1 u
2 s
3 t
4 i
5 n
>>>
```

range()函式的形式是 range(start, stop[, step])，start 省略時，預設是 0，step 是步進值，省略時預設是 1，因此上例中，range(len(name := 'Justin'))的結果，會產生 0 到 5 的數字。

你也可以使用 zip()函式，將兩個序列的各元素，像拉鏈般一對一配對（這就是為什麼它叫 zip 的原因，實際上 zip()可以接受多個序列），產生一個新的 list，當中每個元素都是個 tuple，包括了配對後的元素。

```
>>> list(zip([1, 2, 3], ['one', 'two', 'three']))
[(1, 'one'), (2, 'two'), (3, 'three')]
>>>
```

　　zip()函式會傳回一個 zip 物件，這個物件實際上還不包括真正配對後的元素，也就是具有惰性求值的特性（range()產生的 range 物件也是）。zip 物件可以使用 for in 迭代，因此若迭代時需要索引資訊，可以如下：

```
name = 'Justin'
for i, c in zip(range(len(name)), name):
    print(i, c)
```

　　在這邊還使用了 tuple 拆解的特性，將每一對 tuple 中的元素，拆解指定給 i 與 c 變數。

　　實際上，若真的要迭代時具有索引資訊，建議使用 enumerate()函式而不是 range()函式，enumerate()會傳回 enumerate 物件，一樣具有惰性求值特性，且可使用 for in 迭代，enumerate 可取得 tuple 元素，例如：

```
>>> list(enumerate('Justin'))
[(0, 'J'), (1, 'u'), (2, 's'), (3, 't'), (4, 'i'), (5, 'n')]
>>>
```

　　因此，迭代時具有索引資訊，也可以使用以下方式：

```
for i, c in enumerate('Justin'):
    print(i, c)
```

　　預設的情況下，enumerate()會從 0 開始計數，如果想從其他數字開始，可以在 enumerate()的第二個引數指定。例如從 1 開始：

```
for i, c in enumerate('Justin', 1):
    print(i, c)
```

　　實際上，在之後章節你會看到，只要是實作了__iter__()方法的物件，都可以透過__iter__()方法傳回一個迭代器（Iterator），這個迭代器可以使用 for in 來迭代，像是之前的 range、zip、enumerate 物件就是如此。

提示 »» 　迭代器是具有__next__()方法的物件，可以使用 next()方法對其進行迭代，4.2.6 會談到的產生器，也是一種迭代器，屆時會看到 next()方法之使用，第 9 章也會對迭代器詳加討論。

set 也實作了 __iter__() 方法，因此可以進行迭代，不過因為 set 是無序的，只能迭代出元素，但不一定是你想要的順序。

至於想要迭代 dict 鍵值的話，可以使用它的 keys()、values()或 items() 方法，它們各會傳回 dict_keys、dict_values、dict_items 物件，都實作了 __iter__() 方法，因此也可以使用 for in 迭代。舉例來說，來同時迭代 dict 的鍵值：

```
>>> passwds = {'Justin' : 123456, 'Monica' : 54321}
>>> for name, passwd in passwds.items():
...     print(name, passwd)
...
Justin 123456
Monica 54321
>>>
```

因為 dict_items 的元素是 tuple，各包括了一對鍵、值，同樣地，這邊使用了 tuple 拆解的特性，將 tuple 的鍵、值拆解給 name 與 passwd 變數。如果直接針對 dict 進行 for in 迭代，預設會進行鍵的迭代。

類似 while 可與 else 配對，for in 也有個與 else 配對的形式，若不想讓 else 執行，必須是 for in 中因為 break 而中斷迭代，不過**建議別使用 for in…else 的形式**，如果真的想看個應用，底下是個例子，可用來判斷指定的數字是否為質數：

```
basic is_prime.py
```
```
number = int(input('輸入數字：'))
half = number // 2
for num in range(2, half + 1):
    if number % num == 0:
        print(f'{number} 不是質數')
        break      ◄─── break 可用來中斷迭代
else:
    print(f'{number} 是質數')
```

4.1.4　pass、break、continue

有時在某個區塊中，並不想做任何的事情，或者是稍後才會寫些什麼，對於還沒打算寫任何東西的區塊，可以放個 pass。例如：

```
if is_prime:
    print('找到質數')
```

```
else:
    pass
```

pass 就真的是 pass，什麼都不做，只是用來維持程式碼語法結構的完整性，雖然如此，未來也許會常常用到它，因為經常地，你會想要做些小測試，或者是先執行一下程式，看看其他已撰寫好的程式碼是否如期運作，這時 pass 就會派上用場。

至於 break，在先前談 while 與 for in 時已經知道它的功能了，分別可用來中斷 while 迴圈、for in 的迭代，在這邊再提一次，是為了與 continue 對照。在 while 迴圈中遇到 continue 的話，此次不執行後續的程式碼，直接進行下次迴圈，在 for in 迭代遇到 continue 的話，此次不執行後續的程式碼，直接進行下次迭代。

以下是利用 continue 的特性，實作出一個只顯示小寫字母的程式：

basic　show_uppers.py

```python
for letter in input('輸入一個字串：'):
    if letter.isupper():
        continue

    print(letter, end='')
```

這個範例在遇到大寫字母時，就會執行 continue，因此該次不會執行 print()。一個執行範例如下：

```
>python show_uppers.py
輸入一個字串：This is a Question!
his is a uestion!
```

4.1.5　for Comprehension

如果使用者輸入的命令列引數是數字，想將這些數字全部進行平方運算，該怎麼做呢？現在的你，也許會想出這樣的寫法：

```python
import sys

squares = []
for arg in sys.argv[1:]:
    squares.append(int(arg) ** 2)

print(squares)
```

將一個 list 轉為另一個 list，是很常見的操作，Python 針對這類需求，提供了 for Comprehension 語法，你可以如下實現需求：

basic square.py

```
import sys

squares = [int(arg) ** 2 for arg in sys.argv[1:]]
print(squares)
```

對於 for arg in sys.argv[1:]這部份，其作用是逐一迭代出命令列引數指定給 arg 變數，之後執行 for 左方的 int(arg) ** 2 運算，使用[]含括起來，表示每次迭代的運算結果，會被收集為一個 list。一個執行結果如下：

```
>python square.py 10 20 30
[100, 400, 900]
```

for Comprehension 也可以與條件式結合，這可以構成一個過濾的功能。例如想收集某個 list 中的奇數元素至另一 list，在不使用 for Comprehension 下，可以如下撰寫：

```
import sys

odds = []
for arg in sys.argv[1:]:
    if int(arg) % 2:
        odds.append(arg)

print(odds)
```

若使用 for Comprehension 的話，可以改寫為以下的程式碼：

basic odds.py

```
import sys

odds = [arg for arg in sys.argv[1:] if int(arg) % 2]
print(odds)
```

在這個例子中，只有在 if 條件式成立時，for 左邊的運算式才會被執行，並收集為最後結果 list 中的元素。一個執行結果如下：

```
>python odds.py 11 8 9 5 4 6 3 2
['11', '9', '5', '3']
```

　　如果要形成巢狀結構也是可行的，不過建議別太過火，不然可讀性會迅速降低。簡單地將矩陣表示為一維的 list 倒還不錯：

```
>>> matrix = [
...     [1, 2, 3],
...     [4, 5, 6],
...     [7, 8, 9]
... ]
>>> array = [element for row in matrix for element in row]
>>> array
[1, 2, 3, 4, 5, 6, 7, 8, 9]
>>>
```

　　另一個例子是，使用 for Comprehension 來取得兩個序列的排列組合：

```
>>> [letter1 + letter2 for letter1 in 'Justin' for letter2 in 'momor']
['Jm', 'Jo', 'Jm', 'Jo', 'Jr', 'um', 'uo', 'um', 'uo', 'ur', 'sm', 'so', 'sm',
 'so', 'sr', 'tm', 'to', 'tm', 'to', 'tr', 'im', 'io', 'im', 'io', 'ir', 'nm',
 'no', 'nm', 'no', 'nr']
>>>
```

　　在 for Comprehension 兩旁放上[]，表示會產生 list，如果資料來源很長，或者資料來源本身，是個有惰性求值特性的產生器時，直接產生 list 顯得沒有效率，這時可以在 for Comprehension 兩旁放上()，這樣的話就會建立一個 generator 物件，具有惰性求值特性。

　　舉個例子來說，Python 有個 sum() 函式，可以計算指定序列的數字加總值，像是若傳遞 sum([1, 2, 3]) 的話，結果會是 6。如果想計算 1 到 10000 的加總值呢？使用 sum([n for n in range(1, 10001)]) 是可以達到目的，不過，這會先產生具有 10000 個元素的 list，然後再交給 sum() 函式運算，此時可以寫成 sum(n for n in range(1, 10001))，就不會有產生 list 的負擔。

　　這邊其實也在說明，只要寫 n for n in range(1, 10001) 就是個產生器運算式了，因此在傳給 sum() 函式時，不必再寫成 sum((n for n in range(1, 10001)))，需要加上括號的情況，是在需要直接參考一個產生器的時候，例如 g = (n for n in range(1, 10001)) 的情況。

　　for Comprehension 也可用來建立 set，只要在 for Comprehension 兩旁放上{}。例如，建立一個 set，其中包括了來源字串中不重複的大寫字母。

```
>>> text = 'Your Right brain has nothing Left. Your Left brain has nothing
Right'
>>> {c for c in text if c.isupper()}
```

```
{'Y', 'R', 'L'}
>>>
```

若是想使用 for Comprehension 來建立 dict 實例，也是可行的。例如：

```
>>> names = ['Justin', 'Monica', 'Irene']
>>> passwds = [123456, 654321, 13579]
>>> {name : passwd for name, passwd in zip(names, passwds)}
{'Justin': 123456, 'Irene': 13579, 'Monica': 654321}
>>>
```

上面的 zip 函式，將 names 與 passwds 兩兩相扣在一起成為 tuple，每個 tuple 中的一對元素，會在 for Comprehension 中拆解指定給 name 與 passwd，最後 name 與 passwd 組成 dict 的每一對鍵值。

那麼，可以使用 for Comprehension 建立 tuple 嗎？可以的，不過不是在 for Comprehension 兩旁放上 ()，這樣的話就會建立一個 generator 物件，而不是 tuple，想要用 for Comprehension 建立 tuple 的話，可以將 for Comprehension 產生器運算式傳給 tuple()。例如：

```
>>> tuple(n for n in range(10))
(0, 1, 2, 3, 4, 5, 6, 7, 8, 9)
>>>
```

4.2 定義函式

在學會了流程語法之後，你也開始能撰寫一些小程式，依不同的條件計算出不同的結果了，然而可能會發現有些流程你一用再用，老是複製、貼上、修改變數名稱，讓程式碼顯得笨拙而不易維護，你可以將可重用的流程定義為函式，之後直接呼叫函式來重用這些流程。

4.2.1 使用 def 定義函式

當開始為了重用某個流程，而複製、貼上、修改變數名稱時，或者發現到兩個或多個程式片段極為類似，只有當中幾個計算用到的數值或變數不同時，就可以考慮將那些片段定義函式。例如發現到程式中...

```
# 其他程式片段...
max1 = a if a > b else b
# 其他程式片段...
```

```
max2 = x if x > y else y
# 其他程式片段...
```

這時可以定義函式來封裝程式片段，將流程中引用不同數值或變數的部份設計為參數，例如：

```
def max(num1, num2):
    return num1 if num1 > num2 else num2
```

定義函式時要使用 def 關鍵字，max 是函式名稱，num1、num2 是參數名稱，如果要傳回值可以使用 return，如果函式執行完畢但沒有使用 return 傳回值，或者使用了 return 結束函式但沒有指定傳回值，預設會傳回 None。

這麼一來，原先的程式片段就可以修改為：

```
max1 = max(a, b)
# 其他程式片段...
max2 = max(x, y)
# 其他程式片段...
```

函式是一種抽象，對流程的抽象，在定義了 max 函式之後，客戶端對求最大值的流程，被抽象為 max(x, y) 這樣的函式呼叫，求值流程實作被隱藏了起來。

函式也可以呼叫自身，這稱為遞迴（Recursion），舉個例子來說，4.1.2 中的 gcd2.py 求最大公因數的流程片段，若定義為函式且用遞迴求解，可以寫成：

func gcd.py

```
def gcd(m, n):
    return m if n == 0 else gcd(n, m % n)

print('輸入兩個數字...')

m = int(input('數字 1: '))
n = int(input('數字 2: '))

r = gcd(m, n)
if r == 1:
    print('互質')
else:
    print(f'最大公因數：{r}')
```

提示 ❯❯❯ 有不少人覺得遞迴很複雜，其實只要一次只處理一個任務，而且每次遞迴只專注當次的子任務，遞迴其實反而清楚易懂，像這邊的 gcd()函式，可清楚地看出輾轉相除法的定義。有興趣的話，也可以參考我在〈遞迴的美麗與哀愁〉中的一些想法：

openhome.cc/Gossip/Programmer/Recursive.html

在 Python 中，函式中還可以定義函式，稱為區域函式（Local function），可以使用區域函式將某函式中的演算，組織為更小單元，例如，在選擇排序的實作時，每次會從未排序部份，選擇一個最小值放到已排序部份之後，在底下的範例中，尋找最小值的索引時，就以區域函式的方式實作：

func sele_sort.py

```python
import sys

def sele_sort(number):
    # 找出未排序中最小值
    def min_index(left, right):
        if right == len(number):
            return left
        elif number[right] < number[left]:
            return min_index(right, right + 1)
        else:
            return min_index(left, right + 1)

    for i in range(len(number)):
        selected = min_index(i, i + 1)
        if i != selected:
            number[i], number[selected] = number[selected], number[i]

number = [int(arg) for arg in sys.argv[1:]]
sele_sort(number)
print(number)
```

可以看到，區域函式的好處之一，就是能直接存取外部函式之參數，或者先前宣告之區域變數，如此可減少呼叫函式時引數的傳遞。一個執行結果如下：

```
>python sele_sort.py 1 3 2 5 9 7 6 8
[1, 2, 3, 5, 7, 6, 8, 9]
```

4.2.2　參數與引數

在 Python 中，語法上不直接支援函式重載（Overload），也就是在同一個名稱空間中，不能有相同的函式名稱。如果定義了兩個函式具有相同名稱，但擁有不同參數個數，之後定義的函式會覆蓋先前定義的函式。例如：

```
>>> def sum(a, b):
...     return a + b
...
>>> def sum(a, b, c):
...     return a + b + c
...
>>> sum(1, 2)
Traceback (most recent call last):
  File "<stdin>", line 1, in <module>
TypeError: sum() missing 1 required positional argument: 'c'
>>>
```

在上面的例子中，因為後來定義的 sum() 有三個參數，這覆蓋了先前定義的 sum()，若只指定兩個參數，就會引發 TypeError，實際上，第一次自行定義 sum() 時，也覆蓋了標準程式庫內建的 sum() 函式。

◎ 參數預設值

雖然不支援函式重載的實作，不過 Python 可以使用預設引數，有限度地模仿函式重載。例如：

```
def account(name, number, balance = 100):
    return {'name' : name, 'number' : number, 'balance' : balance}

# 顯示 {'name': 'Justin', 'balance': 100, 'number': '123-4567'}
print(account('Justin', '123-4567'))
# 顯示 {'name': 'Monica', 'balance': 1000, 'number': '765-4321'}
print(account('Monica', '765-4321', 1000))
```

使用參數預設值時，必須小心指定了可變動物件時的一個陷阱，Python 在執行到 def 時，就會依定義建立了相關的資源。來看看下面會有什麼問題？

```
>>> def prepend(elem, lt = []):
...     lt.insert(0, elem)
...     return lt
...
>>> prepend(10)
[10]
>>> prepend(10, [20, 30, 40])
[10, 20, 30, 40]
```

```
>>> prepend(20)
[20, 10]
>>>
```

在上例中，你的 lt 預設值設定為 [ ]，由於 def 是個陳述，執行到 def 的函式定義時，就建立了 [ ]，而這個 list 物件會一直存在，如果沒有指定 lt 時，使用的就會一直是一開始指定的 list 物件，也因此，隨著每次呼叫都不指定 lt 的值，你前置的目標 list，都是同一個 list。

想要避免這樣的問題，可以將 prepend() 的 lt 參數預設值設為 None，並在函式中指定真正的預設值。例如：

```
>>> def prepend(elem, lt = None):
...     rlt = lt if lt else []
...     rlt.insert(0, elem)
...     return rlt
...
>>> prepend(10)
[10]
>>> prepend(10, [20, 30, 40])
[10, 20, 30, 40]
>>> prepend(20)
[20]
>>>
```

在上面的 prepend() 函式中，在 lt 為 None 時，使用 [ ] 建立新的 list 實例，這樣就不會有之前的問題。

提示 >>> 從 Python 3.6 開始，還可以透過 typing 模組的 overload 裝飾器，模擬函式重載，並有型態檢查效果，本章稍後可以看到實際例子。

關鍵字參數

事實上，在呼叫函式時，並不一定要依參數宣告順序來傳入引數，而可以指定參數名稱來設定其引數值，稱為關鍵字參數。例如：

```
def account(name, number, balance):
    return {'name' : name, 'number' : number, 'balance' : balance}

# 顯示 {'name': 'Monica', 'balance': 1000, 'number': '765-4321'}
print(account(balance = 1000, name = 'Monica', number = '765-4321'))
```

● *、**引數拆解

　　如果有個函式擁有固定參數，而你有個序列，像是 list、tuple，只要在傳入時加上*，則 list 或 tuple 中各元素就會自動拆解給各參數。例如：

```
def account(name, number, balance):
    return {'name' : name, 'number' : number, 'balance' : balance}

# 顯示 {'name': 'Justin', 'balance': 1000, 'number': '123-4567'}
print(account(*('Justin', '123-4567', 1000)))
```

　　像 sum() 這種加總數字的函式，事先無法預期要傳入的引數個數，可以在定義函式的參數時使用*，表示該參數接受不定長度引數。例如：

```
def sum(*numbers):
    total = 0
    for number in numbers:
        total += number

    return total

print(sum(1, 2))        # 顯示 3
print(sum(1, 2, 3))     # 顯示 6
print(sum(1, 2, 3, 4))  # 顯示 10
```

　　傳入函式的引數，會被收集在一個 tuple 中，再設定給 numbers 參數，這適用於參數個數不固定，而且會循序迭代處理參數的場合。

　　如果有個 dict，打算依鍵名稱，指定給對應的參數名稱，可以在 dict 前加上**，這樣 dict 中各對鍵值，就會自動拆解給各參數。例如：

```
def account(name, number, balance):
    return {'name' : name, 'number' : number, 'balance' : balance}

params = {'name' : 'Justin', 'number' : '123-4567', 'balance' : 1000}
# 顯示 {'name': 'Justin', 'balance': 1000, 'number': '123-4567'}
print(account(**params))
```

　　如果參數個數越來越多，而且每個參數名稱皆有其意義，像是 def ajax(url, method, contents, datatype, accept, headers, username, password)，這樣的函式定義不但醜陋，呼叫時也很麻煩，單純只搭配關鍵字參數或預設引數，也不見得能改善多少，將來若因需求而必須增減參數，也會影響函式的呼叫者，因為改變參數個數，就是在改變函式簽署（Signature），也就是函式的外觀，這勢必得逐一修改影響到的程式，造成未來程式擴充時的麻煩。

　　這個時候，可以試著使用**來定義參數，讓指定的關鍵字參數收集為一個 dict。例如：

```
def ajax(url, **user_settings):
    settings = {
        'method' : user_settings.get('method', 'GET'),
        'contents' : user_settings.get('contents', ''),
        'datatype' : user_settings.get('datatype', 'text/plain'),
        # 其他設定 ...
    }
    print('請求 {}'.format(url))
    print('設定 {}'.format(settings))

ajax('https://openhome.cc', method = 'POST', contents = 'book=python')
my_settings = {'method' : 'POST', 'contents' : 'book=python'}
ajax('https://openhome.cc', **my_settings)
```

　　像這樣定義函式就顯得優雅許多，呼叫函式時可使用關鍵字參數，在函式內部也可實現預設引數的效果，這樣的設計在未來程式擴充時比較有利，因為若需增減參數，只需修改函式的內部實作，不用變動函式簽署，函式的呼叫者不會受到影響。

　　在上面的函式定義中是假設，url 為每次呼叫時必須指定的參數，而其他參數可由使用者自行決定是否指定，如果已經有個 dict 想作為引數，也可以 ajax('https://openhome.cc', **my_settings)這樣使用**進行拆解。

　　可以在一個函式中，同時使用*與**設計參數，如果想設計一個函式接受任意引數，就可以加以運用。例如：

```
>>> def some(*arg1, **arg2):
...     print(arg1)
...     print(arg2)
...
>>> some(1, 2, 3)
(1, 2, 3)
{}
>>> some(a = 1, b = 22, c = 3)
()
{'a': 1, 'c': 3, 'b': 22}
>>> some(2, a = 1, b = 22, c = 3)
(2,)
{'a': 1, 'c': 3, 'b': 22}
>>>
```

限定位置參數、關鍵字參數

方才的 ajax() 函式設計，url 為每次呼叫時必須指定的參數，也許你想要限定呼叫函式時，網址必須作為第一個引數，而且不得使用關鍵字參數的形式來指定，然而目前的 ajax() 函式，無法達到這個需求，例如 ajax(method = 'POST', url = 'https://openhome.cc') 這樣的呼叫方式，也是可以的。

Python 3.8 新增了 Positional-Only Parameters 特性[1]，在定義參數列時可以使用 / 標示，/ 前的參數必須依定義的位置呼叫，而且不能採用關鍵字參數的形式來指定，例如：

```python
def ajax(url, /, **user_settings):
    settings = {
        'method' : user_settings.get('method', 'GET'),
        'contents' : user_settings.get('contents', ''),
        'datatype' : user_settings.get('datatype', 'text/plain'),
        # 其他設定 ...
    }
    print('請求 {}'.format(url))
    print('設定 {}'.format(settings))
```

若如上定義函式，可以使用 ajax('https://openhome.cc', method = 'POST') 呼叫，但是不能用 ajax(url = 'https://openhome.cc', method = 'POST') 或者 ajax(method = 'POST', url = 'https://openhome.cc') 等方式呼叫。

因為 / 前的參數，不能採用關鍵字參數的形式來指定，對維護會有些幫助，因為你或許會有些參數名稱，不想成為 API 的一部份，就可以定義在 / 之前。

相對地，某些參數的值，也許想限定為只能以關鍵字參數形式指定，這時可以在參數列使用 * 來標示，例如：

```python
>>> def foo(a, b, *, c, d):
...     print(a, b, c, d)
...
>>> foo(10, 20, c = 30, d = 40)
10 20 30 40
>>> foo(10, 20, 30, 40)
Traceback (most recent call last):
  File "<stdin>", line 1, in <module>
TypeError: foo() takes 2 positional arguments but 4 were given
>>>
```

---

[1] PEP 570 -- Python Positional-Only Parameters：www.python.org/dev/peps/pep-0570/

在以上的範例可以看到，c 與 d 必須使用關鍵字參數形式指定，否則就會引發錯誤。

在定義參數列時，/ 與 * 可以並存，/ 之後 * 之前的參數，可以使用位置參數或關鍵字參數形式指定，例如：

```python
def foo(a, b, /, c, d, *, e, f):
    pass
```

若如上定義，a、b 只能作為位置參數，c、d 可以作為位置參數或關鍵字參數，e、f 只能作為關鍵字參數。

4.2.3 一級函式的運用

在 Python 中，函式不單只是個定義，還是個值，被定義的函式會產生函式物件，它是 function 的實例，既然函式是物件，也就可以指定給其他的變數。例如：

```python
>>> def max(num1, num2):
...     return num1 if num1 > num2 else num2
...
>>> maximum = max
>>> maximum(10, 5)
10
>>> type(max)
<class 'function'>
>>>
```

上面在定義了 max() 函式之後，透過 max 名稱將函式物件指定給 maximum 名稱，無論透過 max(10, 5) 或者 maximum(10, 5)，結果都是呼叫了它們參考的函式物件。

函式跟數值、list、set、dict、tuple 等一樣，都被 Python 視為一級公民來對待，可以自由地在變數、函式呼叫時指定，因此具有這樣特性的函式，也被稱**一級函式（First-class function）**，函式代表著某個可重用流程的封裝，當它可以作為值傳遞時，就表示可以將某個可重用流程進行傳遞，這是個極具威力的功能。

filter_lt()函式

如果有個 lt = ['Justin', 'caterpillar', 'openhome']，現在打算過濾出字串長度大於 6 的元素，一開始你可以寫出如下的程式碼：

```
lt = ['Justin', 'caterpillar', 'openhome']
result = []
for elem in lt:
    if len(elem) > 6:
        result.append(elem)
print(result)
```

你可能會多次進行這類的比較，因此定義出函式，以重用這個流程：

```
def len_greater_than_6(lt):
    result = []
    for elem in lt:
        if len(elem) > 6:
            result.append(elem)
    return result

lt = ['Justin', 'caterpillar', 'openhome']
print(len_greater_than_6(lt))
```

那麼，如果想要過濾長度小於 5 呢？在急著寫個 len_less_than_5()函式之前，先仔細想想，這類過濾某清單而後取得另一清單的流程，你寫過幾次呢？每次其實只有過濾的條件不同，其他流程都是相同的，如果將重複流程提取出來，封裝為函式如何呢？

func filter_demo.py

```
def filter_lt(predicate, lt):
    result = []
    for elem in lt:
        if predicate(elem):
            result.append(elem)
    return result

def len_greater_than_6(elem):
    return len(elem) > 6

def len_less_than_5(elem):
    return len(elem) < 5

def has_i(elem):
    return 'i' in elem

lt = ['Justin', 'caterpillar', 'openhome']
```

```
print('大於 6：', filter_lt(len_greater_than_6, lt))
print('小於 5：', filter_lt(len_less_than_5, lt))
print('有個 i：', filter_lt(has_i, lt))
```

可以看到，將重複的流程提取出來後，就可以呼叫函式，然後每次給予不同的函式來設定過濾條件。就目前來說，特別為 len(elem) > 6、len(elem) < 5、'i' in elem 使用 def 定義了 len_greater_than_6()、len_less_than_5()、has_i()，看起來有點小題大作，然而好處是，只要看 filter_lt(len_greater_than_6, lt)、filter_lt(len_less_than_5, lt)、filter_lt(has_i, lt)，就能清楚地知道程式碼的目的。這個範例的執行結果如下：

```
大於 6： ['caterpillar', 'openhome']
小於 5： []
有個 i： ['Justin', 'caterpillar']
```

當然，你可能覺得 len_greater_than_6() 不夠通用，若真如此，也可以修改一下範例，讓它更通用些：

func filter_demo2.py

```
def filter_lt(predicate, lt):
    result = []
    for elem in lt:
        if predicate(elem):
            result.append(elem)
    return result

def len_greater_than(num):
    def len_greater_than_num(elem):
        return len(elem) > num
    return len_greater_than_num

lt = ['Justin', 'caterpillar', 'openhome']
print('大於 5：', filter_lt(len_greater_than(5), lt))
print('大於 7：', filter_lt(len_greater_than(7), lt))
```

這次在 len_greater_than() 中定義了一個區域函式 len_greater_than_num()，之後將區域函式傳回，傳回的函式接受一個參數 elem，而本身帶有呼叫 len_greater_than() 時傳入的 num 參數值，因此，len_greater_than(5) 傳回的函式相當於進行 len(elem) > 5，而 len_greater_than(7) 傳回的函式相當於進行 len(elem) > 7，像這樣呼叫函式傳回（內部）另一個函式，也是函式作為一級公民的語言中常見的應用。

map_lt() 函式

類似地，如果想將 `lt` 的元素全部轉為大寫後傳回新的清單，一開始可能會直接撰寫以下的流程：

```
lt = ['Justin', 'caterpillar', 'openhome']
result = []
for ele in lt:
    result.append(ele.upper())
print(result)
```

同樣地，將清單元素轉換為另一組清單，也是你寫過無數次的操作，何不將其中重複的流程抽取出來呢？

func　map_demo.py

```
def map_lt(mapper, lt):
    result = []
    for ele in lt:
        result.append(mapper(ele))
    return result

lt = ['Justin', 'caterpillar', 'openhome']
print(map_lt(str.upper, lt))
print(map_lt(len, lt))
```

可以看到，將重複流程提取出來後，就可以呼叫函式，然後每次給予不同的函式，設定對應轉換的方式。當轉換的函式早就定義好了，使用 `map_lt` 這樣的函式就很方便，就像這邊使用了 Python 標準程式庫中的 `str.upper` 與 `len`。這個範例的執行結果如下：

```
>python map_demo.py
['JUSTIN', 'CATERPILLAR', 'OPENHOME']
[6, 11, 8]
```

filter()、map()、sorted() 函式

實際上，Python 就內建有 `filter()`、`map()` 函式可以直接取用，在 Python 3，`map()`、`filter()` 傳回的實例並不是 `list`，分別是 `map` 與 `filter` 物件，都具有惰性求值的特性。底下來個簡單的示範：

```
func  filter_map_demo.py

def len_greater_than(num):
    def len_greater_than_num(elem):
        return len(elem) > num
    return len_greater_than_num

lt = ['Justin', 'caterpillar', 'openhome']
print(list(filter(len_greater_than(6), lt)))
print(list(map(len, lt)))
```

基本上，`filter()`、`map()`能做得到的，`for` Comprhension 基本上都做得到，大多情況下，`for` Comprhension 比較常見，不過有時透過適當的命名，使用 `filter()`、`map()` 會有比較好的可讀性，像是 `map(len, lt)` 就是一個例子。

再來看個一級函式傳遞的例子，到目前為止，經常會使用 `list`、`tuple` 等有序結構，有時會想排序其中的元素，這時可以使用 `sorted()` 函式，它可以針對你指定的方式進行排序。例如：

```
>>> sorted([2, 1, 3, 6, 5])
[1, 2, 3, 5, 6]
>>> sorted([2, 1, 3, 6, 5], reverse = True)
[6, 5, 3, 2, 1]
>>> sorted(('Justin', 'openhome', 'momor'), key = len)
['momor', 'Justin', 'openhome']
>>> sorted(('Justin', 'openhome', 'momor'), key = len, reverse = True)
['openhome', 'Justin', 'momor']
>>>
```

`sorted()`會傳回新的 `list`，其中包含了排序後的結果，`key` 參數可用來指定針對什麼特性來迭代，例如在指定 `len()`函式時，每個元素都會傳入 `len()`運算，得到的長度值再作為排序依據。

如果是可變動的 `list`，本身也有個 `sort()`方法，這個方法會直接在 `list` 本身排序，不像 `sorted()`方法會傳回新的 `list`。例如：

```
>>> lt = [2, 1, 3, 6, 5]
>>> lt.sort()
>>> lt
[1, 2, 3, 5, 6]
>>> lt.sort(reverse = True)
>>> lt
[6, 5, 3, 2, 1]
>>> names = ["Justin", "openhome", "momor"]
>>> names.sort(key = len)
```

```
>>> names
['momor', 'Justin', 'openhome']
>>>
```

　　Python 標準程式庫中，還有許多可接受函式值（或者傳回函式）的函式，本書之後的章節也有機會看到一些應用。

4.2.4　lambda 運算式

　　在之前的 filter_demo.py 中，大費周章地為 len(elem) > 6、len(elem) < 5、'i' in elem 使用 def 定義了 len_greater_than_6()、len_less_than_5()、has_i()，它們的函式本體其實都只很簡單，只有一句簡單的運算，對於這類情況，可以考慮使用 lambda 運算式。例如：

`func  filter_demo3.py`

```
def filter_lt(predicate, lt):
    result = []
    for elem in lt:
        if predicate(elem):
            result.append(elem)
    return result

lt = ['Justin', 'caterpillar', 'openhome']
print('大於 6：', filter_lt(lambda elem: len(elem) > 6, lt))
print('小於 5：', filter_lt(lambda elem: len(elem) < 5, lt))
print('有個 i：', filter_lt(lambda elem: 'i' in elem, lt))
```

　　在 lambda 關鍵字之後定義的是參數，而冒號「:」之後定義的是函式本體，運算結果會作為傳回值，不需要加上 return，像 lambda elem: len(elem) > 6 這樣的 lambda 運算式會建立 function 實例，也就是一個函式，有時臨時只是需要個小函式，使用 lambda 就很方便。

　　如果 lambda 不需要參數，直接在 lambda 後加上冒號就可以了，若需要兩個以上的參數，中間要使用逗號「,」區隔。例如：

```
>>> max = lambda n1, n2: n1 if n1 > n2 else n2
>>> max(10, 5)
10
>>>
```

　　其他語言中的 switch 陳述句，Python 中並不存在，有時會看到一些程式碼中，結合 dict 與 lambda 來模擬 switch 的功能，姑且參考一下：

```
func  grade.py
score = int(input('請輸入分數：'))
level = score // 10
{
    10 : lambda: print('Perfect'),
     9 : lambda: print('A'),
     8 : lambda: print('B'),
     7 : lambda: print('C'),
     6 : lambda: print('D')
}.get(level, lambda: print('E'))()
```

在上例中，dict 中的值是 lambda 建立的函式物件，程式中使用 get() 方法取得鍵對應的函式物件，若鍵不存在，就傳回 get() 第二個引數指定的 lambda 函式，這模擬了 switch 中 default 的部份。最後加上了 () 表示立即執行。

> **提示 »»»** 相較於其他語言中的 lambda 語法，Python 使用 lambda 關鍵字的方式，其實並不簡潔，甚至有點妨礙可讀性，Python 中的 lambda 也沒辦法寫太複雜的邏輯，這是 Python 為了避免 lambda 被濫用而特意做的限制，如果覺得可讀性不佳，或者需要撰寫更複雜的邏輯，請乖乖地使用 def 定義函式，並給予一個清楚易懂的函式名稱。

4.2.5 初探變數範圍

Python 的變數不用事先宣告，**一個名稱在指定值時，就可以成為變數，並建立起自己的作用範圍（Scope），在取用一個變數時，會看看目前範圍中是否有指定的變數名稱，若無則向外尋找**，因此在函式中可取用全域（Global）變數：

```
>>> x = 10
>>> def func():
...     print(x)
...
>>> func()
10
>>>
```

在上面的例子中，func() 中沒有區域變數 x，因此往外尋找而取得全域範圍建立的變數 x。如果在 func() 中，對名稱 x 作了指定值的動作呢？

```
>>> x = 10
>>> def func():
...     x = 20
...     print(x)
...
```

```
>>> func()
20
>>> print(x)
10
>>>
```

　　在 func() 中進行 x = 20 的時候，其實就建立了 func() 自己的區域變數 x，而不是將全域變數 x 設為 20，因此在 func() 執行完畢後，顯示全域變數 x 的值仍會是 10。

　　就目前而言可以先知道的是，**變數可以在內建（Builtin）、全域（Global）、外包函式（Endosing function）、區域函式（Local function）中尋找或建立。**一個例子如下：

```
func_scope_demo.py

x = 10                       # 建立全域 x

def outer():
    y = 20                   # 建立區域 y

    def inner():
        z = 30               # 建立區域 z
        print('x = ', x)     # 取用全域 x
        print('y = ', y)     # 取用 outer() 函式的 y
        print('z = ', z)     # 取用 inner() 函式的 z

    inner()

    print('x = ', x)         # 取用全域 x
    print('y = ', y)         # 取用 outer() 函式的 y

outer()
print('x = ', x)            # 取用全域 x
```

　　取用名稱時（而不是對名稱指定值），一定是從最內層往外尋找。**Python 中的全域，實際上是以模組檔案為界**，以上例來說，x 實際上是 scope_demo 模組範圍中的變數，不會橫跨其他模組。

　　我們經常使用的 print 名稱，是屬於內建範圍，在 Python 3 中有個 **builtins** 模組，該模組中的名稱範圍，橫跨各個模組。例如：

```
>>> import builtins
>>> dir(builtins)
```

```
['ArithmeticError', 'AssertionError', 'AttributeError', 'BaseException',
'BlockingIOError', 'BrokenPipeError', 'BufferError', 'BytesWarning',
'ChildProcessError', 'ConnectionAbortedError', 'ConnectionError',
'ConnectionRefusedError', 'ConnectionResetError', 'DeprecationWarning',
'EOFError', 'Ellipsis', 'EnvironmentError', 'Exception', 'False',
'FileExistsError', 'FileNotFoundError', 'FloatingPointError',
'FutureWarning', 'GeneratorExit', 'IOError', 'ImportError',
'ImportWarning', 'IndentationError', 'IndexError', 'InterruptedError',
'IsADirectoryError', 'KeyError', …略
```

dir() 函式可用來查詢指定的物件上可取用的名稱。**Python** 可以直接使用的函式，其名稱有在 **builtins** 模組定義。基本上，也可以將變數建立至 builtins（但並不建議）。例如：

```
import builtins
import sys
builtins.argv = sys.argv
print(argv[1])
```

Python 有個 locals() 函式，可用來查詢區域變數的名稱與值。例如：

func scope_demo2.py

```
x = 10

def outer():
    y = 20

    def inner():
        z = 30
        print('inner locals:', locals())

    inner()
    print('outer locals:', locals())

outer()
```

執行的結果如下：

```
inner locals: {'z': 30}
outer locals: {'inner': <function outer.<locals>.inner at
0x000002732463DF70>, 'y': 20}
```

Python 中還有個 globals()，可以取得全域變數的名稱與值，在全域範圍呼叫 locals() 時，取得結果與 globals() 是相同的。

　　　　如果對變數指定值時，希望是針對全域範圍的話，可以使用 global 宣告。例如：

```
>>> x = 10
>>> def func():
...     global x, y
...     x = 20
...     y = 30
...
>>> func()
>>> x
20
>>> y
30
>>>
```

　　　　來看看以下這個會發生什麼事情？

```
>>> x = 10
>>> def func():
...     print(x)
...     x = 20
...
>>> func()
Traceback (most recent call last):
  File "<stdin>", line 1, in <module>
  File "<stdin>", line 2, in func
UnboundLocalError: local variable 'x' referenced before assignment
>>>
```

　　　　在 func() 函式中有個 x = 20 的指定，python 直譯器會認為，print(x) 中的 x 是 func() 函式中的區域變數 x，因為範圍內有指定 x 的陳述句，就流程而言，在指定區域變數 x 的值之前，就要顯示其值是個錯誤。如果真的想顯示全域的 x 值，可以在 print(x) 前一行，使用 global x 宣告。

　　　　當然，無論是哪種程式語言，**除非是概念上真的是全域的名稱，否則都不鼓勵使用全域變數**，因此應避免 global 宣告的使用。

　　　　Python 3 新增了 **nonlocal**，可以指明變數並非區域變數，請直譯器依照區域函式、外包函式、全域、內建的順序來尋找變數，就算是指定運算時，也要求是這個順序。例如：

```
func scope_demo3.py
```

```
x = 10
def outer():
```

```
    x = 100          # 這是在 outer() 函式範圍的 x
    def inner():
        nonlocal x
        x = 1000     # 改變的是 outer() 函式的 x
    inner()
    print(x)         # 顯示 1000

outer()
print(x)             # 顯示 10
```

Python 沒有 if...else、while、for in 中的區塊範圍變數,因此在這類流程區塊中建立的變數,離開區塊之後也可以使用:

```
>>> if True:
...     x = 10
...
>>> print(x)
10
>>>
```

變數範圍的討論,雖然略嫌無趣,然而若沒有搞清楚相關規則,很容易就發生名稱衝突,導致一些不可預期的臭蟲,不可不慎。目前暫時是先針對一個模組檔案中相關的範圍進行探討,之後有機會還會探討其他有關範圍的議題。

4.2.6 yield 產生器

你可以在函式中使用 yield 來產生值,表面上看來,yield 有點像是 return,不過**函式並不會因為 yield 而結束,只是將流程控制權讓給函式的呼叫者**。以下來個模仿 range() 函式的實作,自訂一個 xrange() 函式:

func yield_demo.py

```
def xrange(n):
    x = 0
    while x != n:
        yield x
        x += 1

for n in xrange(10):
    print(n)
```

就流程來看,xrange() 函式首次執行時,使用 yield 產生 x,然後回到主流程使用 print() 顯示該值,接著流程重回 xrange() 函式 yield 之後繼續執行,迴圈中再度使用 yield 產生 x，然後又回到主流程使用 print()顯示該值，這樣的反覆流程，會直到 xrange()的 while 迴圈結束為止。

顯然地，這樣的流程有別於函式中使用了 return，函式就結束了的情況。實際上，當函式中使用 yield 產生值時，呼叫該函式會傳回 generator 物件，也就是產生器，此物件具有__next__()方法（因此也是個迭代器），通常會使用 next()函式呼叫該方法取出下個產生值（也就是 yield 的值），若無法產生下一個值（也就是含有 yield 的函式結束了），會發生 **StopIteration** 例外（Exception）。

```
>>> g = xrange(2)
>>> type(g)
<class 'generator'>
>>> next(g)
0
>>> next(g)
1
>>> next(g)
Traceback (most recent call last):
  File "<stdin>", line 1, in <module>
StopIteration
>>>
```

因此，for in 實際上是對 xrange()傳回的產生器進行迭代，它會呼叫__next__()方法取得 yield 的指定值，並在遇到 StopIteration 時結束迭代。因為每次呼叫產生器的__next__()時，產生器才會運算並傳回下個產生值，因此就解釋了先前為何提到產生器，都稱其具有惰性求值的效果。

提示 >>> 在 4.1.5 討論 for Compherension 時曾談過，可以使用 () 包括 for Compherension，這會建立一個 generator 物件，這個物件也可以使用 for in 來迭代。

yield 是個運算式，除了可以呼叫產生器的__next__()方法，取得 yield 右方的值之外，還可以透過 send() 方法指定值，令其成為 yield 運算結果，也就是產生器可以給呼叫者值，呼叫者也可以指定值給產生器，這成了一種溝通機制。例如，設計一個簡單的生產者與消費者程式：

func_producer_consumer.py

```
import sys
import random
```

```
def producer():
    while True:
        data = random.randint(0, 9)
        print('生產了：', data)
        yield data  ←── ❶ 產生下個值，流程回到呼叫者

def consumer():
    while True:
        data = yield  ←──────── ❷ 呼叫產生器 send() 方法時的指定
        print('消費了：', data)         值，會成為 yield 的運算結果

def clerk(jobs, producer, consumer):
    print('執行 {} 次生產與消費'.format(jobs))
    p = producer()
    c = consumer()
    next(c)  ←──────── ❸ 令消費者執行至 yield 處
    for i in range(jobs):
        data = next(p)  ←── ❹ 取得生產者的產生值
        c.send(data)  ←──── ❺ 將值傳給消費者

clerk(int(sys.argv[1]), producer, consumer)
```

由於 send() 方法的引數會是 yield 的運算結果，因此 clerk() 流程中必須先使用 next(c)❸，使得流程首次執行至 consumer() 函式中 data = yield 處先執行 yield❷，執行 yield 會令流程回到 clerk() 函式，之後執行至 next(p)❹，這時流程進行至 producer() 函式的 yield data❶，在 clerk() 取得 data 之後，接著執行 c.send(data)❺，這時流程回到 consumer() 先前 data=yield 處，send() 方法的引數此時成為 yield 的結果。一個執行結果如下：

```
>python producer_consumer.py 3
執行 3 次生產與消費
生產了： 4
消費了： 4
生產了： 5
消費了： 5
生產了： 9
消費了： 9
```

儘管少見，然而具有 yield 的函式，還是可以使用 return，由於 return 就是直接結束函式，因而執行 return 時會引發 StopIteration，被 return 的值可以透過 StopIteration 的 args 來取得。

　　如果想對產生器引發例外，可以使用 `throw()` 方法，這個方法接受的三個引數為例外類型、實例以及 `traceback` 物件，`StopIteration` 的處理、例外類型等，都與例外處理相關，將在第 7 章說明。

4.3　初探型態提示

　　Python 屬於動態定型語言，建立變數時不用宣告型態，然而 Python 3.5 開始，正式納入了型態提示（Type Hints）特性，Python 3.6 更進一步加強了這個特性，並將 `typing` 模組納入標準 API，為中、大型應用程式的開發，提供更穩固的基礎。

4.3.1　為何需要型態提示？

　　到目前為此，你已經看過一些 Python 程式碼，也宣告過一些變數了，應該已經稍微可以體會到動態定型語言的優點，像是語法簡潔、設計上具有較高的彈性等，然而，可能也曾產生一些困擾，例如，型態錯誤在執行時期才會呈現出來，像是定義了個 `add()` 函式，可以接受數值相關型態進行相加：

```
def add(n1, n2):
    return n1 + n2
```

　　然而如果以 `add(1, '2')` 呼叫函式，執行時就會發生 `TypeError` 錯誤，也許你覺得，怎麼可能會犯這種錯誤？不過想想看，在中、大型專案中，呼叫函式之前，可能有著錯綜複雜的邏輯，也就有可能誤以為傳入的是數值，實際上卻是字串的情況發生。

　　另一個使用 Python 的困擾是，就算使用了 IDE，編輯上的輔助可能不足，像是自動提示。例如，定義了一個函式可以接受字串：

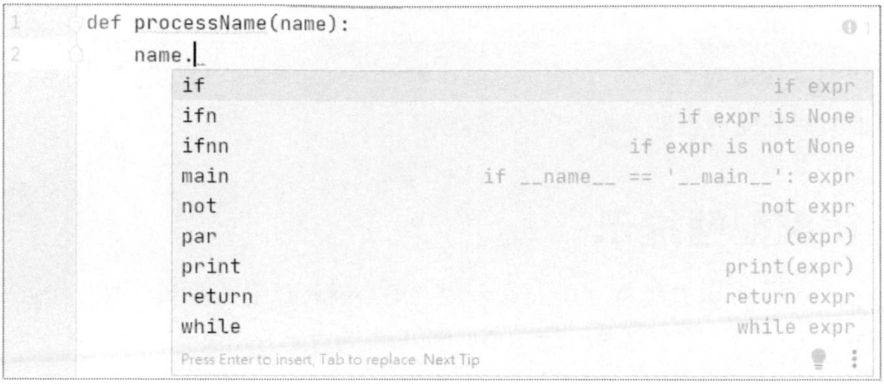

```
1    def processName(name):
2        name.|
                if                                          if expr
                ifn                              if expr is None
                ifnn                         if expr is not None
                main             if __name__ == '__main__': expr
                not                                        not expr
                par                                          (expr)
                print                                   print(expr)
                return                                  return expr
                while                                    while expr
          Press Enter to insert, Tab to replace  Next Tip
```

圖 6.1 缺少有效的自動提示

在上圖中，name 會接受字串，然而這件事只有你知道，對 IDE 來說，因為缺少適當的前後文資訊，它不會知道 name 能接受字串，無法給予適當的自動提示，為了要挑選正確的方法名稱來呼叫，得查詢 API 才能得知。

缺少有效的自動提示，或許還不是最麻煩的部份，在中、大型應用程式開發中，如果需要調整程式庫之間的呼叫協定，像是函式簽署的變更、類別間的依賴、物件職責的重新分配等，也會造成程式庫的客戶端必須進行對應的修改，問題在於哪些地方需要修改呢？

動態定型語言開發的應用程式，型態錯誤只能在執行時才會發現，為了發現需要修改的地方，必須確認每個被影響到的程式碼，在執行時期都能執行到，這必須有覆蓋率高的測試流程才有可能，然而，你的應用程式在開發時真的會寫測試嗎？測試的覆蓋率又真的足夠嗎？

在靜態定型語言中，以上有關於型態的錯誤，可以藉由編譯器檢查出來，由於變數本身帶有型態資訊，IDE 的編輯器可以輕鬆實作出自動提示等，對產能有極大幫助的輔助工具。

當然，靜態定型語言也有其麻煩的一面，也因此過去經常有開發者，會為了各自擁護的靜態或動態定型語言而爭論不休，然而實際上各有各的優缺點，Python 採取的是務實路線，經過長時間的社群討論，根據第三方程式庫的實作經驗等，從 Python 3.5 開始納入了型態提示的特性，也就是說從 3.5 開始，開發者可以為參數、傳回值宣告型態，3.6 進一步地可以為區域變數宣告型態。

提示 >>> 在 Python 3.5 正式納入型態提示之前，IDE 或其他開發工具，也曾試著以各種機制來提供型態資訊，像是在註解或者 DocString（第 6 章會談到），以特定格式撰寫型態資訊，當然，那並非標準的一部份，方式也是視各門各派而定。

4.3.2　型態提示語法

在定義函式時，如何能為參數、傳回值宣告型態呢？以方才的 add() 函式為例，如果想令其參數只接受整數型態，並且傳回整數型態，可以如下宣告：

```python
def add(n1: int, n2: int) -> int:
    return n1 + n2
```

若是想為參數宣告型態，是在參數名稱後加上「:」並接上型態，傳回值的型態宣告則是使用箭號「->」並接受型態，可以視需求，只針對想加註型態的參數宣告，例如，底下不宣告傳回值型態：

```python
def add(n1: int, n2: int):
    return n1 + n2
```

在參數具備型態資訊的情況下，IDE 就可以正確地進行自動提示：

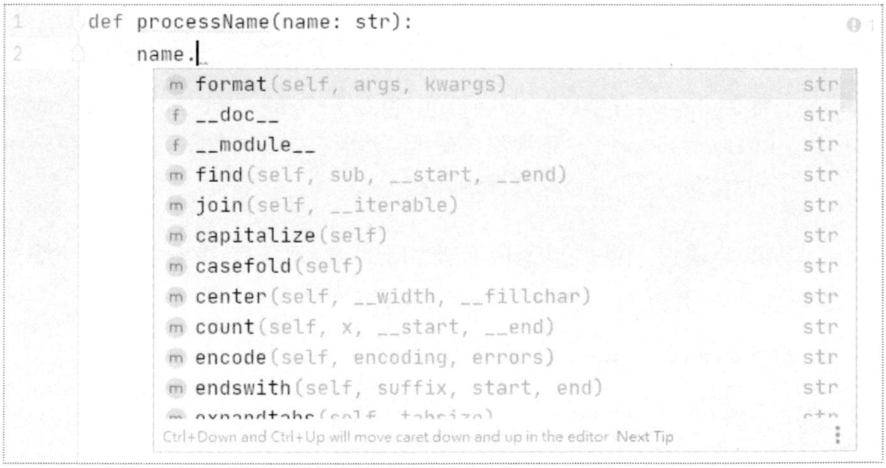

```python
def processName(name: str):
    name.
```
```
m format(self, args, kwargs)          str
f __doc__                             str
f __module__                          str
m find(self, sub, __start, __end)     str
m join(self, __iterable)              str
m capitalize(self)                    str
m casefold(self)                      str
m center(self, __width, __fillchar)   str
m count(self, x, __start, __end)      str
m encode(self, encoding, errors)      str
m endswith(self, suffix, start, end)  str
m expandtabs(self, tabsize)           str
Ctrl+Down and Ctrl+Up will move caret down and up in the editor  Next Tip
```

圖 6.2 提供有效的自動提示

先前各章節看過的型態，都可以用來標註型態，例如，為底下的 names 變數標註 list：

```python
names: list = ['Justin', 'Monica']
```

現在的問題在於，若想進一步標明 names 的元素只能是 str 呢？從 Python 3.6 開始，標準 API 中納入了 typing 模組，用來輔助型態提示，若想限定 list 的元素型態，必須使用 typing 模組中的 List，直接來看如何標註：

```
from typing import List
names: List[str] = ['Justin', 'Monica']
```

List[str]的標註，實際上是型態提示上的泛型語法，有興趣進一步研究的話，可以看看 6.4 的內容。

類似地，若想限定 Tuple 中的元素型態，可以使用 Tuple，set 是使用 Set，若是 dict 則是 Dict：

```
from typing import Tuple, Set, Dict
user: Tuple[str, str] = ('Justin', 'Lin')
id: Set[str] = ['1234', '5678']
passwds: Dict[str, str] = {'Justin' : 'admin123', 'Monica' : 'manager456'}
```

如果使用 Python 3.9 以後的版本，對於內建型態 list、set、tuple、dict 等內建型態，可以直接標明元素型態，不用透過 typing 模組。例如：

```
names: list[str] = ['Justin', 'Monica']
user: tuple[str, str] = ('Justin', 'Lin')
id: set[str] = ['1234', '5678']
passwords: dict[str, str] = {'Justin' : 'admin123', 'Monica' : 'manager456'}
```

注意》》 從 Python 3.9 開始，typing 中的 List、Set、Tuple、Dict 被標示為棄用（Deprecated），不建議再使用；然而在撰寫本文的這個時間點，稍後將介紹的 mypy 0.79 尚不支援這個特性。

在 4.2.2 談過，函式的參數上若加上*，表示不定長度引數，若要標註型態，只要標註單一引數的型態就可以了，例如：

```
def sum(*numbers: int) -> int:
    total = 0
    for number in numbers:
        total += number
    return total

print(sum(1, 2))          # 顯示 3
print(sum(1, 2, 3))       # 顯示 6
print(sum(1, 2, 3, 4))    # 顯示 10
```

至於**定義之參數，同樣只要標註引數型態就可以了：

```python
def ajax(url, **user_settings: str):
    settings = {
        'method' : user_settings.get('method', 'GET'),
        'contents' : user_settings.get('contents', ''),
        'datatype' : user_settings.get('datatype', 'text/plain'),
        # 其他設定 ...
    }
    print('請求 {}'.format(url))
    print('設定 {}'.format(settings))

ajax('https://openhome.cc', method = 'POST', contents = 'book=python')
my_settings = {'method' : 'POST', 'contents' : 'book=python'}
ajax('https://openhome.cc', **my_settings)
```

如果是個可迭代的物件，例如產生器，可以使用 Iterator，像是 4.2.6 範例中的 xrange()函式，可以如下加註型態：

```python
from typing import Iterator
def xrange(n: int) -> Iterator[int]:
    x = 0
    while x != n:
        yield x
        x += 1
```

在 4.2.6 中曾經談過，具有 yield 的函式，傳回的產生器還可以透過 send() 與函式溝通，函式中也可以撰寫 return，因此，若要更精確定義內含 yield 的函式，可以使用 Generator[YieldType, SendType, ReturnType]標註，例如：

```python
from typing import Generator
def xrange(n: int) -> Generator[int, None, None]:
    x = 0
    while x != n:
        yield x
        x += 1
```

在上面的例子中，由於不需要與 send()溝通，也沒有使用 return，因此 SendType 與 ReturnType 都標註為 None，多數情況下，含有 yield 的函式都是如此，這時採用 Iterator[int]還是比較精簡。

在程式碼加註了型態提示之後，或許你會試著執行看看效果如何，例如有個程式碼如下：

```
type_hints  add.py
def add(n1: int, n2: int) -> int:
    return n1 + n2

print(add(3.14, 6.28))
```

　　add() 函式的參數都加註為 int，然而故意浮點數作為引數，如果使用 IDE，可能會提示型態不正確，例如 PyCharm 會有以下的提示畫面：

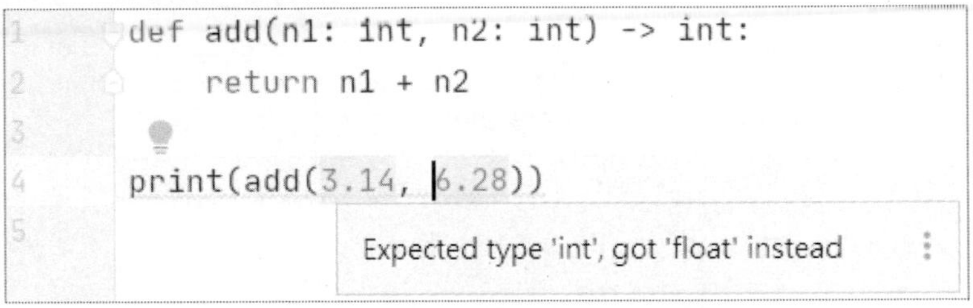

```
1    def add(n1: int, n2: int) -> int:
2        return n1 + n2
3
4    print(add(3.14, |6.28))
5
                     Expected type 'int', got 'float' instead    ⋮
```

圖 6.3 IDE 中自動提示型態錯誤

　　然而，試著執行這個範例，卻可以順利顯示 9.42 的結果，這是怎麼回事呢？因為 Python 的型態提示，真的就只是型態提示，python 直譯器並不理會加註的型態資訊，程式會如同未加註型態一樣地執行，至於型態檢查的職責，是由其他工具來實作處理。

　　在 3.2.1 談過變數，有些時候你可能希望變數值指定後，就不能被修改，Python 3.8 以後，可以透過型態提示 Final 來實現這個功能，例如：

```
from typing import Final
PI: Final = 3.14159
```

　　後續程式碼若試圖修改 PI 的值，若 IDE 或檢查工具支援，就會檢查出這個問題。

4.3.3　使用 mypy 檢查型態

　　除了使用 IDE 之外，社群中推薦的型態檢查工具之一是 mypy，可以透過 pip 來安裝，**從 Python 3.4 開始就內建了 pip 指令**（也可以使用 python -m pip 來執行），想使用 pip 安裝指定的套件，可以使用 pip install '套件名稱'，想移除的話，可以使用 pip uninstall '套件名稱'。

例如想安裝 mypy 的話，可以使用 pip install mypy，這會安裝最新版本的 mypy：

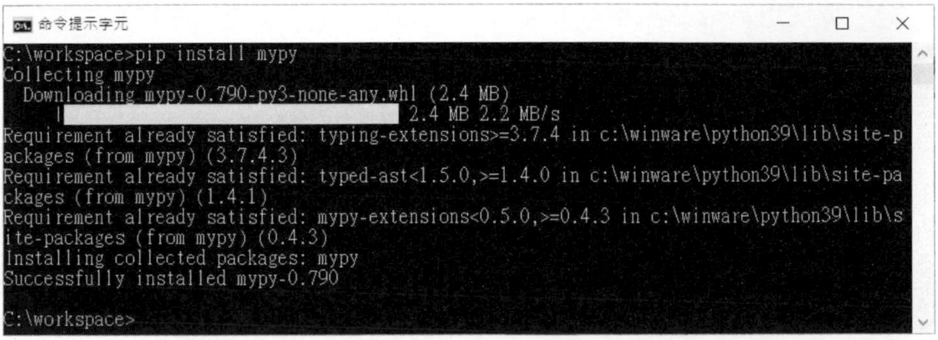

圖 6.4 使用 pip 安裝 mypy

提示 》》》 由於 pip 本身也不斷在更新，首次執行 pip 的話會檢查版本，可能會提示你進行更新，這時可以執行 pip install --upgrade pip。

注意 》》》 在撰寫本節的時間點，在 Windows 透過 pip 安裝 mypy，過程中出現 error: Microsoft Visual C++ 14.0 is required 的訊息，在〈Visual Studio 舊版下載[2]〉的〈可轉散發套件及建置工具〉，下載、安裝 Microsoft Build Tools 2015 Update 3 可以解決這個問題。

如果想指定安裝的套件版本，可以使用 pip install mypy==1.1.0 這樣的格式指定（注意是兩個等號），也可以使用>=、<=、>、<的方式來指定大於或小於某個版本，例如 pip install "mypy>=1.1.0"或 pip install "mypy<1.1.0"，使用""包括住的原因，是為了避免>或<被誤為是標準輸入輸出的導向符號。

如果想要一次安裝多個套件，可以在一個文字檔案中撰寫套件需求，例如在一個 requirements.txt 中撰寫：

```
django=3.1.0
flask>1.1.0
numpy
```

2 Visual Studio 舊版下載：visualstudio.microsoft.com/zh-hant/vs/older-downloads/

接著只要執行 `pip -r install rquirements.txt`，就可以依檔案中列出的套件進行安裝。如果想知道更多 `pip` 的使用細節，可以參考 `pip` 的文件[3]。

要使用 `mypy` 進行型態檢查，直接使用 `mypy` 指定原始碼檔案就可以了：

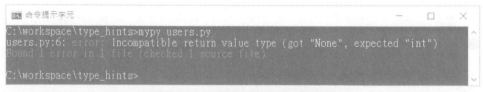

```
C:\workspace\type_hints>mypy add.py
add.py:4: error: Argument 1 to "add" has incompatible type "float"; expected "int"
add.py:4: error: Argument 2 to "add" has incompatible type "float"; expected "int"
Found 2 errors in 1 file (checked 1 source file)
```

圖 6.5 使用 `mypy`

`mypy` 本身有一些選項可以使用，可以執行 `mypy --help` 來得說明，例如，考慮底下這個範例：

type_hints users.py

```python
def accountNumber(name: str) -> int:
    users = [(1234, 'Justin'), (5678, 'Monica')]
    for acc_num, acc_name in users:
        if name == acc_name:
            return acc_num
    return None
```

在 `accountNumber()`函式中，若找不到對應的使用者名稱，會直接傳回 `None`，然而函式的傳回型態加註為 `int`，`None` 算不算是 `int` 型態呢？在不少靜態定型語言中，通常也會有個類似 `None` 的東西（像是 Java 的 `null`），它可以是指定給任何型態的變數，不過目前安裝的 `mypy`，似乎不這麼認為：

```
C:\workspace\type_hints>mypy users.py
users.py:6: error: Incompatible return value type (got "None", expected "int")
Found 1 error in 1 file (checked 1 source file)

C:\workspace\type_hints>
```

圖 6.6 mypy 預設為 --strict-optional

3
pip：pip.pypa.io/en/stable/

　　mypy 預設採取嚴格可選型態--strict-optional，也就是 None 不可以被當成 int 型態，如果想放寬這個限制，可在執行 mypy 時附加--no-strict-optional 引數。

　　先前談過，若函式沒有傳回值，預設會傳回 None，若真的要加註函式必定傳回 None，可以使用-> None。

> **注意》》》** 在定義函式時，若沒有定義傳回值型態，型態提示上會預設為 typing 模組中的 Any，而不是 None，後者是用來限定函式必然傳回 None 的情況。

　　然而像上面的範例中，可能有值也可能是 None，若執行 mypy 時不想加上 --no-strict-optional 引數，可考慮使用 typing 中的 Union，例如：

```
from typing import Union
def accountNumber(name: str) -> Union[int, None]:
    users = [(1234, 'Justin'), (5678, 'Monica')]
    for acc_num, acc_name in users:
        if name == acc_name:
            return acc_num
    return None
```

　　Union 用於參數或傳回值可能有兩種以上的型態時，對於可能有值，也可能是 None 的情況，還有個語意上更精確的 Optional：

```
from typing import Union
def accountNumber(name: str) -> Optional[int]:
    users = [(1234, 'Justin'), (5678, 'Monica')]
    for acc_num, acc_name in users:
        if name == acc_name:
            return acc_num
    return None
```

　　型態提示的語法也是蠻多元化的，就目前來說，對於型態提示的語法，認識到這邊就足夠了，之後有機會，會在必要的地方使用型態提示並做說明。

> **提示》》》** 除了 mypy 之外，其他型態檢查工具還有 Google 的 pytype[4]，Facebook 的 Pyre[5]、Microsoft 的 pyright[6]。

---

[4] pytype：github.com/google/pytype

[5] Pyre：pyre-check.org

4.3.4 型態提示的時機

知道如何為 Python 程式碼加註型態之後，接下來必須考量的是，何時應該使用型態提示？畢竟用得太多，會令程式碼變得不易閱讀，其實這就是一個考量點，型態提示必須用在**對程式碼閱讀有幫助的地方**。

型態提示基本上就是在提供型態資訊，資訊的閱讀對象之一是開發者，有些靜態定型語言（像是 Haskell），在編譯器有辦法推斷而不用開發者宣告型態的地方，仍建議加上型態，就是這個目的；如果你閱讀一些既有的 Python 專案，可能在註解或 DocString 中看過特別寫出了型態，這也是為了提高程式碼的可讀性，這些都是可以使用型態提示來取代的機會。

型態資訊的閱讀對象之二是開發工具，如之前看到的，透過型態提示，可獲得更有效的自動提示選單，或者是程式碼修改時更多的**工具輔助**。

型態提示的運用場合，還包括了**建立團隊合作時的共同約束**，透過加註型態，令型態資訊成為規格書或文件的一部份，團隊成員可更清楚地知道函式簽署上與型態相關的資訊，加上型態檢查工具，可更實質地檢查出型態相關的錯誤。

以上是運用型態提示的幾個最基本考慮，實際上還有其他的可能性，例如，想要模擬重載的話，可以使用 typing 模組中 overload 裝飾器（Decorator）：

type_hints account.py

```python
from typing import overload

@overload
def account(name: str) -> tuple[str, float]:
    pass

@overload
def account(name: str, balance: float) -> tuple[str, float]:
    pass

def account(name, balance = 0):
    return (name, balance)
```

6 pyright：github.com/Microsoft/pyright

```
acct1 = account('Justin')
acct2 = account('Monica', 1000)

print(acct1)
print(acct2)
```

　　對這個範例使用 mypy 可以通過型態檢查，執行時期使用了參數預設值來模擬重載，範例的執行結果如下：

```
('Justin', 0)
('Monica', 1000)
```

　　想認識如何實作裝飾器，會是進階課題，這在第 12 章討論，然而就像這邊的範例，裝飾器在使用上，通常不需要知道細節，之後的章節還會看到一些可直接使用的裝飾器，非常的實用。

提示 >>>　型態提示還可以用於執行時期，例如有個 overloading.py[7]，可以結合型態提示來模擬執行時期重載，不過要實作執行時期運用型態資訊的工具，需要更多對 Python 的認識，這在第 12 章時會談到。

4.4　重點複習

　　在 Python 中，一個程式區塊是使用冒號「:」開頭，之後區塊範圍要有相同的縮排，不可混用不同空白數量，不可混用空白與 Tab，Python 建議使用四個空白作為縮排。

　　在 Python 中有個 if..else 運算式語法，當 if 的條件式成立時，會傳回 if 前的數值，若不成立傳回 else 後的數值。

　　Python 提供 while 迴圈，可根據指定條件式來判斷是否執行迴圈本體。如果想循序迭代某個序列，例如字串、list、tuple，可以使用 for in 陳述句。

　　range() 函式的形式是 range(start, stop[, step])，start 省略時，預設是 0，step 是步進值，省略時預設是 1，因此上例中，range(len(name)) 是產生 0 到 5 的數字。可以使用 zip() 函式，將兩個序列的各元素，像拉鏈般一對一配對，實

7
overloading.py：github.com/bintoro/overloading.py

際上 zip() 可以接受多個序列。若真的要迭代時具有索引資訊,使用 enumerate() 函式可能是最方便的。

只要是實作了 __iter__() 方法的物件,都可以使用 for in 來迭代,只要是實作了 __iter__() 方法的物件,都可以透過 __iter__() 方法傳回一個迭代器,這個迭代器可以使用 for in 來迭代。

set 也實作了 __iter__() 方法,因此可以進行迭代,想迭代 dict 鍵值的話,可以使用它的 keys()、values() 或 items() 方法,它們各會傳回 dict_keys、dict_values、dict_items 物件,都實作了 __iter__() 方法,因此也可以使用 for in 迭代。

有時在某個區塊中,並不想做任何的事情,或者是稍後才會寫些什麼,對於還沒打算寫任何東西的區塊,可以放個 pass。

break 可分別可用來中斷 while 迴圈、for in 的迭代。在 while 迴圈中遇到 continue 的話,此次不執行後續的程式碼,直接進行下次迴圈,在 for in 迭代遇到 continue 的話,此次不執行後續的程式碼,直接進行下次迭代。

將一個 list 轉為另一個 list,是很常見的操作,Python 針對這類需求,提供了 for Comprehension 語法。for Comprehension 也可以與條件式結合,這可以構成一個過濾的功能。

在 for Comprehension 兩旁放上 [],表示會產生 list,如果資料來源很長,或者資料來源本身是個有惰性求值特性的產生器時,直接產生 list 顯得沒有效率,這時可以在 for Comprehension 兩旁放上 (),這樣的話就會建立一個 generator 物件,具有惰性求值特性。

for Comprehension 也可以用來建立 set,只要在 for Comprehension 兩旁放上 {}。若是想使用 for Comprehension 來建立 dict 實例,也是可行的。想要用 for Comprehension 建立 tuple 的話,可以將 for Comprehension 產生器運算式傳給 tuple()。

如果函式執行完畢但沒有使用 return 傳回值,或者使用了 return 結束函式但沒有指定傳回值,預設就會傳回 None。

在 Python 中，函式中還可以定義函式，稱為區域函式。在 Python 中可以使用預設引數、關鍵字參數。

如果有個函式擁有固定的參數，而你有個序列，像是 list、tuple，只要在傳入時加上*，則 list 或 tuple 中各元素就會自動拆解給各參數。可以在定義函式的參數時使用*，表示該參數接受不定長度引數。

如果有個 dict，打算依鍵名稱，指定給對應的參數名稱，可以在 dict 前加上**，這樣 dict 中各對鍵、值，就會自動拆解給各參數。可以試著使用**來定義參數，讓指定的關鍵字參數收集為一個 dict。

可以在一個函式中，同時使用*與**，如果想要設計一個函式接受任意引數，就可以加以運用。

Python 3.8 新增了 Positional-Only Parameters 特性，在定義參數列時可以使用/標示，/前的參數必須依定義的位置呼叫，而且不能採用關鍵字參數的形式來指定；相對地，某些參數的值，也許想限定為只能以關鍵字參數形式指定，這時可以在參數列使用*來標示。

在 Python 中，函式不單只是個定義，還是個值，你定義的函式會產生一個函式物件，它是 function 的實例，既然函式是物件，也就可以指定給其他的變數。

有時會想將其中的元素進行排序，這時可以使用 sorted()函式。如果是可變動的 list，本身也有個 sort()方法，這個方法會直接在 list 本身排序。

函式本體很簡單，只有一句簡單運算的情況，可以考慮使用 lambda 運算式。

一個名稱在指定值時，就可以成為變數，並建立起自己的作用範圍，在取用一個變數時，會看看目前範圍中是否有指定的變數名稱，若無則向外尋找。

變數可以在內建、全域、外包函式、區域函式中尋找或建立。Python 中的全域，實際上是以模組檔案為界。

dir()函式可用來查詢指定的物件上可取用的名稱。可以直接使用的函式，其名稱在 builtins 模組有定義。locals()函式，可用來查詢區域變數的名稱與值，`globals()`可以取得全域變數的名稱與值，在全域範圍呼叫 `locals()`時，取得結果與 `globals()`是相同的。

如果對變數指定值時，希望是針對全域範圍的話，可以使用 `global` 宣告。在 Python 3 中新增了 `nonlocal`，可以指明變數並非區域變數，請直譯器依照區域函式、外包函式、全域、內建的順序來尋找變數，就算是指定運算時，也要求是這個順序。

可以在函式中使用 `yield` 來產生值，表面上看來，`yield` 有點像是 `return`，不過函式不會因為 `yield` 而結束，只是將流程控制權讓給函式的呼叫者。`yield` 是個運算式，除了呼叫產生器的`__next__()`方法，取得 `yield` 的右側指定值之外，還可以透過 `send()`方法指定值，令其成為 `yield` 運算結果。

Python 屬於動態定型語言，建立變數時不用宣告型態，然而 Python 3.5 開始，正式納入了型態提示特性，Python 3.6 更進一步加強了這個特性，並將 `typing` 模組納入標準 API，為中、大型應用程式的開發，提供更穩固的基礎。

希望變數值指定後，就不能被修改，Python 3.8 以後，可以透過型態提示 `Final` 來實現這個功能。

如果使用 Python 3.9 以後的版本，對於內建型態 `list`、`set`、`tuple`、`dict` 等內建型態，可以直接標明元素型態，不用透過 `typing` 模組。

4.5　課後練習

實作題

1. 在三位的整數中，153 可以滿足 $1^3 + 5^3 + 3^3 = 153$，這樣的數稱之為阿姆斯壯（Armstrong）數，試以程式找出所有三位數的阿姆斯壯數。

2. Fibonacci 為 1200 年代歐洲數學家，在他的著作中提過，若一隻兔子每月生一隻小兔子，一個月後小兔子也開始生產。起初只有一隻兔子，一個月後有兩隻兔子，二個月後有三隻兔子，三個月後有五隻兔子...，也就是每個月兔子總數會是 1、1、2、3、5、8、13、21、34、55、89......，這就是費氏數列，可用公式定義如下：

```
fn = fn-1 + fn-2    if n > 1
fn = n              if n = 0, 1
```

請撰寫程式，可讓使用者輸入想計算的費式數個數，由程式全部顯示出來。例如：

```
求幾個費式數？10
0 1 1 2 3 5 8 13 21 34
```

3. 請撰寫一個簡單的洗牌程式，可在文字模式下顯示洗牌結果。例如：

```
桃 9   心 10  梅 4   桃 J   磚 5   梅 10  梅 K   磚 9   梅 J   磚 2   磚 A   心 6   心 5
桃 8   梅 2   磚 6   梅 3   梅 7   梅 A   心 4   心 J   心 8   心 Q   梅 6   磚 J   心 K
桃 6   磚 8   心 7   桃 5   磚 K   磚 3   心 A   桃 7   梅 9   心 9   桃 3   磚 10  心 3
桃 A   桃 4   桃 2   桃 10  桃 Q   磚 7   梅 8   心 2   梅 Q   梅 5   磚 Q   桃 K   磚 4
```

4. 試著使用 for Comprehension 來找出周長為 24，每個邊長都為整數且不超過 10 的直角三角形邊長。

從模組到類別

5.1 模組管理

Python 是個支援多重典範的程式語言，無論是採取程序式、函數式或物件導向，在架構程式時都應該思考幾個重點，像是：

- 抽象層的封裝與隔離
- 物件的狀態
- 名稱空間
- 資源實體組織方式，像是原始碼檔案、套件等

在 4.2 討論過 Python 中如何定義函式，函式是個抽象層，用來封裝演算流程細節，對於函式呼叫者而言，最好的方式是只需瞭解函式的介面，也就是僅需知道函式名稱、參數、傳回值這樣的簽署外觀，而不用知道函式實作細節。

在 Python 中，模組也提供了一種抽象層的封裝與隔離，2.2 曾簡介過模組，這一節要來深入模組的細節，瞭解如何善用模組來建立最自然的抽象層。

5.1.1 用模組建立抽象層

如同 2.2 中談到的，**一個 .py 檔案就是一個模組，這使得模組成為 Python 中最自然的抽象層**。

就算一開始只會建立 .py 原始碼檔案，在當中定義一些基本的變數，你也可以試著將變數分門別類，放在不同名稱的 .py 檔案中，像是將一些數學相關的常數，像是圓周率 pi、自然對數 e，放在 xmath.py 檔案之中，這麼一來，想使用這些數學相關常數時，就能 import xmath，之後以 xmath.pi、xmath.e 的方式來取用，無需重複撰寫相關常數。

實際上，Python 內建有 math 模組，其中除了定義了圓周率 pi、自然對數 e 之外，還有一些常用的數學函式定義，像是三角函數、log()、pow() 等。**想知道模組中有哪些名稱，可以使用 dir() 函式**。例如：

```
>>> import math
>>> math.pi
3.141592653589793
>>> math.e
2.718281828459045
>>> dir(math)
```

```
['__doc__', '__loader__', '__name__', '__package__', '__spec__', 'acos',
'acosh', 'asin', 'asinh', 'atan', 'atan2', 'atanh', 'ceil', 'comb',
'copysign', 'cos', 'cosh', 'degrees', 'dist', 'e', 'erf', 'erfc', 'exp',
'expm1', 'fabs', 'factorial', 'floor', 'fmod', 'frexp', 'fsum', 'gamma',
'gcd', 'hypot', 'inf', 'isclose', 'isfinite', 'isinf', 'isnan', 'isqrt',
'lcm', 'ldexp', 'lgamma', 'log', 'log10', 'log1p', 'log2', 'modf', 'nan',
'nextafter', 'perm', 'pi', 'pow', 'prod', 'radians', 'remainder', 'sin',
'sinh', 'sqrt', 'tan', 'tanh', 'tau', 'trunc', 'ulp']
>>>
```

　　這就是模組作為抽象層的封裝與隔離的好處，可以用一個模組名稱來組織或思考一個整體功能，實際上，**當 import 某模組而使得指定的.py 檔案被載入時，會建立一個 module 實例，並建立一個模組名稱來參考它**，dir(math)時實際上是查詢 math 名稱參考的 module 實例上，有哪些屬性（Attribute）名稱可以存取。

提示 >>> 若呼叫 dir()時未指定任何 module 實例，會查詢目前所在模組的 module 實例上之名稱。

　　在這邊 math 模組是個例子，而在 4.2 學會了如何將可重用流程定義為函式之後，你也許會想設計一個銀行商務相關的簡單程式，具有建立帳戶、存款、提款等功能，既然如此，何不將這些函式，定義在一個 bank.py 中呢？

modules bank.py

```python
def account(name: str, number: str, balance: float) -> dict:
    return {'name': name, 'number': number, 'balance': balance}

def deposit(acct, amount):
    if amount <= 0:
        print('存款金額不得為負')
    else:
        acct['balance'] += amount

def withdraw(acct, amount):
    if amount > acct['balance']:
        print('餘額不足')
    else:
        acct['balance'] -= amount

def desc(acct):
    return f'Account:{acct}'
```

提示 »» 第 4 章談過型態提示的使用時機之一，可以是為了增加程式碼的可讀性，接下來的範例中，若出現了型態提示，多半也是為了這個目的；以上例來說，不需要每個函式都加上型態提示，只要在 account()函式加註，其餘就近函式可根據程式碼上下文，迅速地判斷相關型態為何。

接下來在其他的.py 檔案中，只要 import bank，就可透過 bank 模組名稱來進行相關的商務流程。例如：

modules bank_demo.py

```python
import bank

acct = bank.account('Justin', '123-4567', 1000)
bank.deposit(acct, 500)
bank.withdraw(acct, 200)

# 顯示 Account:{'balance': 1300, 'number': '123-4567', 'name': 'Justin'}
print(bank.desc(acct))
```

透過 bank.account()、bank.deposit()、bank.withdraw()、bank.desc()這樣的名稱，可以很清楚地看到，帳戶的建立、存款、提款、描述，都是與銀行商務相關的操作，bank 這個名稱，不單只是用來避免名稱空間，也作為一種組織與思考相關功能的方式。

就目前為止，這個簡單程式只使用了模組來管理建立帳戶、存款、提款等函式，然而，這些函式都與一個記錄帳戶狀態的 dict 物件相關，稍後還會看到有更好的方式，可用來組織函式與物件的狀態。

5.1.2 管理模組名稱

模組會作為名稱空間，之前談到，當 import 某模組而載入.py 檔案時，會為它建立一個 module 實例，並建立一個模組名稱來參考它，這是最單純的情況，然而，Python 中管理模組名稱的方式，還有著其他的可能性。

from import 名稱管理

在 2.2.4 談過，可以使用 `from import` 直接將模組中指定的名稱匯入。事實上，**from import 會將被匯入模組中之名稱參考值，指定給目前模組中建立的新名稱**。例如，也許有個 foo.py 檔案裏頭定義了一個 x 變數：

```
x = 10
```

若在另一個 main.py 檔案中執行 `from foo import x`，實際上會在 main 模組中建立一個 x 變數，然後將 foo 中的 x 的值 10 指定給 main 中的 x 變數，因此會產生以下的結果：

```
>>> from foo import x
>>> x
10
>>> x = 20
>>> import foo
>>> foo.x
10
>>>
```

簡單來說，在 `from foo import x` 時，就是在模組中建立了新變數，而不是使用原本的 `foo.x` 變數，只是一開始兩個變數參考同一個值。若是參考了可變動物件，就要特別小心了。例如，若 foo.py 中撰寫了：

```
lt = [10, 20]
```

就會產生以下的結果：

```
>>> from foo import lt
>>> lt
[10, 20]
>>> lt[0] = 15
>>> import foo
>>> foo.lt
[15, 20]
>>>
```

這是因為 lt 變數與 foo.lt 都參考了同一個 list 物件，因此透過 lt 變數修改索引 0 的元素，透過 foo.lt 就會取得修改後的結果。

限制 `from import *`

使用 `from import` 語句時，若最後是*結尾，會將被匯入模組中所有變數，在當前模組中都建立相同的名稱。**如果有些變數，不想被 `from import *` 建立同名變數，可以用底線作為開頭。**例如，若 foo.py 中有以下內容：

```
x = 10
lt = [10, 20]
_y = 20
```

使用 `from foo import *` 時，目前模組中就不會建立 _y 變數。例如：

```
>>> from foo import *
>>> x
10
>>> lt
[10, 20]
>>> _y
Traceback (most recent call last):
  File "<stdin>", line 1, in <module>
NameError: name '_y' is not defined
>>>
```

想避免 `from import *` 被濫用而污染了名稱空間時，可以使用這種方式，另一個方式是定義 __all__ 清單，使用字串列出可被 `from import *` 的名稱，例如：

```
__all__ = ['x', 'lt']

x = 10
lt = [10, 20]
_y = 20
z = 30
```

如果模組中定義了 __all__ 變數，就只有名單中的變數，才能被其他模組 `from import *`。例如：

```
>>> from foo import *
>>> x
10
>>> lt
[10, 20]
>>> _y
Traceback (most recent call last):
  File "<stdin>", line 1, in <module>
NameError: name '_y' is not defined
>>> z
Traceback (most recent call last):
  File "<stdin>", line 1, in <module>
```

```
NameError: name 'z' is not defined
>>>
```

　　無論是底線開頭，或者是未被列入 __all__ 清單的名稱，只是限制不被 from import *，若使用者 import foo，依舊可以使用 foo._y 或 foo.z 來存取。

```
>>> import foo
>>> foo._y
20
>>> foo.z
30
>>>
```

◯ del 模組名稱

　　在 3.2.1 討論變數時曾經提過 del，這可以將已建立的變數刪除，被 import 的模組名稱，或者 from import 建立的名稱，實際上就是個變數，因此，**可以使用 del 將模組名稱或者 from import 的名稱刪除**。例如：

```
>>> import foo
>>> foo.x
10
>>> del foo
>>> foo.x
Traceback (most recent call last):
  File "<stdin>", line 1, in <module>
NameError: name 'foo' is not defined
>>> from foo import x
>>> x
10
>>> del x
>>> x
Traceback (most recent call last):
  File "<stdin>", line 1, in <module>
NameError: name 'x' is not defined
>>>
```

　　因此，若想模擬 import foo as qoo 的話，可以如下達成。例如：

```
>>> import foo
>>> qoo = foo
>>> del foo
>>> qoo.x
10
>>> foo.x
Traceback (most recent call last):
  File "<stdin>", line 1, in <module>
```

```
NameError: name 'foo' is not defined
>>>
```

sys.modules

　　del 是用來刪除指定的名稱，而不是刪除名稱參考的物件本身，舉個例子來說：

```
>>> lt1 = [1, 2]
>>> lt2 = lt1
>>> del lt1
>>> lt1
Traceback (most recent call last):
  File "<stdin>", line 1, in <module>
NameError: name 'lt1' is not defined
>>> lt2
[1, 2]
>>>
```

　　在上例中，雖然執行了 del lt1，然而，lt2 還是參考著 list 實例。同樣的道理，del 時若指定了模組名稱，只是將該名稱刪除，而不是刪除 module 實例。實際上，**想知道目前已載入的 module 名稱與實例有哪些，可以透過 sys.modules**，這是個 dict 物件，鍵的部份是模組名稱，值的部份是 module 實例。例如：

```
>>> import sys
>>> import foo
>>> 'foo' in sys.modules
True
>>> foo.x
10
>>> del foo
>>> foo.x
Traceback (most recent call last):
  File "<stdin>", line 1, in <module>
NameError: name 'foo' is not defined
>>> sys.modules['foo'].x
10
>>>
```

　　在上面的例子中可以看到，del foo 刪除了 foo 名稱，然而，還是可以透過 sys.modules['foo'] 存取到 foo 原本參考的 module 實例。

◉ 模組名稱範圍

到目前為止，都是在全域範圍使用 import、import as、from import，實際上，它們**也可以出現在陳述句能出現的位置**，例如 if...else 區塊或者函式之中，因此，**能根據不同的情況進行不同的 import**。

而到目前為止你也知道了，當使用 import、import as、from import 時，建立的名稱其實就是變數名稱，因此，視使用 import、import as、from import 的位置，建立的名稱也會有其作用範圍。例如，也許在函式中使用了 import foo，那麼 foo 名稱的範圍，就只會在函式之中。

```
>>> def qoo():
...     import foo
...     print(foo.x)
...
>>> qoo()
10
>>> foo.x
Traceback (most recent call last):
  File "<stdin>", line 1, in <module>
NameError: name 'foo' is not defined
>>>
```

5.1.3　設定 PTH 檔案

在 2.2.2 談過 sys.path，這個清單中列出了尋找模組時的路徑，清單內容基本上可來自於幾個來源：

- 執行 python 直譯器時的資料夾

- PYTHONPATH 環境變數

- Python 安裝中標準程式庫等資料夾

- PTH 檔案列出的資料夾

在 2.2.2 時，基本上已經說明過前三個來源，也談到對 sys.path 增刪路徑，可以影響模組搜尋路徑，至於 PTH 檔案的部份，就是指**可以在一個.pth 檔案中列出模組搜尋路徑**，一行一個路徑。例如：

modules workspace.pth

```
C:\workspace\libs
C:\workspace\third-party
C:\workspace\devs
```

PTH 檔案的存放位置，不同作業系統並不相同，可以透過 `site` 模組的 `getsitepackages()` 函式取得位置，以 Windows 的 Python 安裝版本為例，會顯示以下的位置：

```
>>> import site
>>> site.getsitepackages()
['C:\\Winware\\Python39', 'C:\\Winware\\Python39\\lib\\site-packages']
>>>
```

如果確實建立了 **workspace.pth 中列出的資料夾**，而且將 workspace.pth 放置到 C:\Winware\Python39，那麼 `sys.path` 就會是以下的結果：

```
>>> import sys
>>> sys.path
['', 'C:\\Winware\\Python39\\python39.zip', 'C:\\Winware\\Python39\\DLLs',
'C:\\Winware\\Python39\\lib', 'C:\\Winware\\Python39',
'C:\\workspace\\libs', 'C:\\workspace\\third-party',
'C:\\workspace\\devs', 'C:\\Winware\\Python39\\lib\\site-packages']
```

注意》》 如果僅在 PTH 檔案中列出路徑，卻沒有建立對應的資料夾，`sys.path` 不會加入那些路徑。

如果將 workspace.pth 放置到 C:\Winware\Python39\lib\site-packages，那麼 `sys.path` 就會是以下的結果：

```
>>> import sys
>>> sys.path
['', 'C:\\Winware\\Python39\\python39.zip', 'C:\\Winware\\Python39\\DLLs',
'C:\\Winware\\Python39\\lib', 'C:\\Winware\\Python39',
'C:\\Winware\\Python39\\lib\\site-packages', 'C:\\workspace\\libs',
'C:\\workspace\\third-party', 'C:\\workspace\\devs']
```

如果想將 **PTH** 檔案放置到其他資料夾，可以使用 `site.addsitedir()` 函式新增 **PTH** 檔案的資料夾來源，例如，可以將 workspace.pth 放置到 C:\workspace 中，接著如下操作：

```
>>> import site
>>> site.addsitedir('C:\workspace')
>>> import sys
```

```
>>> sys.path
['', 'C:\\Winware\\Python39\\python39.zip', 'C:\\Winware\\Python39\\DLLs',
'C:\\Winware\\Python39\\lib', 'C:\\Winware\\Python39',
'C:\\Winware\\Python39\\lib\\site-packages', 'C:\\workspace',
'C:\\workspace\\libs', 'C:\\workspace\\third-party',
'C:\\workspace\\devs']
```

除了 workspace.pth 中列出的路徑之外，site.addsitedir() 函式新增的路徑，也會是 sys.path 路徑中的一部份。

提示 >>> 若有興趣瞭解細節的話，以下列出了一個模組被 import 時發生了什麼事：

1. 在 sys.path 尋找模組。
2. 載入、編譯模組的程式碼。
3. 建立空的模組物件。
4. 在 sys.modules 中記錄該模組。
5. 執行模組中的程式碼及相關定義。

5.2　初識物件導向

　　函式是個抽象層，封裝了演算的流程細節，模組是個抽象層，可以用模組名稱來組織或思考一個整體功能，那麼 Python 中的類別應用場合呢？Python 中不是一切都是物件嗎？何時該以物件來思考或組織應用程式行為呢？嗯…這可以從打算將物件的**狀態與功能**黏在一起時開始…

5.2.1　定義型態

　　在 5.1.1 中曾經建立了一個 bank.py，其中是有關於帳戶建立、存款、提款等函式。實際上，bank 模組中的函式操作，都是與傳入的 dict 實例，也就是代表帳戶狀態的物件高度相關，何不將它們組織在一起呢？

　　可以為帳戶建立一個專屬型態，擁有專用屬性，然後讓存款、提款等函式，專屬於這個帳戶型態的實例，這樣在設定物件狀態、思考物件可用的操作時，都會比較方便一些。

　　我們直接來修改 bank.py 中的程式碼，看看是否真的能**增加可用性**（Usability）。**在 Python 中可以使用 class 來建立一個專屬型態**，bank.py 第一次修改後的成果如下：

object-oriented1 bank.py

```
class Account:    ◀── ❶ 定義 Account 型態
    pass

def account(name, number, balance):
    acct = Account()       ┐
    acct.name = name       │  ◀── ❷ 建立 Account 實例並設
    acct.number = number   │        定相關屬性
    acct.balance = balance ┘
    return acct

def deposit(acct, amount):
    if amount <= 0:
        print('存款金額不得為負')
    else:
        acct.balance += amount    ◀── ❸ 使用點運算子「.」存取
                                        相關屬性
def withdraw(acct, amount):
    if amount > acct.balance:
        print('餘額不足')
    else:
        acct.balance -= amount

def desc(acct):
    return return f"Account('{acct.name}', '{acct.number}', {acct.balance})"
```

在這個範例中定義了 Account 類別❶，類別是物件的藍圖，目前還沒有在藍圖中加上任何定義，只是單純地 pass，目的只是先讓帳戶有個專屬型態 Account。

想要建立 Account 實例，可以呼叫 Account()（這相當於依照藍圖來製作出一個成品），接著在實例上設置相關屬性❷，這麼一來，**型態與屬性就有了特定關聯**，也就是看到 Account，就想到有 name、number、balance 等，進一步地，可在 Account 上使用點運算子「.」來存取這些屬性❸，這會比原先使用 dict 實例來得好，畢竟鍵值存取操作，才是專屬於 dict 這個型態。

因為 account()、deposit()、withdraw()、desc()函式的外觀並沒有改變，只是更改了內部實作，因此完成了 bank.py 的修改後，可以直接執行 bank_demo.py 程式。

5.2.2　定義方法

　　雖然已經定義了 Account 類別，作為帳戶的專屬型態，然而 account()、deposit()、withdraw()、desc()函式卻定義在其他地方，明明它們都是與 Account 實例相關的操作，將相關的操作放在一起而不是分開，是設計時的一個基本原則，對物件導向更是如此。

◎ 定義__init__()方法

　　來看看 account()函式，它定義了如何建立實例，以及實例建立後的相關屬性設定，這是每個 Account 實例都要經歷的初始化流程，**可以將初始化流程，使用__init__()方法定義在類別之中**。例如：

```python
class Account:
    def __init__(self, name, number, balance):
        self.name = name
        self.number = number
        self.balance = balance
```

　　記得先將 pass 刪除，然後定義__init__()方法，接著就可以將原先的 account()函式刪除。

　　可以看到**方法前後各有兩個相連底線，在 Python 中，這樣的名稱意謂著，在類別以外的其他位置，不要直接呼叫，基本上都會有個函式可用來呼叫這類方法**，就__init__()而言，若如下建立 Account 實例時就會呼叫：

```python
acct = Account('Justin', '123-4567', 1000)
```

　　在呼叫__init__()方法時，建立的 Account 實例會傳入作為方法的第一個參數，雖然第一個參數的名稱可以自訂，然而在 Python 的慣例中，第一個參數的名稱會命名為 self。

　　在建立類別實例時，若有其他的參數，可以從第二個參數開始依序定義，若要設定實例屬性，可以透過 self 與點運算子來設置，__init__()方法不傳回任何值，acct = Account('Justin', '123-4567', 1000)執行過後，就會將建立的實例指定給 acct。

定義操作方法

接著將 deposit()以及 withdraw()也定義在 Account 類別之中。例如：

```python
class Account:
    …略

    def deposit(self, amount):
        if amount <= 0:
            print('存款金額不得為負')
        else:
            self.balance += amount

    def withdraw(self, amount):
        if amount > self.balance:
            print('餘額不足')
        else:
            self.balance -= amount
```

將 deposit()、withdraw()移至 Account 類別後的主要修改，在於第一個參數名稱，**在 Python 中，物件方法第一個參數一定是物件本身**，就 Python 的設計哲學（Zen of Python）來說，這是「Explicit is better than implicit」的實踐，因為在方法的實作中，以 self.作為前置的名稱，就代表著存取實例本身的屬性，而不是存取區域變數。

稍後也會看到，定義在 Account 的 __init__()、deposit()、withdraw()，本質上也是函式，不過在物件導向的術語中，對這些定義在類別，可對物件進行的操作，習慣上會稱為方法（Method）。

定義 __str__()、__repr__()

目前有個 desc()函式，還沒定義至 Account 類別之中，雖然可以如 desposit()、withdraw()那樣，直接將 desc()定義在 Account 中，然後將第一個參數更名為 self，不過，像 desc()這個會傳回物件描述字串的方法，在 Python 中有個特殊名稱 __str__()，專門用來定義這個行為。

```python
class Account:
    …略

    def __str__(self):
        return f"Account('{self.name}', '{self.number}', {self.balance})"
```

同樣地，方法的第一個參數定義為 self，用來接受物件本身，正如先前所述，方法前後各有兩個連線底線，在 Python 中意謂著，不要直接去呼叫，基本上會有函式可用來呼叫這類方法，就__str__()而言，print()方法是個例子，在執行 print(acct)時，就會呼叫 acct 的__str__()方法取得描述字串，然後顯示描述字串。

另一個例子是 str()，**若執行 str(acct)時，就會呼叫 acct 的__str__()方法取得描述字串並傳回**，這時可以回憶一下，3.1.2 曾經稍微提過 str()與 repr()，實際上，類別也可以定義__repr__()方法，**當執行 repr(acct)時，就會呼叫 acct 的__repr__()方法取得描述字串並傳回。**

雖然__str__()與__repr__()傳回的字串描述也可以相同，不過，**__str__()字串描述主要是給人類看的易懂格式，而__repr__()是給程式、機器剖析用的特定格式時（像是對代表日期的字串剖析，以建立一個日期物件），或者是包含除錯用的字串資訊。**

3.1.2 也提到了 ascii()函式，這個函式會取得__repr__()傳回值，然後對非 ASCII 字元以\x、\u 或\U 表示方式來進行轉譯。

提示 >>> Python 內建型態的__repr__()傳回的字串，會是個有效的 Python 運算式（expression），可以使用 eval()運算來產生一個內含值相同的物件。

從__init__()、__str__()、__repr__()的例子中，你也知道了，在 Python 中，__xxx__()這類有著特定意義的方法名稱還真不少，之後還會看到更多。

為了方便瞭解全部修改後的結果，來看看現在的 bank.py 內容長什麼樣子：

object-oriented2 bank.py

```python
class Account:
    def __init__(self, name: str, number: str, balance: float) -> None:
        self.name = name
        self.number = number
        self.balance = balance

    def deposit(self, amount: float):
        if amount <= 0:
            print('存款金額不得為負')
        else:
            self.balance += amount
```

```
def withdraw(self, amount: float):
    if amount > self.balance:
        print('餘額不足')
    else:
        self.balance -= amount

def __str__(self):
    return f"Account('{self.name}', '{self.number}', {self.balance})"
```

這樣的修改，主要是為了客戶端使用上的方便，在這邊也示範了如何適當地加上型態提示，有一點必須注意的是，**若要能通過 mypy 的型態檢查，__init__()必須明確地撰寫->None**，這在 PEP484[1]也有規範。

由於呼叫方式做了改變，因此 bank_demo.py 也必須進行修改：

object-oriented2 bank_demo.py

```
import bank

acct = bank.Account('Justin', '123-4567', 1000)
acct.deposit(500)
acct.withdraw(200)

# 顯示 Account('Justin', '123-4567', 1300)
print(acct)
```

可以看到，需要進行存款、提款動作時，使用的是專屬於 Account 的 deposit()、withdraw()方法，這樣就更容易使用 Account 實例了，若 IDE 有支援智慧提示，還能自動出現物件上可用的操作進行選取，這樣就更方便了。

PEP484：www.python.org/dev/peps/pep-0484/#the-meaning-of-annotations

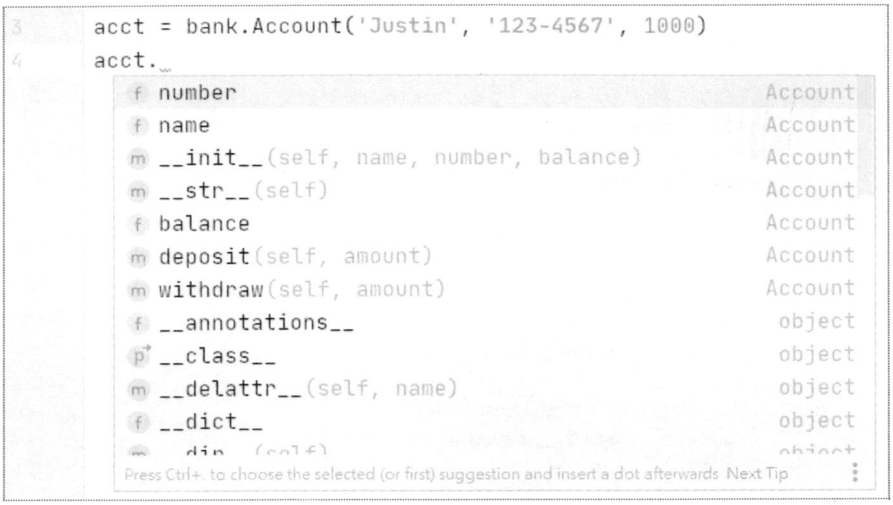

圖 5.1 IDE 的智慧提示

> 提示 >>> 是的！容易使用！在討論物件導向時，大家總是愛談可重用性（Reusability），
> 然而過度著重在可重用性，有時會導致過度設計，在考量物件導向時，易用性
> （Usability）其實更為重要，在這邊將相關的操作與狀態放在一起，就是易用
> 性的一個例子。

5.2.3　定義內部屬性

　　目前的 Account 類別擁有 name、number 與 balance 三個屬性可供存取，雖然
你設計了 deposit()、withdraw()方法，希望使用者想變更 Account 物件的狀態
時，都透過這些方法，然而，可能會有人如下誤用：

```
import bank
acct = bank.Account('Justin', '123-4567', 1000)
acct.balance = 1000000
```

　　哇喔！這樣的結果，顯然就沒有經過 deposit()或 withdraw()的相關條件檢
查，直接修改了 balance 屬性的值，若 IDE 有智慧提示功能，像是圖 5.1 中可直
接看到 name、number、balance 屬性的情況下，使用者可能會直接做了這樣違規
的存取。

　　如果想避免使用者這類誤用，可以使用 self.__xxx 的方式定義內部值域。
例如：

object-oriented3 bank.py

```python
class Account:
    def __init__(self, name: str, number: str, balance: float) -> None:
        self.__name = name
        self.__number = number
        self.__balance = balance

    def deposit(self, amount: float):
        if amount <= 0:
            print('存款金額不得為負')
        else:
            self.__balance += amount

    def withdraw(self, amount: float):
        if amount > self.__balance:
            print('餘額不足')
        else:
            self.__balance -= amount

    def __str__(self):
        return f"Account('{self.__name}', '{self.__number}', {self.__balance})"
```

在 Account 類別的方法定義中，可以使用 self.__name、self.__number、self.__balance 來存取屬性，然而，若使用者建立 Account 實例並指定給 acct，不能使用 acct.__name、acct.__number、acct.__balance 來進行屬性的存取，這會引發 **AttributeError**，若使用的 IDE 有智慧提示功能，也不會帶出這些屬性。

```
acct = bank.Account('Justin', '123-4567', 1000)
acct.
    m deposit(self, amount)                          Account
    m withdraw(self, amount)                         Account
    m __init__(self, name, number, balance)          Account
    m __str__(self)                                  Account
    f __doc__                                        Account
    f __annotations__                                object
    p __class__                                      object
    m __delattr__(self, name)                        object
    f __dict__                                       object
    m __dir__(self)                                  object
    m __eq__(self, o)                                object
    m  format  (self, format spec)                   object
Press Ctrl+. to choose the selected (or first) suggestion and insert a dot afterwards  Next Tip
```

圖 5.2 IDE 智慧提示不會帶出__xxx 的屬性

　　不過，屬性名稱前加上＿＿，只是個避免誤用的方式，當一個屬性名稱前加上＿＿，使用者仍然可以用另一種方式來存取。例如：

```
acct = bank.Account('Justin', '123-4567', 1000)
print(acct._Account__name)
acct._Account__balance = 1
```

　　也就是說，屬性若使用＿＿xxx 這樣的名稱，會自動轉換為「_類別名稱__xxx」，Python 沒有完全阻止存取，只要在原本的屬性名稱前加上_類別名稱，仍舊可以存取到名稱為＿＿開頭的屬性，然而並不建議這麼做，**＿＿xxx 名稱的屬性，慣例上是作為類別定義時，內部相關流程操作之用**，外界最好不要知道其存在，更別說是操作了，如果真想這麼做，最好是清楚地知道自己在做些什麼。

5.2.4　定義外部屬性

　　之前使用了＿＿xxx 這樣的格式來定義了內部屬性，不過留下了一個問題，若只是想取得帳戶名稱、帳號、餘額等資訊，以便在相關使用者介面上顯示，那該怎麼辦呢？以 acct._Account__name 這樣的方式是不建議的，那還能用什麼方式？

　　基本上，可以直接定義一些方法來傳回 self.__name、self.__number 這些內部屬性的值，例如：

```
class Account:
    一些程式碼…略

    def name(self) -> str:
        return self.__name

    def number(self) -> str:
        return self.__number

    def balance(self) -> float:
        return self.__balance
```

　　這麼一來，使用者就可以使用 acct.name()、acct.number()這樣的方式來取得值，不過，針對這種情況，可以考慮在這類方法上加註 @property，例如：

object-oriented4 bank.py

```python
class Account:
    def __init__(self, name: str, number: str, balance: float) -> None:
        self.__name = name
        self.__number = number
        self.__balance = balance

    @property
    def name(self) -> str:
        return self.__name

    @property
    def number(self) -> str:
        return self.__number

    @property
    def balance(self) -> float:
        return self.__balance
```

其他程式碼同前一範例，故略⋯

現在使用者可以使用 acct.name、acct.number、acct.balance 這樣的形式取得值。例如：

object-oriented4 bank_demo.py

```python
import bank

acct = bank.Account('Justin', '123-4567', 1000)

acct.deposit(500)
acct.withdraw(200)

print('帳戶名稱：', acct.name)
print('帳戶號碼：', acct.number)
print('帳戶餘額：', acct.balance)
```

然而，就目前的程式碼撰寫，無法直接使用 acct.balance = 10000 這樣的形式來設定屬性值，因為@property 只允許 acct.balance 這樣的形式取值。

提示 》》　反過來說，如果在程式設計的一開始，沒有使用 self.__balance 的方式，而
　　　　是以 self.balance 定義內部屬性，而使用者也使用了 acct.balance 取得值，
　　　　後來進一步考慮要避免被誤用，想修改為 self.__balance 定義內部屬性，這
　　　　時就可以像上面的範例，定義一個方法並加註@property，如此一來，使用者
　　　　原本的程式碼也不會受到影響，這是固定存取原則(Uniform access principle[2])
　　　　的實現。

如果這個範例，想進一步提供 acct.balance = 10000 這樣的形式，可以使用
@name.setter 、 @number.setter 、 @balance.setter 標註對應的方法。例如：

```python
class Account:
    略…
    @name.setter
    def name(self, name: str):
        # 可實作一些設值時的條件控制
        self.__name = name

    @number.setter
    def number(self, number: str):
        # 可實作一些設值時的條件控制
        self.__number = number

    @balance.setter
    def balance(self, balance: float):
        # 可實作一些設值時的條件控制
        self.__balance = balance

    略…
```

被@property 標註的 xxx 取值方法（ Getter ），可以使用@xxx.setter 標註對應
的設值方法（ Setter ），使用@xxx.deleter 來標註對應的刪除值之方法。取值方法
傳回值可以是即時運算的結果，而設值方法中，必要時可以使用流程語法等來實作
一些存取控制。

提示 》》　設值方法與取值方法，在設計時有一些相關的考量，有興趣的話，可以參考
　　　　〈Getter、Setter 的用與不用〉：
　　　　openhome.cc/Gossip/Programmer/GetterSetter.html

---

[2]　Uniform access principle：en.wikipedia.org/wiki/Uniform_access_principle

5.3 類別語法細節

思考物件導向有許多不同的切入角度，前一節以黏合狀態與操作來當成起點，進一步探討定義內部屬性與外部屬性的需求，並使用了一些簡單的 Python 語法來實現，接下來這一節，要討論 Python 中定義類別時的更多語法細節。

提示 >>> 若想從另一個切入角度來瞭解定義類別的需求，可以參考〈何謂封裝〉：
www.slideshare.net/JustinSDK/java-se-7-16580919

5.3.1 綁定與未綁定方法

在 5.2.2 曾經談過，定義在類別中的方法，本質上也是函式，以目前定義的 Account 類別為例，可以如下建立實例，並呼叫已定義的方法：

```
acct = Account('Justin', '123-4567', 1000)
acct.deposit(500)
acct.withdraw(200)
```

若試著將 acct.deposit 或 acct.withdraw 指定給一個變數，會發現變數實際上參考著一個函式，而且可以對函式進行呼叫。例如：

```
>>> import bank
>>> acct = bank.Account('Justin', '123-4567', 1000)
>>> deposit = acct.deposit
>>> withdraw = acct.withdraw
>>> deposit
<bound method Account.deposit of <bank.Account object at 0x00000212ECE54970>>
>>> withdraw
<bound method Account.withdraw of <bank.Account object at
0x00000212ECE54970>>
>>> deposit(500)
>>> withdraw(200)
>>> print(acct)
Account(Justin, 123-4567, 1300)
>>>
```

提示 >>> 在上面的例子中，若直接在 REPL 中鍵入 acct，會顯示<bank.Account object at 0x00000212ECE54970>>這樣的字樣，這是因為 REPL 會使用 repr()來取得物件的描述字串，而 Account 類別沒有定義__repr__()方法，因此顯示的字樣是從 object 類別繼承而來的__repr__()實作，下一章就會談到繼承。

試著呈現 `acct.deposit` 或 `acct.withdraw` 的字串描述時，會出現 **'bound method'** 這樣的字樣，這表示此函式是個綁定方法，也就是說，此函式已經綁定了一個 Account 實例，也就是方法的第一個參數 self 參考至 Account 實例。

使用 `acct.deposit(500)` 的方式來呼叫方法時，acct 參考的物件，實際上就會傳給 deposit() 方法的第一個參數，相對地，如果在類別中定義了一個方法，沒有任何參數會怎樣呢？

```
>>> class Some:
...     def nothing():
...         print('nothing')
...
>>> s = Some()
>>> s.nothing()
Traceback (most recent call last):
  File "<stdin>", line 1, in <module>
TypeError: nothing() takes 0 positional arguments but 1 was given
>>>
```

如果透過類別的實例呼叫方法時，點運算子左邊的物件會傳給方法作為第一個引數，然而，這邊的 nothing() 方法沒有定義任何參數，因此發生了 TypeError，並說明錯誤在於，試圖在呼叫時給予一個引數。

相對於綁定方法，像這樣定義在類別中，沒有定義 self 參數的方法，稱為未綁定方法（Unbound method），這類方法，充其量只是將類別名稱作為一種名稱空間，可以透過類別名稱來呼叫它，或取得函式物件進行呼叫：

```
>>> Some.nothing()
nothing
>>> nothing = Some.nothing
>>> nothing()
nothing
>>>
```

一個有趣的問題是，有沒有辦法取得綁定方法綁定的物件呢？雖然不鼓勵，不過確實可以透過綁定方法的特定屬性__self__來取得。例如：

```
>>> class Some:
...     def me(self):
...         return self
...
>>> s = Some()
>>> s.me() is s.me.__self__
True
>>>
```

5.3.2　靜態方法與類別方法

若使用 5.2.4 設計的 bank.py 中 Account 類別，建立了一個實例並指定給 acct，呼叫 acct.deposit(500) 時，會將 acct 參考的實例傳給 deposit() 的第一個 self 參數。實際上，也可以如下取得相同效果：

```
acct = Account('Justin', '123-4567', 1000)
Account.deposit(acct, 500)
```

如果要有類似 deposit = acct.deposit 的效果，也可以如下撰寫：

```
deposit = lambda amount: Account.deposit(acct, amount)
```

標註@staticmethod

現在假設，想在 Account 類別增加一個 default() 函式，以便建立預設帳戶，只需要指定名稱與帳號，開戶時餘額預設為 100：

```
class Account:
    …略
    def default(name: str, number: str):
        return Account(name, number, 100)
```

提示 ⟫⟫ 當然，這個需求也可以在 __init__() 上使用預設引數來達成，這邊只是為了示範，因而請暫時忘了有預設引數的存在。

你原本的用意，是希望 default() 函式是以 Account 類別作為名稱空間，因為它與建立帳戶有關，而使用者應該要以 Account.default('Monica', '765-4321') 這樣的方式來呼叫它，然而，若使用者如下誤用，正好也能夠執行：

```
acct = Account('Justin', '123-4567', 1000)

# 顯示 Account(Account(Justin, 123-4567, 1000), 1000, 100)
print(acct.default(1000))
```

就這個例子來說，acct 參考的物件，傳給了 default() 方法的第一個參數 name，而執行過程正好也沒有引發錯誤，只不過顯示了怪異的結果。

若在定義類別時，希望某方法不被拿來作為綁定方法，可以使用@staticmethod 加以標註。例如：

```
class Account:
    …略
    @staticmethod
    def default(name: str, number: str):
        return Account(name, number, 100)
```

這麼一來，可以使用 Account.default('Monica', '765-4321')這樣的方式來呼叫它，就算使用者透過類別的實例來呼叫它，像是 acct.default('Monica', '765-4321')，acct 也不會被傳入作為 default()的第一個參數。

雖然可以透過實例來呼叫@staticmethod 標註的方法，但建議透過類別名稱來呼叫，明確地讓類別名稱作為靜態方法的名稱空間。

◎ 標註@classmethod

來仔細看看上面的例子，default()方法中寫死了 Account 這個名稱，萬一要修改類別名稱的話，還要記得修改 default()中的類別名稱，我們可以讓 default()的實作更有彈性。

首先得知道的是，在 Python 中定義的類別，也會產生對應的物件，這個物件會是 type 的實例。例如：

```
>>> class Some:
...     pass
...
>>> Some
<class '__main__.Some'>
>>> type(Some)
<class 'type'>
>>> s = Some()
>>> s.__class__
<class '__main__.Some'>
>>> s.__class__()
<__main__.Some object at 0x00000212ED2C9430>
>>>
```

可以看到，也可以使用物件的__class__屬性來得知，該物件是從哪個類別建構而來，也可以透過取得的 type 實例來建構物件。

因此，只要能在先前的 default()方法中，取得目前所在類別的 type 實例，就可以不用寫死類別名稱了，對於這個需求，可以在 default()方法上標註 **@classmethod**。例如：

```
class Account:
    …略
    @classmethod
    def default(cls, name: str, number: str):
        return cls(name, number, 100)
```

　　類別中的方法若標註了 **@classmethod**，**第一個參數一定是接受所在類別的 type 實例**，因此，在 default() 方法中，就可以使用第一個參數來建構物件。同樣地，建議透過 Account.default() 這樣的方式來使用，讓 Account 成為 default() 方法的名稱空間。

5.3.3　屬性名稱空間

　　到目前為止，你已經看過幾種可以作為名稱空間的地方了？應該馬上會想到模組是其中之一，而在剛剛知道，類別也可以作為名稱空間使用，除此之外呢？一個可作為名稱空間的對象，都是一個物件，在 5.1.2 節就談過，每個模組匯入後，都會是一個物件，是 module 類別的實例，方才也看到了，每個類別也會是一個物件，是 type 類別的實例。

　　如果必要的話，一個自定義的類別實例，也可以作為名稱空間。例如：

```
>>> class Namespace:
...     pass
...
>>> ns = Namespace()
>>> ns.some = 'Just a value'
>>> ns.other = 'Just another value'
>>>
```

　　在上面的例子中，ns 參考的物件，不就是作為 some 與 other 的名稱空間嗎？某些程度的意義上，類別的實例，確實是作為屬性的名稱空間。

> 提示 >>> 在一些語言中，本身沒有提供名稱空間的機制，像是 ECMAScript 6 前的 JavaScript，為了管理名稱，就有不少開發者使用物件來實作出類似的機制。

　　每個物件本身，都會有個 __dict__ 屬性，當中記錄著類別或實例所擁有的特性。例如：

```
>>> class Some:
...     def __init__(self, x):
...         self.x = x
...     def add(self, y):
```

```
...           return self.x + y
...
>>> s = Some(10)
>>> s.__dict__
{'x': 10}
>>> Some.__dict__
mappingproxy({'__module__': '__main__', '__init__': <function Some.__init__
at 0x000001EC3882DF70>, 'add': <function Some.add at 0x000001EC38832040>,
'__dict__': <attribute '__dict__' of 'Some' objects>, '__weakref__':
<attribute '__weakref__' of 'Some' objects>, '__doc__': None})
>>>
```

在這邊可以看到，真正屬於實例的屬性其實只有 x，Some 中定義的 add 方法，其實是屬於類別，這也可用來解釋，當呼叫 s.add(10) 時，為何效果相當於 Some.add(s, 10)，實際上就是透過 Some 類別呼叫了 add 方法。

在 Python 中，兩個底線的方法是不建議直接呼叫的，**若想取得 __dict__ 的資料，可以使用 vars() 函式**。例如：

```
>>> class Ball:
...       PI = 3.14159   # 屬於類別的資料
...
>>> vars(Ball)
mappingproxy({'__dict__': <attribute '__dict__' of 'Ball' objects>,
'__weakref__': <attribute '__weakref__' of 'Ball' objects>, 'PI': 3.14159,
'__doc__': None, '__module__': '__main__'})
>>> ball = Ball()
>>> vars(ball)
{}
>>> Ball.PI
3.14159
>>> ball.PI
3.14159
>>>
```

在這邊的 Ball 類別中，直接定義了一個 PI 變數，從 vars(Ball) 的結果可以看到，這樣的變數屬於 Ball 類別，而不是 ball 參考的實例，這類變數是以類別作為名稱空間，因此建議透過類別名稱來存取。

然而，確實也能透過 ball.PI 這樣的方式來取得，當一個實例上找不到對應的屬性時，會尋找實例的類別，看看上頭有沒有對應的屬性，如果有就可以取用，若沒有就會發生 AttributeError。

> **提示 ▸▸▸** 更細部的流程其實是，如果嘗試透過實例取得屬性，而實例的 __dict__ 中沒
> 有，會到產生實例的類別之 __dict__ 中尋找，若類別的 __dict__ 仍沒有，則會
> 試著呼叫 __getattr__() 來取得，若沒有定義 __getattr__() 方法，就會發生
> AttributeError，第 14 章會談到如何定義 __getattr__()。

為什麼一再強調，若函式或變數以類別為名稱空間，建議透過類別名稱來呼叫或存取？一來語義上比較清楚，一眼就可以看出函式或變數是以類別為名稱空間，二來還可以避免以下的問題：

```
>>> ball.PI = 3.14
>>> ball.PI
3.14
>>> Ball.PI
3.14159
>>>
```

這邊的操作接續了上一個 REPL 的示範，雖然一個實例上找不到對應的屬性時，會尋找實例的類別，看看上頭有沒有對應的屬性，如果有就可以取用，然而，如果在這樣的實例上指定屬性值時，會直接在實例上建立屬性，而不是修改實例的類別上對應的屬性。

既然自定義的型態，可以在建構出來的實例上，直接新增屬性，那麼可不可以在類別上直接新增方法呢？答案是可以的！

```
>>> class Account:
...     pass
...
>>> acct = Account()
>>> acct.name = 'Justin'
>>> acct.number = '123-4567'
>>> acct.balance = 1000
>>> def deposit(self, amount):
...     self.balance += amount
...
>>> Account.deposit = deposit
>>> acct.deposit(500)
>>> acct.balance
1500
>>>
```

可以看到，就算新增的方法是在實例建構之後，透過實例呼叫方法時仍是可以生效的。

　　在 5.1.2 曾經談過 del，這可以用來刪除變數，或者已匯入目前模組的名稱（本質上也是個變數），它也可以用來刪除某個物件上的屬性。例如：

```
>>> class Some:
...     def __init__(self, x):
...         self.x = x
...     def add(self, y):
...         return self.x + y
...
>>> s = Some(10)
>>> s.x
10
>>> del s.x
>>> s.x
Traceback (most recent call last):
  File "<stdin>", line 1, in <module>
AttributeError: 'Some' object has no attribute 'x'
>>> del Some.add
>>> Some.add
Traceback (most recent call last):
  File "<stdin>", line 1, in <module>
AttributeError: type object 'Some' has no attribute 'add'
>>>
```

　　由於模組也是個物件，因此，也可以使用 del 來刪除模組上定義的名稱。例如：

```
>>> import math
>>> math.pi
3.141592653589793
>>> del math.pi
>>> math.pi
Traceback (most recent call last):
  File "<stdin>", line 1, in <module>
AttributeError: module 'math' has no attribute 'pi'
>>>
```

　　其實 del 真正的作用，是刪除某物件上的指定屬性。舉例來說，在全域範圍建立變數時，就是在當時的模組物件上建立屬性，而在全域範圍使用 del 刪除變數時，就是從當時的模組物件上刪除屬性。

提示 >>> 每個模組都會有個 __name__ 屬性，一個模組被 import 時，__name__ 屬性會被設定為模組名稱，直接使用 python 指令執行某模組時，__name__ 屬性會被設定為 '__main__'，無論如何，想要取得目前的模組物件，可以使用 sys.modules[__name__] 來取得。

5.3.4 定義運算子

到目前為止，你知道了__init__()、__str__()、__repr__()這類方法，在 Python 中是用來定義某些特定行為，例如，__init__()可定義物件建立後的初始化流程，__str__()、__repr__()是用來定義物件的字串描述，之後還會看到更多這類的方法定義。

就現在而言，可以先知道的是，在 Python 中可以定義特定的__xxx__()方法名稱，來定義特定型態遇到運算子時應該具有的行為。實際上，第 3 章談到型態與運算子時，它們彼此間的運算行為，就是由這些特定方法來定義。例如：

```
>>> x = 10
>>> y = 3
>>> x + y
13
>>> x.__add__(y)
13
>>> x % 3
1
>>> x.__mod__(3)
1
>>>
```

可以看到，+運算子實際上是由 int 的__add__()方法定義，而%運算子是由 int 的__mod__()方法定義，為了實際瞭解這些方法如何定義，先來個具體的範例，建立一個有理數類別，並定義其+、-、*、/等運算子的行為。

classes xmath.py

```
class Rational:
    def __init__(self, numer: int, denom: int) -> None:    ◀──❶ 設定分子與分母
        self.numer = numer
        self.denom = denom

    def __add__(self, that):    ◀──❷ 定義+運算子
        return Rational(
            self.numer * that.denom + that.numer * self.denom,
            self.denom * that.denom
        )

    def __sub__(self, that):    ◀──❸ 定義-運算子
        return Rational(
            self.numer * that.denom - that.numer * self.denom,
            self.denom * that.denom
        )
```

```
    def __mul__(self, that):  ◀——❹定義*運算子
        return Rational(
            self.numer * that.numer,
            self.denom * that.denom
        )

    def __truediv__(self, that):  ◀——❺定義/運算子
        return Rational(
            self.numer * that.denom,
            self.denom * that.numer
        )

    def __str__(self):  ◀——❻定義__str__()
        return f'{self.numer}/{self.denom}'

    def __repr__(self):  ◀——❼定義__repr__()
        return f'Rational({self.numer}, {self.denom})'
```

在建立 Rational 實例之後，會經用__init__()初始分子與分母❶，物件常見的 + 、 - 、 * 、 / 等操作，分別是由__add__()❷、__sub__()❸、__mul__()❹、__truediv__()❺定義（//則是由__floordiv__()定義），至於物件的字串描述，想要以 1/2 這樣的形式呈現運算結果，這定義在__str__()方法之中❻，而__repr__()方法的實作，採用'Rational(1, 2)'這類的字串描述❼。

來看看 REPL 中的執行結果：

```
>>> import xmath
>>> r1 = xmath.Rational(1, 2)
>>> r2 = xmath.Rational(2, 3)
>>> print(r1 + r2)
7/6
>>> print(r1 - r2)
-1/6
>>> print(r1 * r2)
2/6
>>> print(r1 / r2)
3/6
>>>
```

這應該能讓你回想起 3.2.2 中，曾經談過的 decimal.Decimal 類別，該類別建立的實例可以直接使用+、-、*、/進行運算，就是因為 decimal.Decimal 類別定義了相對應的方法。

類似地，如果想定義>、>=、<、<=、==、!=等比較，可以分別實作__gt__()、__ge__()、__lt__()、__le__()、__eq__()或__comp__()等方法，不過物件的相等

性要考量的要素比較多一些，因此這邊暫不討論，這會等到第 6 章進行時再來說明。

提示 >>> operator 模組[3]定義了一組運算子對應的函式，例如 add(a, b) 相當於 a + b，如果需要將運算子當成是函式傳遞時可以使用，文件中也可看到特殊方法對應的運算符號；特別一提的是，Python 3.5 新增了 __matmul__() 方法，用於矩陣乘法，對應的運算符號是 @，你可能會在 NumPy[4] 之類的第三方程式庫看到它。

5.3.5 __new__()、__init__() 與 __del__()

到目前為止只要談到 __init__()，都是說這個方法是在類別的實例建構之後，進行初始化的方法，而不是說 __init__() 是用來建構類別實例，這樣的說法是有意義的，因為**類別的實例如何建構，是由 __new__() 方法來定義**，__new__() 方法的第一個參數是類別本身，之後可定義任意參數作為建構物件之用。

__new__() 方法可以傳回物件，若傳回的物件是第一個參數的類別實例，接下來就會執行 __init__() 方法，而 __init__() 方法的第一個參數就是 __new__() 傳回的物件。__new__() 如果沒有傳回第一個參數的類別實例（傳回別的實例或 None），就不會執行 __init__() 方法。

一個簡單測試建構與初始流程的例子如下所示：

```
>>> class Some:
...     def __new__(cls, isClsInstance):
...         print('__new__')
...         if isClsInstance:
...             return object.__new__(cls)
...         else:
...             return None
...     def __init__(self, isClsInstance):
...         print('__init__')
...         print(isClsInstance)
...
>>> Some(True)
__new__
__init__
```

---

3 operator：docs.python.org/3/library/operator.html
4 NumPy：numpy.org

```
True
>>> Some(False)
__new__
>>>
```

在上面的示範中可以看到，呼叫類別建立實例時指定的引數，會成為 __new__() 與 __init__() 的第二個參數，如果有更多引數就會依序指定給後續參數。

當使用 Some(True) 建立實例時，isClsInstance 會是 True，因而執行了 if 區塊，這時使用 **object.__new__(cls)** 來建立類別的實例，而不是直接以 cls(isClsInstance) 建立，這是因為前者只是單純建立物件，然而後者等同於再執行了一次 Some(True)，這樣又會再呼叫 __new__()，然後又執行 cls(isClsInstance)，如此不停遞迴下去，直到最後發生 RecursionError 為止。

如果使用了 Some(False) 而使得 __new__() 傳回 None，除了不執行 __init__() 方法之外，Some(False) 的結果也會是 None。

由於 __new__() 若傳回第一個參數的類別實例，就會執行 __init__() 方法，藉由定義 __new__() 方法，就可以決定如何建構物件與初始物件，一個應用的例子如下：

classes xlogging.py

```python
from typing import Dict, Type

TLogger = Type['Logger']      ←── ❶型態提示的別名

class Logger:
    __loggers: Dict[str, TLogger] = {}  ←── ❷保存已建立的 Logger 實例

    def __new__(cls: TLogger, name: str) -> TLogger:
        if name not in cls.__loggers:        ←── ❸如果 dict 中不存在對應
            logger = object.__new__(cls)          的 Logger 就建立
            cls.__loggers[name] = logger
            return logger
        return cls.__loggers[name]    ←── ❹否則傳回 dict 中對應的 Logger 實例

    def __init__(self, name: str) -> None:
        if 'name' not in vars(self):
            self.name = name       ←── ❺設定 Logger 的名稱

    def log(self, message: str):        ←── ❻簡單模擬日誌的行為
        print(f'{self.name}: {message}')
```

這個 Logger 類別的設計想法是，每個指定名稱下的 Logger 實例只會有一個，因此使用了一個 dict 來保存已建立的實例❷。如果以 Logger('某名稱')呼叫時會先執行__new__()方法，這時檢查 dict 中是否有指定名稱的鍵存在❸，若沒有表示先前沒有建立 Logger 實例，此時使用 object.__new__(cls)建立物件，並以 name 作為鍵而建立的物件作為值，保存在 dict 中，接著傳回建立的物件；如果指定名稱已有對應的物件就直接傳回❹。

由於這個範例的__new__()都會傳回 Logger 實例，在__init__()方法中，為了不重複設定 Logger 實例的 name 屬性，使用 vars(self)取得了 Logger 實例上的屬性清單，並看看 name 是否為 Logger 實例的屬性之一，如果不是，表示這是新建的 Logger，為其設定 name 屬性❺，最後為了方便進行示範，定義了一個簡單的 log()方法來模擬日誌（Logging）的行為❻。

在型態提示的部份，由於 object.__new__()首個引數接受的是 Type[object]，若要能滿足它的型態約束，Logger 的__new__首個引數必須約束為 Type[Logger]，要能理解其原因的話，必須談到泛型（Generics）的觀念，這是進階議題，之後會在適當章節視情況加以討論。

Type[Logger]在名稱上有些長，程式中為其建立了別名 TLogger❶，不過，由於執行順序上，在建立 TLogger 時，Logger 還沒有定義，因此使用'Logger'字串指定，實際上，在進行型態提示時，都可以使用字串來指定型態的名稱。

提示 >>> 就我個人經驗上，以上範例適當地標註型態提示，會有助於程式碼的理解與閱讀，不過可讀性還牽涉到個人經驗上可否消化，若經驗上覺得這些型態提示反而是種干擾，可以將型態相關的程式碼去除，這並不影響程式的執行。

以下是個簡單的測試程式：

```
classes xlogging_demo.py
import xlogging

logger1 = xlogging.Logger('xlogging')
logger1.log('一些日誌訊息....')

logger2 = xlogging.Logger('xlogging')
logger2.log('另外一些日誌訊息....')

logger3 = xlogging.Logger('xlog')
logger3.log('再來一些日誌訊息....')
```

```
print(logger1 is logger2)
print(logger1 is logger3)
```

程式中 logger1 與 logger2 參考的物件，都是使用 xlogging.Logger('xlogging')來取得，根據 Logger 的定義，應該會是相同的 Logger 實例，而 logger3 使用的名稱不同，因此會是不同的 Logger 實例。一個執行結果如下：

```
xlogging: 一些日誌訊息....
xlogging: 另外一些日誌訊息....
xlog: 再來一些日誌訊息....
True
False
```

如果一個物件不再被任何名稱參考，就無法在程式流程中繼續被使用，那麼這個物件就是個垃圾了，執行環境在適當的時候會刪除這個物件，以回收相關的資源。**如果想在物件被刪除時，自行定義一些清除相關資源的行為，可以實作 __del__()方法。**例如：

```
>>> class Some:
...     def __del__(self):
...         print('__del__')
...
>>> s = Some()
>>> s = None
__del__
>>>
```

在這個例子中，原本被 s 參考的物件，由於 s 被指定了 None，而不再有任何名稱參考了，就這個單純的例子來說，該物件馬上就被回收資源了，因此你看到__del__()方法被執行了。

不過實際上，物件被回收的時機並不一定，也就無法預期__del__()會被執行的時機，因此__del__()中最好只定義一些不急著執行的資源清除行為，如果有些資源清除行為，希望能夠掌控執行的時機，那麼最好定義其他方法，並在必要時明確呼叫它。

提示 >>> 除了這一章介紹的幾個__xxx__方法之外，還有更多其他的方法，各自定義著特定的行為，這在之後依各章主題會有相關介紹，想要提前知道還有哪些方法的話，可以先看看〈Special method names [5]〉。

5.4 重點複習

一個.py 檔案就是一個模組，這使得模組成為 Python 中最自然的抽象層。

想要知道一個模組中有哪些名稱，可以使用 dir() 函式。

當 import 某個模組而使得指定的.py 檔案被載入時，會為它建立一個 module 實例，並建立一個模組名稱來參考它。from import 會將被匯入模組中之名稱參考的值，指定給目前模組中建立的新名稱。

如果有些變數，並不想被 from import * 建立同名變數，可以用底線作為開頭。如果模組中定義了 __all__ 變數，那麼就只有名單中的變數，才可以被其他模組 from import *。可以使用 del 將模組名稱或者 from import 的名稱刪除。

想知道目前已載入的 module 名稱與實例有哪些，可以透過 sys.modules。

import、import as、from import 可以出現在陳述句能出現的位置，例如 if...else 區塊或者函式之中，因此，能根據不同的情況進行不同的 import。

sys.path 清單中列出了尋找模組時的路徑，清單內容基本上可來自於幾個來源：執行 python 直譯器時的資料夾、PYTHONPATH 環境變數、Python 安裝中標準程式庫等資料夾、PTH 檔案列出的資料夾。

可以在一個.pth 檔案中列出模組搜尋路徑，PTH 檔案的存放位置，不同作業系統並不相同，可以透過 site 模組的 getsitepackages() 函式取得位置。

如果想將 PTH 檔案放置到其他資料夾，可以使用 site.addsitedir() 函式新增 PTH 檔案的資料夾來源。

---

[5] Special method names：bit.ly/2ZiJr8b

想以物件來思考或組織應用程式行為，可以從打算將物件的狀態與功能黏在一起時開始。

可以使用 class 來建立一個專屬型態。可以將初始化流程，使用＿init＿()方法定義在類別之中。

方法前後各有兩個連線底線，這樣的名稱意謂著，在類別以外的其他位置，不要直接呼叫，基本上都會有個函式可用來呼叫這類方法。

在呼叫＿init＿()方法時，建立的類別實例會傳入作為方法的第一個參數，雖然第一個參數的名稱可以自訂，然而在 Python 的慣例中，第一個參數的名稱會命名為 self。

在 Python 中，物件的方法第一個參數一定是物件本身。

傳回物件描述字串的方法，在 Python 中有個特殊名稱＿str＿()，專門用來定義這個行為。若執行 str(acct)時，就會呼叫 acct 的＿str＿()方法取得描述字串並傳回，當執行 repr(acct)時，就會呼叫 acct 的＿repr＿()方法取得描述字串並傳回。

＿str＿()字串描述主要是給人類看的易懂格式，而＿repr＿()是給程式、機器剖析用的特定格式時（像是對代表日期的字串剖析，以建立一個日期物件），或者是包含除錯用的字串資訊。

如果想避免使用者直接的誤用，可以使用 self.＿xxx 的方式定義內部值域。屬性若使用＿xxx 這樣的名稱，會自動轉換為「_類別名稱＿xxx」，Python 並沒有完全阻止你存取，只要在原本的屬性名稱前加上_類別名稱，仍舊可以存取到名稱為＿開頭的屬性。

被@property 標註的 xxx 取值方法，可以使用@xxx.setter 標註對應的設值方法，使用@xxx.deleter 來標註對應的刪除值之方法，取值方法傳回的值可以是即時運算的結果，而設值方法中，必要時可以使用流程語法等來實作一些存取控制。

定義在類別中的方法，本質上也是函式。

定義在類別中，沒有定義任何參數的方法，稱之為未綁定方法，這類方法，充其量只是將類別名稱作為一種名稱空間，可以透過類別名稱來呼叫它，或取得函式物件進行呼叫。

如果在定義類別時，希望某個方法不被拿來作為綁定方法，可以使用 @staticmethod 加以標註。

雖然可以透過實例來呼叫 @staticmethod 標註的方法，但建議透過類別名稱來呼叫，明確地讓類別名稱作為靜態方法的名稱空間。

類別中的方法若標註了 @classmethod，那麼第一個參數一定是接受所在類別的 type 實例。

若想取得 __dict__ 的資料，可以使用 vars() 函式。

del 真正的作用，是刪除某物件上的指定屬性。

物件常見的 +、-、*、/ 等操作，分別是由 __add__()、__sub__()、__mul__()、__truediv__() 定義（// 則是由 __floordiv__() 定義），想定義 >、>=、<、<=、==、!= 等比較，可以分別實作 __gt__()、__ge__()、__lt__()、__le__()、__eq__() 或 __comp__() 等方法。

__init__() 是在類別的實例建構之後，進行初始化的方法，類別的實例如何建構，實際上是由 __new__() 方法來定義。

如果想在物件被刪除時，自行定義一些清除相關資源的行為，可以實作 __del__() 方法。

5.5　課後練習

實作題

1. 據說創世紀時有座波羅教塔由三支鑽石棒支撐，神在第一根棒上放置 64 個由小至大排列的金盤，命令僧侶將所有金盤從第一根棒移至第三根棒，搬運過程遵守大盤在小盤下的原則，若每日僅搬一盤，在盤子全數搬至第三根棒，此塔將毀損。請撰寫程式，可輸入任意盤數，依以上搬運原則顯示搬運過程。

2. 如果有個二維陣列代表迷宮如下，0 表示道路、2 表示牆壁：

```
maze = [[2, 2, 2, 2, 2, 2, 2],
        [0, 0, 0, 0, 0, 0, 2],
        [2, 0, 2, 0, 2, 0, 2],
        [2, 0, 0, 2, 0, 2, 2],
        [2, 2, 0, 2, 0, 2, 2],
        [2, 0, 0, 0, 0, 0, 2],
        [2, 2, 2, 2, 2, 0, 2]]
```

假設老鼠會從索引(1, 0)開始，請使用程式找出老鼠如何跑至索引(6, 5)位置，並以■代表牆，◇代表老鼠，顯示出走迷宮路徑。如右圖所示：

3. 有個 8 乘 8 棋盤，騎士走法為西洋棋走法，請撰寫程式，可指定騎士從棋盤任一位置出發，以標號顯示走完所有位置。例如其中一個走法：

```
52 21 64 47 50 23 40  3
63 46 51 22 55  2 49 24
20 53 62 59 48 41  4 39
61 58 45 54  1 56 25 30
44 19 60 57 42 29 38  5
13 16 43 34 37  8 31 26
18 35 14 11 28 33  6  9
15 12 17 36  7 10 27 32
```

4. 西洋棋中皇后可直線前進，吃掉遇到的棋子，如果棋盤上有八個皇后，請撰寫程式，顯示八個皇后相安無事地放置在棋盤上的所有方式。例如其中一個放法：

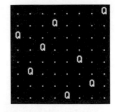

類別的繼承

6.1 何謂繼承？

物件導向中，子類別繼承（Inherit）父類別，可避免重複的行為與實作定義，不過並非為了避免重複定義行為與實作就得使用繼承，濫用繼承而導致程式維護上的問題時有所聞，如何正確判斷使用繼承的時機，以及繼承之後如何活用多型，才是學習繼承時的重點。

6.1.1 繼承共同行為

繼承基本上是為了避免多個類別間重複實作相同的行為。以實際的例子來說明比較清楚，假設你在正開發一款 RPG（Role-playing game）遊戲，一開始設定的角色有劍士與魔法師。首先你定義了劍士類別：

```python
class SwordsMan:
    def __init__(self, name: str, level: int, blood: int) -> None:
        self.name = name    # 角色名稱
        self.level = level  # 角色等級
        self.blood = blood  # 角色血量

    def fight(self):
        print('揮劍攻擊')

    def __str__(self):
        return "('{name}', {level}, {blood})".format(**vars(self))

    def __repr__(self):
        return self.__str__()
```

劍士擁有名稱、等級與血量等屬性，可以揮劍攻擊，為了方便顯示劍士的屬性，定義了__str__()方法，並讓__repr__()的字串描述直接傳回了__str__()的結果。

__str__()方法中直接使用了 5.3.3 介紹過的 vars()函式，以 dict 取得目前實例的屬性名稱與值，然後用了 4.2.2 介紹過的 dict 拆解方式，將 dict 的屬性名稱與值拆解後，傳給字串的 format()方法，這樣的寫法相對於以下，顯然簡潔了許多：

```python
class SwordsMan:
    略…
    def __str__(self):
        return "('{name}', {level}, {blood})".format(
```

```
                    name = self.name, level = self.level, blood = self.blood)
略…
```

接著你為魔法師定義類別：

```
class Magician:
    def __init__(self, name: str, level: int, blood: int) -> None:
        self.name = name   # 角色名稱
        self.level = level # 角色等級
        self.blood = blood # 角色血量

    def fight(self):
        print('魔法攻擊')

    def cure(self):
        print('魔法治療')

    def __str__(self):
        return "('{name}', {level}, {blood})".format(**vars(self))

    def __repr__(self):
        return self.__str__()
```

你注意到什麼呢？只要是遊戲中的角色，都會具有角色名稱、等級與血量，也定義了相同的 __str__() 與 __repr__() 方法，Magician 中粗體字部份與 SwordsMan 中相對應的程式碼重複了。

重複在程式設計上，就是不好的訊號。舉個例子來說，如果要將 name、level、blood 更改為其他名稱，就要修改 SwordsMan 與 Magician 兩個類別，如果有更多類別具有重複的程式碼，就得修改更多類別，造成維護上的不便。

如果要改進，可以把相同的程式碼提昇（Pull up）至父類別 Role，並讓 SwordsMan 與 Magician 類別都繼承自 Role 類別：

Lab

game1 rpg.py

```
class Role: ◄──── ❶定義類別 Role
    def __init__(self, name: str, level: int, blood: int) -> None:
        self.name = name   # 角色名稱
        self.level = level # 角色等級
        self.blood = blood # 角色血量

    def __str__(self):
        return "('{name}', {level}, {blood})".format(**vars(self))

    def __repr__(self):
        return self.__str__()
```

```
class SwordsMan(Role):  ◄───── ❷ 繼承父類別 Role
    def fight(self):
        print('揮劍攻擊')

class Magician(Role):  ◄───── ❸ 繼承父類別 Role
    def fight(self):
        print('魔法攻擊')

    def cure(self):
        print('魔法治療')
```

在這個範例中定義了 Role 類別❶，可以看到沒什麼特別之處，不過是將先前的 SwordsMan 與 Magician 中重複的程式碼，都定義在 Role 類別之中。

接著 SwordsMan 類別在定義時，類別名稱旁邊多了個括號，並指定了 Role，這在 Python 中代表著，SwordsMan 繼承了 Role❷已定義的程式碼，接著 SwordsMan 定義了自己的 fight() 方法。類似地，Magician 也繼承了 Role 類別❸，並且定義了自己的 fight() 與 cure() 方法。

如何看出確實有繼承了呢？以下簡單的程式可以看出：

game1 rpg_demo.py

```
import rpg

swordsman = rpg.SwordsMan('Justin', 1, 200)
print('SwordsMan', swordsman)

magician = rpg.Magician('Monica', 1, 100)
print('Magician', magician)
```

在執行 print('劍士', swordsman) 與 print('魔法師', magician) 時，會呼叫 swordsman 與 magician 的 __str__() 方法，雖然在 SwordsMan 與 Magician 類別的定義中，沒有看到定義了 __str__() 方法，但是它們都從 Role 繼承下來了，因此可以如範例中直接使用。執行的結果如下：

```
SwordsMan ('Justin', 1, 200)
Magician ('Monica', 1, 100)
```

可以看到，__str__() 傳回的字串描述，確實就是 Role 類別中定義的結果。繼承的好處之一，就是若要將 name、level、blood 改為其他名稱，只需修改 Role 類別的程式碼，繼承 Role 的子類別無需修改。

6.1.2　鴨子定型

　　現在有個需求，請設計一個函式，可以播放角色屬性與攻擊動畫，由於在 3.2.1 討論變數時曾經談過，Python 的變數本身沒有型態，若想透過變數操作物件的某個方法，只要確認該物件確實有該方法即可，因此，可以如下撰寫程式：

game2　rpg_demo.py

```python
import rpg

def draw_fight(role):
    print(role, end = '')
    role.fight()

swordsman - rpg.SwordsMan('Justin', 1, 200)
draw_fight(swordsman)

magician = rpg.Magician('Monica', 1, 100)
draw_fight(magician)
```

　　這邊的 draw_fight()函式中，直接呼叫了 role 的 fight()方法，如果是 fight(swordsman)，那麼 role 就是參考了 swordsman 的實例，這時 role.fight() 就相當於 swordsman.fight()，同樣地，如果是 fight(magician)，role.fight() 就相當於 magician.fight()了。執行結果如下：

```
('Justin', 1, 200）揮劍攻擊
('Monica', 1, 100）魔法攻擊
```

　　別因為這一章是在討論繼承，就誤以為繼承才能有這樣的行為，實際上就這個範例來說，只要物件上擁有 fight()方法就可以傳入 draw_fight()函式。例如：

```
>>> from rpg_demo import draw_fight
(Justin, 1, 200）揮劍攻擊
(Monica, 1, 100）魔法攻擊
>>> class Duck:
...     pass
...
>>> duck = Duck()
>>> duck.fight = lambda: print('呱呱')
>>> draw_fight(duck)
<__main__.Duck object at 0x00000211E00C92E0>呱呱
>>>
```

可以看到，在這邊隨便定義了 Duck 類別，建立一個實例，臨時指定一個 lambda 函式給 fight 屬性，仍然可以傳給 draw_fight()函式執行，因為 Duck 並沒有定義 __str__()，因此使用的是預設的 __str__()實作，因而看到了 <__main__.Duck object at 0x00000211E00C92E0>的結果。

在 3.2.1 就說過了，這就是動態定型語言界流行的**鴨子定型（Duck typing[1]）**：「**如果它走路像個鴨子，游泳像個鴨子，叫聲像個鴨子，那它就是鴨子。**」，反過來說，雖然這是隻鴨子，但是它打起架來像個 Role（具有 fight()），那它就是一個 Role。

鴨子定型實際的意義在於：「思考物件的行為，而不是物件的種類。」依照此思維設計的程式，會具有比較高的通用性。就像在這邊看到的 draw_fight()函式，不單只能接受 Role 類別與子類別實例，只要具有 fight()方法的任何實例，draw_fight()都能接受。

你也許會想，怎麼不在 role 參數加註型態提示呢？如前所述，思考鴨子型態時，主要著重在物件的行為而不是種類，如果加註 role 為 Role 型態，因為 Role 本身沒有定義 fight()方法，也無法通過型態檢查。

如果真想加註型態提示，可以將 fight()提昇至 Role 類別中，並搭配稍後就會談到的抽象方法，達到實質規範型態上可用方法之作用。

6.1.3 重新定義方法

方才的 draw_fight()函式若傳入 SwordsMan 或 Magician 實例時，各自會顯示 ('Justin', 1, 200)揮劍攻擊或('Monica', 1, 100)魔法攻擊，如果想顯示 SwordsMan('Justin', 1, 200)揮劍攻擊或 Magician('Monica', 1, 100)魔法攻擊的話，要怎麼做呢？

你也許會想判斷傳入的物件，到底是 SwordsMan 或 Magician 的實例，然後分別顯示劍士或魔法師的字樣，在 Python 中，確實有個 isinstance()函式，可以進行這類的判斷。例如：

---

[1]　Duck typing：en.wikipedia.org/wiki/Duck_typing

```
def draw_fight(role):
    if isinstance(role, rpg.SwordsMan):
        print('SwordsMan', end = '')
    elif isinstance(role, rpg.Magician):
        print('Magician', end = '')

    print(role, end = '')
    role.fight()
```

　　isinstance() 函式可用來進行執行時期型態檢查，不過每當想要 isinstance() 函式時，要再多想一下，有沒有其他的設計方式。

　　以這邊的例子來說，若是未來有更多角色的話，勢必要增加更多型態檢查的判斷式，**在多數的情況下，檢查型態而給予不同的流程行為，對於程式的維護性有著不良的影響，應該避免。**

> 提示 >>> 確實在某些特定的情況下，還是免不了要判斷物件的種類，並給予不同的流程，不過多數情況下，應優先選擇思考物件的行為。

　　那麼該怎麼做呢？print(role, end = '')時，既然實際上是取得 role 參考實例的__str__()傳回的字串並顯示，目前__str__()的行為是定義在 Role 類別而繼承下來，那麼可否分別重新定義 SwordsMan 與 Magician 的__str__()行為，讓它們各自能增加劍士或魔法師的字樣如何？

　　我們可以這麼做，不過，並不用單純地在 SwordsMan 或 Magician 定義以下的__str__()：

```
略…
    def __str__(self):
        return "SwordsMan('{name}', {level}, {blood})".format(**vars(self))
略…
    def __str__(self):
        return "Magician('{name}', {level}, {blood})".format(**vars(self))
```

　　因為實際上，Role 的__str__()傳回的字串，只要各自在前面附加上劍士或魔法師就可以了，**在繼承後若打算基於父類別的方法實作，來重新定義某個方法，可以使用 super() 來呼叫父類別方法。** 例如：

game3 rpg.py

```
class Role:
    略…
    def __str__(self):
        return '({name}, {level}, {blood})'.format(**vars(self))
```

```
    def __repr__(self):
        return self.__str__()

class SwordsMan(Role):
    def fight(self):
        print('揮劍攻擊')

    def __str__(self):      ←———— ❶ 重新定義類別 SwordsMan 的 __str__()
        return f'SwordsMan{super().__str__()}'

class Magician(Role):
    def fight(self):
        print('魔法攻擊')

    def cure(self):
        print('魔法治療')

    def __str__(self):←———— ❷ 重新定義類別 Role 的 __str__()
        return f'Magician{super().__str__()}'
```

在重新定義 SwordsMan 的 __str__() 方法時 ❶，呼叫了 super().__str__()，這會執行父類別 Role 中定義的 __str__() 方法並傳回字串，這個字串與 'SwordsMan' 串接，就會是我們想要的結果，同樣地，在重新定義 Magician 的 __str__() 方法時 ❷，也是使用 super().__str__() 取得結果，然後串接 'Magician' 字串。

其實 super() 是在類別的 __mro__ 屬性中尋找指定的方法，6.2.1 與 6.2.7 還有針對 super() 的探討。

6.1.4 定義抽象方法

在 6.1.2 討論鴨子定型時曾經談到，若想透過變數操作物件的某個方法，只要確認該物件上確實有該方法即可，程式碼上不必有繼承的關係，然而有時候，希望提醒或說是強制，子類別一定要實作某個方法，也許是怕其他開發者在實作時打錯了方法名稱，像是 fight() 打成了 figth()，也許是有太多行為必須實作，怕不小心遺漏了其中一兩個。

如果希望子類別在繼承之後，一定要實作的方法，可以在父類別中指定 **metaclass** 為 abc 模組的 **ABCMeta** 類別，並在指定的方法上標註 abc 模組的

@abstractmethod 來達到需求。例如，若想強制 Role 的子類別一定要實作 fight() 方法，可以如下：

game4　rpg.py

```
from abc import ABCMeta, abstractmethod  ◀── ❶ 匯入 ABCMeta 與 abstractmethod

class Role(metaclass=ABCMeta):           ◀── ❷指定 metaclass 為 ABCMeta

    def __init__(self, name: str, level: int, blood: int) -> None:
        self.name = name    # 角色名稱
        self.level = level  # 角色等級
        self.blood = blood  # 角色血量

    @abstractmethod  ◀── ❸標註@abstractmethod
    def fight(self):
        pass

    def __str__(self):
        return "('{name}', {level}, {blood})".format(**vars(self))

    def __repr__(self):
        return self.__str__()
```

略…

　　由於 ABCMeta 類別與 abstractmethod 函式定義在 abc 模組，因此使用 from import 將之匯入 ❶，接著在定義 Role 類別時，指定 metaclass 為 ABCMeta 類別 ❷，metaclass 是個協定，當定義類別時指明 metaclass 的類別時，Python 會在剖析完類別定義後，使用指定的 metaclass 來進行類別的建構與初始化，這是進階議題，第 14 章會說明，就目前來說，請先當它是個魔法。

　　接著，在 fight() 方法上標註了 @abstractmethod ❸，由於 Role 只是個通用的父類別，並不知道具體的各個角色會如何進行攻擊，也就不用有相關的程式碼實作，因此直接在 fight() 方法的本體中使用 pass，必要時也可以使用 raise NotImplementedError，這代表著拋出錯誤（第 7 章會談到），除了在程式碼上清楚地表示這是個未實作的方法，也表示子類別不能透過 super() 來呼叫這個方法。

提示 ⟫⟫　在 Python 中，abc 或 ABC 這個字樣，是指 Abstract Base Class，也就是抽象基礎類別，通常這些類別已實作了一些基礎行為，開發者可根據需求，使用不同的 ABC 來實作出想要的功能，不用一切從無到有親手打造。

如上定義了 Role 類別，就不能使用 Role 來建構物件了，否則**執行時期**會發生 TypeError。例如：

```
>>> import rpg
>>> rpg.Role('Justin', 1, 200)
Traceback (most recent call last):
  File "<stdin>", line 1, in <module>
TypeError: Can't instantiate abstract class Role with abstract methods fight
>>>
```

如果有個類別繼承了 Role 類別，沒有實作 fight()方法，執行時期在實例化時也會發生 TypeError：

```
>>> Monster('Pika', 3, 500)
Traceback (most recent call last):
  File "<stdin>", line 1, in <module>
TypeError: Can't instantiate abstract class Monster with abstract methods
fight
>>>
```

然而，先前的 SwordsMan 與 Magician，由於已經實作了 fight()方法，因此可以順利地拿來建構物件。

game4　rpg_demo.py

```python
from rpg import Role, SwordsMan, Magician

def draw_fight(role: Role):
    print(role, end = '')
    role.fight()

swordsman = SwordsMan('Justin', 1, 200)
draw_fight(swordsman)

magician = Magician('Monica', 1, 100)
draw_fight(magician)
```

Role 已經定義了 fight()方法，可在 role 參數旁加上型態提示，也可以通過型態檢查了。

6.2　繼承語法細節

上一節介紹了繼承的基礎觀念與語法，然而結合 Python 的特性，繼承還有許多細節必須明瞭，像是必要時怎麼呼叫父類別__init__()、如何定義物件間的 Rich comparison 方法、多重繼承的屬性查找等，這些將於本節中詳細說明。

6.2.1　初識 object 與 super()

在 6.1.1 的 rpg.py 中可以看到，SwordsMan 與 Magician 繼承 Role 之後，沒有重新定義自己的__init__()方法，因此在建構 SwordsMan 或 Magician 實例時，會使用 Role 定義的__init__()方法來進行初始化。

還記得在 5.3.5 中談過，類別的實例如何建構，是由__new__()方法來定義嗎？那麼在沒有定義時，__new__()方法又是由誰提供呢？答案就是 object 類別，在 Python 中定義類別時，**若沒有指定父類別，就是繼承 object 類別**，這個類別上提供了一些屬性定義，每個類別都會繼承這些屬性定義：

```
>>> dir(object)
['__class__', '__delattr__', '__dir__', '__doc__', '__eq__', '__format__',
'__ge__', '__getattribute__', '__gt__', '__hash__', '__init__',
'__init_subclass__', '__le__', '__lt__', '__ne__', '__new__', '__reduce__',
'__reduce_ex__', '__repr__', '__setattr__', '__sizeof__', '__str__',
'__subclasshook__']
>>>
```

除了__new__()、__init__()方法之外，你還曾經接觸過的方法有__str__()、__repr__()，這是用來定義物件的字串描述，如果定義了一個類別，沒有定義__str__()或__repr__()，就會使用 object 預設的字串描述定義，這個字串描述會像是 6.1.2 曾經看過的<__main__.Duck object at 0x00000211E00C92E0>字樣，對人類來說意義不大。

其他屬性的作用或方法的定義方式，之後會在適當章節說明，例如，稍後就會介紹__eq__()與__hash__()方法的作用與定義方式，這與物件相等性有關聯。

簡單來說，**未自定義的方法，某些場合下必須呼叫時，會看看父類別是否有定義，若定義了自己的方法，就會以你定義的為主，不會主動呼叫父類別的方法。**例如：

```
>>> class P:
...     def __init__(self):
...         print('P __init__')
...
>>> class S(P):
...     def __init__(self):
...         print('S __init__')
...
>>> s = S()
```

```
S   init
>>>
```

在上面的例子中，類別 S 繼承了 P，並定義了 __init__()方法，在建構 S 的實例時，只呼叫了 S 定義的 __init__()，而沒有呼叫 P 中的 __init__()。有時候這樣的行為會是你要的，不過有時候，在初始化的過程中，必須也進行父類別中定義的初始化流程。

舉個例子來說，也許你建立了 Account 類別，當中定義了 __name、__number 與 __balance 三個屬性，分別代表帳戶的名稱、帳號與餘額，其中 __init__()方法必須初始這三個屬性，後來，又定義了一個 SavingsAccount 類別，增加了利率 __interest_rate 屬性，你不想在 SavingsAccount 重複定義初始 __name、__number 與 __balance 的過程，想直接呼叫 Account 類別中的 __init__()。

在 6.1.3 中曾經介紹過，可以使用 super()來呼叫父類別定義的某方法，這在 __init__()中也是可行。例如：

inheritance bank.py

```python
class Account:
    def __init__(self, name: str, number: str, balance: float) -> None:
        self.__name = name
        self.__number = number
        self.__balance = balance

    略…

    def __str__(self):
        return f"Account('{self.__name}', '{self.__number}', {self.__balance})"
class SavingsAccount(Account):
    def __init__(self, name: str, number: str,
                       balance: float, interest_rate: float) -> None:

        super().__init__(name, number, balance)    ←———❶呼叫父類別 __init__()
        self.__interest_rate = interest_rate

    def __str__(self):
        acctinfo = super().__str__()    ←———❷呼叫父類別 __str__()
        return f'{acctinfo}\n\tInterest rate: {self.__interest_rate}'
```

由於 SavingsAccount 的 __init__() 方法中，使用 super().__init__(name, number, balance)呼叫 Account 父類別的 __init__()❶，最後建構的物件，也會具有 __name、__number 與 __balance 三個屬性，類似地，在 SavingsAccount

的 __str__() 中，也使用 super().__str__() 先取得父類別的結果❷，再加上了利率的描述字串。

如果使用以下的程式進行測試：

```
inheritance bank_demo.py
import bank

savingsAcct = bank.SavingsAccount('Justin', '123-4567', 1000, 0.02)

savingsAcct.deposit(500)
savingsAcct.withdraw(200)

print(savingsAcct)
```

將會有以下的執行結果：

```
Account('Justin', '123-4567', 1300)
        Interest rate: 0.02
```

在定義方法時使用無引數的 **super()** 呼叫，等同於 **super(__class__, <first argument>)** 呼叫，**__class__** 代表著目前所在類別，而 **<first argument>** 是指目前所在方法的第一個引數。

就綁定方法來說，在定義方法時使用無引數的 **super()** 呼叫，而方法的第一個參數名稱為 **self**，就相當於 **super(__class__, self)**，將剛剛 bank.py 中的 super().__init__(name, number, balance) 改成 super(__class__, self).__init__(name, number, balance)，以及將 super().__str__() 改成 super(__class__, self).__str__()，執行的結果是相同的。

super(__class__, <first argument>) 時，會查找 **__class__** 的父類別中，是否有指定的方法，若有的話，就將 **<first argument>** 作為呼叫方法時的第一個引數。就方才的 bank.py 中的例子，super(__class__, self).__str__() 的話，會在 SavingsAccount 的父類別 Account 找到 __str__() 方法，結果就相當於 Account.__str__(self) 的方式呼叫。

確實也可以在程式碼中直接以 Account.__init__(self, name, number, balance)、Account.__str__(self) 的方式，來呼叫父類別中定義的方法，不過缺乏彈性，將來若修改父類別名稱，那麼子類別中的程式碼也得做出對應修正，使用 super().__init__(name, number, balance)、super().__str__()這樣的方式，顯然比較方便。

super()指定引數時，並不限於在方法之中才能使用，而且實際上是在 __mro__ 中查找指定的方法，6.2.7 還會看到 super()的進一步探討。

6.2.2 Rich comparison 方法

在 object 類別上還定義了__lt__()、__le__()、__eq__()、__ne__()、__gt__()、__ge__()等方法，這組方法定義了物件之間使用<、<=、==、!=、>、>=等比較時，應該要有的比較結果，這組方法在 Python 官方文件上，被稱為 Rich comparison 方法。

◎ 定義__eq__()

想要使用==來比較兩個物件是否相等，必須定義__eq__()方法，因為__ne__()預設會呼叫__eq__()並反相其結果，因此定義了__eq__()就等於定義了__ne__()，也就可以使用!=比較兩個物件。

object 定義的__eq__()方法，預設使用 is 來比較兩個物件，也就是看看兩個物件是否為同一個實例；要比較實質相等性，必須自行重新定義。一個簡單的例子，是比較兩個 Cat 物件是否代表同一隻 Cat 的資料：

```python
class Cat:
    略…
    def __eq__(self, other):
        # other 參考的就是這個物件，當然是同一物件
        if self is other:
            return True

        # 檢查是否有相同的屬性，沒有的話就不用比了
        if hasattr(other, 'name') and hasattr(other, 'birthday'):
            # 定義如果名稱與生日，表示兩個物件實質上相等
            return self.name == other.name and self.birthday == other.birthday

        return False
```

第二個 if 中使用了 hasattr() 函式，它可用來檢查指定的物件上，是否具有指定的屬性，這是採取鴨子定型，也就是針對屬性檢查，而不是針對型態檢查，這樣可以取得較大的彈性。如果想更嚴格地檢查是否為 Cat 型態，第二個 if 中可改用 isinstance(other, __class__) 來取代。

你也許會想進一步地，為 other 參數加上型態提示，然而 object 的__eq__() 第二個參數型態只能是 object 或 Any，若想為 Cat 的 other 參數參數加註 Cat，就會與父類別 object 的__eq__() 方法型態不符而無法通過型態檢查，基本上，不需要為__eq__() 加上型態提示。

提示 >>> 在靜態定型語言中，子類別若要重新定義父類別之方法，方法必須具有相同的型態（包含了名稱、參數型態與個數），若只是方法名稱相同，然而參數型態或個數不同，會是重載了一個新方法，而不是重新定義。

這邊僅示範了__eq__() 實作的基本概念，實際上實作__eq__() 並非這麼簡單，**實作__eq__() 時通常也會實作__hash__()**，原因會等到之後談到 Python 標準資料結構程式庫時再說明，如果現在就想知道__eq__() 與__hash__() 實作時要注意的一些事項，可以先參考〈物件相等性[2]〉。

🔵 定義__gt__()、__ge__()

要能使用>、>=、<、<=來進行物件的比較，必須定義__gt__()、__ge__()、__lt__()、__le__() 方法；然而，**__lt__() 與__gt__() 互補，而__le__() 與__ge__() 互補，因此只要定義__gt__()、__ge__() 就可以了**。來看個簡單的例子：

```
>>> class Some:
...     def __init__(self, value):
...         self.value = value
...     def __gt__(self, other):
...         return self.value > other.value
...     def __ge__(self, other):
...         return self.value >= other.value
...
>>> s1 = Some(10)
>>> s2 = Some(20)
>>> s1 > s2
```

---

[2]　物件相等性：openhome.cc/Gossip/Python/ObjectEquality.html

```
False
>>> s1 >= s2
False
>>> s1 < s2
True
>>> s1 <= s2
True
>>>2
```

⬤ 使用 total_ordering

並不是每個物件，都要定義整組比較方法，然而，若真的需要定義這整組方法的行為，可以使用 functools.total_ordering。例如：

```
>>> from functools import total_ordering
>>> @total_ordering
... class Some:
...     def __init__(self, x):
...         self.x = x
...     def __eq__(self, other):
...         return self.x == other.x
...     def __gt__(self, other):
...         return self.x > other.x
...
>>> s1 = Some(10)
>>> s2 = Some(20)
>>> s1 >= s2
False
>>> s1 <= s2
True
>>>
```

當一個類別被標註了 @total_ordering 時，必須實作__eq__()方法，並選擇__lt__()、__le__()、__gt__()、__ge__()其中一個方法實作，這樣就可以擁有整組的比較方法了，其背後基本的原理在於，只要定義了__eq__()以及__lt__()、__le__()、__gt__()、__ge__()其中一個方法，假設是__gt__()的話，那麼剩下的__ne__()、__lt__()、__le__()、__ge__()就可以各自呼叫這兩個方法來完成比較的行為，稍後在 6.2.5 時，也會看到一個類似的實作。

6.2.3　使用 **enum** 列舉

如果想要列舉值，雖然可以透過 `dict` 或者是類別來定義，例如使用 `dict` 的情況：

```
>>> Action = {
...     'stop' : 1,
...     'right': 2,
...     'left' : 3,
...     'up'   : 4,
...     'down' : 5
... }
>>> Action['stop']
1
>>> Action['down']
5
>>>
```

或者是使用類別定義的方式：

```
>>> class Action:
...     stop  = 1
...     right = 2
...     left  = 3
...     up    = 4
...     down  = 5
...
>>> Action.right
2
>>> Action.left
3
>>>
```

基本上這兩種方式是可以解決問題，不過問題在於，無法檢查列舉值是否重複，可以透過 `Action['up'] = 5` 或者是 `Action.up = 5` 這樣的方式來修改列舉值，如果透過類別方式來定義，`Action` 類別本身還能夠實例化，這些都是使用上的一些困擾。

從 **Python 3.4** 開始新增了 **enum** 模組，其中提供了 `Enum`、`IntEnum` 等類別，可以用來繼承以便定義列舉。繼承 `Enum` 的話，列舉值可以是各種型態，不過建議使用狀態不可變的值（例如字串），繼承 `IntEnum` 的話，列舉值就只能是整數。例如：

```
>>> from enum import IntEnum
>>> class Action(IntEnum):
...     stop  = 1
...     right = 2
```

```
...      left  = 3
...      up    = 4
...      down  = 5
...
>>> Action.left
<Action.left: 3>
>>> Action()
Traceback (most recent call last):
  File "<stdin>", line 1, in <module>
TypeError: __call__() missing 1 required positional argument: 'value'
>>> Action.left = 5
Traceback (most recent call last):
  File "<stdin>", line 1, in <module>
  File "C:\Winware\Python39\lib\enum.py", line 389, in __setattr__
    raise AttributeError('Cannot reassign members.')
AttributeError: Cannot reassign members.
>>>
```

可以看到，你無法使用 Action() 來建立一個物件，也無法重新指定列舉值，實際上，Action() 是用來指定列舉值，然後傳回列舉物件，列舉物件上具有 name 與 value，可用來取得列舉名稱與列舉值，也可以使用 [] 指定列舉名稱來取得列舉物件。例如：

```
>>> Action(3)
<Action.left: 3>
>>> enum_member = Action(3)
>>> enum_member.name
'left'
>>> enum_member.value
3
>>> Action['left']
<Action.left: 3>
>>>
```

繼承了 Enum 或 IntEnum 而定義的類別，可以使用 for in 來迭代列舉：

```
>>> for member in Action:
...      print(member.name, '\t: ', member.value)
...
stop  :  1
right :  2
left  :  3
up    :  4
down  :  5
>>>
```

繼承 Enum 或 IntEnum 類別定義列舉時，列舉名稱不得重複，然而，列舉值可以重複。例如：

```
>>> class Action(IntEnum):
...      stop = 1
...      stop = 2
...
Traceback (most recent call last):
  File "<stdin>", line 1, in <module>
  File "<stdin>", line 3, in Action
  File "C:\Winware\Python39\lib\enum.py", line 99, in __setitem__
    raise TypeError('Attempted to reuse key: %r' % key)
TypeError: Attempted to reuse key: 'stop'
>>> class Action(IntEnum):
...      stop = 1
...      left = 1
...
>>> Action(1)
<Action.stop: 1>
>>> Action['left']
<Action.stop: 1>
>>>
```

　　如果列舉名稱不同然而值相同，那麼後者會是前者的別名，因此就上例來說，無論使用 Action(1)或 Action['left']，一律傳回<Action.stop: 1>。

　　如果想在列舉時值不得重複，可以在類別上加註 enum 模組的@unique，這麼一來若列舉時有重複的值，就會引發 ValueError。例如：

```
>>> from enum import IntEnum, unique
>>> @unique
... class Action(IntEnum):
...      stop  = 1
...      right = 2
...      left  = 3
...      up    = 4
...      down  = 4
...
Traceback (most recent call last):
  File "<stdin>", line 2, in <module>
  File "C:\Winware\Python39\lib\enum.py", line 884, in unique
    raise ValueError('duplicate values found in %r: %s' %
ValueError: duplicate values found in <enum 'Action'>: down -> up
>>>
```

　　如果不在乎值，只是單純想列舉名稱，也可以採用呼叫的方式來建立列舉，例如：

```
>>> Action = IntEnum('Action', ('stop', 'right', 'left', 'up', 'down'))
>>> Action
<enum 'Action'>
>>> Action.stop
```

```
<Action.stop: 1>
>>> Action.right
<Action.right: 2>
>>> list(Action)
[<Action.stop: 1>, <Action.right: 2>, <Action.left: 3>, <Action.up: 4>,
<Action.down: 5>]
```

在 enum 模組的官方說明文件[3]，還有一些關於列舉的相關說明，有興趣的話可以進一步參考。

6.2.4 多重繼承

Python 可以進行多重繼承，也就是一次繼承兩個父類別的程式碼定義，父類別之間使用逗號作為區隔。多個父類別繼承下來的方法名稱沒有衝突時，是最單純的情況，例如：

```
>>> class P1:
...     def mth1(self):
...         print('mth1')
...
>>> class P2:
...     def mth2(self):
...         print('mth2')
...
>>> class S(P1, P2):
...     pass
...
>>> s = S()
>>> s.mth1()
mth1
>>> s.mth2()
mth2
>>>
```

如果繼承時多個父類別中有相同的方法名稱，就要注意搜尋的順序，基本上是從子類別開始尋找名稱，接著是同一階層父類別由左至右搜尋，再至更上層同一階層父類別由左至右搜尋，直到達到頂層為止。例如：

```
>>> class P1:
...     def mth(self):
...         print('P1 mth')
...
```

3
    enum 模組：docs.python.org/3/library/enum.html

```
>>> class P2:
...     def mth(self):
...         print('P2 mth')
...
>>> class S1(P1, P2):
...     pass
...
>>> class S2(P2, P1):
...     pass
...
>>> s1 = S1()
>>> s2 = S2()
>>> s1.mth()
P1 mth
>>> s2.mth()
P2 mth
>>>
```

在上面的例子中，S1 繼承父類別的順序是 P1、P2，而 S2 是 P2、P1，因此在尋找 mth() 方法時，S1 實例使用的是 P1 繼承而來方法，而 S2 使用的是 P2 繼承而來的方法。

具體來說，一個子類別在尋找指定的屬性或方法名稱時，會依據類別的**__mro__**屬性的元素順序尋找（MRO 全名是 Method Resolution Order），如果想知道直接父類別的話，可以透過類別的**__bases__**來得知。

```
>>> S1.__mro__
(<class '__main__.S1'>, <class '__main__.P1'>, <class '__main__.P2'>, <class 'object'>)
>>> S1.__bases__
(<class '__main__.P1'>, <class '__main__.P2'>)
>>> S2.__mro__
(<class '__main__.S2'>, <class '__main__.P2'>, <class '__main__.P1'>, <class 'object'>)
>>> S2.__bases__
(<class '__main__.P2'>, <class '__main__.P1'>)
>>>
```

__mro__是唯讀屬性，有趣的是，可以改變__bases__來改變直接父類別，從而令__mro__的內容也跟著變動。例如：

```
>>> S2.__bases__ = (P1, P2)
>>> S2.__mro__
(<class '__main__.S2'>, <class '__main__.P1'>, <class '__main__.P2'>, <class 'object'>)
>>> s2.mth()
P1 mth
>>>
```

在上面的例子中，故意調換了 S2 的父類別為 P1、P2 的順序，結果__mro__
查找父類別的順序，也變成了 P1 在前、P2 在後，因此，這次透過 S2 實例呼叫
mth()方法時，先找到的會是 P1 上的 mth()方法。

如果定義類別時，python 直譯器無法生成__mro__，會引發 TypeError，一個
簡單的例子會像是：

```
>>> class First:
...     pass
...
>>> class Second(First):
...     pass
...
>>> class Third(First, Second):
...     pass
...
Traceback (most recent call last):
  File "<stdin>", line 1, in <module>
TypeError: Cannot create a consistent method resolution
order (MRO) for bases Second, First
>>>
```

在 6.1.4 談過如何定義抽象方法，如果有個父類別中定義了抽象方法，而
另一個父類別中實作了一個方法，且名稱與另一父類別的抽象方法相同，子類
別繼承這兩個父類別的順序，會決定抽象方法是否得到實作。例如：

```
>>> from abc import ABCMeta, abstractmethod
>>> class P1(metaclass=ABCMeta):
...     @abstractmethod
...     def mth(self):
...         pass
...
>>> class P2:
...     def mth(self):
...         print('mth')
...
>>> class S(P1, P2):
...     pass
...
>>> s = S()
Traceback (most recent call last):
  File "<stdin>", line 1, in <module>
TypeError: Can't instantiate abstract class S with abstract methods mth
>>> class S(P2, P1):
...     pass
...
>>> s = S()
>>> s.mth()
```

```
mth
>>>
```

　　基本上，**判定抽象方法是否有實作，也是依照__mro__的順序**，如果在__mro__
中先找到有類別實作了方法，後續才找到定義了抽象方法的類別，那麼就會認
定已經實作了抽象方法。

6.2.5　建立 ABC

　　Python 可以多重繼承，這是雙面刃，特別是在繼承的父類別中，具有相同
名稱的方法定義時，儘管有__mro__屬性可以作為名稱搜尋依據，然而總是會令
情況變得複雜。

　　**多重繼承的能力，通常建議只用來繼承 ABC，也就是抽象基礎類別（Abstract
Base Class），一個抽象基礎類別，不會定義屬性，也不會有__init__()定義。**

　　什麼樣的情況下，會需要定義一個符合方才要求的抽象基礎類別？來考慮
一個 Ball 類別，其中定義了一些比較大小的方法（暫時忘了 6.2.2 介紹過的
functools.total_ordering）：

```
class Ball:
    def __init__(self, radius):
        self.radius = radius

    def __eq__(self, other):
        return hasattr(other, 'radius') and self.radius == other.radius

    def __gt__(self, other):
        return hasattr(other, 'radius') and self.radius > other.radius

    def __ge__(self, other):
        return self > other or self == other

    def __lt__(self, other):
        return not (self > other and self == other)

    def __le__(self, other):
        return (not self >= other) or self == other

    def __ne__(self, other):
        return not self == other
```

> **提示 >>>** 雖然 6.2.2 談過，__eq__()與__ne__()互補，__gt__()與__lt__()互補，__ge__()
> 與__le__()互補，可以僅實作__eq__()、__gt__()、__ge__()，這邊為了突顯
> 可重用的共同實作，也將互補的方法實作出來了。

事實上「比較」這件任務，許多物件都會用的到，仔細觀察以上的程式碼，
會發現一些可重用的方法，可以將之抽離出來：

inheritance xabc.py

```python
from abc import ABCMeta, abstractmethod

class Ordering(metaclass=ABCMeta):
    @abstractmethod                          ❶定義抽象方法
    def __eq__(self, other):
        pass

    @abstractmethod
    def __gt__(self, other):
        pass

    def __ge__(self, other):                 ❷定義可重用的共同實作
        return self > other or self == other

    def __lt__(self, other):
        return not (self > other and self == other)

    def __le__(self, other):
        return (not self >= other) or self == other

    def __ne__(self, other):
        return not self == other
```

像 Ordering 這樣的類別，就是一個抽象基礎類別，由於實際的物件==以及>
的行為，必須依不同物件而有不同實作，在 Ordering 中不定義，必須由子類別
繼承後實作，在這邊@abstractmethod 標註不是必要的 ❶，然而，為了避免開發
者在繼承後忘了實作必要的方法，@abstractmethod 標註可具有提醒的作用。至
於__ge__()、__lt__()、__le__()、__ne__()方法，只是從方才的 Ball 類別中抽取
出來的可重用實作 ❷。

對於 metaclass 指定 ABCMeta 的情況，也可以直接繼承 abc 模組的 ABC 類別，
定義抽象基礎類別時比較簡便，例如：

```
from abc import ABC, abstractmethod

class Ordering(ABC):
    @abstractmethod
    def __eq__(self, other):
        pass

    @abstractmethod
    def __gt__(self, other):
        pass

    ...
```

有了 Ordering 類別後，若有物件需要比較的行為，只要繼承 Ordering 並實作__eq__()與__gt__()方法。例如，方才的 Ball 類別現在只需如下撰寫：

 inheritance xabc_demo.py

```
from xabc import Ordering

class Ball(Ordering):    ◄──────── ❶繼承 Ordering
    def __init__(self, radius: int) -> None:
        self.radius = radius

    def __eq__(self, other):    ◄──────── ❷實作__eq__()與__gt__()
        return hasattr(other, 'radius') and self.radius == other.radius

    def __gt__(self, other):
        return hasattr(other, 'radius') and self.radius > other.radius

b1 = Ball(10)
b2 = Ball(20)

print(b1 > b2)
print(b1 <= b2)
print(b1 == b2)
```

在繼承了 Ordering 之後❶，Ball 類別只需要實作__eq__()與__gt__()方法❷，就能具有比較的行為。

由於 Python 可以多重繼承，在必要時，可以同時繼承多個 ABC，針對必要的方法進行實作，就可以擁有多個 ABC 類別已定義的可重用實作，實際上，在 Python 的標準程式庫中，就提供了不少 ABC，之後章節會看到其中一些 ABC 的介紹。

> **提示 》》》** 像這種抽離可重用流程，必要時可以某種方式安插至類別定義的特性，有時稱為 Mix-in。

6.2.6 使用 `final`

Python 3.8 以後，如果想限定某類別在繼承體系中是最後一個，不能再有子類別，也就是不能被繼承，可以透過 typing 模組的 final 裝飾器。例如：

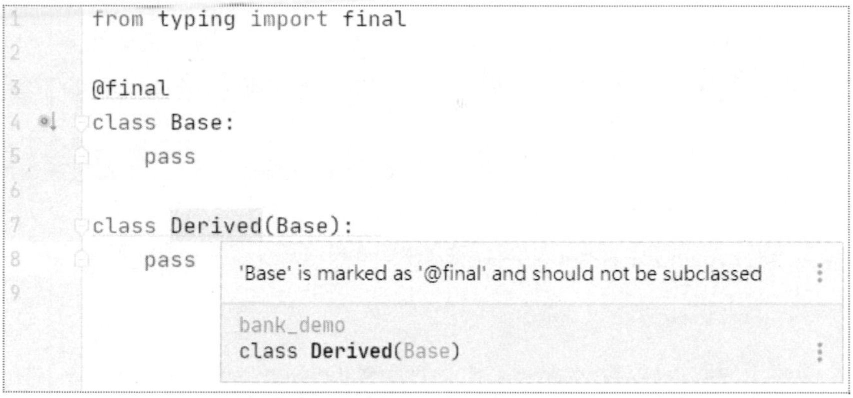

```
from typing import final

@final
class Base:
    pass

class Derived(Base):
    pass
        'Base' is marked as '@final' and should not be subclassed

        bank_demo
        class Derived(Base)
```

圖 6.1 不能繼承 `final` 類別

定義方法時也可以使用 final 裝飾器，表示最後一次定義該方法，子類別不可以重新定義該方法，例如：

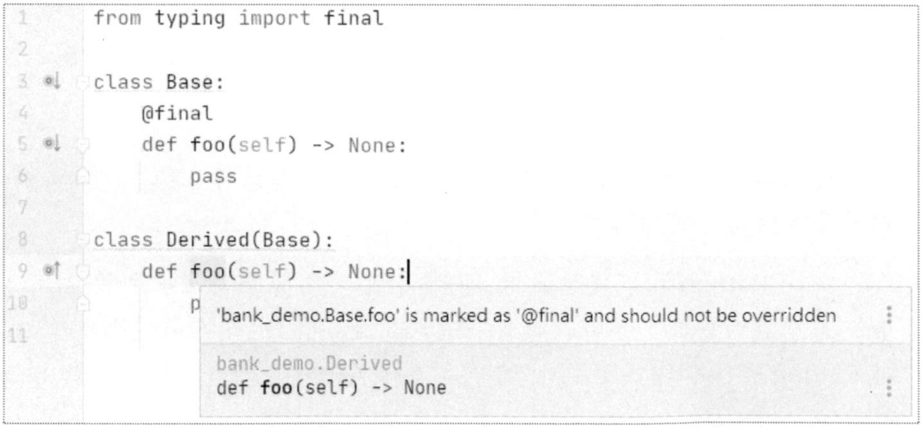

```
from typing import final

class Base:
    @final
    def foo(self) -> None:
        pass

class Derived(Base):
    def foo(self) -> None:
    p  'bank_demo.Base.foo' is marked as '@final' and should not be overridden

        bank_demo.Derived
        def foo(self) -> None
```

圖 6.2 不能重新定義 `final` 方法

6.2.7　探討 **super()**

多數的情況下，使用無引數的 super() 來呼叫父類別中的方法就足夠了，然而 6.2.1 時也談到，無引數的 super()呼叫，其實是 super(__class__, <first argument>)的簡便方法，接下來就要探討帶引數的 super()呼叫，這是進階主題，若暫時不感興趣，可以先跳過這一個部份，待日後有機會再回頭來看看。

在 6.2.1 時提過，在一個綁定方法中使用無引數 super()呼叫時，若綁定方法的第一個參數名稱是 self，就相當於使用 super(__class__, self)。如果在 @classmethod 標註的方法中，以無引數呼叫 super()呢？在 5.3.2 談過，@classmethod 標註的方法第一個參數一定是綁定類別本身，若參數名稱是 cls，那麼無引數呼叫 super()，就相當於呼叫 super(__class__, cls)。

因此，也可以在@classmethod 標註的方法中，直接如下使用無引數 super() 呼叫，這相當呼叫父類別中，以@classmethod 標註定義的方法：

```
>>> class P:
...     @classmethod
...     def cmth(cls):
...         print('P', cls)
...
>>> class S(P):
...     @classmethod
...     def cmth(cls):
...         super().cmth()
...         print('S', cls)
...
>>> S.cmth()
P <class '__main__.S'>
S <class '__main__.S'>
>>>
```

使用 help(super)看看說明文件，會看到 super()的幾個呼叫方式：

```
>>> help(super)
Help on class super in module builtins:

class super(object)
 |  super() -> same as super(__class__, <first argument>)
 |  super(type) -> unbound super object
 |  super(type, obj) -> bound super object; requires isinstance(obj, type)
 |  super(type, type2) -> bound super object; requires issubclass(type2, type)
 |  Typical use to call a cooperative superclass method:
略…
```

無引數的呼叫方式已經說明過多次了，直接來看看 super(type, obj)，這個呼叫方式必須符合 isinstance(obj, type)，也就是 obj 必須是 type 的實例，在一個綁定方法中使用 super() 時相當於 super(__class__, self)，就是這種情況，self 是當時類別 __class__ 的一個實例。

另一個 super(type, type2) 的呼叫方式，必須符合 issubclass(type2, type)，也就是 type2 必須是 type 的子類別，有趣的是，issubclass(type, type) 的結果也會是 True，在 @classmethod 標註的方法中，使用 super() 呼叫時相當於 super(__class__, cls)，就是這個情況。

在 6.2.1 中曾談到，super(__class__, <first argument>) 時，會查找 __class__ 的父類別中，是否有指定的方法，若有的話，就將 <first argument> 作為呼叫方法時的第一個引數。

更具體地說，呼叫 super(type, obj) 時，會使用 obj 的類別之 __mro__ 清單，從指定 type 的下個類別開始查找，看看是否有指定的方法，若有的話，將 obj 當作是呼叫方法的第一個引數。

因此，在一個多層的繼承體系，或者是具有多重繼承的情況下，透過 super(type, obj)，可以指定要呼叫哪個父類別中的綁定方法。例如：

```
>>> class P:
...     def mth(self):
...         print('P')
...
>>> class S1(P):
...     def mth(self):
...         print('S1')
...
>>> class S2(P):
...     def mth(self):
...         print('S2')
...
>>> class SS(S1, S2):
...     pass
...
>>> ss = SS()
>>> super(SS, ss).mth()
S1
>>> super(S1, ss).mth()
S2
>>> super(S2, ss).mth()
P
>>>
```

在上面的例子中，P、S1、S2 都定義了 mth()方法，SS 繼承了 S1 與 S2，ss 的類別是 SS，其 __mro__ 的順序為 SS、S1、S2、P。

super(SS, ss).mth()時，會以 SS 下個類別開始尋找 mth()方法，結果就是使用 S1 的 mth()方法；super(S1, ss).mth()時，會以 S1 的下個類別開始尋找 mth()方法，結果就是使用 S2 的 mth()方法；super(S2, ss).mth()時，會以 S2 的下個類別開始尋找 mth()方法，結果就是使用 P 的 mth()方法。

呼叫 super(type, type2)時，會使用 type2 的 __mro__ 清單，從指定 type 的下個類別開始查找，看看是否有指定的方法，若有的話，將 type2 當作是呼叫方法的第一個引數。

因此，可以模仿剛才的範例，針對@classmethod 標註的方法，做個類似的測試過程：

```
>>> class P:
...     @classmethod
...     def cmth(cls):
...         print('P', cls)
...
>>> class S1(P):
...     @classmethod
...     def cmth(cls):
...         print('S1', cls)
...
>>> class S2(P):
...     @classmethod
...     def cmth(cls):
...         print('S2', cls)
...
>>> class SS(S1, S2):
...     pass
...
>>> super(SS, SS).cmth()
S1 <class '__main__.SS'>
>>> super(S1, SS).cmth()
S2 <class '__main__.SS'>
>>> super(S2, SS).cmth()
P <class '__main__.SS'>
>>>
```

由於這邊使用了@classmethod，你可能會問，那麼@staticmethod 標註的方法呢？如果想呼叫父類別的靜態方法，其實也是要使用 super(type, type2)的形式，例如：

```
>>> class P:
...     @staticmethod
...     def smth(p):
...         print(p)
...
>>> class S(P):
...     pass
...
>>> super(S, S).smth(10)
10
>>>
```

由於 @staticmethod 標註的方法，是個未綁定方法，而在 help(super) 的說明中，可以看到 super(type) -> unbound super object 的字樣，這會讓人以為可以 super(S).smth(10)，然而實際上， super() 傳回的是個代理物件，為 super 的實例，而不是類別本身，因此 super(S).smth(10) 會發生 AttributeError 錯誤。

使用 super(type) 的機會非常的少，一個可能性是作為描述器（Descriptor）使用，因為 super(type) 傳回的物件，會具有 __get__()、__set__() 方法，因此，會有以下的執行結果：

```
>>> class P:
...     def mth(self):
...         print('P')
...
>>> class S(P):
...     pass
...
>>> s = S()
>>> super(S).__get__(s, S).mth()
P
>>>
```

提示 ››› 本書第 14 章會談到描述器，屆時會知道描述器的定義方式，也就能明白 __get__() 的意義，基本上，你可以忽略 super(type) 的用法，若真的想要深入瞭解，可以參考〈Things to Know About Python Super〉中的說明：

www.artima.com/weblogs/viewpost.jsp?thread=236275
www.artima.com/weblogs/viewpost.jsp?thread=236278
www.artima.com/weblogs/viewpost.jsp?thread=237121

6.3　文件與套件資源

　　如果你跟隨本書到達這一節，表示對於函式、模組與類別的定義與撰寫等，都有了一定的認識。一個好的語言必須有好的程式庫來搭配，而一個好的程式庫必定得有清楚、詳盡的文件，對 Python 來說正是如此，在這一節中，將先從如何撰寫文件開始，之後來看看如何查詢既有的文件，以及去哪尋找社群貢獻的套件。

6.3.1　DocStrings

　　對於程式庫的使用，實際上，Python 的標準程式庫原始碼本身就附有文件，舉 list() 來說，如果在 REPL 中鍵入 list.__doc__ 會發生什麼事呢？

```
>>> list.__doc__
"list() -> new empty list\nlist(iterable) -> new list initialized from
iterable's items"
>>>
```

　　這字串很奇怪，還有一些換行字元？如果鍵入 help(list) 就不會覺得奇怪了：

```
>>> help(list)
Help on class list in module builtins:

class list(object)
 |  list() -> new empty list
 |  list(iterable) -> new list initialized from iterable's items
 |
略…
```

　　實際上，help() 函式會取得 list.__doc__ 的字串，結合一些它在程式庫中查找出來的資訊加以顯示。透過__doc__取得的字串稱為 DocStrings，可以自行在原始碼中定義。例如，想為自訂函式定義 DocStrings，可以如下：

```
def max(a, b):
    '''Given two numbers, return the largest one.'''
    return a if a > b else b
```

　　在函式、類別或模組定義的一開頭，使用'''包括起來的多行字串，會成為函式、類別或模組的__doc__屬性值，也就是會成為 help() 的輸出內容之一。先來看個函式的例子：

```
>>> def max(a, b):
...     '''Given two numbers, return the largest one.'''
...     return a if a > b else b
...
>>> max.__doc__
'Given two numbers, return the largest one.'
>>> help(max)
Help on function max in module __main__:

max(a, b)
    Given two numbers, return the largest one.

>>>
```

如果 DocStrings 只有一行，那麼 `'''` 包括起來的字串就不會換行。如果 `'''` 包括換行與縮排，那麼 __doc__ 的內容也會包括這些換行與縮排。

因此，慣例上，單行的 DocStrings 會是在一行中使用 `'''` 左右含括起來，而函式或方法中的 DocStrings 若是多行字串，`'''` 緊接的第一行，會是個函式的簡短描述，之後空一行後，才是參數或其他相關說明，最後換一行並縮排結束，這樣在 help() 輸出時會比較美觀。例如：

```
>>> def max(a, b):
...     '''Find the maximum number.
...
...     Given two numbers, return the largest one.
...     '''
...     return a if a > b else b
...
>>> help(max)
Help on function max in module __main__:

max(a, b)
    Find the maximum number.

    Given two numbers, return the largest one.

>>>
```

如果是類別或模組的多行 DocStrings，會是在 `'''` 後馬上換行，然後以相同層次縮排，並開始撰寫說明。例如：

docs openhome/abc.py

```
# Copyright 2016 openhome.cc. All Rights Reserved.
# Permission to use, copy, modify, and distribute this code and its
# documentation for educational purpose.

"""
```

```
Abstract Base Classes (ABCs) for Python Tutorial

Just a demo for DocStrings.
"""

from abc import ABCMeta, abstractmethod

class Ordering(metaclass=ABCMeta):
    '''
    A abc for implementing rich comparison methods.

    The class must define __gt__() and  __eq__() methods.
    '''
    @abstractmethod
    def __eq__(self, other):
        '''Return a == b'''
        pass

    @abstractmethod
    def __gt__(self, other):
        '''Return a > b'''
        pass

    def __ge__(self, other):
        '''Return a >= b'''
        return self > other or self == other
```

　　略…

　　如果想針對套件來撰寫 DocStrings，可以在套件相對應資料夾的 __init__.py 使用'''來含括字串撰寫。例如：

```
docs openhome/__init__.py
'''
Libraries of openhome.cc

If you can't explain it simply, you don't understand it well enough.
        - Albert Einstein
'''
```

　　在 REPL 中，可針對套件使用 help()。例如：

```
>>> import openhome.abc
>>> help(openhome)
Help on package openhome:

NAME
    openhome - Libraries of openhome.cc

DESCRIPTION
```

```
    If you can't explain it simply, you don't understand it well enough.
        - Albert Einstein

PACKAGE CONTENTS
    abc

FILE
    c:\workspace\docs\openhome\__init__.py


>>>
```

至於方才定義的 abc.py 模組，使用 `help()` 的結果如下：

```
>>> help(openhome.abc)
Help on module openhome.abc in openhome:

NAME
    openhome.abc - Abstract Base Classes (ABCs) for Python Tutorial

DESCRIPTION
    Just a demo for DocStrings.

CLASSES
    builtins.object
        Ordering

    class Ordering(builtins.object)
     |  A abc for implementing rich comparison methods.
     |
     |  The class must define __gt__() and  __eq__() methods.
     |
     |  Methods defined here:
     |
     |  __eq__(self, other)
     |     Return a == b
     |
     |  __ge__(self, other)
     |     Return a >= b
    略…
```

你 也 可 以 直 接 使 用 `help(openhome.abc.Ordering)`、`help(openhome.abc.Ordering.__eq__)` 來分別查詢相對應的 DocStrings。如果想要進一步認識 DocStrings 的撰寫或使用慣例，可以參考標準程式庫（位於 Python 安裝目錄的 Lib）原始碼中的撰寫方式，或者是參考 PEP 275[4]。

---

[4] PEP 257：www.python.org/dev/peps/pep-0257/#what-is-a-docstring

6.3.2　查詢官方文件

　　除了使用 `help()` 查詢文件之中，對於 Python 官方的程式庫，也可以在線上查詢，文件位址是 docs.python.org，預設會顯示最新版本的 Python 文件，可以在首頁左上角選取想要的版本。

圖 6.3 Python 官方文件

> 提示 >>> 在 1.2.3 中談過，Windows 版本的 Python 裏，安裝資料夾中提供了一個 python390.chm 檔案，包含了許多 Python 文件，方便隨時取用查閱。

　　在官方文件中，有關於程式庫 API 查詢的部份，是列在 Indices and tables 中，在撰寫 Python 程式的過程中，經常需要在這邊查詢相關 API 如何使用。

圖 6.4 API 索引

除了連上網站查詢官方 API 文件之外，還可以使用內建的 pydoc 模組啟動一個簡單的 pydoc 伺服器，例如：

```
>python -m pydoc -p 8080
Server ready at http://localhost:8080/
Server commands: [b]rowser, [q]uit
server>
```

在執行 **python** 時指定**-m** 引數，表示執行指定模組中頂層的程式流程，在這邊是指定執行 pydoc 模組，並附上-p 引數指定了 8080，這會建立一個簡單的文件伺服器，並在 8080 連接埠接受連線。可以使用 b 開啟預設瀏覽器，或自行啟動瀏覽器連線 http://localhost:8080/，就可以進行文件查詢。

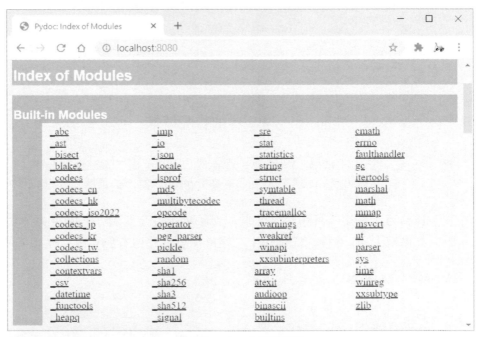

圖 6.5 pydoc 文件伺服器

6.3.3　PyPI 與 `pip`

如果標準程式庫無法滿足你了，Python 社群中還有數量龐大的程式庫在等著你，若想要尋找第三方程式庫，那麼 Python 官方維護的 **PyPI（Python Package Index）**[5]網站可以做為不錯的起點。

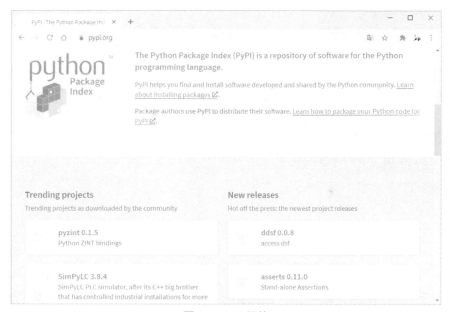

圖 6.6 PyPI 網站

你可以在 PyPI 上尋找適用你需求的套件，想安裝上面的套件，可以透過 `pip` 來安裝，在 4.3.3 曾經介紹 `pip` 的基本使用方式，可以回顧一下。

6.4　泛型入門

到目前為止，你已經看過不少型態提示的範例了，使用型態來約束程式碼的組織方式是個雙面刃，運用良好可增加可讀性與程式的穩固性，運用失當會使得程式碼充滿對人類無意義的型態資訊，造成程式碼難以閱讀，在運用泛型（Generics）進行型態標註時，更需要在用與不用之間作出衡量。

---

[5] PyPI：pypi.org

泛型在運用上有一定的複雜性，對於動態定型的 Python 而言，優勢在於採用鴨子定型而帶來的彈性，多數的情況下也應該這麼做，如果你打算略過這個小節，對撰寫 Python 來說，不會有任何影響。

然而，若開始考慮到 4.3.4 中的一些因素，或者其他工程上的考量，而開始使用型態提示，後續也許就會進一步考慮泛型，以便結合一些工具，對程式專案做出更進一步的約束，這就是接下來要討論泛型的目的。

6.4.1 定義泛型函式

先來看一個案例，你的應用程式使用 list 來收集 int 或者 str，你發現在程式演算過程中，經常要取得 list 中第一個元素，因此定義了 first() 函式，可以傳回 list 的首個元素：

```
def first(lt):
    return lt[0]
```

first([123, 456, 789]) 就會傳回 123，first(['Justin', 'Monica', 'Irene']) 會傳回 'Justin'，問題來了，應用程式是個多人合作的專案，其他開發者會呼叫 first() 函式，其中有開發者忽略了規範，將字串傳入，例如 first('Justin')，試圖取得字串首個字元，字串也可以使用索引方式存取內含字元，因此程式也沒有出錯。

然而，規範希望其他開發者呼叫 first() 時只傳入 list，因此你加入了型態提示：

```
def first(lt: list):
    return lt[0]
```

透過 mypy 之類的工具進行型態檢查，傳入字串的開發者收到了型態錯誤的訊息，因此明白 first() 只能傳入 list 了，就這麼相安無事了一陣子，然後有一天發現，有開發者傳入了 ['a', 1, 2,'Justin'] 這樣的引數，也就是 list 中的元素並不是單一型態，而可能有各種型態。

若有夠好的理由，list 有異質型態的元素並非不行，然而，若這並不在團隊規範之內，你的 first() 接受的 list，元素應該是同質型態，要嘛全部是 int，要嘛全部是 str，只不過在型態提示時，使用 list[int]、list[str] 都不對，前者限制 list 的元素只能用 int，後者限制為 str，這時該怎麼辦？

如果有個佔位型態 T 就好了，這樣就可以限制為 List[T]，也就是 list 的
元素必須都是 T 型態，對於這類的需求，可以透過 typing 模組的 TypeVar 來
定義佔位型態 T：

```
from typing import TypeVar

T = TypeVar('T')

def first(l: list[T]) -> T:
    return l[0]
```

這就建立了一個泛型函式，目前的 T 代表著任意型態，如果想限制 T 實際
的型態只能是 int，或者都是 str，可以使用 TypeVar 指定：

```
from typing import TypeVar

T = TypeVar('T', int, str)

def first(l: list[T]) -> T:
    return l[0]
```

這麼一來，若試圖使用['a', 1, 2, 'Justin']呼叫 first()，使用 mypy
檢查時就會出現錯誤，只能使用[1, 2, 3]或者['a', 'b', 'c']等，才可以通
過型態檢查。

提示 ≫　在 4.3.2 談過 Final，它也支援泛型，例如可以定義 PI: Final[float] = 3.14159。

6.4.2　定義泛型類別

假設你實作了 Basket 類別，可以在其中放置物品，例如 Apple 的實例之
類的：

```
class Basket:
    def __init__(self):
        self.things = []

    def add(self, thing):
        self.things.append(thing)

    def get(self, idx):
        return self.things[idx]

class Apple:
    pass
```

```
basket = Basket()
basket.add(Apple())
apple = basket.get(0)
```

　　目前的 Basket 實例，可以放置的水果種類是沒有限制的，若想限制只能放置同樣的水果，類似地，若有個 T 佔位型態，可以標註在 add() 方法的 things 參數，以及 get() 的傳回值型態，就可以達到目的，為了這類需求，typing 模組中提供了 Generics 類別，搭配 TypeVar 就可以定義泛型類別：

```
from typing import TypeVar, Generic

T = TypeVar('T')

class Basket(Generic[T]):
    def __init__(self):
        self.things = []

    def add(self, thing: T):
        self.things.append(thing)

    def get(self, idx) -> T:
        return self.things[idx]

class Apple:
    pass

basket = Basket[Apple]()
basket.add(Apple())
apple: Apple = basket.get(0)
```

　　在定義泛型類別時，除了使用 TypeVar 定義型態 T 之外，可以令類別繼承 Generic[T]，在類別之中就可以使用 T 來定義參數、傳回值等之型態；在實例化 Basket 時，可以指定 T 的型態，例如 Basket[Apple]()，這麼一來，後續在呼叫相關方法時，就可以透過 mypy 來檢查方法可以接受的參數或傳回值型態。

> 提示 >>> 技術上而言，Generic 使用了一個定義了 __getitem__() 方法的 meta 類別，透過繼承，它的子類別就可以使用 [] 運算取值，有關於 __getitem__()，第 9 章會討論，第 12 章會討論 meta 類別。

　　以上面的範例來說，若程式中定義了 Banana 類別，而程式碼中撰寫了 basket.add(Banana()) 的話，在使用 mypy 進行型態檢查時，就會出現錯誤訊息。

在定義泛型類別時，可以使用的型態佔位名稱，並不限於一個，例如在 typing 模組的文件說明中，就有著這個範例：

```
from typing import TypeVar, Generic
...

T = TypeVar('T')
S = TypeVar('S', int, str)

class StrangePair(Generic[T, S]):
    ...
```

實際上，在 4.3.2 談到可以使用 List[str] 來標註型態之時，就已經實際應用了 typing 模組中，預先定義好的泛型類別了；對於支援泛型的類別，如果在使用時不指定佔位型態 T 實際之型態，會使用 typing 模組的 Any 型態，而不是 object，前者可以支援鴨子定型，後者就真的限定為 object。

直接使用範例來比較 Any 與 object 的不同，首先是被標註為 list[object] 的情況：

```
lt: list[object] = ['1', '2', '3']
print(lt[0].upper())
```

若使用 mypy 檢查型態的話，上面的範例第三行會出現 error: "object" has no attribute "upper" 的訊息，因為限定為 object，而 object 本身並沒有定義 upper() 方法；若是底下就不會出錯：

```
from typing import Any
lt: list[Any] = ['1', '2', '3']
print(lt[0].upper())
```

list[Any] 實際上也可以寫為 list，因此上面的範例中，標註為 lt: list 也是可以的。

就身為動態定型的 Python 而言，這些討論加上 typing 模組，應該足以應付大多數自定義泛型的需求，然而泛型實際上還有不少可以深入的地方，這在第 14 章再來討論。

6.5 重點複習

類別名稱旁邊多了個括號，並指定了類別，這在 Python 中代表著繼承該類別。

鴨子定型實際的意義在於：「思考物件的行為，而不是物件的種類。」依照此思維設計的程式，會具有比較高的通用性。

在繼承後若打算基於父類別的方法實作來重新定義某個方法，可以使用 super() 來呼叫父類別方法。

如果希望子類別在繼承之後，一定要實作的方法，可以在父類別中指定 metaclass 為 abc 模組的 ABCMeta 類別，並在指定的方法上標註 abc 模組的 @abstractmethod 來達到需求。抽象類別不能用來實例化，繼承了抽象類別而沒有實作抽象方法的類別，也不能用來實例化。

若沒有指定父類別，那麼就是繼承 object 類別。

在 Python 中若沒有定義的方法，某些場合下必須呼叫時，就會看看父類別中是否有定義，如果定義了自己的方法，那麼就會以你定義的為主，不會主動呼叫父類別的方法。

在 Python 3 中，在定義方法時使用無引數的 super() 呼叫，等同於 super(__class__, <first argument>) 呼叫，__class__ 代表著目前所在類別，而 <first argument> 是指目前所在方法的第一個引數。

就綁定方法來說，在定義方法時使用無引數的 super() 呼叫，而方法的第一個參數名稱為 self，就相當於 super(__class__, self)。

在 object 類別上定義了 __lt__()、__le__()、__eq__()、__ne__()、__gt__()、__ge__() 等方法，這組方法定義了物件之間使用 <、<=、==、!=、>、>= 等比較時，應該要有的比較結果，這組方法在 Python 官方文件上，被稱為 Rich comparison 方法。

想要能使用 == 來比較兩個物件是否相等，必須定義 __eq__() 方法，因為 __ne__() 預設會呼叫 __eq__() 並反相其結果，因此定義了 __eq__() 就等於定義了 __ne__()，也就可以使用 != 比較兩個物件是否不相等。

object 定義的__eq__()方法，預設是使用 is 來比較兩個物件，實作__eq__()時通常也會實作__hash__()。

__lt__()與__gt__()互補，而__le__()與__ge__()互補，因此基本上只要定義__gt__()、__ge__()就可以了。

從 Python 3.4 開始新增了 enum 模組。

Python 可以進行多重繼承，也就是一次繼承兩個父類別的程式碼定義，父類別之間使用逗號作為區隔。

一個子類別在尋找指定的屬性或方法名稱時，會依據類別的__mro__屬性的順序尋找，如果想知道直接父類別的話，可以透過類別的__bases__來得知。

判定一個抽象方法是否有實作，也是依照__mro__的順序。

多重繼承的能力，通常建議只用來繼承 ABC，也就是抽象基礎類別，一個抽象基礎類別，不會定義屬性，也不會有__init__()定義。

Python 3.8 以後，如果想限定某類別在繼承體系中是最後一個，不能再有子類別，也就是不能被繼承，可以透過 typing 模組的 final 裝飾器；定義方法時也可以使用 final 裝飾器，表示最後一次定義該方法，子類別不可以重新定義該方法。

在函式、類別或模組定義的一開頭，使用'''包括起來的多行字串，會成為函式、類別或模組的__doc__屬性值，也就是會成為 help()的輸出內容之一。

在執行 python 時指定-m 引數，表示執行指定模組中頂層的程式流程。

Python 官方維護的 PyPI 網站，可以做為搜尋程式庫時不錯的起點。

6.6　課後練習

實作題

1. 雖然目前不知道要採用的執行環境會是文字模式、圖型介面或者是 Web 頁面，然而，現在就要你寫出一個猜數字遊戲，會隨機產生 0 到 9 的數字，程式可取得使用者輸入的數字，並與隨機產生的數字相比，如果相同就顯示「猜中了」，如果不同就繼續讓使用者輸入數字，直到猜中為止。請問你該怎麼做？

2. 在 5.3.4 曾經開發過一個 Rational 類別，請為該類別加上 Rich comparison 方法的實作，讓它可以有 >、>=、<、<=、==、!= 的比較能力。

例外處理

7.1 語法與繼承架構

當某些原因使得執行流程無法繼續時，Python 中可以引發（Raise）例外（Exception），至今為止看過的 `TypeError`、`AttributeError`、`ValueError` 等錯誤，就是具體的例子，未經處理的例外會自動傳播，傳播過程中自動收集相關的環境資訊，開發者可以在適當的地方處理例外，取得相關環境資訊，確認例外發生之根源，以採取適當的行動。

7.1.1 使用 `try`、`except`

來看一個簡單的程式，使用者可以連續輸入整數，最後輸入結束後會顯示輸入數的平均值：

```
exceptions  average.py
numbers = input('輸入數字（空白區隔）：').split(' ')
print('平均', sum(int(number) for number in numbers) / len(numbers))
```

如果使用者正確地輸入每個整數，程式會如預期地顯示平均：

```
輸入數字（空白區隔）：10 20 30 40
平均 25.0
```

如果使用者不小心輸入錯誤，那就會出現奇怪的訊息，例如第三個數輸入為 3o，而不是 30 了：

```
輸入數字（空白區隔）：10 20 3o 40
Traceback (most recent call last):
  File "C:/workspace/exceptions/average.py", line 2, in <module>
    print('平均', sum((int(number) for number in numbers)) / len(numbers))
  File "C:/workspace/exceptions/average.py", line 2, in <genexpr>
    print('平均', sum((int(number) for number in numbers)) / len(numbers))
ValueError: invalid literal for int() with base 10: '3o'
```

這段錯誤訊息對除錯是很有價值的，不過先看到錯誤訊息的最後一行：

ValueError: invalid literal for **int()** with base 10: '3o'

問題的來源在於 `int()` 接受了字串 `'3o'`，無法將這樣的字串剖析為整數，在不指定基數的情況下，`int()` 預期的字串，必須是代表十進位整數。

如果只想處理呼叫 int() 時的 ValueError 錯誤，是可以寫 if...else 檢查傳入的每個字串，是否代表以 10 為底的整數，例如定義 all_int_str() 之類的函式：

```
numbers = input('輸入數字（空白區隔）：').split(' ')
if all_int_str(numbers):
    print('平均', sum((int(number) for number in numbers)) / len(numbers))
else:
    print('必須輸入整數')
```

這樣的方式基本上可行，不過未說明哪個輸入發生了錯誤，既然方才看到 ValueError 的錯誤訊息中，有提供了錯誤的原因，何不直接使用該訊息呢？

exceptions average2.py

```
try:
    numbers = input('輸入數字（空白區隔）：').split(' ')
    print('平均', sum(int(number) for number in numbers) / len(numbers))
except ValueError as err:
    print(err)
```

這邊使用了 **try**、**except** 語法，**python** 直譯器嘗試執行 **try** 區塊的程式碼，如果發生例外，執行流程會跳離例外發生點，然後比對 **except** 宣告的型態，是否符合引發的例外物件型態，如果是的話，就執行 **except** 區塊中的程式碼。

一個執行無誤的範例如下所示：

```
輸入數字（空白區隔）：10 20 30 40
平均 25.0
```

如果執行 int() 時發生 ValueError，流程會跳離當時的執行點，若在 except 處比對到與例外相同的型態，會執行對應的 except 區塊，由於之後沒有其他程式碼，程式就結束了。一個執行時輸入有誤的範例如下所示：

```
輸入數字（空白區隔）：10 20 3o 40
invalid literal for int() with base 10: '3o'
```

當 int() 遇到無法剖析為整數的字串時，它無法執行程式流程，因而以例外的方式讓呼叫的客戶端得知，發生了無法執行程式流程的錯誤；然而**在 Python 中，例外不一定是錯誤，不少例外代表著一種通知，例如 for in 語法底層就運用了例外處理機制。**

　　實際上，只要是 **iterable** 物件，也就是具有**__iter__()**方法的物件，都能使用 **for in** 迭代。**__iter__()**方法必須傳回迭代器（Iterator），該**迭代器具有__next__()** **方法，每次迭代時會傳回下一個元素，若沒有下一個元素，要引發 StopIteration** **例外**，通知客戶端沒有下一個可迭代的物件，迭代流程無法繼續。

　　可以使用 **iter()**方法呼叫物件的**__iter__()**取得迭代器，使用 **next()**呼叫迭代 器的**__next__()**方法。例如：

```
>>> iterator = iter([10, 20, 30])
>>> next(iterator)
10
>>> next(iterator)
20
>>> next(iterator)
30
>>> next(iterator)
Traceback (most recent call last):
  File "<stdin>", line 1, in <module>
StopIteration
>>>
```

　　for in 在遇到 StopIteration 時，會靜靜地結束迭代，因此不會看到 StopIteration，如果自行使用函式來實作比擬，流程會像是：

exceptions　for_in.py

```
from typing import Any, Iterable, Callable

Consume = Callable[[Any], None]

def for_in(iterable: Iterable[Any], consume: Consume):
    iterator = iter(iterable)
    try:
        while True:
            consume(next(iterator))
    except StopIteration:
        pass

for_in([10, 20, 30], print)
```

　　在這邊看到 except 比對到 StopIteration 之後，並沒有使用 as，這是因為 在發生 StopIteration 時，不用做什麼事，也就不必使用 as 將例外物件指定給 某名稱，只要靜靜地 pass 就可以了。

在型態提示部份，對於 iterable 物件，可以使用 typing 模組的 Iterable 來標註，如果被迭代的元素可以是任何型態，可以使用 Any 來標註；至於函式的型態提示，是以 Callable[[paramType1, paramType2], returnType]的方式來標註，就這個範例來說，for_in 第二個參數雖然可以直接標註為 consume: Callable[[Any], None]，不過這樣的標註方式不易閱讀，取個 Consume 別名，然後標註為 consume: Consumer，比較易於閱讀；如果函式接受任意數量引數，可以標註為 Callable[..., returnType]。

提示 >>> 運用型態提示時若遇到泛型，特別容易出現巢狀的標註，這時可考慮如這邊取個別名，或者是自定義泛型類別，以提高可讀性。

---

except 右方可以使用 tuple 指定多個物件，也可以有多個 except，如果沒有指定 except 後的物件型態，表示全數捕捉。舉例來說，底下的範例中若使用者於 time.sleep(10)期間，輸入 Ctrl＋C 會引發 KeyboardInterrupt，若在 input()等待使用者輸入期間輸入 Ctrl＋Z 會引發 EOFError。下例中處理這些可能的狀況：

```
import time

try:
    time.sleep(10) # 模擬一個耗時流程
    num = int(input('輸入整數：'))
    print('{0} 為 {1}'.format(num, '奇數' if num % 2 else '偶數'))
except ValueError:
    print('請輸入阿拉伯數字')
except (EOFError, KeyboardInterrupt):
    print('使用者中斷程式')
except:
    print('其他程式例外')
```

當程式中發生例外時，流程會從例外發生處中斷，並進行 except 的比對，如果有相符的例外型態，就會執行對應的 except 區塊，執行完畢後若仍有後續流程，就會繼續執行。例如：

　exceptions　average3.py

```
total = 0
count = 0

while number_str := input('輸入數字（直接 Enter 結束）：'):
    try:
        number = int(number_str)
```

```
            total += number
            count += 1
    except ValueError as err:
        print('非整數的輸入', number_str)

print('平均', total / count)
```

在這個範例中，若輸入非整數的字串，會引發 ValueError，在執行了對應的 except 區塊後流程繼續，由於仍在 while 迴圈中，因此使用者仍可進行下一個輸入。一個執行範例如下：

```
輸入數字（直接 Enter 結束）：10
輸入數字（直接 Enter 結束）：20
輸入數字（直接 Enter 結束）：3o
非整數的輸入 3o
輸入數字（直接 Enter 結束）：30
輸入數字（直接 Enter 結束）：40
輸入數字（直接 Enter 結束）：
平均 25.0
```

如果沒有相符的例外型態，或者例外沒有使用 try..except 處理，例外會往上層呼叫者傳播，在每一層呼叫處中斷，這是運用例外機制的目的之一，就算是底層引發的例外，不需要在原始碼層面上處理，頂層的呼叫者也能獲取例外通知，決定是否進一步處理。

提示 >>> 相對地，若是發現了可能令流程無法繼續的錯誤，然而不希望這個錯誤自動傳播，就不要使用引發例外，此時傳回錯誤代碼、訊息或物件等，由呼叫端使用 if 來檢查傳回值，確認是否發生錯誤，反倒是個可行的方式。

若引發的例外都沒有任何處理，例外傳播至最頂層，就會由 python 直譯器處理，預設的處理方式是顯示本節一開始看到的 Traceback 訊息。

7.1.2 例外繼承架構

在使用多個 except 時，必須留意例外繼承架構。**如果例外在 except 的比對過程中，就符合了某個父型態，後續即使定義了 except 比對子型態例外，也等同於沒有定義。**例如：

```
try:
    dividend = int(input('輸入被除數：'))
    divisor = int(input('輸入除數：'))
```

```
    print(f'{dividend} / {divisor} = {dividend / divisor}')
except ArithmeticError:
    print('運算錯誤')
except ZeroDivisionError:
    print('除零錯誤')
```

執行上面這個程式片段，永遠不會看到'除零錯誤'的訊息，因為在例外繼承架構中，ArithmeticError 是 ZeroDivisionError 的父類別，發生 ZeroDivisionError 時，except 比對會先遇到 ArithmeticError，就語義上 ZeroDivisionError 是一種 ArithmeticError，因此就執行了對應的區塊，後續的 except 就不會再比對了。

在 Python 中，例外都是 BaseException 的子類別，當使用 except 沒有指定例外型態時，就是比對 BaseException。例如：

```
while True:
    try:
        print('跑跑跑...')
    except:
        print('Shit happens!')
```

上面這個程式，無法透過 Ctrl+C 來中斷迴圈，因為只寫了 except 而沒有指定例外型態，這等同於比對了 BaseException，也就是全部的例外都會比對成功，這包括了 KeyboardInterrupt 例外，執行過 except 區塊後，又仍在迴圈之中，因此永不停止。

> **提示 >>>** 如果在文字模式中，直接執行了上面的程式，就直接關掉文字模式視窗來結束程式吧！

然而，如果在 except 指定了 Exception 型態，就可以透過 Ctrl+C 中斷程式。例如：

```
while True:
    try:
        print('跑跑跑...')
    except Exception:
        print('Shit happens!')
```

KeyboardInterrupt 例外不是 Exception 的子類別，因此沒有對應的 except 可以處理 KeyboardInterrupt 例外，迴圈流程會被中斷，最後整個程式結束。

Python 標準程式庫中，完整的例外繼承架構，可以在官方文件〈Built-in Exceptions[1]〉中找到，基於查閱方便，底下直接列出。

```
BaseException
 +-- SystemExit
 +-- KeyboardInterrupt
 +-- GeneratorExit
 +-- Exception
      +-- StopIteration
      +-- StopAsyncIteration
      +-- ArithmeticError
      |    +-- FloatingPointError
      |    +-- OverflowError
      |    +-- ZeroDivisionError
      +-- AssertionError
      +-- AttributeError
      +-- BufferError
      +-- EOFError
      +-- ImportError
      |    +-- ModuleNotFoundError
      +-- LookupError
      |    +-- IndexError
      |    +-- KeyError
      +-- MemoryError
      +-- NameError
      |    +-- UnboundLocalError
      +-- OSError
      |    +-- BlockingIOError
      |    +-- ChildProcessError
      |    +-- ConnectionError
      |    |    +-- BrokenPipeError
      |    |    +-- ConnectionAbortedError
      |    |    +-- ConnectionRefusedError
      |    |    +-- ConnectionResetError
      |    +-- FileExistsError
      |    +-- FileNotFoundError
      |    +-- InterruptedError
      |    +-- IsADirectoryError
      |    +-- NotADirectoryError
      |    +-- PermissionError
      |    +-- ProcessLookupError
      |    +-- TimeoutError
      +-- ReferenceError
      +-- RuntimeError
      |    +-- NotImplementedError
```

---

[1] Built-in Exceptions：docs.python.org/3/library/exceptions.html

```
|    +-- RecursionError
+-- SyntaxError
|    +-- IndentationError
|         +-- TabError
+-- SystemError
+-- TypeError
+-- ValueError
|    +-- UnicodeError
|         +-- UnicodeDecodeError
|         +-- UnicodeEncodeError
|         +-- UnicodeTranslateError
+-- Warning
     +-- DeprecationWarning
     +-- PendingDeprecationWarning
     +-- RuntimeWarning
     +-- SyntaxWarning
     +-- UserWarning
     +-- FutureWarning
     +-- ImportWarning
     +-- UnicodeWarning
     +-- BytesWarning
     +-- ResourceWarning
```

先前談過，**Python 中的例外並非都是錯誤，有時代表著一種通知**，例如，
StopIteration 只是通知迭代流程無法再進行了；方才看到的 KeyboardInterrupt
也是，表示發生了一個鍵盤中斷；SystemExit 是由 sys.exit()引發的例外，表
示離開 Python 程式；GeneratorExit 會在產生器的 close()方法被呼叫時，從當
時暫停的位置引發，如果在定義產生器時，想在 close()時為產生器做些資源善
後等動作，就可以使用。例如：

```
>>> def natural():
...     n = 0
...     try:
...         while True:
...             n += 1
...             yield n
...     except GeneratorExit:
...         print('GeneratorExit', n)
...
>>> n = natural()
>>> next(n)
1
>>> n.close()
GeneratorExit 1
>>>
```

SystemExit 、 KeyboardInterrupt 、 GeneratorExit 都 直 接 繼 承 了
BaseException，這是因為它們在 Python 中，都是屬於退出系統的例外，**如果想**

自訂例外，不要直接繼承 **BaseException**，而應該繼承 **Exception** 或 **Exception** 的相關子類別。

在繼承 **Exception** 自定義例外時，如果自定義了 __init__()，建議將自定義的 __init__() 傳入的引數，透過 **super().__init__(arg1, arg2, …)** 來呼叫 **Exception** 的 __init__()，因為 **Exception** 的 __init__() 預設接受所有傳入的引數，而這些被接受的全部引數，可透過 **args** 屬性取得。

7.1.3 引發（**raise**）例外

在 5.2.2 的 bank.py 中曾經建立過一個 Account 類別，為了討論方便，這邊再將程式碼列出：

```
class Account:
    def __init__(self, name: str, number: str, balance: float) -> None:
        self.name = name
        self.number = number
        self.balance = balance

    def deposit(self, amount: float):
        if amount <= 0:
            print('存款金額不得為負')
        else:
            self.balance += amount

    def withdraw(self, amount: float):
        if amount > self.balance:
            print('餘額不足')
        else:
            self.balance -= amount

    def __str__(self):
        return f"Account('{self.name}', '{self.number}', {self.balance})"
```

這個 Account 類別有什麼問題呢？如粗體字部份顯示，當存款金額為負或餘額不足時，直接在程式流程使用 print() 顯示訊息，如果 Account 實際上不是用在文字模式，而是 Web 應用程式或者其他環境呢？print() 的訊息不會出現在這類環境的互動介面上。

可以從另一方面來想，當存款金額為負時，會使得存款流程無法繼續而必須中斷，類似地，餘額不足時，會使得提款流程無法繼續而必須中斷，**如果想讓呼叫方知道因為某些原因，流程無法繼續而必須中斷時，可以引發例外。**

　　如果想引發例外，可以使用 **raise** 指定要引發的例外物件或型態，只指定例外型態的時候，會自動建立例外物件。例如：

exceptions bank.py

```
class Account:
    def __init__(self, name: str, number: str, balance: float) -> None:
        self.name = name
        self.number = number
        self.balance = balance
                                        ❶ 參數值的錯誤可引發 ValueError
    def check_amount(self, amount: float):
        if amount <= 0:
            raise ValueError('金額必須是正數:' + str(amount))

    def deposit(self, amount: float):
        self.check_amount(amount)    ◄────── ❷ 檢查參數值
        self.balance += amount


    def withdraw(self, amount: float):
        self.check_amount(amount)    ◄──────

        if amount > self.balance:
            raise BankingException('餘額不足')  ◄───── ❸ 商務邏輯中斷可引發自訂例外

        self.balance -= amount

    def __str__(self):
        return f"Account('{self.name}', '{self.number}', {self.balance})"
class BankingException(Exception):  ◄───── ❹ 自訂商務相關的例外
    def __init__(self, message: str):
        super().__init__(message)
```

　　在這邊定義了一個 check_amount()方法，用來檢查傳入的金額是否為負，因為 deposit()跟 withdraw()不接受負數，傳入負數是個錯誤，對於引數方面的錯誤，可以引發內建的 ValueError❶。對於 deposit()跟 withdraw()，一開始都會使用 check_amount()方法進行檢查❷。

　　至於餘額不足，是屬於銀行商務流程相關的問題，這部份建議自訂例外 BankingException❹，withdraw()在餘額不足時引發此例外❸。**可以為自己的 API 建立一個根例外，商務相關的例外可衍生自這個根例外，以方便 API 使用者必要時，可在 except 使用你的根例外來處理 API 相關的例外。**

現在 Account 的使用者，若對 deposit()跟 withdraw()傳入負數，或者是提款時餘額不足時，都會引發例外了，那麼在發現例外時該怎麼處理呢？

對於 deposit()跟 withdraw()傳入負數而引發的 ValueError 例外，基本上不應該發生，因為正常來說，不應該在存款或提款時輸入負數，在設計使用者輸入介面時，本來就應該有這種防呆或防惡意的考量。

如果介面上沒有此設計，而使得 deposit()跟 withdraw()真的被輸入負數而引發例外，比較好的方式，就是不處理例外，讓例外浮現至使用者介面層面，看是要在使用者層面處理例外，或者是檢查使用者輸入，總之就是讓使用者知道他們做了不該做的事。

如果真的要在底層呼叫 deposit()跟 withdraw()時處理 ValueError 例外，像是留下日誌訊息，那麼可以考量以下類似的流程：

```
try:
    acct.deposit(-500)
except ValueError as err:
    import logging, datetime
    logging.getLogger(__name__).log(
        logging.ERROR,
        'Logging: {time}, {number}, {message}'.format(
            time = datetime.datetime.now(),
            number = acct.number,
            message = err
        )
    )
    raise
```

例外並沒有真的被解決，只是留下了一些日誌訊息，問題仍要向上呈現，因此最後**直接使用 raise，將 except 比對到的例外實例重新引發**，就這邊的案例來說，會看到類似以下的訊息：

```
Logging: 2020-09-08 10:49:52.487011, 123-4567, 金額必須是正數:-500
Traceback (most recent call last):
  File "C:\workspace\exceptions\bank_demo.py", line 18, in deposit
    acct.deposit(-500)
  File "C:\workspace\exceptions\bank.py", line 12, in deposit
    self.check_amount(amount)
  File "C:\workspace\exceptions\bank.py", line 9, in check_amount
    raise ValueError('金額必須是正數:' + str(amount))
ValueError: 金額必須是正數:-500
```

　　若重新引發例外時，想要使用自訂的例外或其他例外類型，並且將 **except** 比對到的例外作為來源，可以使用 **raise from**。例如：

```
try:
    acct.deposit(-500)
except ValueError as err:
    略…
    raise bank.BankingException('輸入金額為負的行為已記錄') from err
```

　　在這邊，新建立的 BankingException 會包含 ValueError，因此會看到類似以下的訊息：

```
Logging: 2020-09-08 10:51:45.076745, 123-4567, 金額必須是正數:-500
Traceback (most recent call last):
  File "C:\workspace\exceptions\bank_demo.py", line 18, in deposit
    acct.deposit(-500)
  File "C:\workspace\exceptions\bank.py", line 12, in deposit
    self.check_amount(amount)
  File "C:\workspace\exceptions\bank.py", line 9, in check_amount
    raise ValueError('金額必須是正數:' + str(amount))
ValueError: 金額必須是正數:-500

The above exception was the direct cause of the following exception:

Traceback (most recent call last):
  File "C:\workspace\exceptions\bank_demo.py", line 31, in <module>
    deposit(acct)
  File "C:\workspace\exceptions\bank_demo.py", line 29, in deposit
    raise bank.BankingException('輸入金額為負的行為已記錄') from err
bank.BankingException: 輸入金額為負的行為已記錄
```

　　如果進一步使用 except 處理了重新引發的 BankingException，**可以透過例外實例的__cause__取得 raise from 時的來源例外。若例外在 except 中被引發，就算沒有使用 raise from，原本比對到的例外，也會自動被設定給被引發例外的__context__屬性。**

　　例如，底下的例子中，IndexError 是在 except 中引發，在外層的 try、except 中比對到 IndexError 時，也可以透過__context__得知，例外引發時的 except 是比對到哪個例外：

```
>>> try:
...     try:
...         raise EOFError('XD')
...     except EOFError:
...         raise IndexError('Orz')
... except IndexError as e:
```

```
...      print(e.__cause__)
...      print(e.__context__)
...
None
XD
>>>
```

　　至於 withdraw()時因餘額而引發的 BankingException 例外,由於是個商務流程問題,這就看專案的規格書怎麼規範了,也許是在餘額不足時,轉而進行借貸流程。例如:

```
try:
    acct.withdraw(2000)
except bank.BankingException as ex:
    print(ex)
    print('你要進行借貸嗎?')
    # 其他借貸流程
```

7.1.4 Python 例外風格

　　在 7.1.1 談到,**在 Python 中,例外並不一定是錯誤,例如 SystemExit、GeneratorExit、KeyboardInterrupt,或者是 StopIteration 等,更像是一種事件,用來通知呼叫者,流程因為某個原因無法繼續而必須中斷。**

　　在 7.1.3 的幾個 raise 範例中,就可以清楚地看出這點,例如,當檢查出金額為負數時,按照商務上的設計,若不能再繼續流程的話,**主動引發一個例外,這並不是嫌程式中的臭蟲不夠多,而是對呼叫者善盡告知的責任。**

　　因此,對於標準程式庫會引發的例外,也可以從開發標準程式庫的開發者角度來思考,為什麼他會想引發這樣的例外?主動讓我知道發生了例外,我可以有什麼好處?如此就會比較能知道該怎麼處理例外,例如該留下日誌訊息?轉為其他流程?重新引發例外?

提示 ≫　在〈The art of throwing JavaScript errors[2]〉中有個有趣的比擬,在程式碼的特定點規劃出失敗,總比在預測哪裡會出現失敗來得簡單,這就像是車體框架的設計,會希望撞擊發生時,框架能以一個可預測的方式潰散,如此製造商方能確保乘客的安全性。

---

[2] The art of throwing JavaScript errors:goo.gl/xvc6Ee

　　在其他程式語言中，常會有個告誡，例外處理就應當用來處理錯誤，不應該將例外處理當成是程式流程的一部份，然而**在 Python 中，就算例外是個錯誤，只要程式碼能明確表達出意圖的情況下，也常作為流程的一部份。**

　　舉個例子來說，如果 import 的模組不存在，就會引發 ImportError，然而 import 是個陳述句，可以出現在陳述句能出現的場合，因此有時候，會想看看某個模組能否被 import，若模組不存在，就改 import 另一個模組，此時在 Python 中就會如此撰寫：

```
try:
    import some_module
except ImportError:
    import other_module
```

　　這樣的撰寫方式，基本上已成了 Python 在 import 替代模組時的慣例。實際上，同樣的需求，也可以透過以下的程式片段來完成：

```
import importlib
some_loader = importlib.find_loader('some_module')
if some_loader:
    import some_module
else:
    import other_module
```

　　如果指定的模組確實存在，那麼 importlib.find_loader() 傳回值就不會是 None，就可以 import 指定模組而不會引發 ImportError，然而，相較於使用 try、except 的版本，使用 importlib.find_loader() 並進行檢查的方式顯得囉嗦，在必須 import 的模組替代方案較多時，這樣的方式就顯得更為複雜。

提示 >>>　若事先無法決定模組名稱，後續可能以字串方式指定來動態載入模組，才會是 importlib 模組使用的時機。

　　另一方面，使用 try、except 的版本就程式碼流程的語義來說，也蠻符合的，也就是「嘗試 import some_module，若引發 ImportError 就 import other_module」。

　　因此，是否使用 try、except 處理例外，是否重新引發例外等，除了考量目前已知資訊，能否妥善處理例外之外，也可以從程式碼是否能彰顯意圖來考量，7.1.3 最後在處理 withdraw() 方法的例外時，實際上就程式碼來說，也有顯示出「試著提款，如果餘額不足引發例外，就進行借貸流程」的意圖。

提示 >>> 有機會的話，也可以翻閱一下 Python 標準程式庫的原始碼，看看其中有引發
例外及使用 try、except 處理例外的部份，試著揣摩其中的情境，瞭解為何採
用這樣的撰寫方式，這會有很大的收獲。

7.1.5 認識堆疊追蹤

在層層疊疊的 API 呼叫下，例外發生點可能是在某函式或方法中，**若想得知例外發生的根源，以及多重呼叫下例外的傳播過程，可以利用 traceback 模組。**這個模組提供了方式，模擬了 python 直譯器在處理例外**堆疊追蹤（Stack Trace）**時的行為，可在受控制的情況下，取得、格式化或顯示例外堆疊追蹤訊息。

◎ 使用 traceback.print_exc()

查看堆疊追蹤最簡單的方法，就是直接呼叫 traceback 模組的 print_exc()函式。例如：

exceptions stacktrace_demo.py

```python
def a():
    text = None
    return text.upper()

def b():
    a()

def c():
    b()

try:
    c()
except:
    import traceback
    traceback.print_exc()
```

這個範例程式中，c()函式呼叫 b()函式，b()函式呼叫 a()函式，而 a()函式會因 text 為 None，而後試圖呼叫 upper()而引發 AttributeError，假設事先並不知道這個呼叫的順序（也許你是在使用一個程式庫），當例外發生而被比對後，可以呼叫 traceback.print_exc()顯示堆疊追蹤：

```
Traceback (most recent call last):
  File "C:/workspace/exceptions/stacktrace_demo.py", line 12, in <module>
    c()
  File "C:/workspace/exceptions/stacktrace_demo.py", line 9, in c
    b()
  File "C:/workspace/exceptions/stacktrace_demo.py", line 6, in b
    a()
  File "C:/workspace/exceptions/stacktrace_demo.py", line 3, in a
    return text.upper()
AttributeError: 'NoneType' object has no attribute 'upper'
```

堆疊追蹤訊息從上而下 c()、b()、a()、text.upper()的呼叫順序，以及引發的例外，每個都標明了原始碼檔案名稱、行數以及函式名稱。如果使用 PyCharm IDE，按下行數就會直接開啟原始碼並跳至對應行數。

traceback.print_exc()還可以指定 file 參數，指定一個已開啟的檔案物件（File object），將堆疊追蹤訊息輸出至檔案。例如 traceback.print_exc (file=open('traceback.txt','w+'))的話，可將堆疊追蹤訊息寫至 traceback.txt 之中（有關檔案處理的說明，第 8 章還會詳加介紹）。

traceback.print_exc()的 limit 參數預設是 None，也就是不限制堆疊追蹤個數，可以指定正數或負數，指定正數的話，就是顯示最後幾次的堆疊追蹤個數，指定負數的話，就是倒過來，顯示最初幾次的堆疊追蹤個數。 traceback.print_exc()的 chain 參數預設是 True，也就是一併顯示__cause__、__context__等串連起來的例外。

如果只想取得堆疊追蹤的字串描述，可以使用 traceback.format_ exc()，它會傳回字串，只具有 limit 與 chain 兩個參數。

◎ 使用 sys.exc_info()

實際上，print_exc()是 print_exception(*sys.exc_info(), limit, file, chain)的便捷（shorthand）方法。sys.exc_info()可取得一個 tuple 物件，當中包括了例外的類型、實例以及 traceback 物件。例如：

```
>>> import sys
>>> try:
...     raise Exception('Shit happens!')
... except:
...     print(sys.exc_info())
...
```

```
(<class 'Exception'>, Exception('Shit happens!',), <traceback object at
0x00F05DC8>)
>>>
```

　　traceback 物件代表了呼叫堆疊中每個層次的追蹤，可以使用 tb_next 取得更深一層的呼叫堆疊。例如：

exceptions traceback_demo.py

```
import sys

def test():
    raise Exception('Shit happens!')

try:
    test()
except:
    type, value, traceback = sys.exc_info()
    print('例外型態：', type)
    print('例外物件：', value)

    while traceback:
        print('..........')
        code = traceback.tb_frame.f_code
        print('檔案名稱：', code.co_filename)
        print('函式或模組名稱：', code.co_name)

        traceback = traceback.tb_next
```

　　tb_frame 代表了該層追蹤的所有物件資訊，f_code 可以取得該層的程式碼資訊，例如 co_name 可取得函式或模組名稱，而 co_filename 表示該程式碼所在的檔案。上例的執行範例如下：

```
例外型態： <class 'Exception'>
例外物件： Shit happens!
..........
檔案名稱： C:/workspace/exceptions/traceback_demo.py
函式或模組名稱： <module>
..........
檔案名稱： C:/workspace/exceptions/traceback_demo.py
函式或模組名稱： test
```

　　你也可以透過 tb_frame 的 f_locals 和 f_globals，取得執行時的區域或全域變數，傳回的會是個 dict 物件。

提示 >>> 如果手邊已經有個 traceback 物件，也可以透過 traceback.print_tb()進行顯示，或是透過 traceback.format_tb()取得一個描述字串，更多 traceback 模組的使用方式，可以參考〈traceback[3]〉官方說明文件。

使用 sys.excepthook()

對未被處理到的例外，python 直譯器最後會呼叫 sys.excepthook()並傳入三個引數，例外類別、實例與 traceback 物件，也就是 sys.exc_info()傳回的 tuple 中三個物件，預設行為是顯示相關的例外追蹤訊息（也就是程式結束前看到的那些訊息）。

如果想自訂 sys.excepthook()被呼叫時的行為，可以自行指定一個可接受三個引數的函式給 sys.excepthook，例如：

exceptions excepthook_demo.py
```python
import sys

def my_excepthook(type, value, traceback):
    print('例外型態：', type)
    print('例外物件：', value)

    while traceback:
        print('..........')
        code = traceback.tb_frame.f_code
        print('檔案名稱：', code.co_filename)
        print('函式或模組名稱：', code.co_name)

        traceback = traceback.tb_next

sys.excepthook = my_excepthook

def test():
    raise Exception('Shit happens!')

test()
```

這個程式的執行結果，與上一個範例相同，不過這次採取的是註冊 sys.excepthook 的方式。

3　traceback：docs.python.org/3/library/traceback.html

7.1.6　提出警告訊息

　　在 7.1.2 談到例外繼承架構，其中 Exception 有個子類別 Warning，當中包括了一些代表著警告訊息的子類別：

```
BaseException
 +-- Exception
      +-- Warning
           +-- DeprecationWarning
           +-- PendingDeprecationWarning
           +-- RuntimeWarning
           +-- SyntaxWarning
           +-- UserWarning
           +-- FutureWarning
           +-- ImportWarning
           +-- UnicodeWarning
           +-- BytesWarning
           +-- ResourceWarning
```

　　警告訊息通常作為一種提示，用來告知程式有些潛在性的問題，例如使用了被棄用（Deprecated）的功能、以不適當的方式存取資源等。Warning 雖然是一種例外，不過基本上不會直接透過 raise 引發，而是**透過 warnings 模組的 warn() 函式來提出警告**。例如，想提出已棄用的警告，可以如下：

```
import warnings
warnings.warn('orz 方法已棄用', DeprecationWarning)
```

　　預設的情況下，執行 warnings.warn() 函式不會產生任何結果，若想讓 warnings.warn() 函式起作用，方式之一是在執行 python 直譯器時，透過-W 引數指定警告控制。例如，總是顯示警告訊息的話，可以指定 always：

```
>python -W always
Python 3.9.0 (tags/v3.9.0:9cf6752, Oct  5 2020, 15:34:40) [MSC v.1927 64 bit
(AMD64)] on win32
Type "help", "copyright", "credits" or "license" for more information.
>>> import warnings
>>> warnings.warn('orz 方法已棄用', DeprecationWarning)
<stdin>:1: DeprecationWarning: orz 方法已棄用
>>>
```

　　-W 接受的格式是 action:message:category:module:lineno，always 是 action 指定，可指定的值列於下表：

表 7.1 警訊指定動作

值	說明
error	將警告訊息轉為例外（引發）。
ignore	不顯示警告訊息。
always	總是顯示警告訊息。
default	只顯示每個位置第一個符合的警告訊息。
module	只顯示每個模組第一個符合的警告訊息。
once	只顯示第一個符合的警告訊息（無論位置為何）。

message 是個規則表示式（Regular expression），可用來比對想顯示的警告訊息文字，category 可指定 Warning 的任一子類別，預設會是 UserWarning，module 是個規則表示式，用來比對想顯示警告訊息的模組名稱，lineno 是個整數，指定發出警訊的程式碼行號。

為了瞭解如何指定警告訊息控制，假設有以下的程式：

exceptions warnings_demo.py

```
import warnings
warnings.warn('orz 方法已棄用', DeprecationWarning)
warnings.warn('XD 使用者權限不足', UserWarning)
```

以下是幾個警告訊息控制的示範：

```
>python warnings_demo.py
warnings_demo.py:3: UserWarning: XD 使用者權限不足
  warnings.warn('XD 使用者權限不足', UserWarning)

>python -W error:orz warnings_demo.py
Traceback (most recent call last):
  File "warnings_demo.py", line 2, in <module>
    warnings.warn('orz 方法已棄用', DeprecationWarning)
DeprecationWarning: orz 方法已棄用

>python -W ignore::UserWarning warnings_demo.py

>python -W always::DeprecationWarning warnings_demo.py
warnings_demo.py:2: DeprecationWarning: orz 方法已棄用
  warnings.warn('orz 方法已棄用', DeprecationWarning)
warnings_demo.py:3: UserWarning: XD 使用者權限不足
  warnings.warn('XD 使用者權限不足', UserWarning)

>python -W always::DeprecationWarning::2 warnings_demo.py
warnings_demo.py:2: DeprecationWarning: orz 方法已棄用
```

```
    warnings.warn('orz 方法已棄用', DeprecationWarning)
warnings_demo.py:3: UserWarning: XD 使用者權限不足
    warnings.warn('XD 使用者權限不足', UserWarning)

>python -W always::DeprecationWarning::1 warnings_demo.py
warnings_demo.py:3: UserWarning: XD 使用者權限不足
    warnings.warn('XD 使用者權限不足', UserWarning)

>
```

如果不想在執行 python 直譯器時加上 -W 指定，也可以設定 PYTHONWARNINGS 環境變數，若已經設定 PYTHONWARNINGS 環境變數，執行時又自行加上 -W 指定，則使用 -W 的指定。例如：

```
>SET PYTHONWARNINGS=always::DeprecationWarning

>python warnings_demo.py
warnings_demo.py:2: DeprecationWarning: orz 方法已棄用
    warnings.warn('orz 方法已棄用', DeprecationWarning)
warnings_demo.py:3: UserWarning: XD 使用者權限不足
    warnings.warn('XD 使用者權限不足', UserWarning)

>python -W error warnings_demo.py
Traceback (most recent call last):
  File "warnings_demo.py", line 2, in <module>
    warnings.warn('orz 方法已棄用', DeprecationWarning)
DeprecationWarning: orz 方法已棄用

>
```

也可以在程式中設定警告訊息控制，例如簡單地使用 warnings. simplefilter() 方法：

```
>python -W error
Python 3.9.0 (tags/v3.9.0:9cf6752, Oct 5 2020, 15:34:40) [MSC v.1927 64 bit
(AMD64)] on win32
Type "help", "copyright", "credits" or "license" for more information.
>>> import warnings
>>> warnings.warn('Orz', UserWarning)
Traceback (most recent call last):
  File "<stdin>", line 1, in <module>
UserWarning: Orz
>>> warnings.simplefilter('ignore')
>>> warnings.warn('Orz', UserWarning)
>>> warnings.simplefilter('always')
>>> warnings.warn('Orz', UserWarning)
__main__:1: UserWarning: Orz
>>>
```

warnings 模組還提供有 filterwarnings()、resetwarnings()等函式，詳細可參考 warnings 模組的官方文件說明[4]。

7.2　例外與資源管理

程式中因錯誤而拋出例外時，原本的執行流程就會中斷，拋出例外處之後的程式碼就不會被執行，如果程式設定了相關資源，使用完畢後你是否考慮到關閉資源呢？若因錯誤而拋出例外，你的設計是否還能正確地關閉資源呢？

7.2.1　使用 else、finally

try、except 的語法，還可以搭配 else、finally 來使用，當 else 區塊出現時，若 try 區塊沒有發生例外，else 才會執行，如果 finally 區塊出現時，無論 try 區塊中有沒有發生例外，finally 區塊都一定會執行。

◎ try、except、else

else 可與 try、except 搭配，是其他語言中不常見的，乍看 else、finally 的功能類似，不過，**else 可與 try、except 搭配的原因在於，讓 try 的程式碼，盡量與可能引發例外的來源相關**。例如，在 7.1.1 中有個 average2.py，其中與引發 ValueError 相關的，其實是 int()函式的呼叫，若改以 try、except、else 撰寫，可以像是：

```
clean-up  average.py
numbers = input('輸入數字（空白區隔）：').split(' ')
try:
    ints = [int(number) for number in numbers]
except ValueError as err:
    print(err)
else:
    print('平均', sum(ints) / len(ints))
```

---

[4]　warnings — Warning control：docs.python.org/3/library/warnings.html

在這個範例中，try 區塊集中在嘗試執行 int()，緊接著的 except 用以比對 ValueError，這樣程式碼上就可以清楚地看出，int() 與 ValueError 的關係，若沒有引有例外，就會執行 else 區塊以顯示結果。

在 Python 官方文件〈Errors and Exceptions[5]〉也有個範例如下：

```
for arg in sys.argv[1:]:
    try:
        f = open(arg, 'r')
    except OSError:
        print('cannot open', arg)
    else:
        print(arg, 'has', len(f.readlines()), 'lines')
        f.close()
```

在上面的範例中，open() 呼叫時若沒有因檔案開啟失敗而引發例外，就會執行 else 區塊的內容，這會比撰寫以下的程式來得好：

```
for arg in sys.argv[1:]:
    try:
        f = open(arg, 'r')
        print(arg, 'has', len(f.readlines()), 'lines')
        f.close()
    except OSError:
        print('cannot open', arg)
```

在上面的程式中，如果真的引發了例外，那到底是 open() 引發的例外，還是 readlines() 引發的例外呢？如果是 readlines() 引發的例外，那麼 except 中 'cannot open' 的訊息顯示，可能就誤導了除錯的方向。

◉ try、finally

在 Python 官方文件〈Errors and Exceptions〉的範例中，實際上 readlines() 也是有可能引發例外，如果檔案順利開啟，然而 readlines() 引發了例外，那麼最後的 f.close() 就不會被執行，如果想確保 f.close() 一定會執行，可以修改如下：

---

[5] Errors and Exceptions：docs.python.org/3/tutorial/errors.html

```
clean-up  read_files.py
import sys

for arg in sys.argv[1:]:
    try:
        f = open(arg, 'r')
    except FileNotFoundError:
        print('找不到檔案', arg)
    else:
        try:
            print(arg, ' 有 ', len(f.readlines()), ' 行 ')
        finally:
            f.close()
```

由於 finally 區塊一定會被執行，這個範例要關閉檔案的動作，一定得是在檔案開啟成功，而 f 被指定了檔案物件之後，如果這麼撰寫：

```
import sys

for arg in sys.argv[1:]:
    try:
        f = open(arg, 'r')
    except FileNotFoundError:
        print('找不到檔案', arg)
    else:
        print(arg, ' 有 ', len(f.readlines()), ' 行 ')
    finally:
        f.close()
```

那麼若檔案開啟失敗，就不會建立 f 變數，最後執行 finally 的 f.close() 時，就會引發 NameError 並且指出 f 名稱未定義。

如果程式撰寫的流程中先 return 了，而且也有寫 finally 區塊，那 finally 區塊會先執行完後，再將值傳回。例如，下面這個範例會先顯示「finally」再顯示「1」：

```
clean-up  finally_demo.py
def test(flag: bool):
    try:
        if flag:
            return 1
    finally:
        print('finally')
    return 0

print(test(True))
```

7.2.2　使用 **with as**

　　經常地，在使用 `try`、`finally` 嘗試關閉資源時，會發現程式撰寫的流程是類似的，就如先前 read_files.py 示範的，在 `try` 中進行指定的動作，最後在 `finally` 中關閉檔案，為了應付之後類似的需求，你可以自定義一個 `with_file()` 函式。例如：

```
from typing import Any, Callable, IO

Consume = Callable[[Any], None]

def with_file(f: IO, consume: Consume):
    try:
        consume(f)
    finally:
        f.close()
```

　　這邊必須先說明的是，在型態提示上，`open()` 傳回的物件可以標示為 `typing.IO`，下一章談到檔案存取時，就會知道為什麼；有了 `with_file()` 函式，那麼 read_files.py 就可以運用這個 `with_file()` 函式來改寫：

```
import sys

for arg in sys.argv[1:]:
    try:
        f = open(arg, 'r')
    except FileNotFoundError:
        print('找不到檔案', arg)
    else:
        with_file(f, lambda f: print(arg, ' 有 ', len(f.readlines()), ' 行 '))
```

　　對於其他的需求，也可以重用這個 `with_file()` 函式。例如：

```
import sys, logging

def print_each_line(file: IO):
    try:
        # 檔案物件可以使用 for in
        #下一章會說明
        for line in file:
            print(line, end = '')
    except:
        logger = logging.getLogger(__name__)
        logger.exception('未處理的例外')

try:
    with_file(open(sys.argv[1], 'r'), print_each_line)
except IndexError:
```

```
        print('請提供檔案名稱')
        print('範例：')
        print('    python read.py your_file')
except FileNotFoundError:
    print('找不到檔案 {0}'.format(sys.argv[1]))
```

實際上，不用自行定義 with_file() 這樣的函式，Python 提供了 with as 語法來解決這類需求。例如：

clean-up read_files2.py

```
import sys

for arg in sys.argv[1:]:
    try:
        with open(arg, 'r') as f:
            print(arg, ' 有 ', len(f.readlines()), ' 行 ')
    except FileNotFoundError:
        print('找不到檔案', arg)
```

with 之後銜接的資源實例，可以透過 as 來指定給一個變數，之後就可以在區塊中進行資源的處理，當離開 with as 區塊，就會自動做清除資源的動作，在這邊的例子就是關閉檔案。

如果需要同時使用 with 來管理多個資源，可以使用逗號「,」區隔。例如：

```
with open(file_name1, 'r') as f1, open(file_name2, 'r') as f2:
    print(file_name1, ' 有 ', len(f1.readlines()), ' 行 ')
    print(file_name2, ' 有 ', len(f2.readlines()), ' 行 ')
```

with as 的 as 不一定需要。例如：

```
f = open(file_name, 'r')
with f:
    print(file_name, ' 有 ', len(f.readlines()), ' 行 ')
```

7.2.3 實作情境管理器

實際上，**with as** 不限使用於檔案，只要物件支援情境管理協定（Context Management Protocol），就可以使用 **with as** 語句。

實作__enter__()、__exit__()

支援情境管理協定的物件，必須實作__enter__()與__exit__()兩個方法，這樣的物件稱為情境管理器（Context Manager）。

with 陳述句一開始執行，就會進行__enter__()方法，該方法傳回的物件，可以使用 as 指定給變數（如果有的話），接著就執行 with 區塊中的程式碼，以下是個簡單示範：

clean up context_manager_demo.py

```python
from types import TracebackType
from typing import Optional, Type

class Resource:
    def __init__(self, name: str) -> None:
        self.name = name

    def __enter__(self):
        print(self.name, ' __enter__')
        return self

    def __exit__(self, exc_type: Optional[Type[BaseException]],
                 exc_value: Optional[BaseException],
                 traceback: Optional[TracebackType]) -> Optional[bool]:
        print(self.name, ' __exit__')
        return False

with Resource('res') as resource:
    print(resource.name)
```

如果 with 區塊中的程式碼發生了例外，會執行__exit__()方法，並傳入三個引數，這三個引數就是 sys.exc_info()傳回的三個物件（參考 7.1.5）。此時__exit__()方法若傳回 False，例外會被重新引發，否則例外就停止傳播，通常__exit__()會傳回 False，以便在 with 之後還可以處理例外。

如果 with 區塊中沒有發生例外而執行完畢，也是執行__exit__()方法，此時__exit__()的三個參數都接收到 None。就上面的例子來說，會如下依序顯示：

```
res  __enter__
res
res  __exit__
```

提示 >>> 在__exit__()使用型態提示，令程式碼變得難讀了？可以考慮為型態取個別
名，另一個選擇是，由於__exit__()是公開規範的協定，而且會由執行環境
呼叫，不標註型態也不會有什麼問題，在範例中標註型態，只是為了示範，真
的想加上型態提示的話，應該怎麼撰寫。

traceback 物件的型態，並沒有被 builtin 模組公開，對於這類型態，可以
使用 types 模組中定義之型態，就這邊來說，可以使用
types.TracebackType。

雖然 open()函式傳回的檔案物件，本身就實作了__enter__()與__exit__()，
不過這邊假設它沒有，並自行實作一個可搭配 with as 的檔案讀取器，進一步
瞭解 open()函式傳回的檔案物件，大致上如何實作情境管理器協定：

clean-up　context_manager_demo2.py

```python
import sys

class FileReader:
    def __init__(self, filename: str) -> None:
        self.filename = filename

    def __enter__(self):
        self.file = open(self.filename, 'r')
        return self.file

    def __exit__(self, exc_type, exc_value, traceback):
        self.file.close()
        return False

with FileReader(sys.argv[1]) as f:
    for line in f:
        print(line, end='')
```

使用@contextmanager

雖然可以直接實作__enter__()、__exit__()方法，讓物件能支援 with as，
不過將資源的設定與清除，分開在兩個方法中實作，顯得不夠直覺，**可以使用
contextlib 模組的@contextmanager 來實作，讓資源的設定與清除更為直覺**。例如，
修改一下方才的 context_manager_demo2.py：

```
clean-up  context_manager_demo3.py
```

```python
import sys
from contextlib import contextmanager
from typing import Iterator, IO

@contextmanager          ◄───── ❶ 標註@contextmanager
def file_reader(filename) -> Iterator[IO]:
    try:
        f = open(filename, 'r')
        yield f       ◄───── ❷ yield 的物件將作爲 as 的值
    finally:
        f.close()

with file_reader(sys.argv[1]) as f:
    for line in f:
        print(line, end='')
```

在這邊的 file_reader() 函式上標註了 @contextmanager❶，這表示此函式將會傳回一個實作了情境管理器協定的物件，函式中只要依需求撰寫 try、finally，重點在於設定的資源若要搭配 with as 的 as 設定值，就要將資源接在 yield 之後❷，with 區塊執行完畢之後，程式流程會回到 file_reader() 之中，自 yield 之後繼續流程，因此就可以完成檔案的關閉。

實際上，**with as 語法是用來表示，其區塊是處於某個特殊的情境之中，處於自動關閉檔案的情境只是其中一種情況**，因此，也可以實作一個情境管理器，抑制指定的例外：

```
clean-up  context_manager_demo4.py
```

```python
import sys
from contextlib import contextmanager
from typing import Type, Iterator

@contextmanager
def suppress(ex_type: Type[BaseException]) -> Iterator[None]:
    try:
        yield
    except ex_type:
        pass

with suppress(FileNotFoundError):
    for line in open(sys.argv[1]):
        print(line, end='')
```

　　可以看到，**使用@contextmanager 實作函式時**，**yield** 的前後建立了 **with** 區塊**的情境**。實際上，contextlib 模組就提供有 suppress()這個函式可以使用：

```
clean-up  context_manager_demo5.py
import sys
from contextlib import suppress

with suppress(FileNotFoundError):
    for line in open(sys.argv[1]):
        print(line, end='')
```

　　如果某個物件實作了 close()方法，但沒有實作情境管理器協定，仍然有方式可以讓它搭配 with as 來使用。例如：

```
clean-up  context_manager_demo6.py
from contextlib import contextmanager
from typing import Any, Iterator

@contextmanager
def closing(thing: Any) -> Iterator[Any]:
    try:
        yield thing
    finally:
        thing.close()

class Some:
    def __init__(self, name: str) -> None:
        self.name = name

    def close(self):
        print(self.name, 'is closed.')

with closing(Some('Resource')) as res:
    print(res.name)
```

　　實際上，contextlib 模組就提供有 closing()這個函式可以使用，因此上面的範例可以直接改寫為以下：

```
clean-up  context_manager_demo7.py
from contextlib import closing

class Some:
    def __init__(self, name: str) -> None:
```

```
        self.name = name

    def close(self):
        print(self.name, 'is closed.')

with closing(Some('Resource')) as res:
    print(res.name)
```

contextlib 模組中還有 redirect_stdout()、redirect_stderr()函式可以使用，可以將標準輸出或標準錯誤，置於一個重新導向至指定目標（例如一個檔案）的情境，更多有關於 contextlib 模組的介紹，可以直接參考〈contextlib[6]〉官方說明文件。

7.3 重點複習

python 直譯器嘗試執行 try 區塊中的程式碼，如果發生例外，執行流程會跳離例外發生點，然後比對 except 宣告的型態，是否符合引發的例外物件型態，如果是的話，就執行 except 區塊中的程式碼。

在 Python 中，例外並不一定是錯誤，例如，當使用 for in 語法時，其實底層就運用到了例外處理機制。

只要是具有__iter__()方法的物件，都可使用 for in 來迭代。迭代器具有__next__()方法，每次迭代時就會傳回下一個物件，而沒有下一個元素時，則會引發 StopIteration 例外

可以使用 iter()方法呼叫物件上的__iter__()取得迭代器，可以使用 next()來呼叫迭代器的__next__()方法。

except 之後可以使用 tuple 指定多個物件，也可以有多個 except，如果沒有指定 except 後的物件型態，表示捕捉所有引發的物件。

如果一個例外在 except 的比對過程中，就符合了某個例外的父型態，後續即使有定義了 except 比對子型態例外，也等同於沒有定義。

---

6 contextlib：docs.python.org/3/library/contextlib.html

在 Python 中，例外都是 BaseException 的子類別，當使用 except 而沒有指定例外型態時，實際上就是比對 BaseException。如果想要自訂例外，不要直接繼承 BaseException，而應該繼承 Exception，或者是 Exception 的相關子類別來繼承。

在繼承 Exception 自定義例外時，如果自定義了 __init__()，建議將自定義的 __init__() 傳入的引數，透過 super().__init__(arg1, arg2, …) 來呼叫 Exception 的 __init__()，因為 Exception 的 __init__() 預設接受所有傳入的引數，而這些被接受的全部引數，可透過 args 屬性以一個 tuple 取得。

如果想讓呼叫方知道因為某些原因，而使得流程無法繼續而必須中斷時，可以引發例外。在 Python 中如果想要引發例外，可以使用 raise，之後指定要引發的例外物件或型態，只指定例外型態的時候，會自動建立例外物件。

可以為自己的 API 建立一個根例外，商務相關的例外都可以衍生自這個根例外，這可以方便 API 使用者必要時，在 except 時使用你的根例外，處理 API 相關的例外。

raise 會將 except 比對到的例外實例重新引發。若重新引發例外時，想使用自訂的例外或其他例外類型，並且將 except 比對到的例外作為來源，可以使用 raise from。

可以透過例外實例的 __cause__，取得 raise from 時的來源例外。如果一個例外在 except 中被引發，就算沒有使用 raise from，原本比對到的例外，也會自動被設定給被引發例外的 __context__ 屬性。

在 Python 中，例外並不一定是錯誤，例如 SystemExit、GeneratorExit、KeyboardInterrupt，或者是 StopIteration 等，更像是一種事件，代表著流程因為某個原因無法繼續而必須中斷。

主動引發一個例外並不是嫌程式中的臭蟲不夠多，而是對呼叫者善盡告知的責任。在 Python 中，就算例外是個錯誤，只要程式碼能明確表達出意圖的情況下，也常會當成是流程的一部份。

有時候，會想看看某個模組能否被 import，若模組不存在，則改 import 另一個模組，此時在 Python 中就會如此撰寫：

```
try:
    import some_module
except ImportError:
    import other_module
```

若想得知例外發生的根源，以及多重呼叫下例外的傳播過程，可以利用 traceback 模組。

警告訊息通常作為一種提示，用來告知程式有一些潛在性的問題，例如使用了被棄用（Deprecated）的功能、以不適當的方式存取資源等。Warning 雖然是一種例外，不過基本上不會直接透過 raise 引發，而是透過 warnings 模組的 warn() 函式來提出警告。

else 可與 try、except 搭配的原因在於，讓 try 中的程式碼，盡量與可能引發例外的來源相關。

如果程式撰寫的流程中先 return 了，而且也有寫 finally 區塊，那 finally 區塊會先執行完後，再將值傳回。

with 之後銜接的資源實例，可以透過 as 來指定給一個變數，之後就可以在區塊中進行資源的處理，當離開 with as 區塊之後，就會自動做清除資源的動作。

with as 不限使用於檔案，只要物件支援情境管理協定，就可以使用 with as 語句。

支援情境管理協定的物件，必須實作 __enter__() 與 __exit__() 兩個方法，這樣的物件稱為情境管理器。可以使用 contextlib 模組的 @contextmanager 來實作，讓資源的設定與清除更為直覺。

with as 語法是用來表示，其區塊是處於某個特殊的情境之中，處於自動關閉檔案的情境只是其中一種情況。

使用 @contextmanager 實作函式時，yield 的前後建立了 with 區塊的情境。

7.4 課後練習

實作題

1. 針對 7.1.3 設計的 Account 類別，請重新設計例外，在 deposit()、withdraw() 方法的引數為負時，使用指定訊息與當時的負數建立 IllegalMoneyException 並引發，在 withdraw()方法餘額不足時，使用指定的訊息與當時餘額建立 InsufficientException 並引發，IllegalMoneyException 與 Insufficient Exception 都必須繼承 BankingException。

2. 請自行設計一個 Suppress 類別，實作情境管理器的__enter__()、__exit__() 方法，可指定想要抑制的例外類型。例如：

```
with Suppress(FileNotFoundError):
    for line in open(sys.argv[1]):
        print(line, end='')
```

3. 請實作一個 contextmanager()函式，當執行以下程式：

```
def suppress(ex_type):
    try:
        yield
    except ex_type:
        pass

suppress = contextmanager(suppress)
with suppress(FileNotFoundError):
    for line in open(sys.argv[1]):
        print(line, end='')
```

FileNotFoundError 會被抑制，也就是說，這個練習的 contextmanager()函式 模仿了 contextlib 的@contextmanager 功能，因此，也可以具有以下的功能：

```
class Some:
    def __init__(self, name):
        self.name = name

    def close(self):
        print(self.name, 'is closed.')

def closing(thing):
    try:
        yield thing
    finally:
        thing.close()
```

```
closing = contextmanager(closing)
with closing(Some('Resource')) as res:
    print(res.name)
```

這是個選擇性的進階練習，若想挑戰，可參考 contextlib 模組原始碼中的 contextmanager()函式實作，也可以試著在變數、參數、傳回值等加上型態提示。

open() 與 io 模組

8.1 使用 open() 函式

在 Python 中想進行檔案讀寫，可以從標準程式庫的 open() 函式出發，這是個工廠函式，隱藏了檔案物件（File object）的相關細節，這使得 open() 函式，可以應付檔案讀寫的大部份需求。

8.1.1 file 與 mode 參數

如果想利用 open() 函式進行檔案讀寫，在最基本的需求上，只需要用到它的前兩個參數：file 與 mode。 file 可以是個字串，指定了要讀寫的檔案路徑，可指定相對路徑（相對於目前工作路徑）或者是絕對路徑；mode 是使用字串來指定檔案開啟模式，可以指定的字串及意義如下表所示：

表 8.1 檔案開啟模式

字串	說明
r	讀取模式（預設）。
w	寫入模式，會先清空檔案內容。
x	只在檔案不存在時，才建立新檔案並開啟為寫入模式，若檔案已存在會引發 FileExistsError。
a	附加模式，若檔案已存在，寫入的內容會附加至檔案尾端。
b	二進位模式。
t	文字模式（預設）。
+	更新模式（讀取與寫入）。

open() 的 mode 預設是 'r'，而在只指定 'r'、'w'、'x'、'a' 的情況下，就相當於以文字模式開啟，也就是等同於 'rt'、'wt'、'xt'、'at'，若要以二進位模式開啟，要指定 'rb'、'wb'、'xb'、'ab'。

如果想以更新模式開啟，對於文字模式，可以使用 'r+'、'w+'、'a+'，對於二進位模式，可以使用 'r+b'、'w+b'、'a+b'。

在型態提示的部份，可以使用 typing 模組的 IO，來標註 open() 函式傳回的物件型態，或者是進一步地，若以文字模式開啟檔案，可以使用 typing.TextIO 來標註，若是二進位模式開啟檔案，可以使用 typing.BinaryIO。

◎ read()、write()、close()

　　底下直接來設計一個 upper 程式，可使用命令列引數指定來源與目的地，將來源文字檔案內容全部轉大寫後寫入目的地，這同時示範了文字模式的讀取與寫入：

```
basicio upper.py
import sys

src_path = sys.argv[1]              ❶ 分別以 'r' 與 'w' 模式開啓
dest_path = sys.argv[2]
                                    ↓
with open(src_path) as src, open(dest_path, 'w') as dest:
    content = src.read()           ◄── ❷ 使用 read()讀取資料
    dest.write(content.upper())    ◄── ❸ 使用 write()寫入資料
```

　　這個 upper 程式會從命令列引數，取得檔案來源與目的地的路徑，程式中使用分別以 'r'（mode 參數預設值）及 'w' 模式 open()來源與目的地檔案❶，**被開啟的檔案，建議在不使用時，呼叫 open()傳回的檔案物件之 close()方法，明確地關閉檔案，檔案物件實作了情境管理器協定（詳見 7.2.3），可使用 with 來代替我們進行檔案關閉的動作。**

> 提示 »»　實際上，檔案物件實作的 __del__()方法中會呼叫 close()方法，因此當檔案物件沒有任何名稱參考而被回收前，也會自動關閉檔案，不過，由於資源回收的時機無法預測，建議自行明確關閉檔案。

　　read()方法在未指定引數的情況下，會讀取檔案全部的內容，對於文字模式來說，會傳回 str 實例❷（對於二進位檔案來說，會傳回 bytes 實例），因此範例中可以使用 upper()，將其中的字元全部轉為大寫。write()方法可將指定的資料寫入檔案，對於文字模式來說，write()接受 str 實例❸，並傳回寫入的字元數（對於二進位檔案來說，write()接受 bytes 實例，並傳回寫入的位元組數）。

　　read()方法在指定整數引數的情況下，會讀取指定的字元數或位元組數（依開啟模式是文字或者二進位而定）。

　　檔 案 開 啟 模 式 與 後 續 進 行 的 操 作 必 須 符 合，否 則 會 引 發 UnsupportedOperation 例外。例如使用 'r'模式開啟，卻要進行寫入的情況，可以使用 readable()方法測試是否可讀取，使用 writable()方法測試是否可寫入：

```
>>> f = open('upper.py')
>>> f.write('write it?')
Traceback (most recent call last):
  File "<stdin>", line 1, in <module>
io.UnsupportedOperation: not writable
>>> f.readable()
True
>>> f.writable()
False
>>> f.close()
>>>
```

🔵 readline()、readlines()、writelines()

有趣的是，無論文字模式或二進位模式，都可以使用 readline()、readlines()、writelines()方法。

對於文字模式來說，預設是讀取到'\n'、'\r'或'\r\n'，都可以判定為一行，而 readline()或 readlines()讀到的每一行，換行字元都一律換為'\n'。對於二進位模式來說，行的判斷標準預設是遇到 b'\n'這個 bytes。

文字模式在寫入的情況下，任何'\n'都會被置換為 os.linesep 的值（Windows就是'\r\n'）。

底下的範例故意以'rb'模式開啟.py 檔案，看看 readlines()會傳回什麼樣的內容：

```
>>> f = open('upper.py', 'rb')
>>> f.readlines()
[b'import sys\r\n', b'\r\n', b'src_path = sys.argv[1]\r\n', b'dest_path =
sys.argv[2]\r\n', b'\r\n', b"with open(src_path) as src, open(dest_path, 'w')
as dest:\r\n", b'    content = src.read()\r\n', b'
dest.write(content.upper())']
>>> f.close()
>>>
```

可以看到，readlines()方法會以 list 傳回檔案內容，list 中每個元素是被判定為一行的內容。

如果想逐行讀取檔案內容，可以使用 readline()方法搭配 while 迴圈，readline()在讀不到下一行時會傳回空字串，因此可以這麼寫：

```
>>> with open('upper.py') as f:
...     while line := f.readline():
...         print(line, end = '')
```

```
...
import sys

src_path = sys.argv[1]
dest_path = sys.argv[2]
```

略…

open() 傳回的檔案物件，都實作了 **__iter__()** 方法，會傳回一個迭代器，可以直接使用 for in 來迭代，每次迭代都相當於執行 readline()，因此，上面的例子可以改寫為：

```
>>> with open('upper.py') as f:
...     for line in f:
...         print(line, end = '')
...
import sys

src_path = sys.argv[1]
dest_path = sys.argv[2]
```

略…

可以看到，這樣的寫法清楚多了，這正是 **Python** 的檔案讀取風格：**讀取一個檔案最好的方式，就是不要去 read**！

◯ tell()、seek()、flush()

在進行檔案讀寫時，**tell()** 方法可以告知目前在檔案中的位移值，單位是位元組值，檔案開頭的位移值是 0，**seek()** 方法可以指定跳到哪個位移值。為了示範，接下來假設有個 test.txt 檔案中鍵入了 12345 並存檔。

```
>>> f = open('test.txt', 'rb')
>>> f.tell()
0
>>> f.read(1)
b'1'
>>> f.read(1)
b'2'
>>> f.tell()
2
>>> f.seek(1)
1
>>> f.read(1)
b'2'
```

```
>>> f.close()
>>>
```

如果是在 Windows 中建立純文字檔案，無論是採取 UTF-8 或 MS950 編碼，12345 每個字元會是佔一個位元組，採用二進位開啟模式，每次 read(1) 會讀取一個位元組，在上面的範例中，也就可以看到相應的結果，實際上，seek() 的傳回值，也會是操作後的位移值。

因此，可以使用 seek() 來實現隨機存取，例如，底下會將第三個位元組改為 b'0'。

```
>>> f = open('test.txt', 'r+b')
>>> f.seek(2)
2
>>> f.write(b'0')
1
>>> f.flush()
>>> f.seek(0)
0
>>> f.read()
b'12045'
>>> f.close()
>>>
```

這次的開啟模式是 'r+b'，表示為可讀取與更新模式，請不要寫成 'w+b'，這樣會清空檔案內容，也不要寫成 'a+b'，這樣會將寫入的資料放到檔案尾端。由於檔案物件預設會緩衝處理，不一定會馬上看到檔案中寫入了資料，這時**可以執行 flush() 方法，將緩衝內容出清。**

readinto()

在二進位模式時，read() 方法傳回的 bytes 是不可變動的，如果想將讀取的位元組資料收集至 list，可以使用 list()，將 read() 到的 bytes 轉為 list，例如：

```
>>> content = None
>>> with open('test.txt', 'rb') as f:
...     content = f.read()
...
>>> list(content)
[49, 50, 51, 52, 53]
>>>
```

不過，二進位模式時的檔案物件，擁有一個 **readinto()**方法接受 **bytearray** **實例，可以直接將讀取到的資料傳入**，這樣就不用中介的變數。例如：

```
>>> import os.path
>>> b_arr = bytearray(os.path.getsize('test.txt'))
>>> with open('test.txt', 'rb') as f:
...     f.readinto(b_arr)
...
5
>>> b_arr[0]
49
>>> b_arr[1]
50
>>> b_arr
bytearray(b'12345')
>>>
```

注意 》》　無論是透過 list()將 bytes 轉為 list 實例，或者是使用 bytearray，透過索引取得的每個元素都是 int 型態，可以透過 bytes([value])將某個整數值轉為 bytes，例如 bytes([49])結果會是 b'1'。

8.1.2　**buffering、encoding、errors、newline 參數**

open()函式實際上有八個參數，方才說明的 file 與 mode 是最常使用的參數，接下來要看看 buffering、encoding、errors 與 newline 參數，至於 closed、opener 參數的說明，將放在 8.2.1 中說明。

buffering

這個參數用來設置緩衝策略，預設的緩衝策略會試著自行決定緩衝大小（通常會是 4096 或 8192 位元組），或者對互動文字檔案（isatty()為 True 時，例如 Windows 的命令提示字元）採用行緩衝（line buffering）。

如果 buffering 設定為 0，表示關閉緩衝，設為大於 0 的整數值，表示指定緩衝的位元組大小。

舉個例子來說，8.1.1 看到的隨機存取範例，如果採用 f = open('test.txt', 'r+b', buffering = 0)的話，在 f.write()更新檔案之後，不必使用 f.flush()，就可以馬上看到檔案內容變化。

encoding 與 errors

指定文字模式時的檔案編碼，預設會採用 `locale.getpreferredencoding()` 的傳回值作為編碼，以 Windows 來說是傳回 `'cp950'`。

提示 ››› 在 Python 執行環境來說，將 MS950 與 CP950 視為同一套編碼。

如果文字檔案採用的編碼與 `locale.getpreferredencoding()` 的傳回值不同時，讀取時就有可能會出現亂碼問題，例如，當有個檔案中撰寫了中文，以文字模式開啟且未指定 `encoding` 的話，在讀取中文時會試著一次讀取兩個位元組，若有個 test_ch.txt 是以 UTF-8 編碼並撰寫中文的話，那麼讀取時就會出現亂碼。例如：

```
>>> with open('test_ch.txt', 'r') as f:
...     print(f.read(1))
...     print(f.tell())
...
嫷
2
>>>
```

在上面的例子中，假設 test_ch.txt 中寫了「測試」兩個字，由於 UTF-8 對這兩個字採取每個字三個位元組，因此只讀取兩個位元組的情況下，當然就出現了亂碼。在正確指定 encoding 為 `'UTF-8'` 的情況下，就不會有問題了：

```
>>> with open('test_ch.txt', 'r', encoding = 'UTF-8') as f:
...     print(f.read(1))
...     print(f.tell())
...
測
3
>>>
```

`errors` 參數可指定發生編碼錯誤時，該如何進行處理，在不設定的情況下，發生編碼錯誤時會引發 `ValueError` 的子類別例外，例如有個 test_ch2.txt 中有著「方法已棄用」這幾個中文字，並以 UTF-8 編碼，若如下讀取，將會引發 `UnicodeDecodeError`：

```
>>> with open('test_ch2.txt') as f:
...     print(f.read())
...
Traceback (most recent call last):
  File "<stdin>", line 2, in <module>
```

```
UnicodeDecodeError: 'cp950' codec can't decode byte 0xe6 in position 0:
illegal multibyte sequence
>>>
```

若設定 errors 為 'ignore'，那麼會忽略錯誤，繼續進行讀取的動作：

```
>>> with open('test_ch2.txt', errors = 'ignore') as f:
...     print(f.read())
...
寞擁脫
>>>
```

errors 的其他可設定選項，可參考 open() 函式的說明[1]。

◉ **newline**

8.1.1 曾談過 newline 參數，對於文字模式來說，預設是讀取到 '\n'、'\r' 或 '\r\n'，都可以被判定為一行，而 readline() 或 readlines() 讀到的每一行，換行字元都一律換為 '\n'。

newline 的指定值還可以是 ''、'\n'、'\r' 與 '\r\n'。如果指定了 ''，讀取到 '\n'、'\r' 或 '\r\n'，都可以被判定為一行，而 readline() 或 readlines() 讀到的每一行，一律保留來源換行字元，如果設定為其他 '\n'、'\r' 或 '\r\n'，那麼讀取後的換行字元就會是指定的字元。

文字模式在寫入的預設情況下，任何 '\n' 都會被置換為 os.linesep 的值。如果 newline 設為 '' 就保留原有的換行字元，如果指定為其他值，就以指定的字元進行置換。

8.1.3　**stdin、stdout、stderr**

就目前為止，如果想取得使用者輸入，都是使用 input() 函式，若想顯示指定的值，是使用 print() 函式，它們各自會使用預先連結的裝置進行輸入或輸出，預先連結的輸入、輸出裝置被稱為**標準輸入（Standard input）與標準輸出（Standard output）**，以個人電腦而言，通常對應至終端機的輸入與輸出。

---

[1]　open() 函式：docs.python.org/3/library/functions.html#open

　　sys 模組有個 **stdin** 就代表著標準輸入，**stdout** 代表著標準輸出，它們的行為就像 **open()** 函式開啟的文字模式檔案物件。例如，底下的範例模仿了 input() 函式的實作：

```
basicio stdin_demo.py

import sys

def console_input(prompt: str) -> str:
    sys.stdout.write(prompt)      ← ❶使用標準輸出
    sys.stdout.flush()            ← ❷出清資料
    return sys.stdin.readline()   ← ❸使用標準輸入讀取一行

name = console_input('請輸入名稱：')
print('哈囉，', name)
```

　　可以使用 sys.stdout 的 write() 方法寫出訊息❶，為了馬上能看到指定的訊息顯示，必須使用 flush() 方法出清資料❷，接著可以使用 sys.stdin.readline() 讀入一行輸入的訊息❸。

提示 >>> 　對於 Windows 的命令提示字元來說，文字編碼預設會使用命令提示字元的字碼頁（codepage），其他平台則使用 locale.getpreferredencoding()，也可以自行使用環境變數 PYTHONIOENCODING 來設定，設定方式可詳見〈PYTHONIOENCODING[2]〉。

　　對於標準輸出或輸出，若想以二進位模式讀取或寫入，可使用 **sys.stdin.buffer** 或 **sys.stdout.buffer**，它們的行為就像是以 **open()** 函式開啟的二進位模式檔案物件。

　　實際上，可以改變標準輸入或輸出的來源，例如，將一個自行以 open() 函式開啟的檔案物件，指定給 sys.stdin，就可以利用 input() 來讀取。例如：

```
>>> import sys
>>> sys.stdin = open('stdin_demo.py', encoding = 'UTF-8')
>>> input()
'import sys'
>>> input()
```

---

[2] PYTHONIOENCODING：bit.ly/3ibLu5i

```
''
>>> input()
'def console_input(prompt):'
>>> input()
'    sys.stdout.write(prompt)'
>>> input()
'    sys.stdout.flush()'
>>> input()
'    return sys.stdin.readline()'
>>> input()
''
>>>
```

　　類似地，將一個自行開啟的檔案物件，指定給 sys.stdout，就可以利用 print() 來寫出資料至檔案，不過，內建的 print() 函式本身，就有一個 file 參數可以達到這樣的需求。

```
>>> with open('data.txt', 'w') as f:
...     print('Hello, World', file = f)
...
>>>
```

　　上面的程式執行過後，工作目錄下就會發現有個 data.txt，內容是執行 print() 函式時指定的 'Hello, World' 訊息。

　　在文字模式下，可以使用 > 將程式執行時的標準輸出訊息，導向至指定的檔案，或者使用 >> 附加訊息。例如：

```
>python -c "print('Hello, World')" > data.txt

>python -c "print('Hello, World')" >> data.txt

>
```

　　執行以上指令的話，標準輸出的訊息被直接重新導向至 data.txt，因此不會看到訊息顯示，而 data.txt 會出現兩行 'Hello, World' 文字。實際上，還有個 sys.stderr 代表著標準錯誤（Standard error）裝置，就 Windows 而言，預設也就是命令提示字元，標準錯誤的輸出不能使用 > 或 >> 重新導向至檔案。例如：

```
>python -c "import sys; sys.stderr.write('Hello, World')" > data.txt
Hello, World
>python -c "import sys; sys.stderr.write('Hello, World')" >> data.txt
Hello, World
>
```

在上面的範例中，因為使用了 `sys.stderr` 來寫出訊息，這不能使用>或>>
重新導向，因此訊息仍然顯示出來了，而 data.txt 的內容會是一片空白。

提示 >>> 看到了嗎？Python 中還是可以使用分號（;），想要在一行中寫兩個陳述句時
就可以使用。

8.2　進階檔案處理

任處理檔案時，使用 `open()` 函式可以應付絕大多數的情況，然而，`open()`
函式是個工廠函式（Factory function），隱藏了建立檔案物件的細節，為了進
一步應付需求，或者更清楚地知道，目前手上正在操作的檔案物件特性為何，
認識 `open()` 函式背後的一些細節仍有必要，這樣也不至於淪為死背 API 的窘境。

8.2.1　認識檔案描述器

**`open()` 函式的 `file` 參數，除了接受字串指定檔案的路徑之外，還可以指定檔
案描述器（File descriptor），檔案描述器會是個整數值，對應至目前程式已開啟
的檔案。** 舉例來說，標準輸入通常使用檔案描述器 0，標準輸出是 1，標準錯誤
是 2，進一步開啟的檔案則會是 3、4、5 等數字。

對於檔案物件，可以使用 `fileno()` 方法來取得檔案描述器。例如：

```
>>> import sys
>>> sys.stdin.fileno()
0
>>> sys.stdout.fileno()
1
>>> sys.stderr.fileno()
2
>>> with open('data.txt') as f:
...     print(f.fileno())
...
3
>>>
```

既然剛才說，`open()` 的 `file` 參數也可以接受檔案描述器，而檔案描述器的
值是個整數，如果指定 `open()` 的第一個參數為 0 會如何呢？

```
>>> f = open(0)
>>> f.readline()
This is a test!
```

```
'This is a test!\n'
>>>
```

因為標準輸入的檔案描述器值是 0，因此，上面的例子中，f.readline() 就會從標準輸入讀入一行。

實際上在 8.1.3 看過，sys.stdin 本身已經有檔案物件的行為，不必特別使用 open() 來包裹，這邊只是為了示範，**若能取得一個對應至系統上已開啟的檔案描述器，就有機會使用 open() 來包裹成為檔案物件，以利用檔案物件的高階操作行為。**

如果想自行開啟一個檔案描述器，可以使用 os 模組的 open() 函式，最基本的使用方式是指定 path 與 flags 參數。例如想以唯讀方式，開啟指定的檔案描述器並讀取 5 個位元組：

```
>>> import os
>>> fd = os.open('test.txt', os.O_RDONLY)
>>> os.read(fd, 5)
b'12345'
>>> os.close(fd)
>>>
```

os.read()、os.close() 等，都是屬於低階操作，若想瞭解更多檔案描述器的細節，可以參考〈File Descriptor Operations[3]〉。

之所以要提到檔案描述器的原因之一，是可以說明 open() 函式的 closed 參數，它的預設值是 True，這表示若 open() 時 file 指定了檔案描述器，在檔案物件呼叫 close() 方法而關閉時，被指定的檔案描述器也會一併關閉，當指定為 False 時，就不會關閉被指定的檔案描述器。

open() 還有個 opener 函式，這可以用來指定一個函式，該函式必須有兩個參數，第一個參數會傳入 open() 函式被指定的檔案路徑，第二個參數會是 open() 函式依 mode 而計算出來的 flags 值，函式最後必須傳回一個檔案描述器，open() 函式基於該檔案描述器建立檔案物件，以便進行檔案操作。

---

[3] File Descriptor Operations：docs.python.org/3/library/os.html#file-descriptor-operations

　　因此，如果想在開啟檔案時做些加工動作，就可以指定 opener 參數。例如，底下是個簡單示範，指定的 opener 函式可以在檔案不存在時，以 sys.stdout 的檔案描述器來替代：

```
>>> import sys
>>> import os
>>> def or_stdout(path, flags):
...     if os.path.exists(path):
...         return os.open(path, flags)
...     else:
...         return sys.stdout.fileno()
...
>>> f = open('xyz.txt', 'w', opener = or_stdout)
>>> f.write('Hello, World\n')
Hello, World
13
>>>
```

　　在上面的示範中，實際上 xyz.txt 並不存在，因此 open() 實際上會使用標準輸出，結果就是直接顯示了 write() 的輸出訊息。

8.2.2　認識 io 模組

　　open() 函式實際上是個工廠函式，當依需求指定某些引數之後，open() 函式在背後會進行檔案的開啟、相關檔案物件的建立與設定，然後將檔案物件傳回，若想進一步掌握檔案物件的操作，就得認識 io 模組，相關的檔案物件就是定義在此模組之中。

　　可以實際來看看指定不同的引數時，傳回的檔案物件會是什麼型態：

```
>>> open('test.txt')
<_io.TextIOWrapper name='test.txt' mode='r' encoding='cp950'>
>>> open('test.txt', 'rb')
<_io.BufferedReader name='test.txt'>
>>> open('test.txt', 'rb', buffering = 0)
<_io.FileIO name='test.txt' mode='rb' closefd=True>
>>>
```

　　實際上，TextIOWrapper、BufferedReader、FileIO 等，是在 _io 模組之中，並且在 io.py 中定義相同的名稱參考至 TextIOWrapper、BufferedReader、FileIO 等。

◎ 檔案物件繼承架構

Python 的 I/O 大致上分為三個主要類型：文字（Text）I/O、二進位（Binary）I/O 與原始（Raw）I/O，符合這些分類的具體物件，就是之前一直看到的檔案物件，而 `TextIOWrapper`、`BufferredReader`、`FileIO` 分別屬於這三種類型。

在 `io` 模組中各類別的繼承方面，`IOBase` 是所有 I/O 類別的基礎類別，作用於位元組串流之上，而 `TextIOBase`、`BufferedIOBase`、`RawIOBase` 是 `IOBase` 的子類別，分別代表著文字 I/O、二進位 I/O、原始 I/O 的基礎類別。在 `io` 模組的說明文件[4]，有個表格列出了這幾個類別的關係與定義的方法：

表 8.1 I/O 基礎類別與方法定義

基礎類別	繼承	抽象方法	Mixin 方法
IOBase		fileno、seek、truncate	close、closed、__enter__、__exit__、flush、isatty、__iter__、__next__、readable、readline、readlines、seekable、tell、writable、writelines
RawIOBase	IOBase	readinto、write	繼承自 IOBase 的方法，以及 read、readall
BufferredIOBase	IOBase	detach、read、read1、write	繼承自 IOBase 的方法，以及 readinto
TextIOBase	IOBase	detach、read、readline、write	繼承自 IOBase 的方法，以及 encoding、errors、newline

方才看到的 `TextIOWrapper`、`BufferredReader`、`FileIO`，分別就是 `TextIOBase`、`BufferredIOBase`、`RawIOBase` 的子類別，可操作的方法在 8.1 大多說明過了，至於其他子類別與繼承關係，如下圖所示：

---

[4] `io`：docs.python.org/3/library/io.html

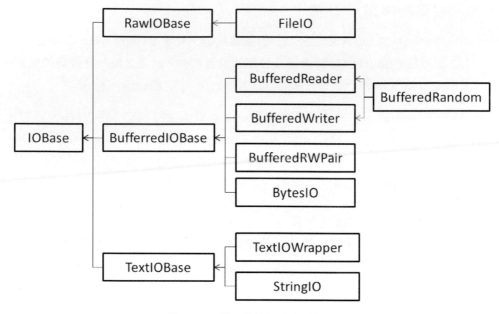

圖 8.1 io 模組中類別的繼承架構

自行建立檔案物件

原始 I/O 是無緩衝的低階操作，很少直接使用，通常作為文字 I/O 或二進位 I/O 的底層操作，舉例來說，如果想以二進位模式讀取檔案，可以建立一個 FileIO 實例，接著使用 BufferedReader 實例來包裹它。

```
>>> from io import FileIO, BufferedReader
>>> with BufferedReader(FileIO('test.txt', 'r')) as f:
...     print(f.read())
...
b'12345'
>>>
```

FileIO 的模式指定可以是 'r'、'w'、'x'、'a'，由於是低階操作，本身就是在處理位元組串流，也就沒有像 open() 函式那樣，區分文字模式或二進位模式的需求了。

BufferedReader、BufferedWriter、BufferedRandom 實例的作用就是個包裹器（Wrapper），可用來包裹 RawIOBase 實例，其中 BufferedRandom 實例繼承了 BufferedReader、BufferedWriter，支援 seek()、tell() 功能，可進行隨機的讀取或寫入，這依包裹的 RawIOBase 實例是讀取或寫入模式而定。

如果要能同時進行讀取與寫入，可以使用 BufferedRWPair 同時包裹一個讀取與一個寫入 RawIOBase 實例。

TextIOWrapper 也是個包裹器，可以包裹 BufferedIOBase，以便將二進位資料依指定的文字編碼進行轉換，例如：

```
>>> from io import FileIO, BufferedReader, TextIOWrapper
>>> with TextIOWrapper(BufferedReader(FileIO('test_ch.txt', 'r')), 'UTF-8')
as f:
...     print(f.read())
...
測試
>>>
```

● BytesIO 與 StringIO

如果資料的讀取來源或寫入目的地，並不是個檔案，而想要是記憶體中某個物件，那麼可以使用 **BytesIO** 或 **StringIO**。

BytesIO 是 BufferedIOBase 的子類別，可以直接建構實例，或者指定一個初始的 bytes 實例來建構，以便進行資料讀取與寫入，操作上與檔案物件相同。例如：

```
>>> import io
>>> b = io.BytesIO(b'12345')
>>> b.read()
b'12345'
>>> b.seek(2)
2
>>> b.write(b'0')
1
>>> b.seek(0)
0
>>> b.read()
b'12045'
>>> b.close()
>>>
```

通常使用 BytesIO 時，最後會使用 getvalue() 方法來取得寫入的資料。

```
>>> import io
>>> b = io.BytesIO()
>>> b.write(b'1')
1
>>> b.write(b'2')
1
```

```
>>> b.write(b'3')
1
>>> b.getvalue()
b'123'
>>> b.close()
>>>
```

　　類似地，若想讀寫的是文字資料，可以使用 StringIO，它是 TextIOBase 的子類別。通常使用 StringIO 寫入資料時，會在最後使用 getvalue() 來取得資料：

```
>>> import io
>>> s = io.StringIO()
>>> s.write('Line 1\n')
7
>>> s.write('Line 2\n')
7
>>> s.getvalue()
'Line 1\nLine 2\n'
>>> s.close()
>>>
```

8.3　重點複習

　　如果想利用 open() 函式進行檔案讀寫，在最基本的需求上，只需要使用到它的前兩個參數：file 與 mode。

　　open() 的 mode 預設是 'r'，而在只指定 'r'、'w'、'x'、'a' 的情況下，就相當於以文字模式開啟，也就是等同於 'rt'、'wt'、'xt'、'at'，如果要以二進位模式開啟，要指定 'rb'、'wb'、'xb'、'ab'。

　　如果想以更新模式開啟，對於文字模式，可以使用 'r+'、'w+'、'a+'，對於二進位模式，可以使用 'r+b'、'w+b'、'a+b'。

　　每個被開啟的檔案，建議在不使用時，呼叫 open() 傳回的檔案物件之 close() 方法，以明確地關閉檔案，而檔案物件實作了情境管理器協定，因此可使用 with 來代替我們進行檔案關閉的動作。

　　read() 方法在未指定引數的情況下，會讀取檔案全部的內容，read() 方法在指定整數引數的情況下，會讀取指定的字元數或位元組數（依開啟模式是文字或者二進位而定）。

對於文字模式來說，預設是讀取到 '\n'、'\r' 或 '\r\n'，都可以被判定為一行，而 readline() 或 readlines() 讀到的每一行，換行字元都一律換為 '\n'。對於二進位模式來說，行的判斷標準預設是遇到 b'\n' 這個 bytes。

文字模式在寫入的情況下，任何 '\n' 都會被置換為 os.linesep 的值（Windows 就是 '\r\n'）。

Python 的檔案讀取風格：讀取一個檔案最好的方式，就是不要去 read！

在進行檔案讀寫時，tell() 方法可以告知目前在檔案中的位移值，單位是位元組值，檔案開頭的位移值是 0，seek() 方法可以指定跳到哪個位移值，可以執行 flush() 方法，將緩衝內容出清。

二進位模式時的檔案物件，擁有一個 readinto() 方法接受 bytearray 實例，可以直接將讀取到的資料傳入。

在 sys 模組中有個 stdin 就代表著標準輸入，而 stdout 就代表著標準輸出，它們的行為上就像 open() 函式開啟的文字模式檔案物件。

對於標準輸入或輸出，若想要以二進位模式讀取或寫入，可以使用 sys.stdin.buffer 或 sys.stdout.buffer，它們的行為就像是以 open() 函式開啟的二進位模式檔案物件。

open() 函式的 file 參數，除了接受字串指定檔案的路徑之外，實際上，還可以指定檔案描述器，檔案描述器會是個整數值，對應至目前程式已開啟的檔案。

若能取得一個對應至系統上已開啟的檔案描述器，就有機會使用 open() 來包裹成為檔案物件，以利用檔案物件的高階操作行為。

Python 的 I/O 大致上分為三個主要類型：文字 I/O、二進位 I/O 與原始 I/O，符合這些分類的具體物件，稱之為檔案物件。

如果資料的讀取來源或寫入目的地，並不是個檔案，而想要是記憶體中某個物件，那麼可以使用 BytesIO 或 StringIO。

8.4　課後練習

實作題

1. 請設計一個通用的 dump() 函式，可以指定來源與目的檔案物件或類似檔案（file-like）的物件，函式會讀取來源檔案物件的內容，寫至目的檔案物件之中。例如，dump(open('src.jpg', 'rb'), open('dest.jpg', 'wb'))，最後會建立一個與 src.jpg 內容完全相同的 dest.jpg，而 dump(urllib.request.urlopen('http://openhome.cc'), open('index.html', 'wb'))將會下載網頁。

2. 在例外發生時，可以使用 traceback.print_exc()顯示堆疊追蹤，如何改寫以下程式，使得例外發生時，可將堆疊追蹤附加至 UTF-8 編碼的 exception.log 檔案：

```python
def dump(src_path: str, dest_path: str):
    with open(src_path, 'rb') as src, open(dest_path, 'wb') as dest:
        dest.write(src.read())
```

3. 請撰寫程式，可以指定來源檔案與編碼，將文字檔案讀入，並以指定之目的檔名轉存為 UTF-8 的文字檔案。

資料結構

學習目標

- 認識 hashable、iterable、orderable
- 對物件進行排序
- 認識群集架構
- 運用 collections 模組
- 運用 collections.abc 模組

9.1 hashable、iterable 與 orderable

在第 3 章認識 Python 內建型態時，已經看過 list、set、dict、tuple 等，可用來收集整群物件的資料結構，這一章要再來深入探討相關的群集，然而在這之前，先來看幾個在操作群集時，可能會遇到的物件協定。

9.1.1 hashable 協定

在 3.1.3 中討論 set 談過，set 的內容無序、元素不重複，不過並非任何元素，都能放到集合中，例如 list、dict 甚至 set 本身都不行，試圖在 set 中置放這些型態的實例，就會引發 TypeError：

```
>>> {[1, 2, 3]}
Traceback (most recent call last):
  File "<stdin>", line 1, in <module>
TypeError: unhashable type: 'list'
>>> {{'Justin': 123456}}
Traceback (most recent call last):
  File "<stdin>", line 1, in <module>
TypeError: unhashable type: 'dict'
>>>
>>> {{1, 2, 3}}
Traceback (most recent call last):
  File "<stdin>", line 1, in <module>
TypeError: unhashable type: 'set'
>>>
```

hashable 物件必須有個 hash 值，這個值在整個執行時期都不會變化，而且必須能進行相等比較，具體來說，必須實作 __hash__() 與 __eq__() 方法。

提示 >>> 可以對一個物件使用 hash() 來取得 hash 值，而不是直接呼叫物件的 __hash__() 方法。

Python 的某些程式庫在內部，會需要使用到 hash 值，例如 set，對打算加入之物件，會呼叫其 __hash__() 方法取得 hash 值，看它是否與目前 set 中既有物件的 hash 值都相異，若是就加入，若有物件的 hash 值相同，進一步使用 __eq__() 比較相等性，以確定是否要加入 set。

對於 Python 內建型態，只要建立後狀態就無法變動（Immutable）的型態，它的實例都是 hashable，而可變動（Muttable）型態的實例，都是 unhashable。

為什麼無法變動的內建型態會預設為 hashable？如果 hash 值是根據物件狀態計算，而物件狀態不變，基本上計算出來的 hash 值就不變，因此對於無法變動的內建型態，就可以依各自定義的方式實現__hash__() 與__eq__() 方法。

自定義的類別建立的實例，預設也是 hashable 的，其__hash__() 實作，是根據 id() 計算而來，而__eq__() 實作，預設是使用 is 比較，因此，兩個分別建立的實例，hash 值必然不同，相等性比較一定不成立。

雖然一個自定義的類別建立的實例，預設是 hashable，不過，若放到 set 之中，或者是作為 dict 的鍵時，什麼樣的狀態會被認定為重複，還是要自行定義__hash__() 與__eq__()。舉例來說：

```
>>> class Point:
...     def __init__(self, x, y):
...         self.x = x
...         self.y = y
...     def __repr__(self):
...         return 'Point({}, {})'.format(self.x, self.y)
...
>>> p1 = Point(1, 1)
>>> p2 = Point(2, 2)
>>> p3 = Point(1, 1)
>>> ps = {p1, p2, p3}
>>> ps
{Point(1, 1), Point(2, 2), Point(1, 1)}
>>>
```

在這邊的例子可以看到，雖然 p1 與 p3 代表的是相同座標，然而在 set 兩個都收納了，這是因為 p1 與 p3 使用預設的__hash__() 取得的 hash 值不同，而預設的__eq__() 比較也是不相等的結果。

如果要 set 能剔除代表相同座標的 Point 物件，必須自行實作__eq__() 與__hash__() 方法。例如：

object_protocols point_demo.py

```
class Point:
    def __init__(self, x: int, y: int) -> None:
        self.x = x
        self.y = y

    def __eq__(self, that):
        if hasattr(that, 'x') and hasattr(that, 'y'):
            return self.x == that.x and self.y == that.y
        return False

    def __hash__(self):
        return 41 * (41 + self.x) + self.y

    def __str__(self):
        return self.__repr__()

    def __repr__(self):
        return 'Point({}, {})'.format(self.x, self.y)

p1 = Point(1, 1)
p2 = Point(2, 2)
p3 = Point(1, 1)
ps = {p1, p2, p3}
print(ps) # 顯示 {Point(1, 1), Point(2, 2)}
```

在上面的範例中,除了定義__hash__()之外,也定義了 Point 的相等性,必須是 x 與 y 都相同才行,因此,在最後的結果顯示中可以看到,set 不會包含相同的座標。

提示 >>> 當 set 判斷新加入的物件與已包含的某物件 hash 值相同,而且相等性比較也成立時,會丟棄已包含的物件,並將新的物件加入。

現在有個有趣的問題是,在上面的範例中,如果在 print(ps)之後,又加上 p2.x = 1、p2.y = 1 這兩行程式碼,並且再度 print(ps)的話會怎麼樣呢?你會看到{Point(1, 1), Point(1, 1)}的顯示結果,為什麼?因為 set 判定是否重複是在物件加入之時,當物件已經在 set,而你又透過其他方式變更了物件狀態,就會造成這種尷尬的情況,這也就是為什麼 **hashable 物件,建議狀態是不可變動**,在這邊的例子中,必要時可為 Point 加上一些存取限制的定義。

兩個物件若是相等性比較成立,必須有相同的 hash 值;然而 hash 值相同,兩個物件的相等性比較不一定是成立的。

　　在型態提示部份，如果想標註 hashable 物件，可以使用 typing.Hashable，它可以支援泛型。

9.1.2　使用 **dataclass**

　　在 9.1.1 定義的 Point 類別，只單純地用來封裝一些簡單的欄位， 這樣的類別稱為資料類別（Data class），對於這類簡單的類別，自行定義 __init__()、__eq__()、__hash__()、__str__()、__repr__() 等方法，是個瑣碎的任務，另一方面，封裝的欄位修改了，這些方法也得跟著修改，也是一種麻煩。

　　Python 3.7 新增了 dataclasses.dataclass 裝飾器，可以用來簡化這類的任務，例如：

```
>>> from dataclasses import dataclass
>>> @dataclass
... class Point:
...     x: int
...     y: int
...
>>> p1 = Point(1, 1)
>>> p2 = Point(2, 2)
>>> p1
Point(x=1, y=1)
>>> p2
Point(x=2, y=2)
>>> p1 == p2
False
>>> p1.x, p1.y = 2, 2
>>> p1 == p2
True
>>> hash(p1)
Traceback (most recent call last):
  File "<stdin>", line 1, in <module>
TypeError: unhashable type: 'Point'
>>> p1.__hash__()
Traceback (most recent call last):
  File "<stdin>", line 1, in <module>
TypeError: 'NoneType' object is not callable
>>>
```

　　在範例中可以看到，Point 類別使用了 @dataclass 裝飾，在定義欄位時，一定要加上型態提示，否則不會被視為實例的欄位，而會歸屬於類別（可複習一下 5.3.3），如果欄位可以是任何型態，請使用 typing.Any 標註（而不是不標註型態），可以看到，被標註的類別，會依欄位自動產生__init__()、__eq__()、__str__()、__repr__()等方法，不過，沒有__hash__()方法？

當然！別忘了 9.1.1 談到，可變動型態的實例，都是 unhashable，因此方才範例的 Point，並不能加入至 set 這類要求 hashable 元素的容器之中，怎麼辦呢？只要在使用@dataclass 標註時，指定 **frozen=True** 就可以了，例如：

```
>>> @dataclass(frozen=True)
... class Point:
...     x: int
...     y: int
...
>>> p1 = Point(1, 1)
>>> p2 = Point(2, 2)
>>> p3 = Point(1, 1)
>>>
>>> points = {p1, p2, p3}
>>> points
{Point(x=1, y=1), Point(x=2, y=2)}
>>>
```

除了 frozen 參數外，也可以設定 init、repr、eq、order 等參數，表明要不要產生對應的協定方法；unsafe_hash 預設是 False，若被設為 True，就一定會加入__hash__()（就算類別的實例並非不可變動）。

使用@dataclass 時，被標註的類別也可以指定欄位預設值，例如：

```
@dataclass(frozen=True)
class Point:
    x: int = 0    # 預設值 0
    y: int = 0    # 預設值 0
```

預設值不能是可變動的實例，例如 list，這會引發錯誤：

```
>>> @dataclass
... class Foo:
...     bar: list = []
...
Traceback (most recent call last):
  ...略
ValueError: mutable default <class 'list'> for field bar is not allowed: use
default_factory
>>>
```

類似 4.2.2 談函式參數預設值若設為[]會引發問題，就上例來說，執行至 bar 該行時，就會依定義建立了相關的資源，為了避免問題，@dataclass 執行時會引發錯誤。若要避免這個題，可以使用 filed 指定 default_factory，例如指定使用 list 來建構實例，表明每次建構實例時，必須呼叫 default_factory 指定的函式：

```
>>> from dataclasses import field
>>> @dataclass
... class Foo:
...     bar: list = field(default_factory = list)
...
>>>
```

必要時，可以為資料類別定義其他方法，如果你自定義了 __str__() 之類的協定方法，就會以你定義的為主，被 dataclass 裝飾的類別，也可以作為父類別被繼承。

如果想臨時建立 Point 這樣的類別，也可以使用 dataclasses 的 make_dataclass()，

```
>>> from dataclasses import make_dataclass
>>> Point = make_dataclass('Point', ['x', 'y'])
>>> p = Point(1, 1)
>>> p
Point(x=1, y=1)
>>>
```

make_dataclass() 傳回動態建立的類別，可以用來建立 Point 實例，'Point' 指定了類別名稱，['x', 'y'] 指定了欄位名稱，這邊沒有指定型態，相當於標註了 typing.Any。

如果要標註型態、預設值或不可變動的話，可以如下：

```
>>> from dataclasses import field
>>> Point = make_dataclass('Point',
...     [('x', int, field(default = 0)),
...      ('y', int, field(default = 0))],
...     frozen = True)
>>>
```

當然，可讀性稍微差了一些，若要定義的選項很多，使用 class 定義結合 @dataclass 裝飾，會是比較好的作法。

dataclasses 模組提供了 asdict()，可以用來將 @dataclass 標註的類別之實例，轉換為 dict（進一步地，可結合 10.3.2 談到的 json.dumps() 生成 JSON），例如：

```
>>> from dataclasses import asdict
>>> @dataclass
... class Point:
```

```
...      x: int
...      y: int
...
>>> p = Point(1,1)
>>> asdict(p)
{'x': 1, 'y': 1}
>>>
```

　　dataclasses[1]模組還有更多有關@dataclass 等的說明，有進階需求的話可參考一下。

9.1.3　iterable 協定

　　Python 提供 for in 語法，不少內建型態或產生器，像是 list、str、tuple、dict 甚至是檔案物件，都可以使用 for in 來進行迭代。實際上，只要物件具有 __iter__()方法，可傳回一個迭代器（Iterator），**具有 __iter__()方法的物件，就是一個 iterable 物件**，型態提示要標註時，可以使用 typing.Iterable。

　　可以使用 iter()方法從一個物件取得迭代器，不用親自呼叫物件的 __iter__()方法，**傳回的迭代器具有 __next__()方法，可以逐一迭代物件中的資訊，若無法進一步迭代，會引發 StopIteration。迭代器也會具有 __iter__()方法，傳回迭代器自身，因此，每個迭代器本身也是個 iterable 物件。**

　　在 4.2.6 討論過產生器，產生器也是一種迭代器，對於大部份的迭代需求，使用 yield 語法建立產生器會比較簡單而直覺。舉個例子來說，你可能想建立一個迭代器，能對指定的序列不斷地重複進行迭代，例如對 cycle('abcd')進行迭代的話，結果是不斷地'a'、'b'、'c'、'd'、'a'、'b'、'c'、'd'…遁環下去，這個需求可以如下實作：

```
>>> def cycle(elems):
...      while True:
...          for elem in elems:
...              yield elem
...
>>> abcd_gen = cycle('abcd')
>>> next(abcd_gen)
'a'
>>> next(abcd_gen)
```

---

[1] dataclasses：docs.python.org/3/library/dataclasses.html

```
'b'
>>> next(abcd_gen)
'c'
>>> next(abcd_gen)
'd'
>>> next(abcd_gen)
'a'
>>> next(abcd_gen)
'b'
>>>
```

實作 __iter__()

對於狀態比較複雜的物件來說，有時產生器不見得適合時，就會親自實作 __iter__() 等方法來建立迭代器。為了示範如何以 __iter__() 實作 iterable 物件，底下的範例故意不使用 yield 來實作：

object_protocols tools.py

```
from typing import Any

class Repeat:
    def __init__(self, elem: Any, n: int) -> None:
        self.elem = elem
        self.n = n

    def __iter__(self):                    ◀── ❶實作 __iter__() 方法
        elem = self.elem
        n = self.n

        class _Iter:                        ◀── ❷定義迭代器
            def __init__(self):
                self.count = 0

            def __next__(self):             ◀── ❸定義 __next__() 方法
                if self.count < n:
                    self.count += 1
                    return elem
                raise StopIteration         ◀── ❹引發 StopIteration 停止迭代

            def __iter__(self):             ◀── ❺迭代器的 __iter__() 傳回自身
                return self

        return _Iter()                      ◀── ❻傳回迭代器實例

for elem in Repeat('A', 5):
    print(elem, end = '')
```

在這個範例中，Repeat 類別定義了 __iter__() 方法❶，它必須傳回迭代器實例❻，至於迭代器類別直接定義在 Repeat 類別之中❷，這是為了便於存取 Repeat 的成員，迭代器定義了 __next__() 方法❸，不斷地重複傳回指定的元素，如果傳回的元素已達指定個數，就引發 StopIteration 停止迭代❹，而迭代器的 __iter__() 傳回自身❺。這個範例的執行結果最後會顯示 AAAAA 的字樣。

當然，這只是個示範，同樣的需求，也可以使用產生器來實作。例如：

```python
def repeat(elem: Any, n: int) -> Iterator:
    count = 0
    while count < n:
        count += 1
        yield elem

for elem in repeat('A', 5):
    print(elem, end = '')
```

> **提示 >>>** 如果需要的重複次數不多，也可以使用[elem] * n 的方式，例如['A'] * 10 會建立['A', 'A', 'A', 'A', 'A', 'A', 'A', 'A', 'A', 'A']，不過這會傳回 list，而不是產生器，若需要的重複次數多時，會比較耗費記憶體空間。

實際上很少有機會直接呼叫 __iter__()，或者是使用 iter() 來取得產生器，因為 Python 標準程式庫有許多情況下，都接受 iterable 物件，在內部自動呼叫 __iter__()，舉例來說，若 lt 是[1, 2, 3, 4, 5]，那麼 set(lt) 會建立{1, 2, 3}，tuple(lt) 會建立(1, 2, 3, 4, 5)。

◉ 使用 itertools 模組

Python 標準程式庫提供了 **itertools** 模組，當中有許多函式，可協助建立迭代器或產生器。例如方才自行實作的 cycle()、repeat()函式，在 itertools 模組中就有提供：

```python
>>> import itertools
>>> cycle_gen = itertools.cycle('abcd')
>>> next(cycle_gen)
'a'
>>> next(cycle_gen)
'b'
>>> next(cycle_gen)
'c'
>>> next(cycle_gen)
```

```
'd'
>>> next(cycle_gen)
'a'
>>> rept_gen = itertools.repeat('A', 10)
>>> list(rept_gen)
['A', 'A', 'A', 'A', 'A', 'A', 'A', 'A', 'A', 'A']
>>>
```

在 itertools 模組中，cycle()、repeat()以及 count()函式都是無限迭代器（repeat()的第二個引數可以省略，此時就會建立無限產生器）。例如，count()可以指定起始值與步進值，無限地迭代出下個數字，像是 count(5)可以迭代出 5、6、7、8、9…而 count(5, 2)可以迭代出 5、7、9、11、13…。

對於迭代過程一些常見的操作，itertools 模組也提供相關函式，例如，accumulate()可在迭代過程中進行累加或指定的運算：

```
>>> import itertools
>>> list(itertools.accumulate([1, 2, 3, 4, 5]))
[1, 3, 6, 10, 15]
>>> list(itertools.accumulate([1, 2, 3, 4, 5], int.__mul__))
[1, 2, 6, 24, 120]
>>>
```

chain()或 chain.from_iterable()可將指定的序列攤平逐一迭代。例如：

```
>>> list(itertools.chain('ABC', [1, 2, 3]))
['A', 'B', 'C', 1, 2, 3]
>>> list(itertools.chain.from_iterable(['ABC', [1, 2, 3]]))
['A', 'B', 'C', 1, 2, 3]
>>> list(itertools.chain.from_iterable([[9, 8, 6], [1, 2, 3]]))
[9, 8, 6, 1, 2, 3]
>>>
```

dropwhile()會在指定的函式傳回 True 的情況下，持續地丟棄元素，直到有元素讓函式傳回 False 為止，takewhile()是它的相反，持續地保留元素，直到有元素讓函式傳回 False 為止；filterfalse()是 filter()函式的相反，filterfalse()會將指定函式傳回 False 的元素留下來。

```
>>> list(itertools.dropwhile(lambda x: x < 5, [1, 4, 6, 4, 1]))
[6, 4, 1]
>>> list(itertools.takewhile(lambda x: x < 5, [1, 4, 6, 4, 1]))
[1, 4]
>>> list(itertools.filterfalse(lambda x: x % 2, [1, 2, 3 ,4]))
[2, 4]
>>>
```

有時候需要依某個鍵來進行分類，例如，將['Justin', 'Monica', 'Irene', 'Pika', 'caterpillar']字串長度分類，就這個需求來說，雖然可以自行實作，例如：

```
names = ['Justin', 'Monica', 'Irene', 'Pika', 'caterpillar']

grouped_by_len = {}
for name in names:
    key = len(name)
    if key not in grouped_by_len:
        grouped_by_len[key] = []
    grouped_by_len[key].append(name)

for length in grouped_by_len:
    print(length, grouped_by_len[length])
```

不過，使用 itertools 的 groupby()函式可以省事許多：

```
>>> names = ['Justin', 'Monica', 'Irene', 'Pika', 'caterpillar']
>>> grouped_by_name = itertools.groupby(names, lambda name: len(name))
>>> for length, group in grouped_by_name:
...     print(length, list(group))
...
6 ['Justin', 'Monica']
5 ['Irene']
4 ['Pika']
11 ['caterpillar']
>>>
```

groupby()的傳回值是個 itertools.groupby 物件，它是 iterable 物件，從它身上取得的迭代器，在每次迭代時會傳回 tuple，tuple 中第一個值就是指定的分類值，第二個值是個 itertools._grouper，也是個 iterable 物件，當中包含了所有同一分類值的物件。

這邊先介紹了 itertools 模組中幾個常用的函式，更多的函式說明，可以參考 itertools 模組的說明文件[2]。

---

[2] itertools：docs.python.org/3/library/itertools.html

提示 ›››　8.1.1 曾經談過 Python 的檔案讀取風格：讀取一個檔案最好的方式，就是不要去 read！由於 Python 標準程式庫有許多情況下，都接受 iterable 物件，而使用 open()開啟的檔案物件是 iterable 物件，直接將 open()開啟的檔案傳給這類程式庫就非常方便了，例如，若想讀取文字檔案內容，並將每一行安插入 set，一個簡潔的方式就是：

```
with open('filename', 'r') as f:
    unrepeated_line = set(f)
```

9.1.4　orderable 協定

如果要對 list 排序，可以呼叫它的 sort()方法，這會在既有的 list 進行排序，例如：

```
>>> lt = [3, 5, 1, 2, 8]
>>> lt.sort()
>>> lt
[1, 2, 3, 5, 8]
>>> lt.sort(reverse = True)
>>> lt
[8, 5, 3, 2, 1]
>>>
```

除了能使用 reverse 參數指定反序之外，也可以使用 key 參數，指定要使用哪個值進行排序。例如底下分別針對姓名、代表字母或年齡進行排序：

```
>>> customers = [('Justin', 'A', 40), ('Irene', 'C', 8), ('Monica', 'B', 37)]
>>> customers.sort(key = lambda cust: cust[0])
>>> customers
[('Irene', 'C', 8), ('Justin', 'A', 40), ('Monica', 'B', 37)]
>>> customers.sort(key = lambda cust: cust[1])
>>> customers
[('Justin', 'A', 40), ('Monica', 'B', 37), ('Irene', 'C', 8)]
>>> customers.sort(key = lambda cust: cust[2])
>>> customers
[('Irene', 'C', 8), ('Monica', 'B', 37), ('Justin', 'A', 40)]
>>>
```

list 才有 sort()方法，對於其他 iterable 物件，若想進行排序的話，可以使用 **sorted()函式**，可指定的參數同樣也有 reverse 與 key 參數，此函式不會變動原有的 list，**排序的結果會以新的 list 傳回**。例如：

```
>>> customers = [('Justin', 'A', 40), ('Irene', 'C', 8), ('Monica', 'B', 37)]
>>> sorted(customers, key = lambda cust: cust[0])
[('Irene', 'C', 8), ('Justin', 'A', 40), ('Monica', 'B', 37)]
```

```
>>> sorted(customers, key = lambda cust: cust[2])
[('Irene', 'C', 8), ('Monica', 'B', 37), ('Justin', 'A', 40)]
>>> sorted(customers, key = lambda cust: cust[2], reverse = True)
[('Justin', 'A', 40), ('Monica', 'B', 37), ('Irene', 'C', 8)]
>>>
```

　　無論是使用 list 的 sort() 方法，或者是 sorted() 函式，有一個問題就是，如果是自訂的類別實例，它們怎麼會知道該怎麼排序呢？確實是不知道的！

```
>>> class Customer:
...     def __init__(self, name, symbol, age):
...         self.name = name
...         self.symbol = symbol
...         self.age = age
...
>>> customers = [
...     Customer('Justin', 'A', 40),
...     Customer('Irene', 'C', 8),
...     Customer('Monica', 'B', 37)
... ]
>>> sorted(customers)
Traceback (most recent call last):
  File "<stdin>", line 1, in <module>
TypeError: unorderable types: Customer() < Customer()
>>>
```

　　如果沒有指定 key 參數，在上面的範例中，sorted() 根本就不知道排序的依據，因此引發了 TypeError，告知 Customer 並不是 **orderable** 的型態，如果希望自訂型態在 sorted() 或是使用 list 的 sort() 時，有預設的排序定義，必須實作 __lt__() 方法。例如，若想讓名稱作為預設排序依據，可以如下實作：

object_protocols orderable_types.py

```
class Customer:
    def __init__(self, name, symbol, age):
        self.name = name
        self.symbol = symbol
        self.age = age

    def __lt__(self, other):
        return self.name < other.name

    def __str__(self):
        return "Customer('{name}', '{symbol}', {age})".format(**vars(self))

    def __repr__(self):
        return self.__str__()
```

```
customers = [
    Customer('Justin', 'A', 40),
    Customer('Irene', 'C', 8),
    Customer('Monica', 'B', 37)
]

print(sorted(customers))
```

當然，對於複合型態的實例來說，排序時可能有多種考量，因此在使用 list 的 sort() 方法或 sorted() 函式時，指定 key 參數還是比較方便的。在指定 key 參數時，雖然可以自行定義 lambda 來指定排序依據，不過，也可以指定 operator 模組的 itemgetter、attrgetter，前者可以針對具有索引的結構，後者可以針對物件的屬性。底下是使用 itemgetter 的示範：

```
>>> from operator import itemgetter
>>> customers = [('Justin', 'A', 40), ('Irene', 'C', 8), ('Monica', 'B', 37)]
>>> sorted(customers, key = itemgetter(0))
[('Irene', 'C', 8), ('Justin', 'A', 40), ('Monica', 'B', 37)]
>>> sorted(customers, key = itemgetter(1))
[('Justin', 'A', 40), ('Monica', 'B', 37), ('Irene', 'C', 8)]
>>> sorted(customers, key = itemgetter(2))
[('Irene', 'C', 8), ('Monica', 'B', 37), ('Justin', 'A', 40)]
>>>
```

底下是使用 attrgetter 的示範：

```
>>> from operator import attrgetter
>>> class Customer:
...     def __init__(self, name, symbol, age):
...         self.name = name
...         self.symbol = symbol
...         self.age = age
...     def __repr__(self):
...         return "Customer('{name}', '{symbol}', {age})".format(**vars(self))
...
>>> customers = [
...     Customer('Justin', 'A', 40),
...     Customer('Irene', 'C', 8),
...     Customer('Monica', 'B', 37)
... ]
>>> sorted(customers, key = attrgetter('name'))
[Customer('Irene', 'C', 8), Customer('Justin', 'A', 40), Customer('Monica',
'B', 37)]
>>> sorted(customers, key = attrgetter('age'))
[Customer('Irene', 'C', 8), Customer('Monica', 'B', 37), Customer('Justin',
'A', 40)]
>>> sorted(customers, key = attrgetter('symbol'))
```

```
[Customer('Justin', 'A', 40), Customer('Monica', 'B', 37), Customer('Irene',
'C', 8)]
>>>
```

9.2 進階群集處理

在第 3 章介紹 str、list、set、dict、tuple 等型態，應該有發現到，這些型態都有些相同的操作行為，Python 是動態定型語言，多數情況下並非使用型態來分類，而是以行為來分類，從這個角度來認識群集架構，就可以活用群集，而不致於落入死背 API 的狀況。

9.2.1 認識群集架構

想要進一步認識群集，先要知道 **Python 中，大致上將群集分為三種類型：循序類型（Sequences type）、集合類型（Set type）與映射類型（Mapping type）。**

◎ 循序類型

目前看過的循序類型有 list、tuple、range、代表文字資料的 str，以及代表二進位資料的 bytes、 bytearray 等，可以看出，循序類型都是有序、具備索引的資料結構，循序類型都是 iterable 物件，都具有以下的行為：

表 9.1 循序類型共同行為

操作	結果
x in s	s 是否包含 x 元素。
x not in s	s 是否未包含 x 元素。
s + t	串接 s 與 t。
s * n	將 s 的元素重複 n 次。
s[i]	取得索引 i 處的元素，第一個索引是 0。
s[i:j]	切割出從 i 到 j 的元素。
s[i:j:k]	切割出從 i 到 j 的元素，每次間隔 k。
len(s)	取得 s 的長度。
mix(s)	取得 s 中的最小值。
max(s)	取得 s 中的最大值。

操作	結果
s.index(x[, i[, j]])	取第一個 x 的索引位置（可指定從 i 開始，至 j 之前）。
s.count(x)	取得 x 的出現次數。

如果想針對具有這類行為的物件使用型態提示，可以使用 typing.Sequence。

tuple、str 與 bytes 是**不可變動的循序類型，具有預設的 hash() 實作**，其他可變動的循序類型，沒有預設的 hash() 實作，因此，tuple、str、bytes 可以作為 set 的元素或 dict 的鍵，可變動的 list 就不行。

然而，可變動的循序結構，還會有以下的操作行為：

表 9.2 可變動循序類型共同行為

操作	結果
s[i] = x	指定 s 的索引 i 處值為 x。
s[i:j] = t	將 s 的 i 至 j 使用 iterable 的 t 取代。
del s[i:j]	相當於 s[i:j] = []。
s[i:j:k] = t	將符合 s[i:j:k] 的元素使用 t 取代。
del s[i:j:k]	將 s[i:j:k] 的元素刪除。
s.append(x)	將 x 附加至 s 尾端。
s.clear()	清空 s 中全部元素。
s.copy()	淺層複製 s（相當於 s[:]）。
s.extend(t)	相當於 s += t。
s.insert(i, x)	將 x 安插在索引 i 之前。
s.pop([i])	取得首個（或索引 i）元素並將之從 s 中移除。
s.remove(x)	將 x 從 s 中移除。
s.reverse()	反轉 s 中元素的順序。

如果想針對具有這類行為的物件使用型態型態提示，可以使用 typing.MutableSequence。

> **提示 »»**　如果需要一個僅含同質（Homogeneous）元素的循序結構，靜態時期檢查可
> 以透過泛型，執行時期檢查可以使用 array 模組[3]的 array 類別。例如，建立
> 只允許整數的 array 實例，若指定了非整數，執行時期就會引發 TypeError：
>
> ```
> >>> from array import array
> >>> ints = array('i', [10, 20, 30])
> >>> ints.append(40)
> >>> ints.append('A')
> Traceback (most recent call last):
>   File "<stdin>", line 1, in <module>
> TypeError: an integer is required (got type str)
> >>>
> ```

集合類型

　　集合類型收集的元素不會重複，是無序結構，當中的元素必須是 hashable 物
件，集合類型是 iterable 物件，可以使用 x in set、x not in set、len(set)，以
及交集（Intersection）、聯集（Union）、差集（Difference）與對稱差集（Symmetric
difference）等操作。

　　集合類型的內建型態是 set，除了使用 3.2.5 介紹的&、|、-與^來做交集、
聯集、差集與對稱差集運算之外，還能使用 intersection()、union()、
difference()、symmetric_difference()方法。

　　如果想針對具有這類行為的物件使用型態提示，可以使用 typing.Set。

　　**set 本身是可變動的，如果想要不可變動的集合類型，可以使用 frozenset()
來建立**，建立的實例本身有實作__hash__()方法，為 hashable 物件。

　　對於 frozenset()建立的資料，型態提示上可以使用 typing.FrozenSet。

　　對於 set 與 frozenset()建立的集合，它們擁有的共同操作行為，可以參考
官方文件〈Set Types — set, frozenset[4]〉的說明，其中也有可變動的 set 才能
操作的相關方法說明。

---

[3]　array：docs.python.org/3/library/array.html

[4]　Set Types：docs.python.org/3/library/stdtypes.html#set-types-set-frozenset

映射類型

映射類型能將 hashable 物件映射至一個值，Python 內建型態有 dict，操作方式可參考 3.1.3 有關 dict 的介紹，或者官方文件〈Mapping Types — dict[5]〉的說明。型態提示上，對於具有映射行為的物件，可以使用 typing.Mapping、typing.MutableMapping 等。

提示 ❯❯❯ 簡單來說，typing 模組有著各自對應於群集的型態提示，各自的文件說明會列出對應的型態，可以直接查閱。

9.2.2 使用 collections 模組

除了內建型態之外，Python 標準程式庫還包含了 collections 模組，其中包含了一些群集相關函式與方法，可用來滿足群集處理的進階需求。

deque 類別

如果想實作先進後出的堆疊（Stack）結構，可以使用 list，運用其 append() 與 pop() 方法。例如：

```
>>> stack = [1, 2, 3]
>>> stack.append(4)
>>> stack.append(5)
>>> stack
[1, 2, 3, 4, 5]
>>> stack.pop()
5
>>> stack
[1, 2, 3, 4]
>>> stack.pop()
4
>>> stack
[1, 2, 3]
>>>
```

---

[5] Mapping Types：docs.python.org/3/library/stdtypes.html#mapping-types-dict

　　如果想實作先前先出的佇列（Queue），也可以使用 list，運用其 append() 與 pop(0) 方法，或是想實作雙向佇列（Double-ended queue），可在佇列前端或尾端安插或取得元素的話，list 也使用提供 insert(0, elem) 方法。

　　不過，**對於佇列或雙向佇列來說，使用 list 的效率並不好**，因為 list 本身的實作，對於固定長度的存取會比較快速，若使用 pop(0) 或 insert(0, elem) 方法，為了要維持索引順序，必須做 O(n) 數量級的元素搬動，若 list 長度很長，或必須頻繁 pop(0)、insert(0, elem) 操作的話，並不建議使用 list。

　　對於佇列或雙向佇列的需求，建議使用 collections 模組提供的 deque 類別，在 deque 實例的兩端做安插、移除操作，幾乎是接近 O(1) 數量級的效能。除了具有與 list 相同的 append()、pop()、insert() 等方法，deque 還提供了 appendleft()、popleft() 等方法。例如：

```
>>> from collections import deque
>>> deque = deque([1, 2, 3])
>>> deque.appendleft(0)
>>> deque.appendleft(-1)
>>> deque
deque([-1, 0, 1, 2, 3])
>>> deque.pop()
3
>>> deque.popleft()
-1
>>> deque
deque([0, 1, 2])
>>>
```

　　deque 甚至還有個 rotate() 方法，可以實作出環狀佇列，rotate() 可以指定一次轉幾個元素，例如一次轉一個元素：

```
>>> deque
deque([0, 1, 2])
>>> deque.rotate(1)
>>> deque
deque([2, 0, 1])
>>> deque.rotate(1)
>>> deque
deque([1, 2, 0])
>>>
```

namedtuple() 函式

在 3.1.3 介紹 tuple 時談過，有時想傳回一組相關的值，又不想特地自定義一個型態，可以使用 tuple，這有一些好處，tuple 狀態不可變動，比較省記憶體，tuple 是 hashable，可以作為 set 的元素或 dict 的鍵。

不過，tuple 的元素沒有名稱，只能依靠索引來取得各個元素並不方便，**如果想有個簡單類別，其實例能擁有欄位名稱，可以使用 collections 模組的 namedtuple() 函式**。例如：

```
>>> from collections import namedtuple
>>> Point = namedtuple('Point', ['x', 'y'])
>>> p1 = Point(10, 20)
>>> p1.x
10
>>> p1.y
20
>>> p2 = Point(11, y = 22)
>>> p2
Point(x=11, y=22)
>>> x, y = p1
>>> x
10
>>> y
20
>>> p2[0]
11
>>> p2[1]
22
>>> p1.x = 1
Traceback (most recent call last):
  File "<stdin>", line 1, in <module>
AttributeError: can't set attribute
>>> hash(p2)
112275502
>>>
```

namedtuple() 的第一個參數是想建立的型態名稱，第二個參數是欄位名稱，它會傳回 tuple 的子類別，如上面的例子所示，可以用它來建立實例，並具有欄位名稱，同時間也保有 tuple 的特性，像是狀態無法變動，有預設的 __hash__() 實作，因此這類實例都是 hashable。

提示 >>> Python 創建者 Guido van Rossum 曾經寫道：「避免過度設計資料結構。Tuple 比物件好（試試 namedtuple）。簡單的欄位會比 Getter/Setter 函式好。」

你也許會回想起 9.1.2 談過的 dataclass，在 Python 3.7 之前，若要建立簡單的資料類別，並自動具有 __init__()、__eq__()、__hash__()、__str__()、__repr__()等方法，確實有開發者會透過 namedtuple()，只不過 namedtuple()傳回的類別，建構出的實例**不可變動**，而且**本質上還是 tuple**，只是被額外賦予名稱，如果有個 tuple 具有相同的元素，或者是兩個 namedtuple()傳回的類別，建構出的實例具有相同的元素，比較時就會被判定為 True：

```
>>> from collections import namedtuple
>>> Point = namedtuple('Point', ['x', 'y'])
>>> Pt = namedtuple('Pt', ['x', 'y'])
>>> p1 = Point(1, 2)
>>> p2 = Pt(1, 2)
>>> p1 == p2
True
>>> p1 == (1, 2)
True
>>>
```

如果你要的是 Point 與 Pt 的型態不同，建構出來的實例在相等比較時就要是 True，這就不會是你要的結果，因此**不要濫用 namedtuple()**，如果需要 tuple 的特性（不可變動、iterable、hashable、可以 tuple 拆解等），並且元素被額外賦予名稱，才使用 namedtuple()，若需要的是資料類別，3.7 之前可自行實作，3.7 以後請使用 dataclass。

提示 ▶▶▶ Python 3.7 之前，可以使用第三方程式庫 attrs[6]，簡單地建立資料類別，Python 3.7 以後，若 dataclass 不能滿足需求，亦可以考慮使用 attrs。

除了繼承 tuple 可用的方法，namedtuple()傳回的類別建立之實例，也定義了一些方法可以使用，為了避免與使用者指定的欄位名稱衝突，這些方法的名稱是以底線作為開頭。

例如，方才的 Point 類別，如果來源是個 iterable 物件，除了 Point(*iterable) 這樣的方式之外，還可以使用 Point._make(iterable) 來建立 Point 實例。

```
>>> lt = [10, 20]
>>> Point(*lt)
Point(x=10, y=20)
```

---

[6] attrs：attrs.org

```
>>> Point._make(lt)
Point(x=10, y=20)
>>>
```

可以使用_asdict()方法傳回欄位名稱與值（進一步地，可結合 10.3.2 談到的 json.dumps()生成 JSON），使用_replace()並指定欄位與值的話，會建立新的實例，當中包含已取代的欄位值。

```
>>> p1._asdict()
OrderedDict([('x', 10), ('y', 20)])
>>> p1._replace(x = 20)
Point(x=20, y=20)
>>>
```

透過 namedtuple()傳回的類別，有個_fields 可取得全部欄位名稱，如果想簡單地定義 namedtuple 的繼承，可以如下：

```
>>> Point._fields
('x', 'y')
>>> Point3D = namedtuple('Point3D', Point._fields + tuple('z'))
>>> Point3D(10, 20, 30)
Point3D(x=10, y=20, z=30)
>>>
```

如果想定義 Docstrings，可以直接定義 namedtuple()傳回類別或者是其欄位的__doc__，例如：

```
>>> Point.__doc__ = 'Cartesian coordinate system (x, y)'
>>> Point.x.__doc__ = 'Cartesian coordinate system x'
>>> Point.y.__doc__ = 'Cartesian coordinate system y'
>>>
```

namedtuple()傳回的實際上就是個類別，因此，也可以直接使用繼承語法，若想定義一個類別，狀態不可變動，本質上是 tuple，又能擁有一些自定義的方法，可以如下：

```
>>> from math import sqrt
>>> from collections import namedtuple
>>>
>>> class Point(namedtuple('Point', ['x', 'y'])):
...     def len_from(self, other):
...         return sqrt(pow(self.x - other.x, 2) + pow(self.y - other.y, 2))
...
>>> p1 = Point(5, 10)
>>> p2 = Point(8, 15)
>>> p1.len_from(p2)
5.830951894845301
>>>
```

你也許會回想起 9.1.2 談過的 dataclass，可以指定欄位型態，typing.NamedTuple 提供了這個功能，例如：

```
>>> from typing import NamedTuple
>>> Point = NamedTuple('Point', [('x', int), ('y', int)])
>>> p = Point(2, 3)
>>>
```

另一個方式是透過繼承 NamedTuple 來定義，在欄位的定義方式上，類似 9.1.2 定義資料類別時的方式，例如，也可以指定欄位預設值：

```
>>> class Point(NamedTuple):
...     x: int = 0
...     y: int = 0
...
>>> p = Point(1, 2)
>>> p
Point(x=1, y=2)
>>>
```

不過，這只是看來像是在定義資料類別，實際上不是，如方才談到的，不要濫用 namedtuple()，如果需要 tuple，並且元素被額外賦予名稱，才使用 namedtuple()。

◉ OrderedDict 類別

內建型態 dict 走訪鍵無法預測順序，若想以特定順序來走訪 dict 鍵值，雖然取得 dict 全部的鍵排序後再用來取值是可行的：

```
>>> custs = [
...     ('A', 'Justin Lin'),
...     ('B', 'Monica Huang'),
...     ('C', 'Irene Lin')
... ]
>>>
>>> cust_dict = dict(custs)
>>> cust_dict
{'C': 'Irene Lin', 'B': 'Monica Huang', 'A': 'Justin Lin'}
>>> for key in sorted(cust_dict.keys()):
...     print(key, ':', cust_dict[key])
...
A : Justin Lin
B : Monica Huang
C : Irene Lin
>>>
```

　　不過，既然一開始的 custs 資料就有這樣的順序，事後又得對 dict 的鍵進行排序顯得有點麻煩，**如果想在 dict 保有最初鍵值加入的順序，可以使用** collections **模組的** OrderedDict。

```
>>> custs = [
...     ('A', 'Justin Lin'),
...     ('B', 'Monica Huang'),
...     ('C', 'Irene Lin')
... ]
>>>
>>> cust_dict = OrderedDict(custs)
>>> cust_dict
OrderedDict([('A', 'Justin Lin'), ('B', 'Monica Huang'), ('C', 'Irene Lin')])
>>> for key in cust_dict:
...     print(key, ':', cust_dict[key])
...
A : Justin Lin
B : Monica Huang
C : Irene Lin
>>>
```

　　進一步地，OrderedDict 搭配 9.1.4 的內容，就可以解決各種依鍵排序或依值排序的常見需求：

```
>>> from operator import itemgetter
>>> origin_dict = {'A' : 85, 'B' : 90, 'C' : 70}
>>> origin_dict
{'C': 70, 'B': 90, 'A': 85}
>>> OrderedDict(sorted(origin_dict.items(), key = itemgetter(0)))  #依鍵排序
OrderedDict([('A', 85), ('B', 90), ('C', 70)])
>>> OrderedDict(sorted(origin_dict.items(), key = itemgetter(1)))  #依值排序
OrderedDict([('C', 70), ('A', 85), ('B', 90)])
>>>
```

defaultdict 類別

　　回顧一下 9.1.4 介紹 itertools 模組 groupby() 函式前，曾經使用過的範例：

```
names = ['Justin', 'Monica', 'Irene', 'Pika', 'caterpillar']

grouped_by_len = {}
for name in names:
    key = len(name)
    if key not in grouped_by_len:
        grouped_by_len[key] = []
    grouped_by_len[key].append(name)

for length in grouped_by_len:
```

```
    print(length, grouped_by_len[length])
```

單只是討論這段程式碼的話，粗體字的部份其實可以改寫為：

```
names = ['Justin', 'Monica', 'Irene', 'Pika', 'caterpillar']

grouped_by_len = {}
for name in names:
    key = len(name)
    group = grouped_by_len.get(key, [])
    group.append(name)
    grouped_by_len[key] = group

for length in grouped_by_len:
    print(length, grouped_by_len[length])
```

這是利用了 dict 實例的 get()方法，可在指定的鍵不存在時，傳回第二個參數指定的值，實際上對於這種場合，另一個方式是使用 collections 的 defaultdict 類別。例如：

collection_advanced group.py

```
from collections import defaultdict

names = ['Justin', 'Monica', 'Irene', 'Pika', 'caterpillar']

grouped_by_len = defaultdict(list)

for name in names:
    key = len(name)
    grouped_by_len[key].append(name)

for length in grouped_by_len:
    print(length, grouped_by_len[length])
```

defaultdict 傳回的實例在指定的鍵不存在時，就會使用指定的函式來產生，並直接設為鍵的對應值。上面的範例中，指定了 list，鍵不存在時，會產生空 list 並設為鍵對應的值。

可以使用 defaultdict 來設計一個計數器，例如，計算文字中每個字母的出現次數：

collection_advanced counter.py

```
from collections import defaultdict
from operator import itemgetter
```

```
def count(text):
    counter = defaultdict(int)
    for c in text:
        counter[c] += 1
    return counter.items()

text = 'Your right brain has nothing left.'
for c, n in sorted(count(text), key = itemgetter(0)):
    print(c, ':', n)
```

　　如果指定的字母不存在，會使用 int 產生預設的整數值 0，並設為鍵對應的值，之後就直接加 1 並再度設回鍵對應的值。執行結果如下：

```
  : 5
. : 1
Y : 1
a : 2
b : 1
e : 1
f : 1
g : 2
…略
```

◉ Counter 類別

　　實際上 collections 模組就有個 Counter 類別，可以滿足方才的計數需求。例如：

```
>>> from collections import Counter
>>> c = Counter('Your right brain has nothing left.')
>>> c
Counter({' ': 5, 'h': 3, 'i': 3, 'r': 3, 't': 3, 'n': 3, 'a': 2, 'o': 2, 'g':
2, 'l': 1, 'f': 1, 'b': 1, 'Y': 1, 'e': 1, 's': 1, 'u': 1, '.': 1})
>>> list(c.elements())
['h', 'h', 'h', 'i', 'i', 'i', 'l', 'f', 'r', 'r', 'r', 'b', 'Y', 'e', 'a',
'a', 's', 'u', '.', 't', 't', 't', 'o', 'o', 'n', 'n', 'n', ' ', ' ', ' ',
' ', ' ', 'g', 'g']
>>>
```

　　反過來運用的話，也可以指定一個 dict 給 Counter，它會依 dict 中值的指定，建立對應數量的鍵。例如：

```
>>> c = Counter({'Justin' : 4, 'Monica' : 3, 'Irene' : 2})
>>> list(c.elements())
['Monica', 'Monica', 'Monica', 'Justin', 'Justin', 'Justin', 'Justin',
'Irene', 'Irene']
>>> c['Justin'] = 5
```

```
>>> list(c.elements())
['Monica', 'Monica', 'Monica', 'Justin', 'Justin', 'Justin', 'Justin',
'Justin', 'Irene', 'Irene']
>>> c['caterpillar'] = 2
>>> list(c.elements())
['Monica', 'Monica', 'Monica', 'Justin', 'Justin', 'Justin', 'Justin',
'Justin', 'Irene', 'Irene', 'caterpillar', 'caterpillar']
>>>
```

由於 Counter 本身是 dict 的子類別，因此，想新增或刪除鍵值，方式與 dict 都是相同的。

ChainMap 類別

如果有多個 dict 物件，想合併在一起，可以使用 dict 的 update() 方法。例如：

```
>>> custs1 = {'A' : 'Justin', 'B' : 'Monica'}
>>> custs2 = {'C' : 'Irene', 'D': 'caterpillar'}
>>> custs = {}
>>> custs.update(custs1)
>>> custs.update(custs2)
>>> custs
{'D': 'caterpillar', 'B': 'Monica', 'C': 'Irene', 'A': 'Justin'}
>>>
```

也可以使用 collections 的 ChainMap 來達到相同目的，ChainMap 的實例在行為上有如 dict，可將多個 dict 視為一個來進行操作。例如：

```
>>> from collections import ChainMap
>>> custs1 = {'A' : 'Justin', 'B' : 'Monica'}
>>> custs2 = {'C' : 'Irene', 'D': 'caterpillar'}
>>> custs = ChainMap(custs1, custs2)
>>> custs
ChainMap({'B': 'Monica', 'A': 'Justin'}, {'D': 'caterpillar', 'C': 'Irene'})
>>> custs['B']
'Monica'
>>> custs['D']
'caterpillar'
>>>
```

ChainMap 的底層使用了 list 來維護最初指定的全部 dict，會比單純使用 dict 的 update() 來合併多個 dict 有效率一些。

　　如果透過 ChainMap 指定更新某對鍵值，會在底層中第一個找到鍵的 dict 中更新對應的值，若底層全部的 dict 都找不到對應的鍵時，就會直接在第一個 dict 新增鍵值。例如：

```
>>> custs1 = {'A' : 'Justin', 'B' : 'Monica'}
>>> custs2 = {'B' : 'Irene', 'C' : 'caterpillar'}
>>> custs = ChainMap(custs1, custs2)
>>> custs
ChainMap({'B': 'Monica', 'A': 'Justin'}, {'B': 'Irene', 'C': 'caterpillar'})
>>> custs['B'] = 'Pika'
>>> custs
ChainMap({'B': 'Pika', 'A': 'Justin'}, {'B': 'Irene', 'C': 'caterpillar'})
>>> custs['D'] = 'Bush'
>>> custs
ChainMap({'D': 'Bush', 'B': 'Pika', 'A': 'Justin'}, {'B': 'Irene', 'C': 'caterpillar'})
>>>
```

　　ChainMap 底層維護的 list，可以透過 maps 屬性來取得，利用索引就可以取得對應的 dict：

```
>>> custs.maps
[{'D': 'Bush', 'B': 'Pika', 'A': 'Justin'}, {'B': 'Irene', 'C': 'caterpillar'}]
>>> custs.maps[0]
{'D': 'Bush', 'B': 'Pika', 'A': 'Justin'}
>>>
```

　　如果想在既有的 ChainMap 新增 dict，方式是在 maps 屬性上使用 append() 方法。ChainMap 的 new_child() 方法可以指定 dict，這會建立一個新的 ChainMap，當中包含來源 ChainMap 中的 dict 以及指定的 dict，如果想建立一個新的 ChainMap，當中不包含來源 ChainMap 的第一個 dict，可以使用 parents 屬性。例如：

```
>>> custs.new_child({'X' : 'Monica'})
ChainMap({'X': 'Monica'}, {'D': 'Bush', 'B': 'Pika', 'A': 'Justin'}, {'B': 'Irene', 'C': 'caterpillar'})
>>> custs.parents
ChainMap({'B': 'Irene', 'C': 'caterpillar'})
>>>
```

9.2.3 __getitem__()、__setitem__()、__delitem__()

瞭解了 collections 模組提供的進階群集實作，接下來的問題是，如果想根據自己的需求實作群集，該如何進行呢？Python 提供了一些基礎類別，可以基於這些類別來實作自己的群集，不過，在這之前，要先來認識一下 __getitem__()、__setitem__()、__delitem__()。

Python 的群集中有不少型態，可以使用[]指定索引或是鍵進行存取，**如果想實現[]取值，可以實作__getitem__()，要實現[]設值，可以實作__setitem__()，若想透過 del 與[]來刪除，可以實作__delitem__()。**

作為示範，底下的範例實作了 __getitem__()、__setitem__()、__delitem__()，以模仿 ChainMap 的部份功能：

collection_advanced chainmap.py

```
from typing import Any, Dict, Hashable, Optional

class ChainMap:
    def __init__(self, *tulp: Dict) -> None:
        self.dictLt = list(tulp)

    def lookup(self, key: Hashable) -> Optional[Dict]:
        for m in self.dictLt:          # ❶查找是否有對應鍵的 dict
            if key in m:
                return m
        return None

    def __getitem__(self, key: Hashable) -> Any:   # ❷實作__getitem__()方法
        if m := self.lookup(key):
            return m[key]
        else:                                      # ❸實作__setitem__()方法
            raise KeyError(key)

    def __setitem__(self, key: Hashable, value: Any):
        if m := self.lookup(key):
            m[key] = value
        else:
            self.dictLt.append({key: value})

    def __delitem__(self, key: Hashable):          # ❹實作__delitem__()方法
        if m := self.lookup(key):
            del m[key]
            if len(m) == 0:
                self.dictLt.remove(m)
        else:
            raise KeyError(key)
```

```
c = ChainMap({'A' : 'Justin'}, {'A' : 'Monica', 'B' : 'Irene'})
print(c.dictLt)

print(c['A'])

c['A'] = 'caterpillar'
print(c.dictLt)

del c['A']
print(c.dictLt)
```

範例中定義了 lookup() 方法，可指定鍵來取得第一個含有指定鍵的 dict，若都沒有就傳回 None❶。__getitem__() 的第二個引數，就是 c[key] 時的 key 值❷，而 __setitem__() 的第二與第三個引數，是 c[key] = value 時的 key 與 value❸，至於 __delitem__() 的第二個引數，是 del c[key] 時的 key❹。範例的執行結果如下：

```
[{'A': 'Justin'}, {'A': 'Monica', 'B': 'Irene'}]
Justin
[{'A': 'caterpillar'}, {'A': 'Monica', 'B': 'Irene'}]
[{'A': 'Monica', 'B': 'Irene'}]
```

雖然這邊以實作 ChainMap 作為示範，然而，__getitem__()、__setitem__() 與 __delitem__() 的第二個引數，也可以是數字，也就是當指定索引時，也是實作這三個方法。

附帶一提的是，使用 len() 函式打算取得一個群集的長度時，會呼叫群集的 __len__() 方法，因此，**可以在自定義群集時實作 __len__() 方法，計算群集的長度並傳回。**

提示 »»　在型態提示部份，Python 內建的群集多支援泛型，在實作自己的群集類型時，也可以試著在型態提示上支援泛型，有興趣的話，可以回頭複習一下 6.4 的泛型入門，底下的程式碼為上一範例支援泛型的實作：

```
from typing import TypeVar, Generic, Optional

KT = TypeVar('KT')
VT = TypeVar('VT')

class ChainMap(Generic[KT, VT]):
    def __init__(self, *tulp: dict[KT, VT]) -> None:
        self.dictLt = list(tulp)
```

```python
    def lookup(self, key: KT) -> Optional[dict]:
        for m in self.dictLt:
            if key in m:
                return m
        return None

    def __getitem__(self, key: KT) -> VT:
        if m := self.lookup(key):
            return m[key]
        else:
            raise KeyError(key)

    def __setitem__(self, key: KT, value: VT):
        if m := self.lookup(key):
            m[key] = value
        else:
            self.dictLt.append({key: value})

    def __delitem__(self, key: KT):
        if m := self.lookup(key):
            del m[key]
            if len(m) == 0:
                self.dictLt.remove(m)
        else:
            raise KeyError(key)
```

9.2.4 使用 `collection.abc` 模組

方才自行實作的 `ChainMap` 範例，只是部份模仿了 `dict` 的行為，實際上，要實作群集物件，若要能符合 Python 對群集物件相關的協定要求，還有其他方法必須實作，而且，就算記得有哪些方法得實作，要自行逐一實作這些方法，也是件麻煩且容易出錯的任務。

為此，Python 標準程式庫提供了 `collections.abc` 模組，就 abc 這名稱來看，可以聯想到 6.2.5 曾介紹過的抽象基礎類別（Abstract Base Class），事實上也是如此，**`collections.abc` 模組提供許多實作群集時的基礎類別，開發者繼承這些類別，可以避免遺忘了必須實作的方法，也可以有一些基本的共用實作。**

提示 ⟫⟫ 繼承抽象類別後若沒有實作抽象方法，執行時期會發生錯誤，若要在靜態時期就透過工具檢查是否實作了抽象方法，得透過型態提示。

`collections.abc` 模組的類別分類，與 9.2.1 的介紹相關。`Sequence` 可用來實作循序類型的共同行為，而 `MutableSequence` 繼承 `Sequence`，定義了可變動循

序類型的行為；Set 用來定義集合類型，而 MutableSet 繼承 Set，用來定義可變動集合；Mapping 用來定義映射類型，而 MutableMapping 繼承 Mapping，定義了可變動映射類型的行為。

collections 模組中的 ChainMap，實際上就是繼承 MutableMapping 而實作，如果想自行定義 ChainMap，除了 __getitem__()、__setitem__() 與 __delitem__() 之外，必要的實作還有 __iter__()、__len__() 方法，至於 __contains__()、keys()、items()、values()、get() 等 dict 的行為，都有預設的 Mixin 實作，詳細清單可參考 collections.abc 模組的官方文件[7]。

因此，方才自行實作的 ChainMap，可以改繼承 MutableMapping，以更符合 dict 的物件協定：

collection_advanced chainmap2.py

```python
from typing import Any, Set, Dict, Hashable, Optional
from collections.abc import MutableMapping

class ChainMap(MutableMapping):
    def __init__(self, *tulp: Dict) -> None:
        self.dictLt = list(tulp)

    def lookup(self, key: Hashable) -> Optional[Dict]:
        for m in self.dictLt:
            if key in m:
                return m
        return None

    def __getitem__(self, key: Hashable) -> Any:
        if m := self.lookup(key):
            return m[key]
        else:
            raise KeyError(key)

    def __setitem__(self, key: Hashable, value: Any):
        if m := self.lookup(key):
            m[key] = value
        else:
            self.dictLt.append({key: value})

    def __delitem__(self, key: Hashable):
```

---

[7] collections.abc：docs.python.org/3/library/collections.abc.html

```
            if m := self.lookup(key):
                del m[key]
                if len(m) == 0:
                    self.dictLt.remove(m)
            else:
                raise KeyError(key)

    def key_set(self) -> Set:
        keys: Set = set()
        for m in self.dictLt:
            keys.update(m.keys())
        return keys

    def __iter__(self):
        return iter(self.key_set())

    def __len__(self):
        return len(self.key_set())


c = ChainMap({'A' : 'Justin'}, {'A' : 'Monica', 'B' : 'Irene'})
print(list(c))
print(len(c))
print(c.pop('A'))
print(list(c.keys()))
```

在上面的範例中，繼承 MutableMapping 後實作了必要的__getitem__()、
__setitem__()、__delitem__()、__iter__()、__len__()方法，其他 dict 的行為，
如 pop()、keys()等，就自動擁有了，一個執行範例如下：

```
['A', 'B']
2
Justin
['A', 'B']
```

要留意的是，**Mapping** 並不是 **dict** 的子類別，只是擁有 **dict** 的行為，**Sequence**
也不是 **list** 的子類別，只是擁有 **list** 的行為，**Set** 也不是 **set** 的子類別，只是擁
有 **set** 的行為。

如果你的規格書或者相關程式庫要求群集的相關實作，必須得是 list、
set、dict 的子類別（使用了 isinstance()作判斷），必須繼承 list、set、dict
等來實作，而不是 Sequence、Set、Mapping 等。

提示 >>> 雖然 hashable、iterable、iterator 等物件協定，相對來說比較簡單，不過
collections.abc 模組中，也有定義 Hashable、Iterable、Iterator 類別作
為對應。

Python 3.8 以前，collection.abc 中的型態不支援泛型，若要能基於以上提及的型態定義泛型類別，必須繼承 typing 中對應的型態；Python 3.9 以後，collection.abc 中的型態支援泛型了，可以直接繼承 collection.abc 中的型態來定義泛型類別。

注意》》 從 Python 3.9 開始，typing 中的 Deque、OrderedDict、DefaultDict、Counter、ChainMap 被標示為棄用（Deprecated），不建議再使用。

9.2.5　**UserList、UserDict、UserString 類別**

如果只是要基於 str、list、dict 等行為，增加一些自己的方法定義，可以使用 collections 模組的 UserString、UserList、UserDict，它們分別是 Sequence、MutableSequence、MutableMapping 的子類別。

舉個例子來說，雖然 Python 中不常見到方法鏈（Method chain）操作，不過，底下故意實作一個可進行方法鏈操作的 MthChainList 類別：

`collection_advanced chainable.py`

```python
from typing import Any, Callable
from collections import UserList   ◄── ❶繼承 UserList 類別

Consume = Callable[[Any], None]
Predicate = Callable[[Any], bool]
Mapper = Callable[[Any], Any]

class MthChainList(UserList):   ◄── ❷可傳回 MthChainList 實例的 filter()方法

    def filter(self, predicate: Predicate):
        return MthChainList(elem for elem in self if predicate(elem))

    def map(self, mapper: Mapper):   ◄── ❸可傳回 MthChainList 實例的 map()方法
        return MthChainList(mapper(elem) for elem in self)

    def for_each(self, consume: Consume):   ◄── ❹針對各元素進行指定的動作
        for elem in self:
            consume(elem)

lt = MthChainList(['a', 'B', 'c', 'd', 'E', 'f', 'G'])
lt.filter(str.islower).map(str.upper).for_each(print)
```

在這邊的範例繼承了 UserList 之後❶，並沒有重新定義父類別的任何方法，只是增加了可傳回 MthChainList 實例的 filter()方法❷與 map()方法❸，以及可以針對各元素進行指定動作的 for_each()，因為 filter()、map()傳回的都是 MthChainList 實例，可以直接進行鏈狀操作，在某些程式語言中，這樣的鏈狀操作是蠻受歡迎的方式。

> 提示 ▸▸▸ 這個範例也可以改繼承 list，若要求 MthChainList 必須是 list 的子類別，這樣做也會更符合需求，實際上，UserList 等類別的存在，還有著過去版本的 Python，不允許直接繼承 list 等內建類別的歷史淵源。

9.3 重點複習

一個物件能被稱為 hashable，必須有個 hash 值，這個值在整個執行時期都不會變化，而且要能進行相等比較，具體來說，必須實作__hash__()與__eq__()方法。

對於 Python 內建型態來說，只要是建立後狀態就無法變動的型態，它的實例都是 hashable，而可變動的型態之實例，都是 unhashable。

一個自定義的類別建立的實例，預設也是 hashable 的，其__hash__()實作，基本上是根據 id()計算而來，而__eq__()實作，預設是使用 is 來比較，因此，兩個分別建立的實例，hash 值必然不相同，而且相等性比較一定不成立。

hashable 物件，建議狀態是不可變動。兩個物件若是相等性比較成立，那麼也必須有相同的 hash 值，然而 hash 值相同，兩個物件的相等性比較不一定是成立的。

對於定義資料類別，Python 3.7 新增了 dataclasses.dataclass 裝飾器，可以用來簡化任務。

具有__iter__()方法的物件，就是一個 iterable 物件。迭代器具有__next__()方法，可以逐一迭代出物件中的資訊，若無法進一步迭代，要引發 StopIteration。迭代器也會具有__iter__()方法，傳回迭代器自身，因此，每個迭代器本身也是個 iterable 物件。

Python 標準程式庫提供 itertools 模組，當中有許多函式，可協助建立迭代器或產生器。

list 才有 sort() 方法，對於其他 iterable 物件，若想進行排序的話，可以使用 sorted() 函式，可指定的參數同樣也有 reverse 與 key 參數，此函式不會變動原有的函式，排序的結果會以新的 list 傳回。

Python 中，大致上將群集分為三種類型：循序類型、集合類型與映射類型。

不可變動的循序類型，具有預設的 hash() 實作。

集合類型中的不會重複，是無序的結構，元素必須都是 hashable 物件，集合類型是 iterable 物件，可以使用 x in set、x not in set、len(set)，以及交集、聯集、差集與對稱差集等操作。

set 本身是可變動的，如果要不可變動的集合類型，可以使用 frozenset() 來建立，建立的實例本身有實作 __hash__() 方法，為 hashable 物件。

對於佇列或雙向佇列來說，使用 list 的效率並不好，對於佇列或雙向佇列的需求，建議使用 collections 模組提供的 deque 類別。

如果要有個簡單類別，以便建立的實例能擁有欄位名稱，可以使用 collections 模組的 namedtuple() 函式。

如果想在建立 dict 時保有最初鍵值加入的順序，可使用 collections 模組的 OrderedDict。

defaultdict 接受一個函式，它建立的實例在當指定的鍵不存在時，就會使用指定的函式來產生，並直接設定為鍵的對應值。

如果想實現 [] 取值，可以實作 __getitem__()，要實現 [] 設值，可以實作 __setitem__()，若想透過 del 與 [] 來刪除，可以實作 __delitem__()。

可以在自定義群集時實作 __len__() 方法來計算群集的長度並傳回。

collections.abc 模組提供了許多實作群集時的基礎類別，開發者繼承這些類別，可以避免遺忘了必須實作的方法，也可以有一些基本的共用實作。

Mapping 不是 dict 的子類別，只是擁有 dict 的行為，Sequence 不是 list 的子類別，只是擁有 list 的行為，Set 也不是 set 的子類別，只是擁有 set 的行為。

9.4　課後練習

實作題

1. 嘗試寫個 `MultiMap` 類別，行為上像個 `dict`，不過若指定的鍵已存在，值會儲存在一個集合中，而不是直接覆蓋既有的對應值。例如要有以下的行為：

```
mmap = MultiMap({'A' : 'Justin'}, {'A' : 'Monica', 'B' : 'Irene'})
print(mmap) # 顯示 {'B': {'Irene'}, 'A': {'Justin', 'Monica'}}

mmap['B'] = 'Pika'
print(mmap) # 顯示 {'B': {'Irene', 'Pika'}, 'A': {'Justin', 'Monica'}}
```

2. 如果有個字串陣列如下：

```
words = ['RADAR', 'WARTER START', 'MILK KLIM', 'RESERVERED','IWI', "ABBA"]
```

請撰寫程式，判斷字串陣列中有哪些字串，從前面看的字元順序，與從後面看的字元順序是相同的。

提示 ⟫⟫⟫　可使用 deque。

資料永續與交換

10.1 物件序列化

程式運算的結果經常必須保存下來，下次程式運算時就能再度運用，或傳遞給另一程式繼續運算，這類保存的機制稱為永續化（Persistence）。

程式運行時，能將記憶體中的物件資訊，直接保存下來的機制，通常稱為物件序列化（Object serialization），反之若將保存的資料讀取並轉換為記憶體中的物件資訊，稱為反序列化（Deserialization）。

10.1.1 使用 pickle 模組

如果要序列化 Python 物件，可以使用內建的 pickle 模組，它能記錄已經序列化的物件，如果後續有物件參考到相同物件，才不會再度被序列化。

使用 pickle 進行物件序列化時，會將 Python 物件轉換為 bytes，在 Python 的術語中，這個過程稱為 Pickling，相反的操作稱為 unpickling，會將 bytes 轉換為 Python 物件。Python 使用 pickling、unpickling 來稱呼，是為了避免與 serialization、marshalling 等類似的名詞混淆。

在 pickle 模組的使用上，若想將物件轉換為 bytes，可以使用 dumps() 函式，若想將一個代表物件的 bytes 轉換為物件，可以使用 loads() 函式。例如：

```
>>> import pickle
>>> custs = {'A' : ('Justin', [10, 20]), 'B' : ('Monica', [30, 40])}
>>> pickled = pickle.dumps(custs)
>>> pickled
b'\x80\x03}q\x00(X\x01\x00\x00\x00Aq\x01X\x06\x00\x00\x00Justinq\x02]q\x03(K\nK\x14e\x86q\x04X\x01\x00\x00\x00Bq\x05X\x06\x00\x00\x00Monicaq\x06]q\x07(K\x1eK(e\x86q\x08u.'
>>> pickle.loads(pickled)
{'A': ('Justin', [10, 20]), 'B': ('Monica', [30, 40])}
>>>
```

在這個例子中，pickled 參考的是個 bytes，這時可傳送給至另一個目的地，也許是網路的另一端，或者是檔案，另一方收到 bytes 後，可以使用 loads() 轉回 Python 物件。

注意 >>> 在 pickle 模組的官方說明文件中，一開始就有個顯眼的 Warning，警告絕對不要從非信任來源做 unpickling 的動作，因為可能含有惡意的位元組資訊。

　　可以 pickling 與 unpickling 的型態[1]包括了 Python 內建型態、使用者自定義的頂層函式、類別等，**如果無法進行 pickling 或 unpickling，就會引發 PicklingError 或 UnpicklingError（父類別皆為 PickleError）。**

　　如果 pickling 之後，想直接將 bytes 保存在檔案，可以使用 dump()函式，它有個 file 參數可以指定檔案物件，檔案物件必須是二進位模式，如果 unpickling 的來源是個檔案，可以使用 load()來讀取並轉為 Python 物件，它有個 file 參數可以指定檔案物件，檔案物件必須是二進位模式。底下是個簡單的範例：

```
>>> import pickle
>>> custs = {'A' : ('Justin', [10, 20]), 'B' : ('Monica', [30, 40])}
>>> with open('custs.pickle', 'wb') as f:
...     pickle.dump(custs, file = f)
...
>>> with open('custs.pickle', 'rb') as f:
...     pickle.load(file = f)
...
{'A': ('Justin', [10, 20]), 'B': ('Monica', [30, 40])}
>>>
```

　　來看看一個更實際的 pickle 使用程式範例，這個範例也示範了實作永續機制時的一種模式，用來保存 DVD 物件的狀態：

object_serialization dvdlib_pickle.py

```
from dataclasses import dataclass
import pickle

@dataclass
class DVD:
    title: str
    year: int
    duration: int
    director: str

    def save(self):      ← ❶ 儲存物件
        filename = self.title.replace(' ', '_') + '.pickle'  ← ❷ 儲存的檔名
        with open(filename, 'wb') as fh:
            pickle.dump(self, fh)

    @staticmethod
```

```
def load(filename: str) -> 'DVD':        ← ❸讀取檔案取得物件
    with open(filename, 'rb') as fh:
        return pickle.load(fh)

dvd1 = DVD('Birds', 2020, 8, 'Justin Lin')
dvd1.save()
dvd2 = DVD.load('Birds.pickle')
# 顯示 DVD(title='Birds', year=2020, duration=8, director='Justin Lin')
print(dvd2)
```

這個 DVD 物件有 title、year、duration、director 四個欄位,使用了 9.1.2 談過的 dataclass 來定義,執行 save() 方法時❶,每個 DVD 物件會以 title 作主檔名,空白以底線取代,並加上 .pickle 作為副檔名❷,儲存物件時使用 'wb' 模式開啟檔案,然後使用 pickle.dump() 進行 pickling。至於 unpickling 的 load() 方法,在這邊設計為靜態方法,使用 'rb' 模式開啟檔案,可指定檔案名稱載入並取得 DVD 物件❸。

pickling 時實際採用的格式,是 Python 的專屬格式,pickle 的保證是能向後相容未來的新版本。格式歷經幾個版本的更迭,版本三在 Python 3.0 導入,版本四在 Python 3.4 導入,版本五在 Python 3.8 導入。

可以使用 pickle.HIGHEST_PROTOCOL 來得知目前可用的最新格式版本,而 pickle.DEFAULT_PROTOCOL 是 pickle 模組的預設版本,為了相容性,Python 3.4 至 3.7 的 pickle.HIGHEST_PROTOCOL 是 4,不過 pickle.DEFAULT_PROTOCOL 值是 3,Python 3.8 以後,pickle.HIGHEST_PROTOCOL 是 5,pickle.DEFAULT_PROTOCOL 值是 4,若必要指定格式版本,可以在使用 dumps()、dump()、loads() 或 load() 時,指定其 protocol 參數。

提示 >>> cPickle 模組則是用 C 實作的模組,介面上與 pickle 相同,速度在理想上可達 pickle 的 1000 倍,不過,並非每個平台上的 Python 環境都有 cPickle(Windows 上就沒有),可以使用以下方式嘗試使用 cPickle,若沒有就會是使用 pickle:

```
try:
    import cPickle
except ImportError:
    import pickle
```

10.1.2　使用 `shelve` 模組

　　`shelve` 物件行為上像是字典的物件，鍵的部份必須是字串，值的部份可以是 `pickle` 模組可處理的 Python 物件，它直接與一個檔案關聯，因此使用上就像個簡單的資料庫介面。來看看基本的使用方式：

```
>>> import shelve
>>> dvdlib = shelve.open('dvdlib.shelve')
>>> dvdlib['Birds'] = (2018, 1, 'Justin Lin')
>>> dvdlib['Dogs'] = (2018, 7, 'Monica Huang')
>>> dvdlib.close()
>>> dvdlib = shelve.open('dvdlib.shelve')
>>> dvdlib['Dogs']
(2018, 7, 'Monica Huang')
>>> del dvdlib['Dogs']
>>> dvdlib.sync()
>>> dvdlib['Mouses'] = (2018, 3, 'Irene Lin')
>>> list(dvdlib)
['Mouses', 'Birds']
>>> dvdlib.close()
>>>
```

　　在這個範例中可以看到，你能將檔案當成簡單的資料庫，只要對 `shelve.open()` 建立的物件進行 `dict` 般地的操作，在 `close()` 或 `sync()` 時，資料就會儲存至檔案。

提示 ❯❯❯ 　`shelve` 的底層使用 `dbm`，`dbm` 為柏克萊大學發展的檔案型資料庫，Python 的 `dbm` 模組提供了對 Unix 程式庫的介面；由於底層使用 `dbm`，因此功能上也會受到 `dbm` 模組的限制[2]。

　　類似地，底下示範另一種模式，來封裝 `shelve` 的操作行為：

`object_serialization dvdlib_shelve.py`

```
from typing import Optional
from dataclasses import dataclass
import shelve


@dataclass
class DVD:
    title: str
    year: int
```

---

[2]　`shelve` 的限制：docs.python.org/3/library/shelve.html#restrictions

```
            duration: int
            director: str

    class DvdDao:
        def __init__(self, dbname: str) -> None:
            self.dbname = dbname

        def save(self, dvd: DVD):      ← ❶ 儲存 DVD 物件
            with shelve.open(self.dbname) as shelve_db:
                shelve_db[dvd.title] = dvd

        def all(self) -> list[DVD]:    ← ❷ 取得全部 DVD 物件，依標題小寫字母排序後傳回
            with ohclve.open(self.dbname) as shelve_db:
                return [shelve_db[title]
                            for title in sorted(shelve_db, key = str.lower)]

        def load(self, title: str) -> Optional[DVD]:    ← ❸ 指定標題傳回 DVD 物件
            with shelve.open(self.dbname) as shelve_db:
                if title in shelve_db:
                    return shelve_db[title]
                return None

        def remove(self, title: str):    ← ❹ 指定標題移除 DVD 物件
            with shelve.open(self.dbname) as shelve_db:
                del shelve_db[title]


    dao = DvdDao('dvdlib.shelve')
    dvd1 = DVD('Birds', 2020, 1, 'Justin Lin')
    dvd2 = DVD('Dogs', 2020, 7, 'Monica Huang')

    dao.save(dvd1)
    dao.save(dvd2)
    print(dao.all())
    print(dao.load('Birds'))
    dao.remove('Birds')
    print(dao.all())
```

　　save() 方法使用 shelve.open() 來開啟檔案，在指定鍵值之後，with 自動關閉檔案前，會將資料從快取中寫回檔案❶；all() 方法開啟檔案讀取並取得 shelve 的物件之後，將全部 DVD 物件依小寫字母排序後，傳回一個 list❷；load() 方法可以指定標題傳回入 DVD 物件❸；remove() 方法可以指定標題移除 DVD 物件❹。

注意 >>>　由於 shelve 是以 pickle 為基礎，同樣地，絕對不要讀取不信任的檔案，因為可能含有惡意的位元組資訊。

10.2　資料庫處理

對於關聯式資料庫（Relational database）的存取，Python 的標準規範是 DB-API 2.0，標準程式庫內建的 `sqlite3` 模組就符合此規範，SQLite 是個輕量級資料庫，用來學習資料庫處理或滿足基本需求，都非常的方便。

10.2.1　認識 DB-API 2.0

DB-API 2.0 由 PEP 249[3]**規範，所有的資料庫介面都應該符合這個規範，以便撰寫程式時能有一致的方式，撰寫出來的程式也便於跨資料庫執行。**不過實際上模組在實作時，可能提供更多的功能。

在資料庫的連線上，DB-API 2.0 規範資料庫模組實作時，必須提供 `connect(parameters...)`函式，用以建構 Connection 物件，而 Connection 基本上要具備以下的方法：

表 10.1 Connection 的基本方法

方法	說明
`close()`	關閉目前的資料庫連線。
`commit()`	將尚未完成的交易提交。
`rollback()`	將尚未完成的交易撤回。
`cursor([cursorClass])`	傳回一個 Cursor 物件，代表著基於目前連線的資料庫游標，所有跟資料庫的交談都是透過 Cursor 物件。

使用 Connection 的 `cursor()`方法建立的 Cursor 物件，可以用來執行 SQL 語句，在 DB-API 2.0 的規範中，Cursor 物件基本上必須具備以下方法：

---

[3] PEP 249：www.python.org/dev/peps/pep-0249/

表 10.2 Cursor 的基本方法

方法	說明
close()	關閉目前的 Cursor 物件。
execute(sql [, params])	執行一次 sql 語句，可以是查詢（Query）或指令（Command）。
executemany(sql, seq_of_params)	針對 seq_of_params 序列或映射中每個項目，執行一次 sql 語句。
fetchone()	從查詢的結果集取得下一筆資料。
fetchmany([size])	從查詢的結果集取得多筆資料。
fetchall()	從查詢的結果集取得全部資料。

Cursor 物件本身也有一些屬性可獲得資料的相關訊息。例如，description 屬性會是一個序列，裏頭每個元素為 (name、type_code、display_size、internal_size、precision、scale、null_ok)，也就是欄位的七個資訊；rowcount 表示 execute()執行 SQL 之後，影響了多少筆的資料；arraysize 決定了 fetchmany()方法預設會取回多少筆資料。

由於各個資料庫產品皆有不同的特性，初學 Python 如何進行資料庫連線處理，可以從這些 DB-API 2.0 規範的基本方法與屬性開始認識，進一步地，若想知道 Python 目前有支援的資料庫介面以及各自特性，可以查閱〈DatabaseInterfaces[4]〉中的說明。

10.2.2 使用 sqlite3 模組

若想馬上在 Python 進行資料庫程式的撰寫，不需要特別下載、安裝資料庫伺服器，**Python 內建了 SQLite 資料庫，這是個用 C 語言撰寫的輕量級資料庫，資料庫本身的資料可以儲存在一個檔案，或者是記憶體之中，後者對於資料庫應用程式的測試非常方便。**

若想使用 SQLite 作為資料庫，並撰寫 Python 程式與資料庫進行操作，可以使用 sqlite3 模組，這個模組遵循 DB-API 2.0 的規範而實作。底下先就基本的資料庫表格建立、資料新增、查詢、更新與刪除進行示範。

---

[4] DatabaseInterfaces：wiki.python.org/moin/DatabaseInterfaces

建立資料庫與連線

想要建立一個資料庫檔案，可以使用 sqlite3.connect()函式並指定檔案名稱，如果資料庫檔案尚未存在就會建立一個新的檔案，並開啟資料庫連線，如果檔案存在，就直接開啟連線，並傳回一個 Connection 物件。例如：

```
>>> import sqlite3
>>> conn = sqlite3.connect('db.sqlite3')
>>> conn
<sqlite3.Connection object at 0x0000025DCC73C7B0>
>>> conn.close()
>>>
```

如果是首次執行以上的範例，工作目錄下就會出現 db.sqlite3 檔案，也**可以傳給 connect()一個':memory:'字串，這樣就會在記憶體中建立一個資料庫。**在不使用資料庫的時候，應該呼叫 Connection 的 close()關閉連線，以釋放資料庫連線的相關資源。

建立表格與新增資料

如果想在資料庫中新增表格，可以使用 Connection 物件的 cursor()方法取得 Cursor 物件，利用它的 execute()方法來執行建立表格的 SQL 語句。例如：

```
>>> conn = sqlite3.connect('db.sqlite3')
>>>
>>> c = conn.cursor()
>>> c.execute('''CREATE TABLE messages (
...     id INTEGER PRIMARY KEY AUTOINCREMENT UNIQUE NOT NULL,
...     name TEXT NOT NULL,
...     email TEXT NOT NULL,
...     msg TEXT NOT NULL
... )''')
<sqlite3.Cursor object at 0x000001E505755960>
>>> conn.commit()
>>> conn.close()
>>>
```

在上面的範例中，建立了 messages 表格，其中有 id、name、email 與 msg 四個欄位，id 會自動以流水號方式遞增欄位值，sqlite3 模組的實作，預設不會自動提交 SQL 執行後的變更，必須自行呼叫 Connection 的 commit()方法，變更才會生效。

Connection 物件實作了 7.2.3 談過的情境管理器,可以搭配 with 陳述來使用,在 with 區塊的動作完成後,會自動 commit()與 close(),若發生例外,則會自動 rollback()。例如,上面的範例也可以改為以下方式撰寫:

```
import sqlite3

with sqlite3.connect('db.sqlite3') as conn:
    c = conn.cursor()
    c.execute('''CREATE TABLE messages (
        id INTEGER PRIMARY KEY AUTOINCREMENT UNIQUE NOT NULL,
        name TEXT NOT NULL,
        email TEXT NOT NULL,
        msg TEXT NOT NULL
    )''')
```

若要新增一筆資料,也是使用 Cursor 的 execute()方法,底下的範例直接搭配 with 來進行:

```
>>> with sqlite3.connect('db.sqlite3') as conn:
...     c = conn.cursor()
...     c.execute("INSERT INTO messages VALUES (1, 'justin',
'caterpillar@openhome.cc', 'message...')")
...
<sqlite3.Cursor object at 0x000001E5057559D0>
>>>
```

查詢資料

如果要查詢資料,可以先用 Cursor 的 execute()執行查詢語句,fetchone() 可以取得結果集合中的一筆資料,fetchall()取得結果集合中的全部資料,或者使用 fetchmany()指定要從結果集合中取得幾筆資料。例如查詢目前 messages 表格中全部的資料(目前只有一筆):

```
>>> conn = sqlite3.connect('db.sqlite3')
>>> c = conn.cursor()
>>> c.execute('SELECT * FROM messages')
<sqlite3.Cursor object at 0x000001E505755C00>
>>> c.fetchall()
[(1, 'justin', 'caterpillar@openhome.cc', 'message...')]
>>> conn.close()
>>>
```

實際上,Cursor 本身是個迭代器,每一次的迭代會呼叫 Cursor 的 fetchone()方法,因此若想逐筆迭代結果集合,也可以使用 for in 語法。從上面的執行結果也可以看出,查詢而得的每一筆資料,會以 tuple 傳回。

更新與刪除資料

　　若想要更新資料表中的欄位，或是刪除某幾筆資料，都是使用 Cursor 的 execute() 方法。例如：

```
>>> with sqlite3.connect('db.sqlite3') as conn:
...     c = conn.cursor()
...     c.execute("UPDATE messages SET name='Justin Lin' WHERE id = 1")
...
<sqlite3.Cursor object at 0x000001E505755960>
>>> with sqlite3.connect('db.sqlite3') as conn:
...     c = conn.cursor()
...     print(list(c.execute("SELECT * FROM messages")))
...
[(1, 'Justin Lin', 'caterpillar@openhome.cc', 'message...')]
>>> with sqlite3.connect('db.sqlite3') as conn:
...     c = conn.cursor()
...     c.execute("DELETE FROM messages WHERE id = 1")
...
<sqlite3.Cursor object at 0x000001E505755880>
>>> with sqlite3.connect('db.sqlite3') as conn:
...     c = conn.cursor()
...     print(list(c.execute("SELECT * FROM messages")))
...
[]
>>>
```

　　由於 execute() 執行過後，都是傳回 Cursor，而 Cursor 本身是迭代器，因此在上面的範例中，直接使用 list() 將每筆資料放在 list 中，最後使用 print() 來顯示。

10.2.3　參數化 SQL 語句

　　在先前的範例中，SQL 中寫死了 name、email、msg 等欄位的資訊，實際上，這些資訊可能是來自於使用者輸入，而你必須將輸入組合為 SQL，再交由 Cursor 的 execute() 方法執行。

　　不過，直接使用+來串接字串以組成 SQL，容易引發 SQL Injection 的安全問題。舉個例子來說，如果原先使用串接字串的方式來執行 SQL：

```
c = conn.cursor()
query_sql = ("SELECT * FROM user_table WHERE username='" +
            username + "' AND password='" + password + "'")
c.execute(query_sql)
```

　　其中 username 與 password 若是來自使用者的輸入字串，原本是希望使用者安份地輸入名稱密碼，組合之後的 SQL 應該像是這樣：

```
SELECT * FROM user_table
    WHERE username='caterpillar' AND password='openhome'
```

　　也就是名稱密碼正確，才會查找出指定使用者的相關資料，若在名稱輸入了「caterpillar' OR 1=1; --」，密碼空白，而你又沒有針對輸入進行字元檢查過濾動作的話，這個奇怪的字串組合出來的 SQL 會如以下：

```
SELECT * FROM user_table
    WHERE username='caterpillar' OR 1=1; --' AND password=''
```

　　方框是密碼請求參數的部份，將方框拿掉會更清楚地看出這個 SQL 有什麼問題！

```
SELECT * FROM user_table
    WHERE username='caterpillar' OR 1=1; --' AND password=''
```

　　因為 SQLite 資料庫解讀 SQL 時，--會當成註解符號，被執行的 SQL 語句最後會是 SELECT * FROM user_table WHERE username='caterpillar' OR 1=1，因為 OR 1=1 的關係，WHERE 子句必然成立，也就是說，不用輸入正確的密碼，想查誰的資料都沒問題了，這就是 **SQL Injection** 的簡單例子。

　　你也許會想到，使用 f-strings、字串的 format()，或者是舊式的%進行格式化，不過，這也會有同樣的問題，因為它們也是將指定的字串，直接拿來組合為 SQL 語句，不會做任何轉義（Escape）的動作：

```
>>> username = "caterpillar' OR 1=1; --"
>>> password = ''
>>> f"SELECT * FROM user_table WHERE username='{username}' AND password =
'{password}'"
"SELECT * FROM user_table WHERE username='caterpillar' OR 1=1; --' AND
password = ''"
>>> "SELECT * FROM user_table WHERE username='{}' AND password =
'{}'".format(username, password)
"SELECT * FROM user_table WHERE username='caterpillar' OR 1=1; --' AND
password = ''"
>>> "SELECT * FROM user_table WHERE username='%s' AND password = '%s'" %
(username, password)
"SELECT * FROM user_table WHERE username='caterpillar' OR 1=1; --' AND
password = ''"
>>>
```

　　Cursor 的 **execute()** 方法可以將 SQL 語句參數化，有兩種參數化的方式：使用問號（**?**）或具名佔位符號。例如使用問號作為佔位符號：

```
c = conn.cursor()
query_sql = "SELECT * FROM user_table WHERE username=? AND password=?"
c.execute(query_sql, (username, password))
```

　　execute() 的第一個參數指定了包含佔位符號的字串，第二個參數指定了一個 tuple，元素順序對應於佔位符號的順序，元素會經過轉義，而不是直接拿來做字串取代，就可以避免方才談到的 SQL Injection 問題。底下是使用具名佔位符號的例子：

```
c = conn.cursor()
query_sql = "SELECT * FROM user_table WHERE username=:username AND
password=:password"
c.execute(query_sql, {'username' : username, 'password' : password})
```

　　可以看到，使用具名佔位符號時，必須加上冒號（:）作為前導字元，而在 execute() 的第二個參數上，是使用 dict 來指定實際資料。

　　如果有多筆 SQL 必須執行，雖然可以使用 for in 自行處理：

```
messages = [
    (1, 'Justin Lin', 'caterpillar@openhome.cc', 'message1...'),
    (2, 'Monica Huang', 'monica@openhome.cc', 'message2...'),
    (3, 'Irene Lin', 'irene@openhome.cc', 'message3...')
]
for message in messages:
    c.execute("INSERT INTO messages VALUES (?, ?, ?, ?)", message)
```

　　然而使用 Cursor 的 executemany() 會更方便：

```
messages = [
    (1, 'Justin Lin', 'caterpillar@openhome.cc', 'message1...'),
    (2, 'Monica Huang', 'monica@openhome.cc', 'message2...'),
    (3, 'Irene Lin', 'irene@openhome.cc', 'message3...')
]
c.executemany("INSERT INTO messages VALUES (?, ?, ?, ?)", messages)
```

　　除了使用問號之外，Cursor 的 executemany() 也可以使用具名佔位符號。

10.2.4 簡介交易

交易的四個基本要求是**原子性（Atomicity）**、**一致性（Consistency）**、**隔離行為（Isolation behavior）**與**持續性（Durability）**，依英文字母首字簡稱為 **ACID**。

- 原子性

  一個交易是一個單元工作（Unit of work），當中可能包括數個步驟，這些步驟必須全部執行成功，若有一個失敗，整個交易宣告失敗，交易中其他步驟必須撤消曾經執行過的動作，回到交易前的狀態。

  在資料庫上執行單元工作為資料庫交易（Database transaction），單元中每個步驟就是每一句 SQL 的執行，你要定義啟始一個交易邊界（通常是以一個 BEGIN 的指令開始），所有 SQL 語句下達之後，COMMIT 確認所有操作變更，此時交易成功，或者因為某個 SQL 錯誤，ROLLBACK 進行撤消動作，此時交易失敗。

- 一致性

  交易作用的資料集合在交易前後必須一致，若交易成功，整個資料集合都必須是交易操作後的狀態，若交易失敗，整個資料集合必須與開始交易前一樣沒有變更，不能發生整個資料集合，部份有變更，部份沒變更的狀態。

  例如轉帳行為，資料集合涉及 A、B 兩個帳戶，A 原有 20000，B 原有 10000，A 轉 10000 給 B，交易成功的話，最後 A 必須變成 10000，B 變成 20000，交易失敗的話，A 必須為 20000，B 為 10000，而不能發生 A 為 20000（未扣款），B 也為 20000（已入款）的情況。

- 隔離性

  在多人使用的環境下，每個使用者進行自己的交易，交易與交易之間，必須互不干擾，使用者不會意識到其他使用者正在進行交易，就好像只有自己在進行操作一樣。

- 持續性

  交易一旦成功，所有變更必須保存下來，即使系統掛了，交易的結果也不能遺失，這通常需要系統軟、硬體架構的支援。

在原子性的處理上，sqlite3 模組會在 INSERT、UPDATE、DELETE、REPLACE 等變更資料的 SQL 操作前隱含地開啟交易，在任何非變更資料的 SQL 操作及一些 CREATE 表格等其他情況下[5]隱含地進行提交。

除了一些會隱含地提交的情況，**sqlite3 模組的預設實作不會自動提交，必須自行呼叫 Connection 的 commit()來進行提交，如果交易過程因為發生錯誤或其他情況，必須撤回交易時，可以呼叫 Connection 的 rollback()撤回操作。**

一個基於例外發生時必須撤消交易的示範如下：

```
conn = None
try:
    conn = sqlite.connect('example.sqlite')
    c = conn.cursor()
    c.execute("INSERT INTO …")
    c.execute("INSERT INTO …")
    conn.commit()  # 提交
except DatabaseError as e:
    # 做一些日誌記錄
    if conn:
        conn.rollback() # 撤回
```

而 10.2.2 也談過了，Connection 物件實作了 7.2.3 談過的情境管理器，可以搭配 with 陳述使用，在 with 區塊的動作完成後，會自動 commit()與 close()，若發生例外，會自動 rollback()。

在隔離性方面，SQLite 資料庫在更新資料的相關操作時，預設會鎖定資料庫直到該次交易完成，因此多個連線時就會造成等待的狀況，sqlite3 模組的 connect()函式有個 timeout 可指定等待時間，若逾時就引發例外，預設是 5.0，也就是是 5 秒。

sqlite3 模組的 Connection 物件有個 isolation_level 屬性，可用來設定或得知目前的隔離性設定，預設是''，實際上在 SQLite 資料庫就會產生 BEGIN 陳述，如果 isolation_level 被設置為 None，表示不做任何的隔離性，也就成為自動提交，每次 SQL 更新相關操作時，就不用自行呼叫 Connection 的 commit()方法。

---

[5] Controlling Transactions：docs.python.org/3/library/sqlite3.html

然而，**不設隔離性，在多個連線存取資料庫的情況下，就會引發資料不一致的問題**，以下逐一舉例說明：

更新遺失（Lost update）

指某個交易對欄位進行更新的資訊，因另一個交易的介入而遺失更新效力。舉例來說，若某個欄位資料原為 ZZZ，使用者 A、B 分別在不同的時間點對同一欄位進行更新交易：

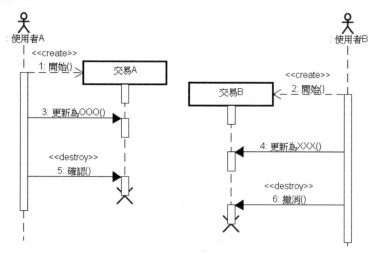

圖 10.1 更新遺失

單就使用者 A 的交易而言，最後欄位應該是 OOO，單就使用者 B 的交易而言，最後欄位應該是 ZZZ，在完全沒有隔離兩者交易的情況下，由於使用者 B 撤消操作時間是在使用者 A 確認之後，最後欄位結果會是 ZZZ，使用者 A 看不到他更新確認的 OOO 結果，使用者 A 發生更新遺失問題。

提示 ≫　可想像有兩個使用者，若 A 使用者開啟文件後，後續又允許 B 使用者開啟文件，一開始 A、B 使用者看到的文件都有 ZZZ 文字，A 修改 ZZZ 為 OOO 後儲存，B 修改 ZZZ 為 XXX 後又還原為 ZZZ 並儲存，最後文件就為 ZZZ，A 使用者的更新遺失。

髒讀（Dirty read）

　　兩個交易同時進行，其中一個交易更新資料但未確認，另一個交易就讀取資料，就有可能發生髒讀問題，也就是讀到所謂髒資料（Dirty data）、不乾淨、不正確的資料。例如：

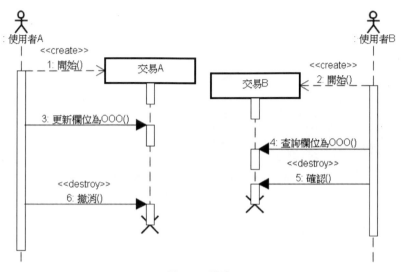

圖 10.2 髒讀

　　使用者 B 在 A 交易撤消前讀取了欄位資料為 OOO，如果 A 交易撤消了交易，那使用者 B 讀取的資料就是不正確的。

提示 》》》 可想像有兩個使用者，若 A 使用者開啟文件並仍在修改期間，B 使用者開啟文件讀到的資料，就有可能是不正確的。

無法重複的讀取（Unrepeatable read）

　　某個交易兩次讀取同一欄位的資料並不一致。例如，交易 A 在交易 B 更新前後進行資料的讀取，A 交易會得到不同的結果。例如（欄位若原為 ZZZ）：

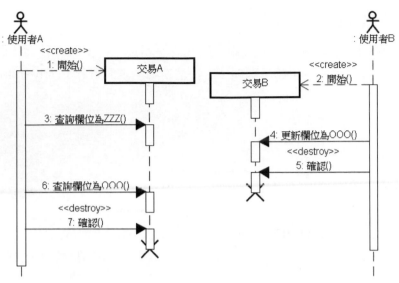

圖 10.3 無法重複的讀取（Unrepeatable read）

幻讀（Phantom read）

同一交易期間，讀取到的資料筆數不一致。例如交易 A 第一次讀取得到五筆資料，此時交易 B 新增了一筆資料，導致交易 B 再次讀取得到六筆資料。

由於各家資料對於交易的支援程度並不相同，實際上該採用與如何進行設定也就有所差異，就 sqlite3 模組的實作來說，Connection 物件的 isolation_level 還可以設定 SQLite 資料庫支援的隔離層級 'DEFERRED'、'IMMEDIATE' 或 'EXCLUSIVE'，至於這些隔離層級設定之作用，詳細可參考 SQLite 官方的〈SQL As Understood By SQLite[6]〉文件，以瞭解各個設定能夠預防什麼樣的資料不一致問題。

---

[6] SQL As Understood By SQLite：www.sqlite.org/lang_transaction.html

10.3　資料交換格式

不同的應用程式之間會有交換資料的需求，也就需要有一種通用，非特定應用程式專屬的資料交換格式，對於常見的 CSV、JSON、XML，Python 標準程式庫內建了處理的模組。

10.3.1　CSV

CSV 的全名為 Comma Separated Values，是一種通用在試算表、資料庫間的資料交換格式，實際上在 RFC4180[7]試圖為其製訂標準之前，CSV 已通用多年，由於多年來沒有一個完善的標準，使得不同應用程式在處理 CSV 時，存在些微的差異性，像是分隔符號（delimiter）、引號字元（quoting character）、換行字元等的不同。儘管如此，整體來說，CSV 格式仍有足夠的通用性，**Python 提供了 csv 模組，可隱藏 CSV 的讀寫細節，讓開發人員輕鬆處理 CSV 格式。**

舉例來說，你可以至臺灣證券交易所，以 CSV 格式下載發行量加權股價指數歷史資料[8]，在 109 年 09 月 15 日查詢 109 年 08 月的資料為例，會有以下的內容：

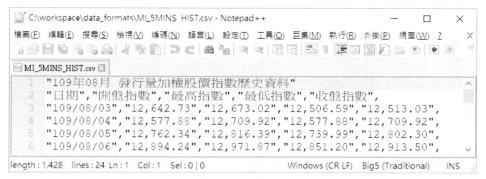

圖 10.4 CSV 檔範例

提示 >>> 想使用 NotePad++ 開啟這個 CSV 檔案而不出現亂碼，必須在「編碼／字元集／中文」中選擇 Big5。

---

[7]　RFC4180：tools.ietf.org/html/rfc4180.html
[8]　發行量加權股價指數歷史資料：goo.gl/e65SVj

使用 reader()、writer()

這個 CSV 檔案的編碼是 Big5，若單純地使用逗號字元「,」，對每一行的欄位進行分割會很麻煩，因為有些欄位中也還有逗號，若使用 Python 的 csv 模組，就可以輕鬆讀取。例如：

```
>>> import csv
>>> with open('MI_5MINS_HIST.csv', encoding = 'Big5') as f:
...     for row in csv.reader(f):
...         print(row)
...
['109 年 08 月  發行量加權股價指數歷史資料']
['日期', '開盤指數', '最高指數', '最低指數', '收盤指數', '']
['109/08/03', '12,642.73', '12,673.02', '12,506.59', '12,513.03', '']
['109/08/04', '12,577.88', '12,709.92', '12,577.88', '12,709.92', '']
['109/08/05', '12,762.34', '12,816.39', '12,739.99', '12,802.30', '']
['109/08/06', '12,894.24', '12,971.87', '12,851.20', '12,913.50', '']
['109/08/07', '12,901.43', '12,912.63', '12,791.18', '12,828.87', '']
...略
```

在這邊使用 csv 的 reader() 來進行 CSV 的讀取，reader() 實際上可接受 iterable 物件，可針對每次迭代傳回的每一列（row）資料進行剖析，由於 open() 傳回的檔案物件就是 iterable 物件，使用 open() 開啟檔案直接供給 reader() 是常見的方式，reader() 傳回的物件也是 iterable，可直接使用 for in 進行迭代。

reader() 預設的 CSV 偏好格式是 'excel'，csv 目前內建了 'unix'、'excel'、'excel-tab' 三種偏好格式，可透過 csv.list_dialects() 來得知有哪些偏好格式，在使用 reader() 時，可使用 dialect 參數指定偏好格式。

除了指定 dialect 參數之外，還有格式參數可以指定，例如，可以使用 delimiter 來指定分隔符號，使用 quotechar 指定引號字元：

```
csv.reader(csvfile, delimiter=' ', quotechar='|')
```

可用的格式參數說明，可參考〈Dialects and Formatting Parameters[9]〉。

如果想輸出 CSV 格式，可將資料來源組織為一個 list，其中每個元素就是一列資料，每列資料含有各欄位的資訊。例如，若想將先前下載的 CSV 檔案轉存為 UTF-8 的話，可以如下：

---

[9] Dialects and Formatting Parameters：docs.python.org/3/library/csv.html#csv-fmt-params

```
>>> with open('MI_5MINS_HIST.csv', encoding = 'Big5') as rf:
...     with open('10708-UTF8.csv', 'w', encoding = 'UTF-8', newline = '')
as wf:
...         rows = csv.reader(rf)
...         csv.writer(wf).writerows(rows)
...
>>>
```

　　要輸出 CSV，可以使用 csv.writer()，它可以接受任何具有 write() 方法的物件，若是使用檔案物件，記得 newline 要設為''，因為檔案物件預設寫出資料時是會換行的。csv.writer() 也可以指定 dialect 參數，以及一些格式參數。若要逐列寫出，也可以使用 writerow() 方法。

使用 DictReader()、DictWriter()

　　除了將 CSV 以 list 的方式進行處理之外，也可以使用 csv 的 DictReader()、DictWriter()，將 CSV 以 dict 的方式處理。例如：

```
>>> custs = [
...     'first,last',
...     'Justin,Lin',
...     'Monica,Huang',
...     'Irene,Lin'
... ]
>>> for row in csv.DictReader(custs):
...     print(row)
...
{' last': 'Lin', 'first': 'Justin'}
{' last': 'Huang', 'first': 'Monica'}
{' last': 'Lin', 'first': 'Irene'}
>>>
```

　　同樣地，DictReader() 實際上可以接受 iterable 物件，可針對每次迭代傳回的每一列資料進行剖析，預設會從第一列取得欄位名稱，也可以使用 fieldnames 自行指定欄位名稱。例如：

```
>>> custs = [
...     'Justin,Lin',
...     'Monica,Huang',
...     'Irene,Lin'
... ]
>>> for row in csv.DictReader(custs, fieldnames = ['firstname', 'lastname']):
...     print(row)
...
{'firstname': 'Justin', 'lastname': 'Lin'}
{'firstname': 'Monica', 'lastname': 'Huang'}
{'firstname': 'Irene', 'lastname': 'Lin'}
```

```
>>>
```

　　相對地，如果有一些 dict，想要寫出為 CSV，可以使用 DictWriter()，例如：

```
>>> custs = [
...     {'firstname': 'Justin', 'lastname': 'Lin'},
...     {'firstname': 'Monica', 'lastname': 'Huang'},
...     {'firstname': 'Irene', 'lastname': 'Lin'}
... ]
>>> with open('sample.csv', 'w', newline = '') as f:
...     writer = csv.DictWriter(f, fieldnames = ['firstname', 'lastname'])
...     writer.writeheader()
...     writer.writerows(custs)
...
>>>
```

　　同樣地，若指定檔案物件給 DictWriter()，記得必須將 newline 設為''，DictWriter 有個 fieldnames 參數可以指定欄位名稱，使用 writeheader()的話，可以寫出欄位名稱，使用 writerows()可以將整個序列（每個元素是個 dict）的內容寫出，若開啟 sample.csv，會有以下的內容：

```
firstname,lastname
Justin,Lin
Monica,Huang
Irene,Lin
```

　　接下來的範例是個綜合練習，可指定從臺灣證券交易所下載的發行量加權股價指數歷史資料 CSV 檔案，以及想要查詢的欄位名稱，將查詢結果逐行顯示出來：

data_formats index_history.py

```
from collections import OrderedDict
from typing import Iterator
import csv          ← ❶ 匯入 csv 模組

IndexList = list[OrderedDict]

def csv_to_list(csvfile: str) -> IndexList:
    with open(csvfile, encoding = 'Big5') as f:
        fieldnames = ['日期', '開盤指數', '最高指數', '最低指數', '收盤指數']
        reader = csv.DictReader(f, fieldnames = fieldnames)
        return list(reader)[2:]          ← ❷ 不需要欄位部份


    ❸ 每列只包含指定的欄位
    ↓
def row_with_fields(row: OrderedDict, fields: list) -> dict:
```

```
    return {field : row[field] for field in fields}
```

❹ 只收集指定的欄位資料

```
def index_with_fields(indexlt: IndexList, fields: list) -> Iterator:
    return (row_with_fields(origin_row, fields) for origin_row in indexlt)

csvfile = input('CSV 檔案名稱：')        ←❺ 將指定的欄位依逗號切割爲 list
fields = input('查詢欄位：').split(",")
indexlt = csv_to_list(csvfile)
print(indexlt)

for name in fields:                     ←❻ 顯示欄位名稱
    print(name, end = '\t\t\t')
print()

for row in index_with_fields(indexlt, fields): ←❼ 顯示欄位內容
    for name in fields:
        print(row[name], end = '\t\t')
    print()
```

　　程式中首先匯入了 csv 模組❶，在 csv_to_list()中，使用 DictReader()讀取 CSV 檔案，並指定了欄位名稱，從圖 10.4 中可以看到，要指定的 CSV 檔案前二行是欄位名稱，這些不需要，因此使用 list 的切片操作去除❷。

　　在 row_with_fields()中，會從指定的列中擷取指定的欄位❸，在這邊 dict 的 for comprehenion 操作發揮了用途。在 index_with_fields()中，收集的資料只會包含指定的欄位❹。

　　當程式啟動時，會讓使用者輸入 CSV 檔案名稱與想顯示的欄位名稱，欄位名稱使用逗號區隔，為了操作方便，使用 split()依逗號切成了 list❺。程式中顯示了欄位名稱❻，然後呼叫 index_with_fields()，擷取指定的欄位並顯示❼。

　　一個執行的結果如下所示：

```
CSV 檔案名稱：MI_5MINS_HIST.csv
查詢欄位：日期,最高指數,收盤指數
日期                    最高指數                收盤指數
109/08/03             12,673.02              12,513.03
109/08/04             12,709.92              12,709.92
109/08/05             12,816.39              12,802.30
109/08/06             12,971.87              12,913.50
...略
```

10.3.2　JSON

JSON 全名 JavaScript Object Notation，為 JavaScript 物件實字（Object literal）的子集，規範於 ECMA-404[10]，也可以在〈Introducing JSON[11]〉找到詳細的 JSON 格式說明，以及各語言中可處理 JSON 的程式庫。

JSON 一開始是盛行於 JavaScript 生態圈的輕量交換格式，由於易讀、易寫、易於剖析而且具有階層性，逐漸成了各應用程式間常用的交換格式之一。

大致而言，JSON 格式與 JavaScript 實字（Literal）格式類似，有點巧合地，Python 的語法可以極為相近地模仿 JavaScript 實字，舉個例子來說，以下是個 JavaScript 程式碼，使用物件實字建立了一個物件：

```
var obj = {
    name   : 'Justin',
    age    : 45,
    childs : [
        {
            name : 'Irene',
            age  : 12
        }
    ]
};
```

在 Python 中可以使用 `dict` 與 `list` 等來模仿：

```
>>> obj = {
...     'name' : 'Justin',
...     'age'  : 45,
...     'childs' : [
...         {
...             'name' : 'Irene',
...             'age'  : 12
...         }
...     ]
... }
>>>
```

---

10 ECMA-404：www.ecma-international.org/publications/standards/Ecma-404.htm
11 Introducing JSON：www.json.org

這已經很接近 JSON 的物件格式了，還得注意的是**在 JSON 的物件格式之中：**

- 名稱必須用**""雙引號包括**。

- 值可以是**""雙引號包括的字串**，或是數字、`true`、`false`、`null`、JavaScript 陣列（相當於 Python 的 `list`）或子 JSON 格式。

舉例來說，要將方才的 `obj` 以 JSON 物件格式表示的話，會是如下所示：

```
jsonText = '{"name":"Justin","age":45,"childs":[{"name":"Irene","age":12}]}'
```

若特意排版一下的話，會比較容易觀察：

```
jsonText = '''{
    "name"  : "Justin",
    "age"   : 45,
    "childs": [
        {
            "name"  : "Irene",
            "age"   : 12
        }
    ]
}'''
```

實際上 JSON 不單只有物件格式，數字、`true`、`false`、`null`、使用`""`包括的字串等，都是合法的 JSON 格式。

Python 內建了 `json` 模組，API 使用上類似 `pickle`，將 Python 內建型態轉為 JSON 格式的過程稱為編碼（Encoding），將 JSON 格式轉為 Python 內建型態的過程稱為解碼（Decoding），在編碼或解碼時，Python 內建型態與 JSON 格式之對應，如下表所示：

表 10.3 Python 內建型態與 JSON 之對應

Python	JSON
dict	物件
list,tuple	陣列
str	字串
int,float	數字
True	true
False	true
None	null

◎ 使用 `json.dumps()`、`json.dump()`

如果要將 Python 內建型態編碼為 JSON 格式，可以使用 `json.dumps()`。例如：

```
>>> import json
>>> obj = {
...     'name' : 'Justin',
...     'age'  : 45,
...     'childs' : [ {'name' : 'Irene', 'age' : 12} ]
... }
>>> json.dumps(obj)
'{"name": "Justin", "childs": [{"name": "Irene", "age": 12}], "age": 45}'
>>>
```

`json.dumps()` 可用的參數很多，這邊介紹幾個基本常用的，像是 `sort_keys` 可以指定為 `True`，這會使得 JSON 格式輸出時根據鍵進行排序，`indent` 參數可指定數字，這會為 JSON 格式加上指定的空白數量進行縮排，在顯示 JSON 格式時會比較易讀：

```
>>> print(json.dumps(obj, sort_keys = True, indent = 4))
{
    "age": 45,
    "childs": [
        {
            "age": 12,
            "name": "Irene"
        }
    ],
    "name": "Justin"
}
>>>
```

實際上，就算單純的呼叫 `json.dumps(obj)`，也作了些簡單的易讀性處理了，也就是逗號、冒號之後都有個空白，這是因為 `seperators` 預設是 `(', ', ': ')`，如果指定為 `(',', ':')`，就不會有空白了，像是在資料進行網路傳輸時，若能省掉不必要的空白，就可省去不必要的流量開銷。

```
>>> json.dumps(obj)
'{"name": "Justin", "childs": [{"name": "Irene", "age": 12}], "age": 45}'
>>> json.dumps(obj, separators=(',', ':'))
'{"name":"Justin","childs":[{"name":"Irene","age":12}],"age":45}'
>>>
```

預設在將 Python 的 `dict` 編碼為 JSON 物件格式時，`dict` 的鍵只能是字串，若不是字串的話，就會引發 `ValueError`，如果將 `skipkeys` 指定為 `True`，那麼遇到非字串的鍵就會略過。

方才的示範都是針對 Python 內建型態，如果呼叫 json.dumps() 時指定了非內建型態，預設是會引發 TypeError：

```
>>> from dataclasses import dataclass
>>> @dataclass
... class Customer:
...     name: str
...     age: int
...
>>> cust = Customer('Justin', 45)
>>> json.dumps(cust)
…略
TypeError: Object of type Customer is not JSON serializable
>>>
```

解決的方式是指定轉換函式給 json.dumps() 的 default 參數，轉換函式必須傳回 Python 內建型態，以進行 JSON 編碼，例如透過 9.1.2 的 dataclasses 的 asdict() 函式：

```
>>> from dataclasses import asdict
>>> cust = Customer('Justin', 45)
>>> json.dumps(cust, default = asdict)
'{"name": "Justin", "age": 45}'
>>>
```

如果要將編碼後的 JSON 格式寫至某個目的地，可以使用 json.dump()，它的第二個參數接受一個具有 write() 方法的物件，例如檔案物件，因此，若要將物件編碼為 JSON 並寫至檔案，可以如下：

```
>>> with open('data.txt', 'w') as f:
...     json.dump(obj, f)
…
>>>
```

使用 `json.loads()`、`json.load()`

如果要將 JSON 格式解碼為內建型態物件，可以使用 json.loads()，例如：

```
>>> jsonText =
'{"name":"Justin","age":45,"childs":[{"name":"Irene","age":12}]}'
>>> json.loads(jsonText)
{'age': 45, 'childs': [{'age': 12, 'name': 'Irene'}], 'name': 'Justin'}
>>>
```

如果想將 JSON 格式解碼為自訂型態實例，可以在使用 json.loads() 時，指定一個函式給 object_hook，這個函式負責將內建型態轉換為自訂型態實例：

```
>>> def to_cust(obj):
...     return Customer(obj['name'], obj['age'])
...
>>> cust = json.loads(jsonText, object_hook = to_cust)
>>> cust.name
'Justin'
>>> cust.age
45
>>>
```

如果想從某個來源載入 JSON 格式進行解碼，可以使用 json.load()，它的第一個參數接受一個具有 read() 方法的物件，例如檔案物件，因此，若要從檔案中讀取 JSON 並解碼，可以如下：

```
>>> with open('test.txt') as f:
...     print(json.load(f))
...
{'name': 'Justin', 'childs': [{'name': 'Irene', 'age': 12}], 'age': 45}
>>>
```

10.3.3 XML

身為開發者，對於 XML 必然不陌生，它可用來表現階層式的資料，具有威力強大的描述能力，簡單的 XML 一目瞭然，然而它也可以很複雜，如果未曾聽過 XML，或想瞭解更多 XML 的說明，建議參考〈XML Tutorial[12]〉。

在處理 XML 時，Python 提供了幾個模組，xml.dom 模組是基於 W3C DOM（Document Object Model）規範[13]的實現，最熟悉這套規範的應該是 JavaScript 開發者，DOM 需要將整個 XML 文件讀入進行剖析，以便能夠對文件的各部份進行存取。

xml.sax 模組是基於 SAX（Simple API for XML）的實現，SAX 並不存在一個標準，Java 對 SAX 的實現被視為一種非正式規範，SAX 不會一次讀入整個 XML 文件，是基於事件的 API，一邊讀取 XML 文件一邊進行剖析，開發者可針對剖析過程感興趣的各個事件進行處理，適用於大型 XML 文件的處理。

---

[12] XML Tutorial：www.w3schools.com/xml/

[13] W3C DOM：www.w3.org/DOM/

　　然而實際上，**對於常見的 XML 處理，Python 建議使用 `xml.etree.`**
`ElementTree`，相對於 DOM 來說，`ElementTree` 更為簡單而快速，相對於 SAX 來說，也有 `iterparse()` 可以使用，可以在讀取 XML 文件的過程中即時進行處理。

　　由於 XML 的處理是個範圍很大的議題，完整描述不是本節之目的，因此接下來只針對 `xml.etree.ElementTree` 進行說明。

提示 >>> `xml.etree.cElementTree` 模組是用 C 實作的模組，介面上與
`xml.etree.ElementTree` 相同，然而處理速度快速，不過，並非每個平台上的
Python 環境都有 `cElementTree`，可以使用以下方式嘗試使用 `cElementTree`，
若沒有就會使用 `ElementTree`：

```
try:
    import xml.etree.cElementTree as ET
except ImportError:
    import xml.etree.ElementTree as ET
```

◎ 剖析 XML

　　接下來的 XML 剖析，將使用 Python 的 `xml.etree.ElementTree` 官方文件中簡單的 XML 範例 country_data.xml：

```xml
<?xml version="1.0"?>
<data>
    <country name="Liechtenstein">
        <rank>1</rank>
        <year>2008</year>
        <gdppc>141100</gdppc>
        <neighbor name="Austria" direction="E"/>
        <neighbor name="Switzerland" direction="W"/>
    </country>
    <country name="Singapore">
        <rank>4</rank>
        <year>2011</year>
        <gdppc>59900</gdppc>
        <neighbor name="Malaysia" direction="N"/>
    </country>
    <country name="Panama">
        <rank>68</rank>
        <year>2011</year>
        <gdppc>13600</gdppc>
        <neighbor name="Costa Rica" direction="W"/>
        <neighbor name="Colombia" direction="E"/>
    </country>
</data>
```

如果有個 XML 檔案，那麼可以使用 xml.etree.ElementTree 的 parse() 來載入，它會傳回 ElementTree 實例，代表著整個 XML 樹，可以使用 getroot() 來取得根節點，這會傳回一個 Element 實例，一個 Element 就代表著 XML 中一個標籤元素，它是 iterable，對其進行迭代，可以取得它的子元素。

例如，底下示範了如何取得 XML 中全部的標籤名稱：

```
>>> import xml.etree.ElementTree as ET
>>>
>>> def show_tags(elem, ident = ' '):
...     print(ident + elem.tag)
...     for child in elem:
...         show_tags(child, ident + ' ')
...
>>> tree = ET.parse('country_data.xml')
>>> show_tags(tree.getroot())
 data
   country
     rank
     year
     gdppc
     neighbor
     neighbor
   country
     rank
     year
     gdppc
     neighbor
   country
     rank
     year
     gdppc
     neighbor
     neighbor
>>>
```

若想取得標籤間包含的文字，可以使用 Element 的 text，若想取得標籤上設定的屬性，可以使用 Element 的 attrib，這會傳回一個 dict，鍵值分別就是屬性名稱與值。

注意 >>> 標籤間的換行與縮排，也會被視為標籤文字，例如 country_data.xml 的 \<data> 標籤，若使用其 Element 實例的 text，就會取得換行與縮排字元。

可以使用 fromstring() 來剖析 XML 字串，這會直接傳回一個 Element 實例，代表著 XML 字串的根節點。例如：

```
>>> import xml.etree.ElementTree as ET
>>> xml = '''<?xml version="1.0"?>
```

```
...    <data>
...        <country name="Liechtenstein">
...            <rank>1</rank>
...            <year>2008</year>
...            <gdppc>141100</gdppc>
...            <neighbor name="Austria" direction="E"/>
...            <neighbor name="Switzerland" direction="W"/>
...        </country>
... </data>'''
>>> root = ET.fromstring(xml)
>>> root
<Element 'data' at 0x00000283E2C0E310>
>>> root.tag
'data'
>>>
```

除了以迭代的方式來取得各標籤的 `Element` 實例之外，`ElementTree` 或
`Element` 還提供了 `find()`、`findall()`、`iterfind()` 等方法，可以指定 XPath 表示
式（XPath expressions[14]）來取得想要的標籤。例如：

```
>>> tree = ET.parse('country_data.xml')
>>> tree.find('country')
<Element 'country' at 0x00000283E2C19DB0>
>>> tree.findall('country/neighbor')
[<Element 'neighbor' at 0x00000283E2C19EF0>, <Element 'neighbor' at
0x00000283E2C19F40>, <Element 'neighbor' at 0x00000283E2C1D130>, <Element
'neighbor' at 0x00000283E2C1D2C0>, <Element 'neighbor' at
0x00000283E2C1D310>]
>>> tree.iterfind('country/neighbor')
<generator object prepare_child.<locals>.select at 0x00000283E2C09740>
>>>
```

可以看到，`find()` 傳回第一個找到的子元素，`findall()` 會以 `list` 傳回找到
的全部子元素，`iterfind()` 會建立一個產生器，可用來逐步迭代，可支援的 XPath
表示式，可參考〈XPath support[15]〉。

如果有個 `Element`，想要直接取得 XML 字串的 `bytes` 資料，可以使用
`tostring()`：

```
>>> country = tree.find('country')
>>> ET.tostring(country)
b'<country name="Liechtenstein">\n        <rank>1</rank>\n
<year>2008</year>\n        <gdppc>141100</gdppc>\n        <neighbor direction="E"
```

---

[14] XPath expressions：www.w3.org/TR/xpath

[15] XPath support：docs.python.org/3/library/xml.etree.elementtree.html#elementtree-xpath

```
name="Austria" />\n          <neighbor direction="W" name="Switzerland" />\n
</country>\n    '
>>>
```

修改 XML

如果想修改 XML 文件的內容，可以使用 Element 的 append() 來附加元素，使用 insert() 來插入元素，使用 remove() 可以移除元素，使用 set() 來設定元素屬性等。例如，可以為 country_data.xml 新增一個\<country name="Taiwan">\<rank>1\</rank>\</country>：

```
>>> country = ET.Element('country')
>>> country.set('name', 'Taiwan')
>>> rank = ET.Element('rank')
>>> rank.text = '1'
>>> country.append(rank)
>>> tree.getroot().append(country)
>>> print(ET.tostring(tree.getroot()).decode())
<data>
    <country name="Liechtenstein">
        <rank>1</rank>
        <year>2008</year>
        <gdppc>141100</gdppc>
        <neighbor direction="E" name="Austria" />
        <neighbor direction="W" name="Switzerland" />
    </country>
    <country name="Singapore">
        <rank>4</rank>
        <year>2011</year>
        <gdppc>59900</gdppc>
        <neighbor direction="N" name="Malaysia" />
    </country>
    <country name="Panama">
        <rank>68</rank>
        <year>2011</year>
        <gdppc>13600</gdppc>
        <neighbor direction="W" name="Costa Rica" />
        <neighbor direction="E" name="Colombia" />
    </country>
<country name="Taiwan"><rank>1</rank></country></data>
>>> tree.write('sample.xml')
>>>
```

範例中也看到了，如果想將修改後的 ElementTree 寫至 XML 檔案，可以使用 write() 方法。

◉ 漸進地剖析 XML

如果打算一邊讀取 XML 一邊進行剖析，可以使用 `iterparse()`，可以針對標籤的 `'start'`、`'end'`、`'start-ns'`、`'end-ns'` 事件發生時，進行相對應的處理，預設 `iterparse()` 只回報 `'end'` 事件，若要指定其他事件回報，可以指定一個 `tuple` 給 events 參數。

例如，若想將 country_data.xml 的 `country` 標籤中 `name` 屬性取出，置於 `<country></country>` 之間，可以如下：

```
>>> doc = ET.iterparse('country_data.xml', ('start', 'end'))
>>> for event, elem in doc:
...     if event == 'start' and elem.tag == 'country':
...         print('<country>{}'.format(elem.attrib['name']), end = '')
...     elif event == 'end' and elem.tag == 'country':
...         print('</country>')
...
<country>Liechtenstein</country>
<country>Singapore</country>
<country>Panama</country>
>>>
```

10.4　重點複習

如果要序列化 Python 物件，可以使用內建的 `pickle` 模組。使用 `pickle` 進行物件序列化時，會將 Python 物件轉換為 `bytes`，在 Python 的術語中，這個過程稱為 Pickling，相反的操作則稱為 unpickling，會將 `bytes` 轉換為 Python 物件。

Python 使用 pickling、unpickling 來稱呼，是為了避免與 serialization、marshalling 等類似的名詞混淆。

在 `pickle` 模組的使用上，若想將物件轉換為 `bytes`，可以使用 `dumps()` 函式，若想將代表物件的 `bytes` 轉換為物件，可以使用 `loads()` 函式。

如果無法進行 pickling 或 unpickling，會引發 `PicklingError` 或 `UnpicklingError`（父類別皆為 `PickleError`）。

pickling 時實際採用的格式，是 Python 的專屬格式，`pickle` 的保證是能向後相容未來的新版本。

shelve 物件行為上像是字典的物件，鍵的部份必須是字串，值的部份可以是 pickle 模組可處理的 Python 物件，它直接與一個檔案關聯，使用上就像個簡單的資料庫介面。

DB-API 2.0 是由 PEP 249 規範，所有的資料庫介面都應該符合這個規範，以便撰寫程式時能有一致的方式，撰寫出來的程式也便於跨資料庫執行。

Python 內建了 SQLite 資料庫，這是個用 C 語言撰寫的輕量級資料庫，資料庫本身的資料可以儲存在檔案，或者是記憶體之中，後者對於資料庫應用程式的測試非常的方便。

若想使用 SQLite 作為資料庫，並撰寫 Python 程式與資料庫進行操作，可以使用 sqlite3 模組，這個模組遵循 DB-API 2.0 的規範而實作。可以傳給 connect()一個':memory:'字串，這樣就會在記憶體中建立一個資料庫。

Connection 物件實作了情境管理器，可以搭配 with 陳述來使用，在 with 區塊的動作完成之後，會自動 commit()與 close()，若發生例外，會自動 rollback()。

Cursor 本身是個迭代器，每一次的迭代會呼叫 Cursor 的 fetchone()方法。Cursor 的 execute()方法本身可以將 SQL 語句參數化，有兩種參數化的方式：使用問號（?）或具名佔位符號。

交易的四個基本要求是原子性（Atomicity）、一致性（Consistency）、隔離行為（Isolation behavior）與持續性（Durability），依英文字母首字簡稱為 ACID。

除了一些會隱含地提交之情況，sqlite3 模組的預設實作，不會自動提交，必須自行呼叫 Connection 的 commit()來進行提交，如果交易過程因為發生錯誤或其他情況，必須撤回交易時，可以呼叫 Connection 的 rollback()撤回操作。

不設隔離性，在多個連線存取資料庫的情況下，就會引發資料不一致的問題。

CSV 的全名為 Comma Separated Values，是一種通用在試算表、資料庫間的資料交換格式。Python 提供 csv 模組，可隱藏 CSV 的讀寫細節，讓開發人員輕鬆處理 CSV 格式。

JSON 全名 JavaScript Object Notation，為 JavaScript 物件實字的子集，規範於 ECMA-404。

在 JSON 的物件格式之中：

■ 名稱必須用""雙引號包括。

■ 值可以是""雙引號包括的字串，或者是數字、`true`、`false`、`null`、JavaScript 陣列（相當於 Python 的 `list`）或子 JSON 格式。

Python 內建了 `json` 模組，API 的使用上類似 `pickle`。

對於常見的 XML 處理，Python 建議使用 `xml.etree.ElementTree`，相對於 DOM 來說，`ElementTree` 更為簡單而快速，相對於 SAX 來說，也有 `iterparse()` 可以使用，可以在讀取 XML 文件的過程中即時進行處理。

10.5 課後練習

實作題

1. 請使用 sqlite3 模組，改寫 10.1.1 的 dvdlib_pickle.py，使之能將 DVD 資訊
   存至資料庫，假設 DVD 的名稱是不重複的，並且會有以下的執行結果：

   ```
   dvd1 = DVD('Birds', 2018, 8, 'Justin Lin')
   dvd1.save()
   dvd2 = DVD.load('Birds')
   print(dvd2) # 顯示 DVD('Birds', 2018, 8, 'Justin Lin')
   ```

2. 請撰寫一個 dict_to_xml() 函式，可以從一個簡單的 dict 物件建立 XML 字
   串，第一個參數可指定根標籤。舉例來說，若以 dict_to_xml('user', {'age' :
   45, 'name' : 'Justin'}) 呼叫函式，它會傳回 '<user><age>45</age><name>
   Justin</name></user>'。

常用內建模組

11.1　日期與時間

　　大多數的開發者，對於日期與時間通常是漫不經心，使用著似是而非的方式處理，因此，在正式認識 Python 提供的時間處理 API 前，得先來瞭解一些時間、日期的時空歷史等議題，如此才會知道，時間日期確實是個很複雜的議題，而使用程式來處理時間日期，也不單只是使用 API 的問題。

11.1.1　時間的度量

　　想度量時間，得先有個時間基準，大多數人知道格林威治（Greenwich）時間，那麼就先從這個時間基準開始認識。

◎ 格林威治標準時間

　　格林威治標準時間（Greenwich Mean Time），經常簡稱 **GMT 時間**，一開始是參考自格林威治皇家天文台的標準太陽時間，格林威治標準時間的正午是太陽抵達天空最高點之時，由於後面將述及的一些源由，**GMT 時間常不嚴謹（且有爭議性）地當成是 UTC 時間**。

　　GMT 透過觀察太陽而得，然而地球公轉軌道為橢圓形且速度不一，本身自轉亦緩慢減速中，因而會有越來越大的時間誤差，現在 GMT 已不作為標準時間使用。

◎ 世界時

　　世界時（Universal Time, UT）是藉由觀測遠方星體跨過子午線（meridian）而得，這會比觀察太陽來得準確一些，西元 1935 年，International Astronomical Union 建議使用更精確的 UT 來取代 GMT，**在 1972 年導入 UTC 之前，GMT 與 UT 是相同的。**

◎ 國際原子時

　　雖然觀察遠方星體會比觀察太陽來得精確，不過 UT 基本上仍受地球自轉速度影響而有誤差。**1967 年定義的國際原子時（International Atomic Time,**

TAI），將秒的國際單位（International System of Units, SI）定義為銫（caesium）原子輻射振動 9192631770 周耗費的時間，時間從 UT 的 1958 年開始同步。

世界協調時間

由於基於銫原子振動定義的秒長是固定的，然而地球自轉會越來越慢，這會使得 TAI 時間持續超前基於地球自轉的 UT 系列時間，為了保持 TAI 與 UT 時間不要差距過大，因而提出了具有折衷修正版本的世界協調時間（Coordinated Universal Time），常簡稱為 **UTC**。

UTC 經過了幾次的時間修正，為了簡化日後對時間的修正，**1972 年 UTC 採用了閏秒（leap second）修正**（1 January 1972 00:00:00 UTC 實際上為 1 January 1972 00:00:10 TAI），確保 UTC 與 UT 相差不會超過 0.9 秒，加入閏秒的時間通常在 6 月底或 12 月底，由巴黎的 International Earth Rotation and Reference Systems Service 決定何時加入閏秒。

在撰寫本章的這個時間點，最近一次的閏秒修正為 2016 年 12 月 31 日，為第 27 次閏秒修正，當時 TAI 已超前 UTC 有 37 秒之長。

Unix **時間**

Unix 系統的時間表示法，定義為 **UTC 時間 1970 年（Unix 元年）1 月 1 日 00:00:00 為起點而經過的秒數**，不考慮閏秒修正，用以表達時間軸上某一**瞬間**（instant）。

epoch

某個特定時間的起點，時間軸上某一瞬間。例如 Unix epoch 選為 UTC 時間 1970 年 1 月 1 日 00:00:00，不少發源於 Unix 的系統、平台、軟體等，也都選擇這個時間作為時間表示法的起算點，例如稍後要介紹的 time.time() 傳回的數字，也是從 1970 年（Unix 元年）1 月 1 日 00:00:00 起經過的秒數。

提示 》》 以上是關於時間日期的重要整理，足以瞭解後續 API 該如何使用，有機會的話，應該在維基百科上，針對方才談到的主題，詳細認識時間與日期。

就以上這些說明來說有幾個重點：

- 就目前來說，即使標註為 GMT（無論是文件說明，或者是 API 的日期時間字串描述），實際上談到時間指的是 UTC 時間。

- 秒的單位定義是基於 TAI，也就是銫原子輻射振動次數。

- UTC 考量了地球自轉越來越慢而有閏秒修正，確保 UTC 與 UT 相差不會超過 0.9 秒。最近一次的閏秒修正為 2016 年 12 月 31 日，當時 TAI 實際上已超前 UTC 有 37 秒之長。

- Unix 時間是 1970 年 1 月 1 日 00:00:00 為起點而經過的秒數，不考慮閏秒，不少發源於 Unix 的系統、平台、軟體等，也都選擇這個時間作為時間表示法的起算點。

11.1.2　年曆與時區簡介

度量時間是一回事，表達日期又是另一回事，前面談到時間起點，都是使用公曆，中文世界又常稱為陽曆或西曆，在談到公曆之前，得稍微往前談一下其他曆法。

◎ 儒略曆

儒略曆（Julian calendar）是現今西曆的前身，用來取代羅馬曆（Roman calendar），於西元前 46 年被 Julius Caesar 採納，西元前 45 年實行，約於西元 4 年至 1582 年之間廣為各地採用。**儒略曆修正了羅馬曆隔三年設置一閏年的錯誤，改採四年一閏。**

◎ 格里高利曆

格里高利曆（Gregorian calendar）改革了儒略曆，由教宗 Pope Gregory XIII 於 1582 年頒行，**將儒略曆 1582 年 10 月 4 日星期四的隔天，訂為格里高利曆 1582 年 10 月 15 日星期五。**

　　不過**各個國家改曆的時間並不相同**，像英國、大英帝國（包含現今美國東部）改曆的時間是在 1752 年 9 月初，因此在 Unix/Linux 中查詢 1752 年月曆，會發現 9 月平白少了 11 天。

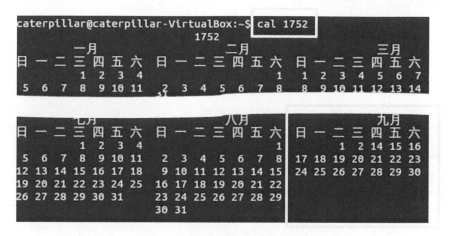

圖 11.1 Linux 中查詢 1752 年月曆

◎ ISO8601 標準

　　在一些相對來說較新的時間日期 API 應用場合中，你可能會看過 ISO8601，**嚴格來說 ISO8601 並非年曆系統，而是時間日期表示方法的標準，用以統一時間日期的資料交換格式**，像是 yyyy-mm-ddTHH:MM:SS.SSS、yyyy-dddTHH:MM:SS.SSS、yyyy-Www-dTHH:MM:SS.SSS 之類的標準格式。

　　ISO8601 在資料定義上大部份與格里高利曆相同，因而有些處理時間日期資料的程式或 API，為了符合時間日期資料交換格式的標準，會採用 ISO8601。不過還是有些輕微差別。像是**在 ISO8601 的定義中，19 世紀是指 1900 至 1999 年（包含該年）**，而格里高利曆的 19 世紀是指 1801 年至 1900 年（包含該年）。

◎ 時區

　　至於時區（Time zones），也許是各種時間日期的議題中最複雜的，每個地區的標準時間各不相同，因為這牽涉到地理、法律、經濟、社會甚至政治等問題。

從地理上來說，由於地球是圓的，基本上一邊白天另一邊就是夜晚，為了讓人們對時間的認知符合作息，因而設置了 **UTC 偏移（offset）**，大致上來說，經度每 15 度是偏移一小時，考量了 UTC 偏移的時間表示上，通常會在時間的最後標識 Z 符號。

不過有些國家的領土橫跨的經度很大，一個國家有多個時間反而造成困擾，不一定採取每 15 度偏移一小時的作法，像美國僅有四個時區，而中國、印度只採單一時區。

除了時區考量之外，有些高緯度國家，夏季、冬季日照時間差異很大，為了節省能源會儘量利用夏季日照，因而實施**日光節約時間（Daylight saving time）**，也稱為**夏季時間（Summer time）**，基本上就是在實施的第一天，讓白天的時間增加一小時，而最後一天結束後再調整一小時回來。

臺灣也曾實施過日光節約時間，後來因為效益不大而取消，臺灣現在許多開發者，多半不知道日光節約時間，因而會踩到誤區。舉例來說，臺灣 1975 年 3 月 31 日 23 時 59 分 59 秒的下一秒，是從 1975 年 4 月 1 日 1 時 0 分 0 秒開始。

如果得認真面對時間日期處理，認識以上的基本資訊是必要的，至少應該知道，一年的秒數絕對不是單純的 365 * 24 * 60 * 60，更不應該基於這類錯誤的觀念來進行時間與日期運算。

11.1.3　使用 **time** 模組

如果想獲取系統的時間，Python 的 **time** 模組提供了一層介面，用來呼叫各平台上的 C 程式庫函式，它提供的相關函式，通常與 epoch 有關。

🌐 **time()、gmtime()** 與 **localtime()**

雖然大多數的平台都採取與 Unix 時間相同的 epoch，也就是 1970 年 1 月 1 日 00:00:00 為起點，不過，若想確定你的平台上的 epoch，也可以呼叫 time.gmtime(0) 來確認。

```
>>> import time
>>> time.gmtime(0)
time.struct_time(tm_year=1970, tm_mon=1, tm_mday=1, tm_hour=0, tm_min=0,
tm_sec=0, tm_wday=3, tm_yday=1, tm_isdst=0)
>>>
```

gmtime() 傳回了 struct_time 實例，是個具有 namedtuple 介面的物件，可以使用索引或屬性名稱來取得對應的年、月、日等數值，**採用的是 UTC**（雖然 gmtime() 名稱上有 gmt 字樣），相關索引與屬性名稱會得到的值如下表所示：

表 11.1 struct_time 的索引與屬性

索引	屬性	值
0	tm_year	年，例如 2016
1	tm_mon	月，範圍 1 到 12
2	tm_mday	日，範圍 1 到 31
3	tm_hour	時，範圍 0 到 23
4	tm_min	分，範圍 0 到 59
5	tm_sec	秒，範圍 0 到 61
6	tm_wday	範圍 0 到 6，星期一為 0
7	tm_yday	範圍 1 到 366
8	tm_isdst	目前時區是否處於日光節約時間，1 為是，0 為否，-1 為未知

tm_sec 的值為 0 到 61，60 是為了閏秒，61 是為了一些歷史性的因素而存在。time.gmtime(0) 表示從 epoch 起算經過了 0 秒，如果不指定數字，表示取得目前的時間並傳回 struct_time 實例，目前的時間是指透過 time.time() 取得從 epoch（使用 UTC）至目前經過的秒數。例如：

```
>>> time.gmtime()
time.struct_time(tm_year=2020, tm_mon=9, tm_mday=15, tm_hour=3, tm_min=44,
tm_sec=36, tm_wday=1, tm_yday=259, tm_isdst=0)
>>> time.gmtime(time.time())
time.struct_time(tm_year=2020, tm_mon=9, tm_mday=15, tm_hour=3, tm_min=44,
tm_sec=49, tm_wday=1, tm_yday=259, tm_isdst=0)
>>> time.time()
1600141499.387509
>>>
```

UTC 是絕對時間，與時區無關，也沒有日光節約時間的問題，因此 tm_isdst 的值是 0。**time.time()** 傳回的是浮點數，取得的秒數精度是否能到秒以下的單位，要看系統而定。

簡單來說，**time** 模組提供的是低階的機器時間觀點，也就是從 **epoch** 起經過的秒數，然而有些輔助函式，可以作些簡單的轉換，以便成為人類可理解的時間概念，除了 gmtime() 可取得 UTC 時間之外，localtime() 可提供目前所在時區的時間，同樣地，localtime() 可指定從 epoch 起經過的秒數，不指定時表示取得目前的系統時間，傳回的是 struct_time 實例：

```
>>> time.localtime()
time.struct_time(tm_year=2020, tm_mon=9, tm_mday=15, tm_hour=11, tm_min=46,
tm_sec=14, tm_wday=1, tm_yday=259, tm_isdst=0)
>>> time.gmtime()
time.struct_time(tm_year=2020, tm_mon=9, tm_mday=15, tm_hour=3, tm_min=46,
tm_sec=47, tm_wday=1, tm_yday=259, tm_isdst=0)
>>>
```

看到了嗎？臺灣的時區與 UTC 差了 8 小時，臺灣已經不實施日光節約時間了，因此 tm_isdst 的值是 0。

剖析時間字串

如果有個代表時間的字串，想剖析為 struct_time 實例，可以使用 strptime() 函式。例如：

```
>>> time.strptime('2020-05-26', '%Y-%m-%d')
time.struct_time(tm_year=2020, tm_mon=5, tm_mday=26, tm_hour=0, tm_min=0,
tm_sec=0, tm_wday=1, tm_yday=147, tm_isdst=-1)
>>>
```

strptime() 的第一個參數指定代表時間的字串，第二個參數為格式設定，可用的格式設定可參考 time.strftime() 的說明[1]。這是個從字串剖析而來的時間，未考量時區資訊，無法確定是否採取日光節約時間，因此 tm_isdst 的值為 -1。

gmtime()、localtime() 與 strptime() 都可以傳回 struct_time 實例，相對地，如果有個 struct_time 物件，想轉成從 epoch 起經過之秒數，可以使用 mktime()。例如：

```
>>> d = time.strptime('2020-05-26', '%Y-%m-%d')
>>> time.mktime(d)
1590422400.0
>>>
```

---

[1] time.strftime()：docs.python.org/3/library/time.html#time.strftime

◉ 時間字串格式

可以使用 ctime() 取得簡單的時間字串描述，若不指定數字，會使用 time() 取得的值，實際上，ctime(secs) 是 asctime(localtime(secs)) 的封裝，asctime() 可指定 struct_time 實例，取得一個簡單的時間字串描述，若不指定 struct_time，則使用 localtime() 傳回值。

```
>>> time.ctime()
'Tue Sep 15 15:41:30 2020'
>>> time.asctime()
'Tue Sep 15 15:41:44 2020'
>>>
```

有時會想決定時間的字串描述格式，這時可以使用 strftime()，它接受一個格式指定與 struct_time 實例，可用的格式設定，同樣可參考 time.strftime() 的說明，若不指定 struct_time 實例，則使用 localtime() 的值。例如，底下將 '2020-05-26' 轉換為 '26-05-2020'：

```
>>> d = time.strptime('2020-05-26', '%Y-%m-%d')
>>> time.strftime('%d-%m-%Y', d)
'26-05-2020'
>>>
```

雖然有些輔助函式，可以做些簡單的轉換，然而 time 模組提供的終究是低階的機器時間觀點，用來表示人類可理解的時間概念並不方便，也不便於以人類可理解的時間單位來做運算，若想從人類的觀點來表示時間，可以進一步使用 datetime 模組。

11.1.4　使用 datetime 模組

人類在時間表達上有時只需要日期、有時只需要時間，有時會同時表達日期與時間，通常不會特別聲明時區，可能只會提及年、月、年月、月日、時分秒等。

◉ datetime()、date() 與 time()

對於人類的時間表達，datetime 模組提供 datetime（包括日期與時間）、date（只有日期）、time（只有時間）等類別來定義，以下是幾個表示人類時間概念的示範：

```
>>> import datetime
>>> d = datetime.date(1975, 5, 26)
>>> (d.year, d.month, d.day)
(1975, 5, 26)
>>> t = datetime.time(11, 41, 35)
>>> (t.hour, t.minute, t.second, t.microsecond)
(11, 41, 35, 0)
>>> dt = datetime.datetime(1975, 5, 26, 11, 41, 35)
>>> (dt.year, dt.month, dt.day, dt.hour, dt.minute, dt.second)
(1975, 5, 26, 11, 41, 35)
>>>
```

提示 >>> datetime 或 date 的日期是代表著格里高利曆，不過嚴格來說，是預期的格里高利曆（Proleptic Gregorian calendar[2]），因為它擴充了格里高利曆，涵蓋 1582 年開始施行格里高利曆前的日子。

以上的 **datetime、date、time 預設沒有時區資訊，單純用來表示一個日期或時間概念**。datetime()、date() 與 time() 會進行基本的範圍判斷，像是若設定了不存在的日期，例如 date(2014, 2, 29)，就會拋出 ValueError，因為 2014 年並非閏年，不會有 2 月 29 日。

如果想使用今天的日期時間來建立 datetime 或 date 實例，可以使用 datetime 或 date 的 today()，如果想使用現在的時間來建立 datetime 實例，可以使用 datetime 的 now()。若想使用 UTC 時間來建立 datetime 實例，可以使用 datetime 的 utcnow()。例如：

```
>>> from datetime import datetime, date
>>> datetime.today()
datetime.datetime(2020, 9, 15, 15, 44, 34, 764215)
>>> date.today()
datetime.date(2020, 9, 15)
>>> datetime.now()
datetime.datetime(2020, 9, 15, 15, 44, 57, 419399)
>>> datetime.utcnow()
datetime.datetime(2020, 9, 15, 7, 45, 7, 593265)
>>>
```

就算使用了 datetime 或 date 的 today()，或者是 datetime 的 now()、utcnow()，它們預設都不帶時區資訊，因此嚴格來說，不能說

2

Proleptic Gregorian calendar：en.wikipedia.org/wiki/Proleptic_Gregorian_calendar datetime.utcnow()建立的 datetime 實例代表著 UTC 時間，像是上例最後的 datetime.datetime(2020, 9, 15, 7, 45, 7, 593265)，純綷就只是代表著 2020 年 9 月 15 日 7 點 45 分 7 秒 593265 微秒這個時間概念罷了。

> **提示 》》** 就 API 本身來說，datetime、date、time 不帶時區資訊，不過若程式運行時不需處理時區轉換問題，通常所在時區就暗示著是 datetime、date、time 的時區，因為人們若不特別提及時區，其實就是指本地時區居多。

如果有個 datetime 或 date 實例，想將它們包含的時間概念轉換為 UTC 時間戳記（Time stamp），方式是透過 datetime 或 date 實例的 timetuple() 傳回 time.struct_time，然後再透過 time.mktime()將之轉為 UTC 時間戳記。例如：

```
>>> import time
>>> now = datetime.now()
>>> st = now.timetuple()
>>> time.mktime(st)
1600156034.0
>>>
```

如果有個時間戳記，也可以透過 datetime 或 date 的 fromtimestamp() 來建立 datetime 或 date 實例。例如：

```
>>> now = time.time()
>>> datetime.fromtimestamp(now)
datetime.datetime(2020, 9, 15, 15, 47, 33, 241343)
>>> date.fromtimestamp(now)
datetime.date(2020, 9, 15)
>>>
```

時間字串描述與剖析

datetime、date、time 實例都有個 isoformat()方法，可以傳回時間字串描述，採用 ISO8601 標準，當日期與時間同時表示時，預設會使用 T 來分隔，若必要也可以自行指定。例如：

```
>>> datetime.now().isoformat()
'2020-09-15T15:48:15.310749'
>>> datetime.now().isoformat(' ')
'2020-09-15 15:48:27.170458'
>>>
```

如果想格式化時間字串，datetime、date 或 date 實例，有 strftime() 方法可以使用，使用上類似 time 模組的 strftime()，若要剖析時間字串，可以使用 datetime 類別的 strptime()類別方法，使用上就類似 time 模組的 strptime()，只不過 datetime 類別的 strptime()類別方法，會傳回 datetime 實例。例如：

```
>>> date.today().isoformat()
'2020-09-15'
>>> date.today().strftime('%d-%m-%Y')
'15-09-2020'
>>> datetime.strptime('2020-5-26', '%Y-%m-%d')
datetime.datetime(2020, 5, 26, 0, 0)
>>>
```

日期與時間運算

如果需要進行日期或時間的運算，可以使用 datetime 類別的 timedelta 類別方法，可以建立的時間單位參數有 days、seconds、microseconds、milliseconds、minutes、hours、weeks，指定數字時可以是整數或浮點數。

例如，若有個 datetime 實例表示目前的時間，你想知道加上 3 週又 5 天 8 小時 35 分鐘後的日期時間是什麼，可以如下：

```
>>> from datetime import datetime, timedelta
>>> datetime.now() + timedelta(weeks = 3, days = 5, hours = 8, minutes = 35)
datetime.datetime(2020, 10, 12, 0, 24, 43, 512271)
>>>
```

2014 年 2 月 21 日加 9 天會是幾月幾號呢？2014 年 3 月 2 日？不是喔！

```
>>> date(2014, 2, 21) + timedelta(days = 9)
datetime.date(2014, 3, 1)
>>>
```

實際上是 2014 年 3 月 1 日，使用 timedelta 來進行日期與時間運算會比較可靠的原因在於，它可以處理像是閏年之類的問題。

考量時區

對於日期與時間的處理議題上，只要涉及時區，往往就會變得極端複雜，正如 11.1.2 說的，這牽涉了地理、法律、經濟、社會甚至政治等問題。

　　datetime 實例本身預設並沒有時區資訊，此時單純表示本地時間，然而，它也可以補上時區資訊。**datetime** 類別上的 **tzinfo** 類別，可以繼承以實作時區的相關資訊與操作。從 Python 3.2 開始，**datetime** 類別新增了 **timezone** 類別，它是 **tzinfo** 的子類別，用來提供基本的 UTC 偏移時區實作。

　　舉個例子來說，在建立了一個 datetime 實例時，想要明確設定其表示 UTC 時，可以如下：

```
>>> from datetime import datetime, timezone
>>> utc = datetime(1975, 5, 26, 3, 20, 50, 0, tzinfo = timezone.utc)
>>> utc
datetime.datetime(1975, 5, 26, 3, 20, 50, tzinfo=datetime.timezone.utc)
>>>
```

　　現在，可以說上面的 utc 參考的實例，代表著 UTC 時間了，如果想將 utc 轉換為臺灣時區，由於臺灣時區基本上就是偏移 8 小時，因此可以如下轉換：

```
>>> tz = timezone(offset = timedelta(hours = 8), name = 'Asia/Taipei')
>>> asia_taipei = utc.astimezone(tz)
>>> asia_taipei
datetime.datetime(1975, 5, 26, 11, 20, 50,
tzinfo=datetime.timezone(datetime.timedelta(0, 28800), 'Asia/Taipei'))
>>>
```

　　不過，Python 內建的 timezone 只單純考量了 UTC 偏移，不考量日光節約時間等其他因素，**若需要 timezone 以外的其他時區定義，可以額外安裝社群貢獻的 pytz**[3]**模組**，這可以使用 pip install pytz 來安裝，一但安裝了 pytz 模組，就可以輕鬆地建立一個帶有臺灣時區的 datetime 了：

```
>>> import datetime, pytz
>>> datetime.datetime(1975, 5, 26, 3, 20, 50, 0, tzinfo =
pytz.timezone('Asia/Taipei'))
datetime.datetime(1975, 5, 26, 3, 20, 50, tzinfo=<DstTzInfo 'Asia/Taipei'
LMT+8:06:00 STD>)
>>>
```

　　pytz 的 timezone 可以解決棘手的日光節約時間問題。例如在臺灣時區，1975 年 4 月 1 日 0 時 30 分 0 秒這個時間，其實是不存在的，因為當時還有實施日光節約時間，你可以使用 timezone 的 normalize() 來修正時間：

---

[3]　pytz：pypi.org/project/pytz/

```
>>> tz = pytz.timezone('Asia/Taipei')
>>> d = datetime.datetime(1975, 4, 1, 0, 30, 0, 0, tzinfo = tz)
>>> d
datetime.datetime(1975, 4, 1, 0, 30, tzinfo=<DstTzInfo 'Asia/Taipei'
LMT+8:06:00 STD>)
>>> tz.normalize(d)
datetime.datetime(1975, 4, 1, 1, 24, tzinfo=<DstTzInfo 'Asia/Taipei'
CDT+9:00:00 DST>)
>>>
```

　　如果在考量時區之後，想修正日光節約這類的時間問題，謹記，最後要對 datetime 實例使用 normalize() 方法，就算是使用 timedelta 進行時間運算也不例外。例如在臺灣時區，1975 年 3 月 31 日 23 時 40 分 0 秒加一個小時的時間會是多少呢？

```
>>> d = datetime.datetime(1975, 3, 31, 23, 40, 0, 0, tzinfo = tz)
>>> d + datetime.timedelta(hours = 1)
datetime.datetime(1975, 4, 1, 0, 40, tzinfo=<DstTzInfo 'Asia/Taipei'
LMT+8:06:00 STD>)
>>> tz.normalize(d + datetime.timedelta(hours = 1))
datetime.datetime(1975, 4, 1, 1, 34, tzinfo=<DstTzInfo 'Asia/Taipei'
CDT+9:00:00 DST>)
>>>
```

　　單純地對 d 加上 datetime.timedelta(hours = 1) 的結果是錯的，因為臺灣時區沒有 1975 年 4 月 1 日 0 時 40 分這個時間，使用了 normalize() 之後，才能得到考量了日光節約時間的正確時間。

　　若必須處理時區問題，一個常見的建議是，使用 UTC 來進行時間的儲存或操作，因為 UTC 是絕對時間，不考量日光節約時間等問題，在必須使用當地時區的場合時，再使用 datetime 實例的 astimezone() 做轉換。例如：

```
>>> utc_tz = datetime.timezone.utc
>>> utc = datetime.datetime(1975, 3, 31, 14, 59, 59, tzinfo = utc_tz)
>>> utc.astimezone(pytz.timezone('Asia/Taipei'))
datetime.datetime(1975, 3, 31, 22, 59, 59, tzinfo=<DstTzInfo 'Asia/Taipei'
CST+8
:00:00 STD>)
>>> utc2 = utc + datetime.timedelta(hours = 2)
>>> utc2.astimezone(pytz.timezone('Asia/Taipei'))
datetime.datetime(1975, 4, 1, 1, 59, 59, tzinfo=<DstTzInfo 'Asia/Taipei'
CDT+9:0
0:00 DST>)
>>>
```

可以看到，UTC 時間的 1975 年 3 月 31 日 14 時 59 分 59 秒時，臺灣時區的時間是 1975 年 3 月 31 日 22 時 59 分 59 秒，對 UTC 時間加兩小時後，轉為臺灣時區的時間是正確的 1975 年 4 月 1 日 1 時 59 分 59 秒（而不是 1975 年 4 月 1 日 0 時 59 分 59 秒）。

提示 ❯❯❯　如果需要像圖 11.1 那樣的 Unix 月曆表示，可以使用 calendar 模組[4]。

11.2　日誌

系統中有許多需要記錄的資訊，例如例外發生之後，有些例外必須浮現至使用者介面層就繼續傳播，而對於開發人員或系統人員才有意義的例外，可以記錄下來，那麼該記錄哪些資訊（時間、資訊產生處...）？用何種方式記錄（檔案、資料庫、遠端主機...）？記錄格式（主控台、純文字、XML...）？這些都是在記錄時值得考慮的要素，也不是單純使用 print() 就能解決，這時候，可以使用 Python 提供的 loggoing 模組來進行日誌的任務。

11.2.1　簡介 Logger

使用日誌的起點是 logging.Logger 類別，**一般來說，一個模組只需要一個 Logger 實例，因此，雖然可以直接建構 Logger 實例，不過建議透過 logging.getLogging() 來取得 Logger 實例**。例如：

```
import logging
logger = logging.getLogger(__name__)
```

呼叫 getLogger() 時，可以指定名稱，相同名稱下取得的 Logger 會是同一個實例，通常會使用__name__，因為在模組中__name__就是模組名稱（若模組在套件之中，會包含套件名稱）。

提示 ❯❯❯　如果直接使用 python 執行某個模組，那麼 __name__ 的值會是 '__main__'。

---

[4]　calendar 模組：docs.python.org/3/library/calendar.html

呼叫 getLogger() 時可以不指定名稱，這時會取得根 Logger（root logger），這是什麼意思？這是因為 Logger 實例之間有父子關係，可以使用點「.」來作父子階層關係的區分，**父階層相同的 Logger，父 Logger 的組態相同。** 例如若有個 Logger 名稱為 'openhome'，則名稱 'openhome.some' 與 'openhome.other' 的 Logger，它們的父 Logger 組態都是 'openhome' 名稱的 Logger 組態。

因此，如果使用了套件來管理多個模組，想要套件中的模組在進行日誌時，都使用相同的父組態，可以在套件的 __init__.py 檔案中撰寫：

```python
import logging
logger = logging.getLogger(__name__)
# 其他 logger 組態設定
```

在初次 import 套件中某個模組時，會先執行 __init__.py 中的程式，此時 __name__ 會是套件名稱，例如，若套件名稱為 openhome，那麼 __name__ 就會是 'openhome'，接著執行被 import 的模組時，例如 some 模組，那麼模組中的 __name__ 會是 'openhome.some'，如此就建立了 Logger 之間的父子關係。

取得 Logger 實例之後，可以使用 log() 方法輸出訊息，輸出訊息時可以使用 Level 的靜態成員指定訊息層級（Level）。例如：

logging_demo basic_logger.py

```python
import logging

logger = logging.getLogger(__name__)
logger.log(logging.DEBUG, 'DEBUG 訊息')
logger.log(logging.INFO, 'INFO 訊息')
logger.log(logging.WARNING, 'WARNING 訊息')
logger.log(logging.ERROR, 'ERROR 訊息')
logger.log(logging.CRITICAL, 'CRITICAL 訊息')
```

執行結果如下：

```
WARNING 訊息
ERROR 訊息
CRITICAL 訊息
```

咦？怎麼只看到 logging.WARNING 以下的訊息？logging 中的 DEBUG、INFO、WARNING、ERROR、CRITICAL 代表著不同的日誌等級，它們的實際的值都是數字，分別為 10、20、30、40、50，還有個 NOTSET 的值是 0。

在上面的範例中，還未曾對取得的 Logger 實例做任何設定，因此使用根 Logger 的日誌等級，預設是只有值大於 30，也就是 WARNING、ERROR、CRITICAL 的訊息才會輸出。

Logger 實例本身有個 setLevel()可以使用，不過要記得，**Logger 有階層關係，每個 Logger 處理完自己的日誌動作後，會再委託父 Logger 處理**，就日誌等級這部份來說，若上頭的 logger 使用 setLevel()設定為 logging.INFO，那麼呼叫 logger.log(logging.INFO, 'INFO 訊息')時，雖然可以通過實例本身的日誌等級　，然而繼續委託給父 Logger 處理時，因為父 Logger 組態還是 logging.WARNING，結果訊息還是不會輸出。

因此，在不調整父 Logger 組態的情況下，直接設定 Logger 實例，就只能設定為更嚴格的日誌層級，才會有實際的效用。例如：

`logging_demo basic_logger2.py`

```python
import logging

logger = logging.getLogger(__name__)
logger.setLevel(logging.ERROR)

logger.log(logging.DEBUG, 'DEBUG 訊息')
logger.log(logging.INFO, 'INFO 訊息')
logger.log(logging.WARNING, 'WARNING 訊息')
logger.log(logging.ERROR, 'ERROR 訊息')
logger.log(logging.CRITICAL, 'CRITICAL 訊息')
```

執行結果如下：

```
ERROR 訊息
CRITICAL 訊息
```

如果想調整根 **Logger** 的組態，可以使用 **logging.basicConfig()**，例如，可以指定 level 參數來調整根 Logger 的日誌等級：

```
logging_demo basic_logger3.py
```

```python
import logging

logging.basicConfig(level = logging.DEBUG)

logger = logging.getLogger(__name__)
logger.log(logging.DEBUG, 'DEBUG 訊息')
logger.log(logging.INFO, 'INFO 訊息')
logger.log(logging.WARNING, 'WARNING 訊息')
logger.log(logging.ERROR, 'ERROR 訊息')
logger.log(logging.CRITICAL, 'CRITICAL 訊息')
```

執行結果如下：

```
DEBUG:__main__:DEBUG 訊息
INFO:__main__:INFO 訊息
WARNING:__main__:WARNING 訊息
ERROR:__main__:ERROR 訊息
CRITICAL:__main__:CRITICAL 訊息
```

除了使用 Logger 的 log()方法指定日誌等級之外，還可以使用 debug()、info()、warning()、error()、critical()等便捷方法，除此之外，對於例外，Logger 實例上提供了 exception()方法，日誌等級使用 ERROR，程式碼的語意上比較明確。

11.2.2 　使用 Handler、Formatter 與 Filter

根 Logger 的日誌訊息預設會輸出至 sys.stderr，也就是標準錯誤，如果想修改能輸出至檔案，可以使用 logging.basicConfig()指定 filename 參數。例如 logging.basicConfig(filename = 'openhome.log')，如果子 Logger 實例沒有設定自己的處理器，就會輸出至指定的檔案。

子 Logger 實例可以透過 addHandler()新增自己的處理器，舉例來說，若想設定子 Logger 能輸出至檔案，可以如下：

```
logging_demo handler_demo.py
```

```python
import logging

logging.basicConfig(filename = 'openhome.log')

logger = logging.getLogger(__name__)
```

```
logger.addHandler(logging.FileHandler('errors.log'))
```

```
logger.log(logging.ERROR, 'ERROR 訊息')
```

在 這 個 範 例 中 ， 設 定 了 logging.basicConfig(filename = 'openhome.log')，也在子 Logger 上新增了 FileHandler，謹記子 Logger 處理完日誌訊息之後，還會委託給父 Logger，因此若父 Logger 也有設定處理器，也會使用設定的處理器來處理日誌訊息，結果就是會看到 openhome.log 與 errors.log 兩個檔案。

在 logging 之 中 ， 提 供 了 StreamHandler 、 FileHandler 與 NullHandler，StreamHandler 可以指定輸出至指定的串流，像是 stderr、stdout。FileHandler 可以指定輸出至檔案，而 NullHandler 什麼都不做，有時在開發程式庫時並不是真的想輸出日誌，就可以使用它，除了這三個基本的處理器之外，更多進階的處理器，可以在 logging.handlers 模組[5]中找到，像是可與遠端機器溝通的 SocketHandler，支援 SMTP 的 SMTPHandler 等。

提示 >>>　logging.handlers 模組提供了大量的處理器實作，如果這仍不能滿足你，可以繼承 logging.Handler 或其他處理器類別來實作，實作方式可參考 logging.handlers 模組中的原始碼。

處理器在輸出訊息時，格式預設是使用指定的訊息，若要自訂格式，可以透過 logging.Formatter() 建立 Formatter 實例，再透過處理器的 setFormatter()設定 Formatter 實例。例如，顯示訊息時若想連帶顯示時間、Logger 名稱、日誌等級，可以如下：

logging_demo formatter_demo.py

```
import logging, sys

formatter = logging.Formatter(
    '%(asctime)s - %(name)s - %(levelname)s - %(message)s')
handler = logging.StreamHandler(sys.stderr)
handler.setFormatter(formatter)
```

---

[5]　logging.handlers 模組：docs.python.org/3/library/logging.handlers.html

```
logger = logging.getLogger(__name__)
logger.addHandler(handler)

logger.log(logging.ERROR, '發生了 XD 錯誤')
```

%(asctime)使用人類可理解的時間格式來顯示日誌的時間，%(name)顯示 Logger 名稱，%(levelname)顯示日誌層級，%(message)顯示指定的日誌訊息，除了這些格式設定之外，還有其他許多可用的設定，這部份是由 LogRecord 的屬性來定義，可直接參考官方線上文件[6]。

上面的範例執行結果如下所示：

```
2020-09-15 17:22:17,812 - __main__ - ERROR - 發生了 XD 錯誤
```

如果格式指定中出現了%(asctime)，內部會呼叫 formatTime()來進行時間的格式化，如果想控制時間的格式，可以在使用 logging.Formatter()時指定 datefmt 參數，指定的格式會使用 time.strftime()來進行格式化。

如果不喜歡%這個字元，可以在使用 logging.Formatter()時使用 style 參數指定其他字元。

如果除了使用 DEBUG、INFO、WARNING、ERROR、CRITICAL 等日誌層級過濾訊息是否輸出之外，還想要使用其他條件來過濾哪些訊息可以輸出，可以定義過濾器，你可以繼承 logging.Filter 類別並定義 filter(record)方法，或是定義一個物件具有 filter(record)方法，根據傳入的 LogRecord 取得日誌時的資訊，並傳回 0 決定不輸出訊息，傳回非 0 值決定輸出訊息。

不過 Python 3.2 以後，也可以使用函式作為過濾器了，Logger 或 Handler 實例都有 addFilter()方法，可以新增過濾器。以下是個簡單的範例：

logging_demo filter_demo.py

```python
import logging, sys

logger = logging.getLogger(__name__)
logger.addFilter(lambda record: 'Orz' in record.msg)
```

---

[6] LogRecord attributes：docs.python.org/3/library/logging.html#logrecord-attributes

```
logger.log(logging.ERROR, '發生了 XD 錯誤')
logger.log(logging.ERROR, '發生了 Orz 錯誤')
```

在這個範例中，針對某個字眼進行了過濾，只有訊息中包含'Orz'才會顯示出來：

```
發生了 Orz 錯誤
```

有關於 LogRecord 上可用的屬性，同樣可參考官方線上文件。

提示 »»　設定過濾器時別忘了，子 Logger 實例過濾後的訊息，還會再委託父 Logger，因此，若無法通過父 Logger 的過濾，訊息仍舊不會顯示。關於 Logger 進行日誌的整個流程，可以參考〈Logging Flow[7]〉。

11.2.3　使用 `logging.config`

以上都是使用程式撰寫方式，改變 Logger 物件的組態，實際上，可以透過 logging.config 模組，使用組態檔案來設定 Logger 組態，這很方便，例如程式開發階段，在組態檔案中設定 WARNING 等級的訊息就可輸出，在程式上線之後，若想關閉不會影響程式運行的警訊日誌，以減少程式不必要的輸出（不必要的日誌輸出會影響程式運行效率），只要在組態檔案中做個修改即可。

不過組態檔案的設定細節非常多而複雜，為了讓你有個起點，在 Python 的 logging 模組官方文件中有個範例，是使用設定 Logger 組態的參考範例，當中先舉了個使用程式組態的例子：

```
import logging

# 建立 logger
logger = logging.getLogger('simple_example')
logger.setLevel(logging.DEBUG)

# 建立主控台處理器並設定日誌等級為 DEBUG
ch = logging.StreamHandler()
ch.setLevel(logging.DEBUG)
```

---

7 Logging Flow：docs.python.org/3/howto/logging.html#logging-flow

```
# 建立 formatter
formatter = logging.Formatter('%(asctime)s - %(name)s - %(levelname)s -
%(message)s')

# 將 formatter 設給 ch
ch.setFormatter(formatter)

# 將 ch 加入 logger
logger.addHandler(ch)

# 應用程式的程式碼
logger.debug('debug message')
logger.info('info message')
logger.warning('warn message')
logger.error('error message')
logger.critical('critical message')
```

接著，這個程式被簡化了，相關組態資訊使用了 logging.config.
fileConfig()從組態檔案讀取，不過那是舊式的方法，組態檔案的撰寫格式是
ini，不方便也不易於閱讀，有興趣可以自行參考。

自 Python 3.2 開始，建議改用 **logging.config.dictConfig()**，可使用
dict 物件來設定組態資訊，這邊改寫官方的例子，改用 logging.config.
dictConfig()，方才程式組態的內容被改寫為以下：

logging_demo config_demo.py

```
import logconf
import logging.config

logging.config.dictConfig(logconf.LOGGING_CONFIG)

# 建立 logger
logger = logging.getLogger('simple_example')

# 應用程式的程式碼
logger.debug('debug message')
logger.info('info message')
logger.warning('warn message')
logger.error('error message')
logger.critical('critical message')
```

其中 `logconf` 模組，就是一個撰寫了組態資訊的 logconf.py 檔案：

```python
LOGGING_CONFIG = {
    'version' : 1,
    'handlers' : {
        'console': {
            'class': 'logging.StreamHandler',
            'level': 'DEBUG',
            'formatter': 'simpleFormatter'
        }
    },
    'formatters': {
        'simpleFormatter': {
            'format': '%(asctime)s - %(name)s - %(levelname)s - %(message)s'
        }
    },
    'loggers' : {
        'simple_example' : {
            'level' : 'DEBUG',
            'handlers' : ['console']
        }
    }
}
```

被做為組態檔案的 logconf.py 本身就是 Python 原始碼，組態設定時使用的是 `dict`，最重要的是必須有個'version'鍵名稱，每個處理器、格式器、過濾器或 Logger 實例，都要有個名稱，以便設定時參考之用。`dict` 中可使用的鍵名稱，可參考〈Dictionary Schema Details[8]〉的說明。

若不想使用.py 作為設定檔，也可以使用 JSON，例如建立一個 logconf.json 檔案：

```json
{
    "version" : 1,
    "handlers" : {
        "console": {
            "class": "logging.StreamHandler",
```

---

[8] Dictionary Schema Details：docs.python.org/3/library/logging.config.html#dictionary-schema-details

```
            "level": "DEBUG",
            "formatter": "simpleFormatter"
        }
    },
    "formatters": {
        "simpleFormatter": {
            "format": "%(asctime)s - %(name)s - %(levelname)s - %(message)s"
        }
    },
    "loggers" : {
        "simple_example" : {
            "level" : "DEBUG",
            "handlers" : ["console"]
        }
    }
}
```

要留意的是，JSON 的規範中，必須使用雙引號來含括鍵名稱。有了這個 JSON 檔案，就可以運用 10.3.2 介紹的 json.load()來讀取 JSON，並作為 logging.config.dictConfig()的引數：

logging_demo config_demo2.py

```python
import logging, json
import logging.config

with open('logconf.json') as config:
    LOGGING_CONFIG = json.load(config)
    logging.config.dictConfig(LOGGING_CONFIG)

# 建立 logger
logger = logging.getLogger('simple_example')

# 應用程式的程式碼
logger.debug('debug message')
logger.info('info message')
logger.warning('warning message')
logger.error('error message')
logger.critical('critical message')
```

11.3 　規則表示式

規則表示式(Regular expression)最早是由數學家 Stephen Kleene 於 1956 年提出，主要用於字元字串格式比對，後來在資訊領域廣為應用。Python 提供一些支援規則表示式操作的標準 API，以下將從如何定義規則表示式開始介紹。

11.3.1　簡介規則表示式

　　如果有個字串，想根據某個字元或字串切割，可以使用 str 的 split() 方法，它會傳回切割後各子字串組成的 list。例如：

```
>>> 'Justin,Monica,Irene'.split(',')
['Justin', 'Monica', 'Irene']
>>> 'JustinOrzMonicaOrzIrene'.split('Orz')
['Justin', 'Monica', 'Irene']
>>> 'Justin\tMonica\tIrene'.split('\t')
['Justin', 'Monica', 'Irene']
>>>
```

　　如果切割字串的依據不單只是某個字元或子字串，而是任意單一數字呢？例如，想將 'Justin1Monica2Irene' 依數字切割呢？這個時候 str 的 split() 派不上用場，你需要的是規則表示式。

　　在 Python 中，使用 re 模組來支援規則表示式。例如，若想切割字串，可以使用 re.split() 函式：

```
>>> import re
>>> re.split(r'\d', 'Justin1Monica2Irene')
['Justin', 'Monica', 'Irene']
>>> re.split(r',', 'Justin,Monica,Irene')
['Justin', 'Monica', 'Irene']
>>> re.split(r'Orz', 'JustinOrzMonicaOrzIrene')
['Justin', 'Monica', 'Irene']
>>> re.split(r'\t', 'Justin\tMonica\tIrene')
['Justin', 'Monica', 'Irene']
>>>
```

　　在這邊使用了 re 模組的 split() 函式，第一個參數要以字串來指定規則表示式，在規則表示式中，\d 表示符合一個數字。

　　實際上若使用 Python 的字串表示時，因為 \ 在 Python 字串中被作為轉義（Escape）字元，因此要撰寫規則表示式時，必須撰寫為 '\\d'，這樣當然很麻煩，幸而 Python 可以在字串前加上 r，表示這是個原始字串（Raw string），不要對 \ 做任何轉義動作，因此**在撰寫規則表示式時，建議使用原始字串。**

　　Python 支援大多數標準的規則表示式，想使用 re 模組之前，認識規則表示式是必要的。

規則表示式基本上包括兩種字元：**字面字元（Literals）**與**詮譯字元（Metacharacters）**。**字面字元是指按照字面意義比對的字元**，像是方才在範例中指定的 Orz，指的是三個字面字元 O、r、z 的規則；**詮譯字元是不按照字面比對，在不同情境有不同意義的字元**。

例如^是詮譯字元，規則表示式^Orz 是指行首立即出現 Orz 的情況，也就是此時^表示一行的開頭，但規則表示式[^Orz]是指不包括 O 或 r 或 z 的比對，也就是在[]中時，^表示非之後幾個字元的情況。詮譯字元就像是程式語言中的控制結構之類的語法，**找出並理解詮譯字元想詮譯的概念，對於規則表示式的閱讀非常重要**。

⬤ 字元表示

字母和數字在規則表示式中，都是按照字面意義比對，有些字元之前加上了\之後，會被當作詮譯字元，例如\t 代表按下 Tab 鍵的字元，下表列出 Python 對規則表示式支援的字元表示：

表 11.2 字元表示

字元	說明
字母或數字	比對字母或數字
\\	比對\字元
\num	8 進位數字 num（0 開頭或三個數字）表示字元碼點
\xhh	16 進位數字 hh 表示字元碼點
\uhhhh	16 進位數字 hhhh 表示字元碼點（Python 3.3）
\Uhhhhhhhh	16 進位數字 hhhhhhhh 表示字元碼點（Python 3.3）
\n	換行（\u000A）
\v	垂直定位（\u000B）
\f	換頁（\u000C）
\r	返回（\u000D）
\a	響鈴（\u0007）
\b	退格（\u0008）
\t	Tab（\u0009）

　　詮譯字元在規則表示式中有特殊意義，例如 **! \$ ^ * ( ) + = { } [ ] | \ ： . ?** 等，若要比對這些字元，必須加上轉義（Escape）符號，例如要比對 !，則必須使用 \!，要比對 \$ 字元，則必須使用 \\$。**如果不確定哪些標點符號字元要加上轉義符號，可以在每個標點符號前加上 \，例如比對逗號也可以寫 \，。**

　　如果規則表示式為 XY，那麼表示比對「X 之後要跟隨著 Y」，如果想表示「X 或 Y」，可以使用 X|Y，如果有多個字元要以「或」的方式表示，例如「X 或 Y 或 Z」，可以使用稍後會介紹的字元類表示為 [XYZ]。

◎ 字元類

　　規則表示式中，多個字元可以歸類在一起，成為一個**字元類（Character class）**，字元類會比對文字中是否有「任一個」字元符合字元類中某個字元。**規則表示式中被放在 [] 中的字元就成為一個字元類**。例如，若字串為 'Justin1Monica2Irene3Bush'，想依 1 或 2 或 3 切割字串，規則表示式可撰寫為 [123]：

```
>>> re.split(r'[123]', 'Justin1Monica2Irene3Bush')
['Justin', 'Monica', 'Irene', 'Bush']
>>>
```

　　規則表示式 123 連續出現字元 1、2、3，然而 [] 中的字元是「或」的概念，也就是 [123] 表示「1 或 2 或 3」，**| 在字元類別只是個普通字元，不會被當作「或」來表示。**

　　字元類中可以使用連字號 - 作為字元類詮譯字元，表示一段文字範圍，例如要比對文字中是否有 1 到 5 任一數字出現，規則表示式為 [1-5]，要比對文字中是否有 a 到 z 任一字母出現，規則表示式為 [a-z]，要比對文字中是否有 1 到 5、a 到 z、M 到 W 任一字元出現，規則表示式可以寫為 [1-5a-zM-W]。**字元類中可以使用 ^ 作為字元類詮譯字元，[^] 則為反字元類（Negated character class）**，例如 [^abc] 會比對 a、b、c 以外的字元。

以下為字元類範例列表：

表 11.3 字元類

字元類	說明
[abc]	a 或 b 或 c 任一字元
[^abc]	a、b、c 以外的任一字元
[a-zA-Z]	a 到 z 或 A 到 Z 任一字元
[a-d[m-p]]	a 到 d 或 m 到 p 任一字元（聯集），等於 [a-dm-p]
[a z&&[def]]	a 到 z 且是 d、e、f 的任一字元（交集），等於 [def]
[a-z&&[^bc]]	a 到 z 且不是 b 或 c 的任一字元（減集），等於 [ad-z]
[a-z&&[^m-p]]	a 到 z 且不是 m 到 p 的任一字元，等於 [a-lq-z]

可以看到，字元類中可以再有字元類，把規則表示式想成是語言的話，字元類就像是其中獨立的子語言。

有些字元類很常用，例如經常會比對是否為 0 到 9 的數字，可以撰寫為 [0-9]，或是撰寫為 \d，這類字元被稱為**字元類縮寫**或**預定義字元類（Predefined character class）**，它們不用被包括在 [] 之中，下表列出可用的預定義字元類：

表 11.4 預定義字元類（預設支援 Unicode 模式）

預定義字元類	說明
.	任一字元
\d	比對任一數字字元
\D	比對任一非數字字元
\s	比對任一空白字元
\S	比對任一非空白字元，即 [^\s]
\w	比對任一字元
\W	比對任一非字元，即 [^\w]

就規則表示式本身的發展歷史來說，早期並不支援 Unicode，例如預定義字元類早期就未考量 Unicode 規範，像是 \w 預設只比對 ASCII 字元，在其他程式語言中，可能必須藉由 API 設定為支援 Unicode 模式，才能比對 ASCII 字元以外的字元。

Python 3 預設就支援 Unicode 模式，預定義字元類在比對上不限於 ASCII 字元，例如\w 就可以比對中文字元：

```
>>> re.search(r'\w', '林')
<re.Match object; span=(0, 1), match='林'>
>>>
```

re 模組的 search()函式，可搜尋指定字串中是否有符合規則表示式的文字，若有會傳回 re.Match 物件，若無傳回 None，以上的範例可看出\w 可以比對到中文字元。

類似地，\d 在 Python 中，預設並不只比對 ASCII 數字 0 至 9，**1 2 3 4 5 6 7 8 9 0 1 2 3 4 5 6** 也可以比對成功，如果你撰寫.py 內容如下：

regex unicode_numbers.py

```
import re

matched = re.findall(r'\d', '1 2 3 4 5 6 7 8 9 0 1 2 3 4 5 6 ');
print(matched == list('1 2 3 4 5 6 7 8 9 0 1 2 3 4 5 6 '))
```

re 模組的 findall()函式，會將符合規則表示式的文字收集至 list，因此執行結果會顯示 True。

如果想令預定義字元類僅支援 ASCII，例如令\d 等同於[0-9]，\s 等同於[\t\n\x0B\f\r]，\w 等同於[a-zA-Z0-9_]，必須設置旗標（flag），設置的方式將在 11.3.2 說明。

貪婪、逐步量詞

如果想判斷使用者輸入的手機號碼格式是否為 XXXX-XXXXXXX，其中 X 為數字，雖然規則表示式可以使用\d\d\d\d-\d\d\d\d\d\d，不過更簡單的寫法是\d{4}-\d{6}，{n}是**貪婪量詞（Greedy quantifier）**表示法的一種，表示前面的項目出現 n 次。下表列出可用的貪婪量詞：

表 11.5 貪婪量詞

貪婪量詞	說明
X?	X 項目出現一次或沒有
X*	X 項目出現零次或多次
X+	X 項目出現一次或多次
X{n}	X 項目出現 n 次
X{n,}	X 項目至少出現 n 次
X{n,m}	X 項目出現 n 次但不超過 m 次

　　貪婪量詞之所以貪婪，是因為看到貪婪量詞時，比對器（Matcher）會把符合量詞的文字全部吃掉，再逐步吐出（back-off）文字，看看是否符合貪婪量詞後的規則表示式，如果吐出的部份也符合就比對成功，結果就是**貪婪量詞會儘可能地找出長度最長的符合文字**。

　　例如文字 xfooxxxxxxfoo，若使用規則表示式.*foo 比對，比較器根據.*吃掉了整個 xfooxxxxxxfoo，之後吐出 foo 符合 foo 部份，得到的符合字串就是整個 xfooxxxxxxfoo。

　　若在貪婪量詞表示法後加上?，會成為**逐步量詞（Reluctant quantifier）**，又常稱為**懶惰量詞**，或**非貪婪（non-greedy）量詞**（相對於貪婪量詞來說），比對器是一邊吃，一邊比對文字是否符合量詞與之後的規則表示式，結果就是**逐步量詞會儘可能地找出長度最短的符合文字**。

　　例如文字 xfooxxxxxxfoo 若用規則表示式.*?foo 比對，比對器在吃掉 xfoo 後發現符合.*?foo，接著繼續吃掉 xxxxxxfoo 發現符合，所以得到 xfoo 與 xxxxxxfoo 兩個符合文字。

　　可以使用 re 模組的 findall()來實際看看兩個量詞的差別：

```
>>> re.findall(r'.*foo', 'xfooxxxxxxfoo')
['xfooxxxxxxfoo']
>>> re.findall(r'.*?foo', 'xfooxxxxxxfoo')
['xfoo', 'xxxxxxfoo']
>>>
```

邊界比對

如果有個文字 Justin dog Monica doggie Irene，想依當中單字 dog 切出前後兩個子字串，也就是 Justin 與 Monica doggie Irene 兩個部份，那麼以下結果會讓你失望：

```
>>> re.split(r'dog', 'Justin dog Monica doggie Irene')
['Justin ', ' Monica ', 'gie Irene']
>>>
```

在程式中，doggie 因為當中有 dog 子字串，也被當作切割的依據，才會有這樣的結果，你可以使用\b 標出單字邊界，例如\bdog\b，這就只會比對出 dog 單字。例如：

```
>>> re.split(r'\bdog\b', 'Justin dog Monica doggie Irene')
['Justin ', ' Monica doggie Irene']
>>>
```

邊界比對用來表示文字必須符合指定的邊界條件，也就是定位點，因此這類表示式也常稱為**錨點（Anchor）**，下表列出規則表示式中可用的邊界比對：

表 11.6 邊界比對

邊界比對	說明
^	一行開頭
$	一行結尾
\b	單字邊界
\B	非單字邊界
\A	輸入開頭
\G	前一個符合項目結尾
\Z	非最後終端機（final terminator）的輸入結尾
\z	輸入結尾

分組與參考

可以使用()來將規則表示式分組，除了作為子規則表示式，還可以搭配量詞使用。例如想驗證電子郵件格式，允許的使用者名稱開頭要是大小寫英文字元，之後可搭配數字，規則表示式可以寫為^[a-zA-Z]+\d*，因為@後網域名稱可以有數層，必須是大小寫英文字元或數字，規則表示式可以寫為

([a-zA-Z0-9]+\.)+，其中使用()群組了規則表示式，之後的+表示這個群組的表示式符合一次或多次，最後要是 com 結尾，整個結合起來的規則表示式就是^[a-zA-Z]+\d*@([a-zA-Z0-9]+\.)+com。

若有字串符合了被分組的規則表示式，字串會被捕捉（Capture），以便在稍後**回頭參考（Back reference）**，在這之前，必須知道分組計數，如果有個規則表示式((A)(B(C)))，其中有四個分組，這是以遇到的左括號來計數，所以四個分組分別是：

1. ((A)(B(C)))

2. (A)

3. (B(C))

4. (C)

　　分組回頭參考時，是在\後加上分組計數，表示參考第幾個分組的比對結果。例如，\d\d 要求比對兩個數字，(\d\d)\1 的話，表示要輸入四個數字，輸入的前兩個數字與後兩個數字必須相同，例如輸入 1212 會符合，12 因為符合(\d\d)而被捕捉至分組 1，\1 要求接下來輸入也要是分組 1 的內容，也就是12；若輸入 1234 則不符合，因為 12 雖然符合(\d\d)而被捕捉，然而\1 要求接下來的輸入也要是 12，然而接下來的數字是 34，因而不符合。

　　再來看個實用的例子，["'][^"']*["']比對單引號或雙引號中 0 或多個字元，但沒有比對兩個都要是單引號或雙引號，(["'])[^"']*\1 則比對出前後引號必須一致。

◉ 擴充標記

　　規則表示式中的(?...)代表擴充標記（Extension notation），括號中首個字元必須是?，之後的字元（也就是...的部份），進一步決定了規則表示式的組成意義。

　　舉例來說，方才談過可以使用()分組，Python 預設會對()分組計數，如果不需要分組計數，只是想使用()來定義某個子規則，**可以使用(?:...)來表示不捕捉分組**。例如，若只是想比對郵件位址格式，不打算捕捉分組，可以使用^[a-zA-Z]+\d*@**(?:[a-zA-Z0-9]+\.)**+com。

在規則表示式複雜之時，善用 (?:…) 來避免不必要的捕捉分組，對於效能也會有很大的改進。

有時要捕捉的分組數量眾多時，以號碼來區別分組也不方便，這時**可以使用 (?P<name>…) 來為分組命名，在同一個規則表示式中使用 (?P=name) 取用分組**。例如先前談到的 (\d\d)\1 是使用號碼取用分組，若想以名稱取用分組，也可以使用 (?P<**tens**>\d\d)(?P=**tens**)，當分組眾多時，適時為分組命名，就不用為了分組計數而煩惱了。

如果想比對的對象，之後必須跟隨或沒有跟隨著特定文字，可以使用 (?=…) 或 (?!…)。例如分別比對出來的名稱最後必須有或沒有 'Lin'：

```
>>> re.findall(r'\w+ (?=Lin)', 'Justin Lin, Monica Huang, Irene Lin')
['Justin ', 'Irene ']
>>> re.findall(r'\w+ (?!Lin)', 'Justin Lin, Monica Huang, Irene Lin')
['Monica ']
>>>
```

相對地，**如果想比對出的對象，前面必須有或沒有著特定文字，可以使用 (?<=…) 或 (?<!…)**。例如分別比對出來的文字前必須有或沒有 data：

```
>>> re.findall(r'(?<=data)-\w+', 'data-h1,cust-address,data-pre')
['-h1', '-pre']
>>> re.findall(r'(?<!data)-\w+', 'data-h1,cust-address,data-pre')
['-address']
>>>
```

(?(id/name)yes-pattern|no-pattern) 可以根據先前是否有符合的分組，動態地組成整個規則表示式。例如，若原先有個程式範例，只有在郵件位址被對稱的<>包括，或者是完全沒被<>包括的情況下，才會顯示 True：

```
import re

def validate(email):
    mailre = r'\w+@\w+(?:\.\w+)+'
    regex = f'<{mailre}>' if email[0] == '<' else f'^{mailre}$'
    return re.findall(regex, email) != []

print(validate('<user@host.com>')) # 顯示 True
print(validate('user@host.com'))   # 顯示 True
print(validate('<user@host.com'))  # 顯示 False
print(validate('user@host.com>'))  # 顯示 False
```

這 使 用 了 程 式 流 程 來 動 態 組 成 最 後 的 規 則 表 示 式 ， 若 (?(id/name)yes-pattern|no-pattern)的話，可以改寫成底下範例：

```python
import re

def validate(email):
    regex = r'^(?P<arrow><)?(\w+@\w+(?:\.\w+)+)(?(arrow)>|$)'
    return re.findall(regex, email) != []

print(validate('<user@host.com>'))  # 顯示 True
print(validate('user@host.com'))     # 顯示 True
print(validate('<user@host.com'))    # 顯示 False
print(validate('user@host.com>'))    # 顯示 False
```

(?(arrow)>|$)表示，如果有文字符合了命名為 arrow 的分組，那麼會使用>來組成規則表示式，否則就使用$來組成規則表示式。就上例來說，如果有文 字 符 合 了 命 名 為 arrow 的 分 組 ， 規 則 表 示 式 等 同 於 ^(?P<arrow><)?(\w+@\w+(?:\.\w+)+)> 否 則 規 則 表 示 式 等 同 於 ^(?P<arrow><)?(\w+@\w+(?:\.\w+)+)$。

至 於 要 使 用 if…else 演 算 流 程 來 組 成 規 則 表 示 式 好 呢 ？ 還 是 使 用 (?(id/name)yes-pattern|no-pattern)呢？這取決於你對規則表示式的熟悉度、程式碼撰寫上的方便性、可讀性等考量。

就上頭舉的範例來說，由於 Python 3.6 支援 f-strings，因而運用程式流程來動態組成規則表示式方便許多，程式碼可讀性上也還不錯；你可以想想看，若不支援 f-strings 的話，會是如何運用程式流程來動態組成規則表示式？或許就會覺得(?(id/name)yes-pattern|no-pattern)比較方便。

提示 >>> 想要得到有關規則表示式更完整的說明，除了可以參考 re 模組的文件說明，也可參考〈Regular Expression HOWTO[9]〉。

---
[9] Regular Expression HOWTO：docs.python.org/3/howto/regex.html

11.3.2　Pattern 與 Match 物件

在程式中使用規則表示式，必須先針對規則表示式做剖析、驗證等動作，確定規則表示式語法無誤，才能對字串進行比對，如果不是頻繁性地使用規則表示式，可以直接使用 re 模組的 split()、findall()、search()、sub()、match()等函式。

◯ 建立 Pattern 物件

剖析、驗證規則表示式往往是最耗時的階段，在頻繁使用某規則表示式的場合，若可以將剖析、驗證過後的規則表示式重複使用，對效率將會有幫助。

re.compile()可以建立規則表示式物件，在剖析、驗證過規則表示式無誤後傳回的規則表示式物件可以重複使用。例如：

```
regex = re.compile(r'.*foo')
```

re.compile()函式可以指定 flags 參數，進一步設定規則表示式物件的行為，例如想不分大小寫比對 dog 文字，可以如下：

```
regex = re.compile(r'dog', re.IGNORECASE)
```

也可以在規則表示式中使用**行內旗標（Inline flag）**。例如 re.IGNORECASE 等效的嵌入旗標表示法為(?i)，以下片段效果等同上例：

```
regex= re.compile('(?i)dog')
```

行內旗標可使用的字元有 i、a、m、s、L、x，各自對應著 re.compile() 函式的 flags 參數之作用：

- re.IGNORECASE 或 re.I：(?i)
- re.ASCII 或 re.A：(?a)
- re.MULTILINE 或 re.M：(?m)
- re.DOTALL 或 re.S：(?s)
- re.LOCALE 或 re.L：(?L)
- re.VERBOSE 或 re.X：(?x)

　　在 11.3.1 中談過，Python 預設支援 Unicode 模式，若想令規則表示式的字元類回歸傳統僅比對 ASCII 的模式，可以使用 re.ASCII；re.MULTILINE 啟用多行文字模式（影響了^、$的行為，換行字元後、前會被視為行首、行尾）；預設情況下,不匹配換行字元，可設置 re.DOTALL 來匹配換行字元。

　　不建議設置 re.LOCALE，它會根據區域設定而影響\w、\W、\b、\B 以及大小寫判斷，因為區域機制並不可靠而且一次只能處理一種區域。re.VERBOSE 可以「排版」規則表示式，空白（除非被放在字元類、反斜線後等情況，可參考 re 模組說明）會被忽略、可以使用#為規則表示式添加註解等。例如，底下的 a 與 b 代表等效的規則表示式：

```
a = re.compile(r"""\d +   # 整數部份
                 \.      # 小數點
                 \d *    # 小數數字""", re.X)

b = re.compile(r"\d+\.\d*")
```

　　在取得規則表示式物件後，可以使用 split()方法，將指定字串依規則表示式切割，效果等同於使用 re.split()函式；findall()方法找出符合的全部子字串，效果等同於使用 re.findall()函式：

```
>>> dog = re.compile('(?i)dog')
>>> dog.split('The Dog is mine and that dog is yours')
['The ', ' is mine and that ', ' is yours']
>>> dog.findall('The Dog is mine and that dog is yours')
['Dog', 'dog']
>>>
```

◯ 使用 Match 物件

　　如果想取得符合時的更進一步資訊，可以使用 finditer()方法，它會傳回一個 iterable 物件，每一次迭代都會得到一個 Match 物件，可以使用它的 group() 來取得符合整個規則表示式的子字串，使用 start()來取得子字串的起始索引，end()來取得結尾索引。例如：

```
>>> dog = re.compile('(?i)dog')
>>> for m in dog.finditer('The Dog is mine and that dog is yours'):
...     print(m.group(), 'between', m.start(), 'and', m.end())
...
Dog between 4 and 7
dog between 25 and 28
>>>
```

　　search() 方法與 match() 方法必須小心區分，search() 會在整個字串中，找尋第一個符合的子字串，match() 只在字串開頭看看接下來的字串是否符合，search() 方法與 match() 若有符合，都會傳回 Match 物件，否則傳回 None。

```
>>> dog.search('The Dog is mine and that dog is yours')
<_sre.SRE_Match object; span=(4, 7), match='Dog'>
>>> dog.match('The Dog is mine and that dog is yours')
>>> dog.match('Dog is mine and that dog is yours')
<_sre.SRE_Match object; span=(0, 3), match='Dog'>
>>>
```

◐ 分組處理

　　如果規則表示式中設定了分組，findall() 方法會以清單傳回各個分組。例如方才說明過的，(\d\d)\1 的話，表示要輸入四個數字，輸入的前兩個數字與後兩個數字必須相同：

```
>>> twins = re.compile(r'(\d\d)\1')
>>> twins.findall('1234121234545 3999928202')
['12', '45', '99']
>>>
```

　　能符合的數字只有 1212、4545、9999，因為分組設定是 (\d\d) 兩個數字，而 findall() 以清單傳回各個分組，因此結果是 12、45、99，如果想取得 1212、4545、9999 這樣的結果，方式之一是再設一層分組，取外層分組結果：

```
>>> twins = re.compile(r'((\d\d)\2)')
>>> twins.findall('12341212345453999928202')
[('1212', '12'), ('4545', '45'), ('9999', '99')]
>>>
```

　　另一個方式是使用 finditer() 方法，透過迭代 Match 並呼叫 group()，這會取得符合整個規則表示式的子字串。例如：

```
>>> for m in twins.finditer('12341212345453999928202'):
...     print(m.group())
...
1212
4545
9999
>>>
```

先前談到，`([" '])[^" ']*\1` 可比對出前後引號必須一致的狀況，若想找出單引號或雙引號中的文字，如下使用 `findall()` 是行不通的：

```
>>> regex = re.compile(r'''([" '])[^" ']*\1''')
>>> regex.findall(r'''your right brain has nothing 'left' and your left has
nothing "right"''')
["'", '"']
>>>
```

因為 `findall()` 以清單傳回各個分組，而分組設定為`([" '])`，符合的是單引號或雙引號，因此清單中才會只看到`'`與`"`，如果要找出單引號或雙引號中的文字，必須如下：

```
>>> import re
>>> regex = re.compile(r'''([" '])[^" ']*\1''')
>>> for m in regex.finditer(r'''your right brain has nothing 'left' and your
left has nothing "right"'''):
...     print(m.group())
...
'left'
"right"
>>>
```

如果設定了分組，`search()`或 `match()`在搜尋到文字時，也可以使用 `group()`指定數字，表示要取得哪個分組，或者是使用 `groups()`傳回一個 tuple，其中包含符合的分組。例如：

```
>>> regex = re.compile(r'''([" '])([^" ']*)\1''')
>>> m = regex.search(r"your right brain has nothing 'left'")
>>> m.group(1)
"'"
>>> m.group(2)
'left'
>>> m.groups()
("'", 'left')
>>> m.group(0)
"'left'"
>>>
```

`group(0)`實際上等於呼叫 `group()`不指定數字，表示整個符合規則表示式的字串。如果使用了`(?P<name>…)`為分組命名，在呼叫 `group()`方法時，也可以指定分組名稱。例如：

```
>>> twins = re.compile(r'(?P<tens>\d\d)(?P=tens)')
>>> m = twins.search('12341212345453999928202')
>>> m.group('tens')
```

```
'12'
>>>
```

◉ 字串取代

　　如果要取代符合的子字串，可以使用規則表示式物件的 sub() 方法。例如，
將單引號都換成雙引號：

```
>>> regex = re.compile(r"'")
>>> regex.sub('"', "your right brain has nothing 'left' and your left brain
has nothing 'right'")
'your right brain has nothing "left" and your left brain has nothing "right"'
>>>
```

　　如果規則表示式有分組設定，在使用 sub() 時，可以使用\num 來捕捉被分
組匹配的文字，num 表示第幾個分組。例如，以下示範如何將使用者郵件位址
從.com 取代為.cc：

```
>>> regex = re.compile(r'(^[a-zA-Z]+\d*)@([a-z]+?.)com')
>>> regex.findall('caterpillar@openhome.com')
[('caterpillar', 'openhome.')]
>>> regex.sub(r'\1@\2cc', 'caterpillar@openhome.com')
'caterpillar@openhome.cc'
>>>
```

　　整個規則表示式匹配了'caterpillar@openhome.com'，第一個分組捕捉
到'caterpillar'，第二個分組捕捉到'openhome.'，\1 與\2 就分別代表這兩
個部份。

　　如果使用了(?P<name>…)為分組命名，在呼叫 sub() 方法時，必須使用
\g<name>來參考。例如：

```
>>> regex = re.compile(r'(?P<user>^[a-zA-Z]+\d*)@(?P<preCom>[a-z]+?.)com')
>>> regex.findall('caterpillar@openhome.com')
[('caterpillar', 'openhome.')]
>>> regex.sub(r'\g<user>@\g<preCom>cc', 'caterpillar@openhome.com')
'caterpillar@openhome.cc'
>>>
```

底下這個範例可以輸入規則表示式與想比對的字串，執行結果將顯示比對到的結果：

```
regex regex.py

import re, sre_constants

def whereis(regex: str, text: str):
    try:
        pattern = re.compile(regex)
    except sre_constants.error as err:
        print('規則表示式有誤')
        print(err.msg)
    else:
        for m in pattern.finditer(text):
            print('從索引 {} 開始到索引 {} 之間找到符合文字 {}'
                    .format(m.start(), m.end(), m.group()))

regex = input('輸入規則表示式：')
text = input('輸入要比對的文字：')
whereis(regex, text)
```

一個執行結果如下所示：

```
輸入規則表示式：.*?foo
輸入要比對的文字：xfooxxxxxxfoo
從索引 0 開始到索引 4 之間找到符合文字 xfoo
從索引 4 開始到索引 13 之間找到符合文字 xxxxxxfoo
```

11.4　檔案與目錄

在應用程式或系統管理的日常任務中，經常需要列出檔案或目錄，進行路徑的切換、搜尋檔案或走訪目錄等，Python 的標準程式庫中，對這類基本需求，提供了內建的解決方案。

11.4.1　使用 os 模組

在第 8 章介紹檔案的讀取、寫入、修改時，曾經看過 os 模組，除了針對檔案內容進行存取的相關 API 之外，os 模組顧名思義，一些與作業系統操作相關的任務，該模組提供了一些 API 可以使用，當然也包括了檔案與目錄管理相關操作。

● 取得目錄資訊

在指定檔案或目錄時，若不使用絕對路徑，指定的檔案或目錄就會是相對於工作目錄，通常這會是程式執行時的路徑，若想知道目前工作目錄，或者切換工作目錄，可以使用 os.getcwd() 或 os.chdir()：

```
C:\Users\Justin>python
Python 3.9.0 (tags/v3.9.0:9cf6752, Oct  5 2020, 15:34:40) [MSC v.1927 64 bit
(AMD64)] on win32
Type "help", "copyright", "credits" or "license" for more information.
>>> import os
>>> os.getcwd()
'C:\\Users\\Justin'
>>> os.chdir(r'c:\workspace')
>>> os.getcwd()
'c:\\workspace'
>>>
```

如果想得知指定的目錄下，有哪些檔案或目錄，可以使用 os.listdir()，這會使用 list 傳回檔案與目錄清單，如果想以惰性的方式處理，可以使用 os.scandir()，這會傳回 iterable 的 os.DirEntry 實例，該實例具有 is_dir()、is_file() 等方法可以使用。例如：

```
>>> os.listdir(r'c:\workspace')
['ducktyping.js', 'helloworld.js', 'logging_demo']
>>> for entry in os.scandir(r'c:\workspace'):
...     if entry.is_file():
...         print('File:', entry.name)
...     elif entry.is_dir():
...         print('Dir:[', entry.name, ']')
...
File: ducktyping.js
File: helloworld.js
Dir:[ logging_demo ]
>>>
```

● 走訪目錄

如果指定的目錄下還有子目錄，想更深入地走訪，雖然可以使用 os.scandir()，在迭代每個 os.DirEntry 實例時，使用 is_dir() 來看看是否為目錄，若是就遞迴進行下一層目錄之走訪。例如：

```
files_dirs list_all.py
from typing import Callable
import os

def list_all(dir: str, action: Callable[..., None]):
    action(dir)
    for entry in os.scandir(dir):
        fullpath = f'{dir}\\{entry.name}'
        if entry.is_dir():
            list_all(fullpath, action)
        elif entry.is_file():
            print(fullpath)

list_all(r'c:\workspace', print)
```

不過，針對此需求，Python 提供了 os.walk() 可以使用。os.walk() 會傳回一個產生器，迭代這個產生器，每次都會取得一個 tuple，先來看看 tuple 裏有什麼：

```
>>> for t in os.walk(r'c:\workspace'):
...        print(t)
...
('c:\\workspace', ['logging_demo'], ['ducktyping.js', 'helloworld.js'])
('c:\\workspace\\logging_demo', ['.idea', '__pycache__'],
['basic_logger.py', 'basic_logger2.py', 'basic_logger3.py',
'config_demo.py', 'config_demo2.py', 'filter_demo.py', 'formatter_demo.py',
'handler_demo.py', 'logconf.json', 'logconf.py'])
...略
```

每一次迭代的 tuple 裏有三個元素(dirpath, dirnames, filenames)，dirpath 是字串，代表著目前走訪到哪一層目錄，dirnames 是 list，代表著目前的目錄下有哪些子目錄，第三個元素也是 list，代表著目前的目錄下有哪些檔案。

os.walk() 會自行走訪子目錄，因此，若想列出指定目錄下，包含子目錄的全部檔案與目錄清單，最簡單的情況下，可以如下撰寫：

```
files_dirs list_all2.py
from typing import Callable
import os

def list_all(dir: str, action: Callable[..., None]):
    for dirpath, dirnames, filenames in os.walk(dir):
        action(dirpath)
```

```
    for filename in filenames:
        action(f'{dirpath}\\{filename}')

list_all(r'c:\workspace', print)
```

一個執行的結果如下：

```
c:\workspace
c:\workspace\ducktyping.js
c:\workspace\helloworld.js
c:\workspace\logging_demo
c:\workspace\logging_demo\basic_logger.py
c:\workspace\logging_demo\basic_logger2.py
略…
c:\workspace\logging_demo\.idea
c:\workspace\logging_demo\.idea\.name
略…
c:\workspace\logging_demo\__pycache__
c:\workspace\logging_demo\__pycache__\logconf.cpython-35.pyc
```

建立、修改、移除目錄

　　如果想建立目錄，可以使用 os.mkdir()；如果要對目錄進行更名，可以使用 os.rename()，這個函式也可以用來對檔案進行更名，如果想移除目錄；可以使用 os.rmdir()，如果要移除檔案，必須使用 os.remove()。

```
>>> os.listdir()
['ducktyping.js', 'files_dirs', 'helloworld.js', 'logging_demo']
>>> os.mkdir('test')
>>> os.listdir()
['ducktyping.js', 'files_dirs', 'helloworld.js', 'logging_demo', 'test'
]
>>> os.rename('test', 'demo')
>>> os.listdir()
['demo', 'ducktyping.js', 'files_dirs', 'helloworld.js', 'logging_demo'
]
>>> os.remove('demo')
Traceback (most recent call last):
  File "<stdin>", line 1, in <module>
PermissionError: [WinError 5] 存取被拒。: 'demo'
>>> os.rmdir('demo')
>>> os.listdir()
['ducktyping.js', 'files_dirs', 'helloworld.js', 'logging_demo']
>>> os.remove('ducktyping.js')
>>> os.listdir()
['files_dirs', 'helloworld.js', 'logging_demo']
>>>
```

這邊只是關於 os 模組中檔案與目錄的簡介，實際上還有其他函式可以使用，如果是在 Unix 系統上，os 模組也還有 chown() 之類 Unix 檔案系統相關的函式或參數可以指定，詳情可參閱〈Files and Directories[10]〉的說明。

11.4.2 使用 os.path 模組

在方才的範例中，自行使用 f'{dir}\\{entry.name}' 與 f'{dirpath}\\{filename}' 來建立路徑資訊，這樣的方式其實容易出錯，而且會造成應用程式與作業系統的相依性（以這邊來說，寫死了路徑分隔符號 '\\'）。

有關於路徑的操作，像是路徑的組合、相對路徑轉為絕對路徑、取得檔案所在的目錄路徑等，或者是路徑對應的檔案目或目錄資訊，**Python 提供了 os.path 模組來解決相關需求。**

◉ 路徑計算

先從方才提到的 f'{dir}\\{entry.name}' 與 f'{dirpath}\\{filename}' 問題開始，對於這樣的需求，可以使用 os.path.join() 函式來解決，例如，list_all.py 可以改寫為：

```
files_dirs list_all3.py
from typing import Callable
import os, os.path

def list_all(dir: str, action: Callable[..., None]):
    action(dir)
    for entry in os.scandir(dir):
        fullpath = os.path.join(dir, entry.name)
        if entry.is_dir():
            list_all(fullpath, action)
        elif entry.is_file():
            print(fullpath)

list_all(r'c:\workspace', print)
```

---

[10] Files and Directories：docs.python.org/3/library/os.html#files-and-directories

os.path.join() 函式會根據應用程式執行在哪個系統上，自動判斷要使用\或/作為路徑區隔，同樣的道理，方才的 list_all2.py 中，在 import os.path 之後，f'{dirpath}\\{filename}' 也可以改為 os.path.join(dirpath, filename)。

如果有個相對路徑，想要知道它的絕對路徑，可以使用 os.path.abspath()，若有個檔案路徑，只想取得目錄部份的路徑，可以使用 os.path.dirname()，如果有個路徑要去除掉父路徑，可以使用 os.path.basename()：

```
>>> import os.path
>>> os.path.abspath('helloworld.js')
'C:\\workspace\\helloworld.js'
>>> os.path.dirname(r'c:\workspace\helloworld.js')
'c:\\workspace'
>>> os.path.basename(r'c:\workspace\helloworld.js')
'helloworld.js'
>>>
```

如果路徑有冗餘的資訊，例如，A//B、A/B/、A/./B 與 A/foo/../B 等，可以使用 os.path.normpath() 方法規範為 A/B。例如：

```
>>> os.path.normpath(r'c:\workspace\.\helloworld.js')
'c:\\workspace\\helloworld.js'
>>> os.path.normpath(r'c:\workspace\..\helloworld.js')
'c:\\helloworld.js'
>>> os.path.normpath(r'c:\workspace\.\.\helloworld.js')
'c:\\workspace\\helloworld.js'
>>>
```

如果要計算某個路徑，相對於目前工作路徑下的相對關係，可以使用 os.path.relpath()，如果有指定第二個參數，就是計算某個路徑相對於第二個參數的路徑關係。例如：

```
>>> os.getcwd()
'C:\\workspace'
>>> os.path.relpath(r'c:\Program Files')
'..\\Program Files'
>>> os.path.relpath(r'c:\Program Files', r'c:\workspace\logging_demo')
'..\\..\\Program Files'
>>>
```

提示 》》 os.relpath() 不要跟 os.realpath() 搞錯了，後者是在 Unix 環境下，用來取得 Symbol link 的實際路徑。

● 路徑判定

路徑只是一個位置的表示，實際上路徑指向的位置不一定實際存在資源，你可以使用 os.path.exists() 來判定路徑指向的位置，是否真實存在資源：

```
>>> os.path.exists(r'c:\workspace\xyz.js')
False
>>> os.path.exists(r'c:\workspace\helloworld.js')
True
>>> os.path.isfile(r'c:\workspace\helloworld.js')
True
>>> os.path.isdir(r'c:\workspace\helloworld.js')
False
>>> os.path.isabs(r'c:\workspace\helloworld.js')
True
>>>
```

可以看到，除了測試資源是否存在，也可以使用 os.path.isfile()、os.path.isdir()，測試路徑指向的資源是否為檔案或目錄，os.path.isabs() 用來測試路徑是否為絕對路徑。

● 路徑資訊

如果想取得路徑指向的資源之建立時間、最後存取時間、修改時間，可以分別使用 os.path 的 getctime()、getatime()、getmtime()，傳回的數字是自 epoch 起經過之秒數，可搭配 11.1 介紹的時間日期 API，轉換為人類的可讀形式。例如，簡單轉換為 UTC 時間：

```
>>> t = os.path.getatime(r'c:\workspace\demo.py')
>>> t
1600242714.8616796
>>> import time
>>> time.asctime(time.gmtime(t))
'Wed Sep 16 07:51:54 2020'
>>> os.path.getsize(r'c:\workspace\demo.py')
372
>>>
```

在上面也看到 os.path.getsize() 的使用，這會傳回路徑指向資源的大小，單位是位元組。

提示 ≫》　若要進行檔案或目錄的複製，可以使用 `shutil` 模組，它提供了 `copyfile()`、
`copy()`、`copy2()`、`copytree()`、`rmtree()`等高階操作。若需要物件導向風格
的檔案系統路徑操作，可以考慮 Python 3.4 以後新增的 `pathlib` 模組。

11.4.3　使用 **glob** 模組

　　如果想在工作目錄下搜尋檔案，例如想搜尋.py 檔案，可以使用 glob 模組。
例如：

```
>>> import glob
>>> glob.glob('*.py')
['basic_logger.py', 'basic_logger2.py', 'basic_logger3.py',
'config_demo.py', 'config_demo2.py', 'filter_demo.py', 'formatter_demo.py',
'handler_demo.py', 'logconf.py']
>>>
```

　　glob 是個很簡單的模組，支援簡易的 Glob 模式比對語法，它比規則表示
式簡單，**常用於目錄與檔案名稱的比對**。glob()函式可使用的符號說明如下表示：

表 11.7 `glob()`可使用的符號

符號	說明
`*`	比對全部的東西
`?`	比對任一字元
`[seq]`	比對 seq 中任一字元
`[!seq]`	比對 seq 以外的任一字元

　　glob()有個 recursive 參數，如果設為 True，**模式可用來比對任意檔
案，以及 0 或多個目錄或子目錄，也就是說，可以有跨目錄且遞迴地搜尋子目
錄的效果。例如，工作目錄下有 files_dirs 與 logging_demo 兩個目錄，其中各
有一些.py 檔案的話，使用**/*.py 模式，可以同時搜尋出來：

```
>>> glob.glob('**/*.py', recursive = True)
['files_dirs\\list_all.py', 'files_dirs\\list_all2.py',
'files_dirs\\list_all3.py', 'logging_demo\\basic_logger.py',
'logging_demo\\basic_logger2.py', 'logging_demo\\basic_logger3.py',
'logging_demo\\config_demo.py', 'logging_demo\\config_demo2.py',
'logging_demo\\filter_demo.py', 'logging_demo\\formatter_demo.py',
'logging_demo\\handler_demo.py', 'logging_demo\\logconf.py']
>>>
```

以下是幾個 glob() 可使用的比對範例：

- *.py 比對.py 結尾的字串。

- **/*test.py 跨目錄比對 test.py 結尾的路徑，在 glob()的 recursive 設定為 True 下，bookmark_test.py、command_test.py 都符合。

- ???符合三個字元，例如 123、abc 會符合。

- a?*.py 比對 a 之後至少一個字元，並以.py 結尾的字串。

- *[0-9]*比對的字串中要有一個數字。

glob()會以 list 傳回符合的路徑，iglob()的功能與 glob()相同，不過傳回迭代器。以下製作一個範例，可指定 glob()可接受的模式，搜尋指定路徑下符合的檔案：

files_dirs glob_search.py

```python
import sys, os, glob

try:
    path = sys.argv[1]
    pattern = sys.argv[2]
except IndexError:
    print('請指定搜尋路徑與 glob 模式')
    print('例如：python glob_search.py c:\workspace **/*.py')
else:
    os.chdir(path)
    for p in glob.iglob(pattern, recursive = True):
        print(p)
```

一個執行結果如下：

```
C:\workspace\files_dirs>python glob_search.py c:\workspace **\*.pyc
logging_demo\__pycache__\logconf.cpython-37.pyc
```

11.5 URL 處理

Python 常用來撰寫 Web 爬蟲（Scraper），複雜的 Web 爬蟲程式，會使用專門的程式庫來處理，然而，對於一些簡單的 HTML 頁面資訊擷取，只需要一點點的 URL 及 HTTP 概念，結合目前所學，就可以使用 urllib 來輕鬆完成任務。

11.5.1　淺談 URL 與 HTTP

　　雖然對於一些簡單的場合，在不認識 URL 與 HTTP 細節的情況下，也可以使用 urllib 完成任務，然而知道些細節，可以讓你完成更多的操作，因此這邊先針對後續討論 urllib 時，提供一些夠用的基礎。

◎ URL 規範

　　Web 應用程式的文件、檔案等資源是放在 Web 網站上，而 Web 網站棲身於廣大網路之中，必須要有個方式，告訴瀏覽器到哪裡取得文件、檔案等資源，通常會聽到有人這麼說：「要指定 URL」。

　　URL 中的 U，早期代表 Universal（萬用），標準化之後代表 Uniform（統一），因此目前 URL 全名為 Uniform Resource Locator。正如名稱指出，URL 主要目的，是以文字方式說明網路上的資源如何取得，就早期的〈RFC 1738〉[11]規範來看，URL 的主要語法格式為：

<scheme>:<scheme-specific-part>

　　協議（scheme）指定了以何種方式取得資源，一些協議名稱的例子有：

- ftp（檔案傳輸協定，File Transfer protocol）
- http（超文件傳輸協定，Hypertext Transfer Protocol）
- mailto（電子郵件）
- file（特定主機檔案名稱）

提示 ⋙　urllib 實際上也能處理 FTP 等協定，然而作為一個入門介紹，後續會將焦點放在 HTTP。

　　協議之後跟隨冒號，協議特定部份（scheme-specific-part）的格式依協議而定，通常會是：

//<使用者>:<密碼>@<主機>:<埠號>/<路徑>

---

[11] RFC 1738：tools.ietf.org/html/rfc1738

舉例來說，若主機名稱為 openhome.cc，要以 HTTP 協定取得 Gossip 資料夾中 index.html 文件，連接埠號 8080，必須使用以下的 URL：

```
http://openhome.cc:8080/Gossip/index.html
```

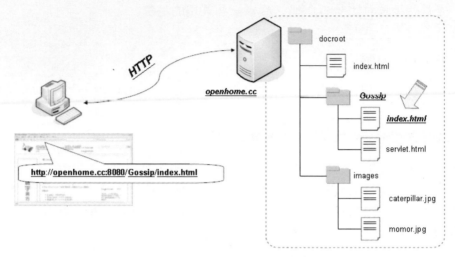

圖 11.2 以 URL 指定資源位置等資訊

提示 ⟫⟫ 由於一些歷史性的原因，URL 後來成為 URI 規範的子集，有興趣可以參考維基百科的〈Uniform Resource Identifier〉[12] 條目；為了符合 `urllib` 名稱，底下仍舊使用 URL 此名稱來進行說明。

目前來說，請求 Web 應用程式主要是透過 HTTP 通訊協定，通訊協定是電腦間對談溝通的方式，例如客戶端要跟伺服器要求連線，假設就是跟伺服器說聲 `CONNECT`，伺服器回應 `PASSWORD` 表示要求密碼，客戶端進一步跟伺服器說聲 `PASSWORD 1234`，表示這是所需的密碼，諸如此類。

---

[12] Uniform Resource Identifier：en.wikipedia.org/wiki/Uniform_Resource_Identifier

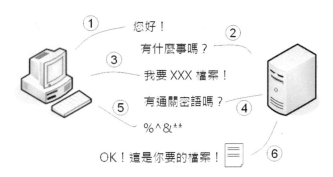

圖 11.3 通訊協定是電腦間溝通的一種方式

　　瀏覽器跟 Web 網站間使用的溝通方式基本上是 HTTP，HTTP 定義了 GET、POST、PUT、DELETE、HEAD、OPTIONS、TRACE 等請求方式，就使用 urllib 來說，最常運用 GET 與 POST，底下就針對 GET 與 POST 來進行說明。

◎ GET 請求

　　GET 請求顧名思義，就是向 Web 網站取得指定的資源，在發出 GET 請求時，必須告訴 Web 網站請求資源的 URL，以及一些標頭（Header）資訊，例如一個 GET 請求的發送範例如下所示：

圖 11.4 GET 請求範例

　　上圖請求標頭提供了 Web 網站一些瀏覽器相關的資訊，Web 網站可以使用這些資訊來進行回應處理。例如 Web 網站可從 User-Agent 得知使用者的瀏覽器種類與版本，從 Accept-Language 了解瀏覽器接受哪些語系的內容回應等。

　　請求參數通常是使用者發送給 Web 網站的資訊，Web 網站有了這些資訊，可以進一步針對使用者請求進行正確的回應，請求參數是路徑之後跟隨問號

（？），然後是請求參數名稱與請求參數值，中間以等號（＝）表示成對關係。若有多個請求參數，以&字元連接。使用 GET 的方式發送請求，瀏覽器的網址列上也會出現請求參數資訊。

> https://openhome.cc/Gossip/download?file=servlet&user=caterpillar

圖 11.5 GET **請求參數會出現在網址列**

GET 請求可以發送的請求參數長度有限，這依瀏覽器而有所不同，Web 網站也會設定長度上的限制，大量的資料不適合用 GET 方法來進行請求，Web 應用程式可改為接受 POST 請求。

POST 請求

對於大量或複雜的資訊發送（例如檔案上傳），可採用 POST 來進行發送，一個 POST 發送的範例如下所示：

```
POST /Gossip/download HTTP/1.1
User-Agent: Mozilla/5.0 (Windows NT 10.0; Win64; x64)
AppleWebKit/537.36 (KHTML, like Gecko) Chrome/63.0.3239.108
Safari/537.36
accept: text/xml,application/xml,image/gif,image/x-bitmap
accept-encoding: gzip, deflate, br
accept-language: zh-TW,zh;q=0.9,en-US;q=0.8,en;q=0.7,zh-
CN;q=0.6,pt;q=0.5
…
Connection: close

file=servlet&user=caterpillar
```

圖 11.6 POST **請求範例**

POST 將請求參數移至最後的訊息本體（Message body），由於訊息本體的內容長度不受限制，大量資料的發送可使用 POST 方法，由於請求參數移至訊息本體，網址列上也就不會出現請求參數，對於較敏感的資訊，像是密碼，即使長度不長，通常也會改用 POST 的方式發送，以避免因為出現在網址列上而被直接窺看。

注意 >>> 雖然在 POST 請求時，請求參數不會出現在網址列上，然而在非加密連線的情況下，若請求被第三方擷取了，請求參數仍然是一目瞭然。

　　HTTP 請求參數包含請求參數名稱與請求參數值，中間以等號（=）表示成對關係，現在問題來了，如果請求參數值本身包括=符號怎麼辦？又或許想發送的請求參數值是「https://openhome.cc」這個值呢？假設是 GET 請求，直接這麼發送是不行的：

```
GET /Gossip/download?url=https://openhome.cc HTTP/1.1
```

保留字元

　　在 URL 規範定義了保留字元（Reserved character），像是「:」、「/」、「?」、「&」、「=」、「@」、「%」等字元，在 URL 中都有其作用，如果要在請求參數上表達 URL 的保留字元，必須在%字元之後以 16 進位數值表示方式，來表示該字元的八個位元數值。

　　例如，「:」字元真正儲存時的八個位元為 00111010，用 16 進位數值來表示為 3A，URL 上必須使用「%3A」來表示「:」，「/」字元儲存時的八個位元為 00101111，用 16 進位表示則為 2F，必須使用「%2F」來表示「/」字元，想發送的請求參數值是「https://openhome.cc」的話，必須使用以下格式：

```
GET /Gossip/download?url=https%3A%2F%2Fopenhome.cc HTTP/1.1
```

　　這是 URL 規範中的**百分比編碼（Percent-Encoding）**，也就是俗稱的 **URL 編碼**。

中文字元

　　URL 編碼針對的是字元 UTF-8 編碼的 8 位元數值，在非 ASCII 字元方面，例如中文，3.1.2 曾經談過，在 UTF-8 的編碼下，中文多半使用三個位元組來表示。例如「林」在 UTF-8 編碼下的三個位元組，對應至 16 進位數值表示就是 E6、9E、97，在 URL 編碼中，請求參數中要包括「林」這個中文，表示方式就是「%E6%9E%97」。例如：

```
https://openhome.cc/addBookmar.do?lastName=%E6%9E%97
```

　　有些初學者會直接打開瀏覽器鍵入以下的內容，然後告訴我：「URL 也可以直接打中文啊！」

圖 11. 7 瀏覽器網址列真的可以輸入中文？

你可以將網址列複製，貼到純文字檔案中，就會看到 URL 編碼的結果，這其實是現在的瀏覽器很聰明，會自動將 URL 編碼然而顯示為中文。

提示 >>> 想知道更多 HTTP 的細節，可以進一步參考〈重新認識 HTTP 請求方法[13]〉。

11.5.2 使用 `urllib.request`

urllib 是個套件，提供了 request、parse、error 等模組，最常使用的是 request 模組，提供了處理 URL 的相關函式與類別，初學的起點往往是 urlopen()函式，最簡單的呼叫方式是只指定 URL，例如下載我的首頁 HTML：

```
>>> from urllib.request import urlopen
>>> with urlopen('https://openhome.cc') as resp:
...     print(resp.geturl())
...     print(resp.info())
...     print(resp.getcode())
...     print(resp.read())
...
https://openhome.cc
Date: Thu, 17 Sep 2020 00:36:17 GMT
Server: Apache
Upgrade: h2,h2c
Connection: Upgrade, close
Last-Modified: Tue, 18 Aug 2020 08:59:34 GMT
Accept-Ranges: bytes
Content-Length: 1841
...略
Content-Type: text/html

200
b'<!DOCTYPE html>\n<html lang="zh-tw">\n  <head>\n    <meta
content="text/html; charset=utf-8" http-equiv="content-type">\n    <meta
name="viewport" content="width=device-width, initial-scale=1.0">\n   <meta
name="description" content=" Write what you absorb, not what you think others
want to absorb.">\n ...略   </body>\n</html>\n'
>>>
```

---

[13] 重新認識 HTTP 請求方法：openhome.cc/Gossip/Programmer/HttpMethod.html

　　urlopen()傳回的物件，實作了 7.2.3 談過的情境管理器，可以搭配 with 來使用，這個物件上一定會有 geturl()可取得指定的 URL，info()方法可取得回應標頭訊息，getcode()取得 HTTP 狀態碼，200 代表請求成功。

　　對於 HTTP 請求，urlopen()傳回的物件，是 http.client.HTTPResponse 實例的微幅修改版本，除了增加上述的三個方法，還會有個 msg 屬性，代表 HTTP 狀態碼的訊息短語，就 200 狀態碼來說，透過 msg 屬性通常就會取得'OK'的訊息。

　　若 URL 開啟成功，可以透過 urlopen()傳回物件的 read()方法，讀取指定的 URL 對應之資源，就上例來說，是個 HTML 檔案，然而資源不一定是 HTML 檔案，也有可能是個圖片，因此 read()方法傳回的會是 bytes 物件，而不是 str 物件，這也就是為何上例中，顯示 read()讀取內容，會是 b 開頭的 b'…'的原因。

　　若 URL 對應之資源是份 HTML 文件，在 read()取得 bytes 物件之後，可以使用 decode()指定該 HTML 的編碼得到 str 物件，例如，若要下載並正確顯示我網站上的中文頁面，可以如下：

```
>>> with urlopen('https://openhome.cc/Gossip') as resp:
...         html = resp.read().decode('UTF-8')
...         print(html)
...
<!DOCTYPE html>
<html lang="zh-tw">
  <head>
    <meta http-equiv="content-type" content="text/html; charset=utf-8">
    <meta name="viewport" content="width=device-width, initial-scale=1.0">
    <meta name="description" content="我是一隻弱小的毛毛蟲，想像有天可以成為強壯
的挖土機，擁有挖掘夢想的神奇手套！">
    <meta property="og:locale" content="zh_TW">
    <meta property="og:title" content="良葛格學習筆記">
    ...略
>>>
```

　　使用 urllib 下載 HTML 網頁，通常是為了要擷取、整理 HTML 裏的特定資訊，若想擷取的對象是簡單的片段，可以使用規則表示式。底下是個示範，可以從我網站上的中文 HTML 頁面中，擷取出<img>標籤的 src 屬性，進一步下載頁面中連結的圖片。

urllib_abc download_imgs.py

```
from typing import Iterator
from urllib.request import urlopen
import re
```

```
def save(content: bytes, filename: str):
    with open(filename, 'wb') as dest:
        dest.write(content)

def download(urls: Iterator[str]):
    for url in urls:
        with urlopen(url) as resp:
            content = resp.read()
            filename = url.split('/')[-1]
            save(content, filename)

def download_imgs_from(url: str):
    with urlopen('https://openhome.cc/Gossip') as resp:
        html = resp.read().decode('UTF-8')
        srcs = re.findall(r'(?s)<img.+?src="(.+?)".*?>', html)
        download(f'{url}/{src}' for src in srcs)

download_imgs_from('https://openhome.cc/Gossip')
```

這個範例基本上使用了，8.1 介紹的 open() 函式來儲存檔案，這一節介紹的 urlopen() 來開啟 URL，以及 11.3 談到的規則表示式，由於 HTML 標籤可能會被 HTML 編輯器基於排版等原因換行，在規則表示式中，(?s)嵌入式旗標表示法，指定了規則表示式中的「.」必須符合所有字元，這包括了空白、換行等字元。

提示 >>>　雖然這邊可以使用規則表示式來找出 src 屬性，不過對於具有上下文結構的 HTML 來說，使用 Beautiful Soup[14] 可以更輕鬆地完成任務，有興趣的話，可以參考附錄 C 提供的 Beautiful Soup 簡介。

11.5.3　使用 urllib.parse

如果請求時需要附上請求參數，可以附在指定的 URL 之後，例如：

```
from urllib.request import urlopen

range = 30
page = 2
params = f'{range=}&{page=}'
url = f'https://www.tenlong.com.tw/zh_tw/recent_bestselling?{params}'
```

---

[14] Beautiful Soup：www.crummy.com/software/BeautifulSoup/bs4/doc/

```
with urlopen(url) as resp:
    print(resp.read().decode('UTF-8'))
```

　　上例使用了 Python 3.8 支援的 f'{expr=}'格式（3.1.2 談過），若是 Python
3.7 以前，必須使用 f'range={range}&page={page}'，自行以字串組合方式
來建立請求參數，這不僅麻煩而且容易出錯，這時可以試著使用 urllib.parse
中的 urlencode()函式，協定完成請求參數：

```
from urllib.request import urlopen
from urllib.parse import urlencode

params = urlencode({'range': 30, 'page': 2})
url = f'https://www.tenlong.com.tw/zh_tw/recent_bestselling?{params}'
with urlopen(url) as resp:
    print(resp.read().decode('UTF-8'))
```

　　在上面的範例中，params 的值會是'range=30&page=2'，如果請求參數中含
有保留字元或者是中文字元，urlencode()函式也會自動進行 URL 編碼。例如：

```
>>> from urllib.parse import urlencode
>>> urlencode({'target' : 'https://openhome.cc', 'name' : '良葛格'})
'target=https%3A%2F%2Fopenhome.cc&name=%E8%89%AF%E8%91%9B%E6%A0%BC'
>>>
```

　　底下這個範例，可以在 Google 圖書中搜尋，找出 python 相關書籍，搜尋
結果會使用 JSON 格式傳回，因而可以使用 10.3.2 中談到的 json.loads()剖析
為 Python 的 dict 物件，接著將 JSON 中每本書的'volumeInfo'資料顯示出來：

```
urllib_abc search_books.py
```
```
import json
from urllib.request import urlopen
from urllib.parse import urlencode

def printVolumeInfo(books: dict):
    for book in books['items']:
        print(book['volumeInfo'])

params = urlencode({'q': 'python'})
url = f'https://www.googleapis.com/books/v1/volumes?{params}'
with urlopen(url) as resp:
    printVolumeInfo(json.loads(resp.read().decode('UTF-8')))
```

　　如果有個 URL，想分別剖析出其中的協定、主機、埠號等資訊，可以使用
urllib.parse 中的 urlparse()函式：

```
>>> from urllib.parse import urlparse
>>> result = urlparse('https://www.googleapis.com/books/v1/volumes?q=python')
>>> result
ParseResult(scheme='https', netloc='www.googleapis.com',
path='/books/v1/volumes', params='', query='q=python', fragment='')
>>> result.scheme
'https'
>>> result.query
'q=python'
>>>
```

回顧一下 11.5.2 中擷取圖片的範例，當時為了獲得圖片的完整 URL，自行使用 f-strings 來組成了字串，這種方式其實容易出錯，特別是遇到相對路徑處理之時，若能使用 urllib.parse 中的 urljoin()函式會方便許多：

```
>>> from urllib.parse import urljoin
>>> urljoin('https://openhome.cc/Gossip/', 'images/catrpillar.jpg')
'https://openhome.cc/Gossip/images/catrpillar.jpg'
>>> urljoin('https://openhome.cc/Gossip/', './images/catrpillar.jpg')
'https://openhome.cc/Gossip/images/catrpillar.jpg'
>>> urljoin('https://openhome.cc/Gossip/', '../images/logo.jpg')
'https://openhome.cc/images/logo.jpg'
>>>
```

11.5.4 使用 Request

對於 HTTP 請求，urlopen()預設會使用 GET，urlopen()可以指定 data 參數，HTTP 是唯一會用到這個參數的協定，data 接受 bytes、檔案物件以及 iterable，因此對於請求參數來說，若要指定給 data，在使用 urlencode()函式做 URL 編碼之後，還要使用 encode('UTF-8')轉為 bytes，才能指定給 data。

如果呼叫 urlopen()時指定了 data，預設會使用 POST 請求，而 Content-Type 請求標頭會設定為 application/x-www-form-urlencoded，這符合基於請求參數（表單）的 Web 應用程式頁面需求，然而有時候需要對請求做更多的控制，這時可以使用 urllib.request.Request 物件。

舉個例子來說，若想在 Google 搜尋引擎上搜尋 python 關鍵字，底下的程式範例會遭到拒絕，因而出現 HTTP Error 403: Forbidden 的錯誤：

```
from urllib.request import urlopen

with urlopen('https://www.google.com.tw/search?q=python') as resp:
    print(resp.read().decode('UTF-8'))
```

這是因為 Google 搜尋引擎基本上是提供給瀏覽器使用，會檢查 User-Agent 請求標頭來簡單地判斷是否為瀏覽器，而 urllib 預設使用 'Python-urllib/3.x'，因而遭到拒絕。

在建立 Request 時，可以指定 url、data、method，或者是 headers，例如，底下的範例就可以取得搜尋的結果：

urllib_abc search_google.py

```
from urllib.request import urlopen, Request

headers = {
    'User-Agent' : 'Mozilla/5.0 (Windows NT 10.0; Win64; x64)
AppleWebKit/537.36 (KHTML, like Gecko) Chrome/85.0.4183.102 Safari/537.36'
}
request = Request('https://www.google.com.tw/search?q=python',
headers=headers)

with urlopen(request) as resp:
    print(resp.read().decode('UTF-8'))
```

提示 ❯❯❯ urllib 套件文件中使用的 'Mozilla/5.0 (X11; U; Linux i686) Gecko/20071127 Firefox/2.0.0.11'，是老舊 Firefox 使用的 User-Agent 標頭，傳回的搜尋結果頁面比較簡單，若指定較新版本瀏覽器的 User-Agent 標頭，例如 Chrome 68 的 'Mozilla/5.0 (Windows NT 10.0; Win64; x64) AppleWebKit/537.36 (KHTML, like Gecko) Chrome/85.0.4183.102 Safari/537.36'，會有不同的搜尋結果（頁面中會有更多的 JavaScript）。

urllib 套件的 request 模組中，還有更多可控制請求的選項，像是 Cookie、代理設定等，然而，這需要對 HTTP 等 Web 相關知識有更多認識，有興趣的話，可以進一步查看 urlib 模組的文件說明，〈HOWTO Fetch Internet Resources Using The urllib Package[15]〉也是個不錯的開始。

提示 ❯❯❯ urllib 套件能控制許多細節，然而相對地，對於常見的需求，像是 Cookie、代理設定等，程式撰寫上就繁瑣許多，若需要更高階的 API 封裝，Python 社群推薦的第三方程式庫是 requests[16]，使用上會容易許多，附錄 C 包含了簡單的 requests 介紹。

---

[15] HOWTO Fetch Internet Resources Using The urllib Package：docs.python.org/3/howto/urllib2.html#urllib-howto

[16] requests：pypi.org/project/requests/

11.6　重點複習

GMT 時間常不嚴謹（且有爭議性）地當成是 UTC 時間。現在 GMT 已不作為標準時間使用。在 1972 年導入 UTC 之前，GMT 與 UT 是相同的。1967 年定義的國際原子時，將秒的國際單位定義為銫原子輻射振動 9192631770 周耗費的時間，時間從 UT 的 1958 年開始同步。

由於基於銫原子振動定義的秒長是固定的，然而地球自轉會越來越慢，這使得實際上 TAI 時間，不斷超前基於地球自轉的 UT 系列時間，為了保持 TAI 與 UT 時間不要差距過大，提出了具有折衷修正版本的世界協調時間，常簡稱為 UTC。UTC 經過了幾次的時間修正，為了簡化日後對時間的修正，1972 年 UTC 採用了閏秒修正。

Unix 系統的時間表示法，定義為 UTC 時間 1970 年（Unix 元年）1 月 1 日 00:00:00 為起點而經過的秒數，不考慮閏秒修正，用以表達時間軸上某一瞬間。

Epoch 為某個特定時代的開始，時間軸上某一瞬間。

為了讓人們對時間的認知符合作息，因而設置了 UTC 偏移，大致上來說，經度每 15 度是偏移一小時。不過有些國家的領土橫跨的經度很大，一個國家有多個時間反而造成困擾，因而不採取每 15 度偏移一小時的作法，像美國僅有四個時區，而中國、印度只採單一時區。

有些高緯度國家，夏季、冬季日照時間差異很大，為了節省能源會儘量利用夏季日照，因而實施日光節約時間，也稱為夏季時間。

如果想獲取系統的時間，Python 的 time 模組提供了一層介面，用來呼叫各平台上的 C 程式庫函式，它提供的相關函式，通常與 epoch 有關。

UTC 是一種絕對時間，與時區無關，也沒有日光節約時間的問題。

time 模組提供的是低階的機器時間觀點，也就是從 epoch 起經過的秒數，然而有些輔助函式，可以做些簡單的轉換，以便成為人類可理解的時間概念。

人類在時間概念的表達大多是籠統、片段的資訊。datetime、date、time 預設是沒有時區資訊的，單純用來表示一個日期或時間概念。

datetime 實例本身預設沒有時區資訊，此時單純表示本地時間，然而，它也可以補上時區資訊。datetime 類別上的 tzinfo 類別，可用以繼承以實作時區的相關資訊與操作。從 Python 3.2 開始，datetime 類別新增了 timezone 類別，它是 tzinfo 的子類別，用來提供基本的 UTC 偏移時區實作。

若需要 timezone 以外的其他時區定義，可以額外安裝社群貢獻的 pytz 模組。

若必須處理時區問題，一個常見的建議是，使用 UTC 來進行時間的儲存或操作，因為 UTC 是絕對時間，不考量日光節約時間等問題，在必須使用當地時區的場合時，再使用 datetime 實例的 astimezone() 做轉換。

一般來說，一個模組只需要一個 Logger 實例，因此，雖然可以直接建構 Logger 實例，不過建議透過 logging.getLogging() 來取得 Logger 實例。呼叫 getLogger() 時，可以指定名稱，相同名稱下取得的 Logger 會是同一個實例。

父階層相同的 Logger，父 Logger 的組態相同。Logger 有階層關係，每個 Logger 處理完自己的日誌動作後，會再委託父 Logger 處理。如果想要調整根 Logger 的組態，可以使用 logging.basicConfig()。

自 Python 3.2 開始，建議改用 logging.config.dictConfig()，可使用一個字典物件來設定組態資訊。

在撰寫規則表示式時，建議使用原始字串。找出並理解詮譯字元想詮譯的概念，對於規則表示式的閱讀非常重要。

剖析、驗證規則表示式往往是最耗時間的階段，在頻繁使用某規則表示式的場合，若可以將剖析、驗證過後的規則表示式重複使用，對效率將會有幫助。

glob 是個很簡單的模組，支援簡易的 Glob 模式比對語法，它比規則表示式簡單，常用於目錄與檔案名稱的比對。

對於一些簡單的 HTML 頁面資訊擷取，只需要一點點的 URL 及 HTTP 概念，就可以使用 urllib 來輕鬆完成任務。

11.7 課後練習

實作題

1. 撰寫程式，可如下顯示本月日曆，使用 Python 內建的 calendar 模組可以
   很簡單地完成此功能，不過請試著在不使用 calendar 模組的情況下完成：

2. 如果有個 HTML 檔案，其中有許多 img 標籤，而每個 img 標籤都被 a 標籤
   給包裹住。例如：

```
<a href="images/EssentialJavaScript-1-1.png" target="_blank"><img
src="images/EssentialJavaScript-1-1.png" alt="測試 node 指令"
style="max-width:100%;"></a>
```

   請撰寫程式讀取指定的 HTML 檔案名稱，將包裹 img 標籤的 a 標籤去除後存
   回原檔案，也就是執行程式過後，檔案中如上的 HTML 要變為：

```
<img src="images/EssentialJavaScript-1-1.png" alt="測試 node 指令"
style="max-width:100%;">
```

3. 臺灣證券交易所網站可以下載「發行量加權股價指數歷史資料」（網址請參
   考 10.3 節），請撰寫程式，可讓使用者指定西元年與月份，下載指數歷史
   資料並顯示出來：

除錯、測試與效能

12.1　除錯

在開發程式過程中，難免因為程式撰寫錯誤，導致程式產生不正確的結果，甚至使得程式無法執行，這時必須找出錯誤並加以修正，**在檢測錯誤時，順手的工具可以加速錯誤的檢出，Debugger 是最常使用也是最基本的工具之一。**

12.1.1　認識 Debugger

Debugger 的使用一般來說並不困難，理由很簡單，除錯本身就不容易，若還學習一個不容易使用的 Debugger，豈不是更增加了除錯的困難度！一般來說，Debugger 的使用上也大同小異，為了有個開始，我們先從第 2 章談到的 PyCharm 內建 Debugger 進行簡介，並使用第 4 章實作過的 filter_demo2.py 作為 Debugger 的運行對象。

中斷點

想在 PyCharm 啟用 Debugger，可以在指定的 filter_demo2.py 檔案（也就是你想除錯的原始碼檔案）上按右鍵執行「Debug ' filter_demo2.py'」，這會開啟 Debugger 的相關檢視窗格，不過就只是單純地執行完程式，什麼事也沒發生。

圖 12.1 PyCharm 的 Debugger 檢視

在 PyCharm 中啟用 Debugger，程式會執行至遇到中斷點（Break point），若要程式執行至感興趣的地方時停下，可以使用滑鼠左鍵，在程式編輯器最左邊按下以設置中斷點，再次於原始碼上按右鍵執行「Debug」時，就會停在指定的中斷點：

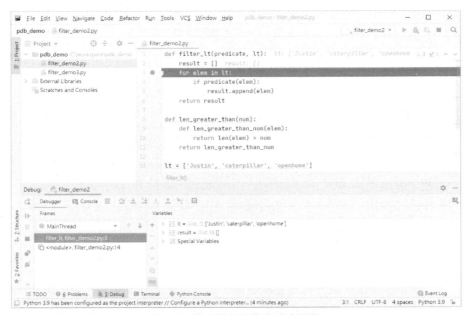

圖 12.2 程式執行至指定的中斷點

如果有設置多個中斷點，按下 Debug 窗格左方的 ▶ 按鈕，程式會執行直到遇到下個中斷點。

檢視變數

你可以在「Debug」的檢視窗格中，看到許多的資訊，包括目前執行的行數、模組名稱、變數檢視等，這就是**使用 Debugger 的好處，可以隨時察看相關資訊，你不必（也不建議）在程式碼中使用 `print()` 來做相關變數的查看。**

如果對某個變數特別感興趣，可以按下「Variables」窗格下的 ＋ 按鈕新增該變數，方便隨時檢視。

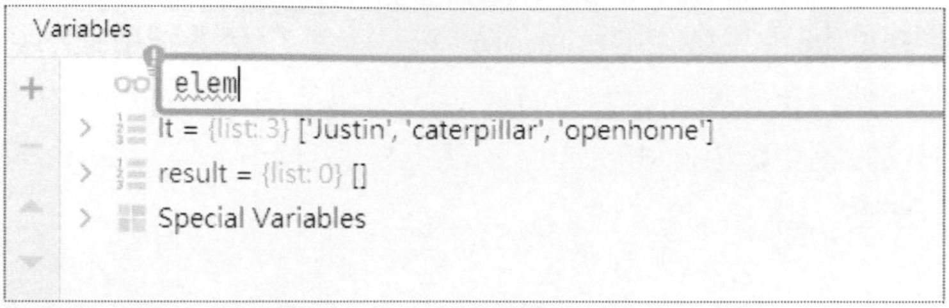

圖 12.3 設定想隨時檢視的變數

逐步執行

如果程式已經停在某個中斷點，想要執行下一行程式，可以使用 Debugger 的單步執行相關功能，不同的 Debugger 會提供不同的單步執行功能，不過基本上都會有 Step Over、Step Into、Step Out，就 Python 而言，可直接使用「Debug」窗格上的 工具列，滑鼠移至按鈕上，就會出現 Step Over、Step Into、Step Out 字樣，指出該按鈕之作用。

Step Over 就是執行程式碼的下一步，若下一步是函式呼叫，會執行完該函式至返回，若只想看看函式執行結果或傳回值是否正確，就會使用 Step Over。

如果發覺函式執行結果並不正確，可以使用 Step Into，顧名思義，若下一步是函式呼叫，就會進入函式逐步執行，以便查看函式中的演算與每一步執行結果。

如果目前正在某函式之中，接下來不想逐步檢視函式中剩餘之程式碼，可以執行 Step Out，這會完成目前函式未執行完的部份，並返回上一層呼叫函式的位置。

不同的 Debugger 會基於以上介紹的功能作延伸，例如，PyCharm 還提供有 Step Into My Code、Run to Cursor 等，稍加摸索一下，應該就可以理解其用處。

12.1.2　使用 pdb 模組

撰寫 Python 程式時，若手邊沒有整合開發環境，只能在文字模式執行程式進行除錯，可以使用 Python 內建的 pdb 模組。

Debugger **指令**

你可以直接使用 python -m pdb，指定想除錯的.py 檔案。例如，執行 python -m pdb filter_demo2.py，這會進入除錯互動環境，首先鍵入 l（list）出程式碼：

```
C:\workspace\pdb_demo>python -m pdb filter_demo2.py
> c:\workspace\pdb_demo\filter_demo2.py(1)<module>()
-> def filter_lt(predicate, lt):
(Pdb) l
  1  -> def filter_lt(predicate, lt):
  2         result = []
  3         for elem in lt:
  4             if predicate(elem):
  5                 result.append(elem)
  6         return result
  7
  8     def len_greater_than(num):
  9         def len_greater_than_num(elem):
 10             return len(elem) > num
 11         return len_greater_than_num
(Pdb)
```

(Pdb)是指令提示列，如果想設置中斷點，可以使用 b（break）指定行數設定中斷點，例如設定第 3 行為中斷點，可以輸入 b 3，然後執行 c（continue），這會執行程式直到遇上中斷點：

```
(Pdb) b 3
Breakpoint 1 at c:\workspace\pdb_demo\filter_demo2.py:3
(Pdb) c
> c:\workspace\pdb_demo\filter_demo2.py(3)filter_lt()
-> for elem in lt:
(Pdb)
```

被設定的中斷點會有編號，例如上面可以看到 Breakpoint 1，表示這是第一個設定的中斷點。此時若想查看變數，可以使用 p（print）加上變數名稱，若想執行 Step Over，可以鍵入 n（next），若想執行 Step Into，可以鍵入 s（step），若想 Step Out，可以鍵入 r（return）。例如：

```
(Pdb) n
> c:\workspace\pdb_demo\filter_demo2.py(4)filter_lt()
-> if predicate(elem):
(Pdb) p elem
'Justin'
(Pdb) s
--Call--
> c:\workspace\pdb_demo\filter_demo2.py(9)len_greater_than_num()
-> def len_greater_than_num(elem):
(Pdb) n
```

```
> c:\workspace\pdb_demo\filter_demo2.py(10)len_greater_than_num()
-> return len(elem) > num
(Pdb) p len(elem)
6
(Pdb) r
--Return--
> c:\workspace\pdb_demo\filter_demo2.py(10)len_greater_than_num()->True
-> return len(elem) > num
(Pdb) n
> c:\workspace\pdb_demo\filter_demo2.py(5)filter_lt()
-> result.append(elem)
(Pdb)
```

執行 l 時可以看到中斷點與目前執行的位置，執行 l 時可以指定數字，表示從第幾行開始顯示原始碼。例如：

```
(Pdb) l 1
  1     def filter_lt(predicate, lt):
  2         result = []
  3 B       for elem in lt:
  4             if predicate(elem):
  5 ->              result.append(elem)
  6         return result
  7
  8     def len_greater_than(num):
  9         def len_greater_than_num(elem):
 10             return len(elem) > num
 11         return len_greater_than_num
(Pdb)
```

若要查看中斷點可以鍵入 b，使用 cl（clear）指定中斷點號碼，可以清除中斷點：

```
(Pdb) b
Num Type         Disp Enb   Where
1   breakpoint   keep yes   at c:\workspace\pdb_demo\filter_demo2.py:3
(Pdb) cl 1
Deleted breakpoint 1 at c:\workspace\pdb_demo\filter_demo2.py:3
(Pdb) b
(Pdb)
```

l 預設只顯示 11 行，可以指定要顯示從哪一行至哪一行，使用 unt（until）並指定行數的話，可以直接執行程式至指定的行數（如果中間沒有遇上中斷點的話）。例如：

```
(Pdb) l 12, 15
 12
 13     lt = ['Justin', 'caterpillar', 'openhome']
 14     print('大於 5：', filter_lt(len_greater_than(5), lt))
```

```
 15     print('大於 7：', filter_lt(len_greater_than(7), lt))
(Pdb) unt 14
> c:\workspace\pdb_demo\filter_demo2.py(14)<module>()
-> print('大於 5：', filter_lt(len_greater_than(5), lt))
(Pdb) n
大於 5： ['Justin', 'caterpillar', 'openhome']
> c:\workspace\pdb_demo\filter_demo2.py(15)<module>()
-> print('大於 7：', filter_lt(len_greater_than(7), lt))
(Pdb)
```

若想重新運行程式，可以使用 restart，若想離開 pdb，可以執行 q（quit）。

pdb.run()

如果想要點針對某函式進行除錯，可以使用 pdb.run()函式，通常可以在 REPL 中進行這類動作。例如，若只想針對 filter_demo2.py 的 filter_lt()進行除錯，可以如下：

```
>>> import filter_demo2
大於 5： ['Justin', 'caterpillar', 'openhome']
大於 7： ['caterpillar', 'openhome']
>>> import pdb
>>> pdb.run('filter_demo2.filter_lt(lambda n: n < 3, [3, 1, 2, 6, 7, 4, 5])')
> <string>(1)<module>()
(Pdb) s
--Call--
> c:\workspace\pdb_demo\filter_demo2.py(1)filter_lt()
-> def filter_lt(predicate, lt):
(Pdb) p lt
[3, 1, 2, 6, 7, 4, 5]
(Pdb) n
> c:\workspace\pdb_demo\filter_demo2.py(2)filter_lt()
-> result = []
(Pdb) n
> c:\workspace\pdb_demo\filter_demo2.py(3)filter_lt()
-> for elem in lt:
(Pdb) n
> c:\workspace\pdb_demo\filter_demo2.py(4)filter_lt()
-> if predicate(elem):
(Pdb) p elem
3
(Pdb) c
>>>
```

執行 `pdb.run()` 時可以指定想執行的程式碼，這會進入 (Pdb) 指令提示，可以執行的指令有 p、n、s、c 等，指定的程式碼執行完畢後，會離開 (Pdb) 指令提示。

pdb.set_trace()

你 也 可 以 將 `pdb.set_trace()` 直 接 撰 寫 在 原 始 碼 中， 當 程 式 執 行 到 `pdb.set_trace()` 時，會進入 (Pdb) 指令提示，這時可以執行 Debugger 指令，直接在原始碼中執行 `pdb.set_trace()` 的好處是，若程式因為例外而無法繼續下去的話，可以再使用 `pdb.pm()` 回到例外發生時的上一步，以便進行相關變數的檢視。

例如，若有個 filter_demo3.py 如下：

pdb_demo filter_demo3.py

```python
import pdb
pdb.set_trace()

def filter_lt(predicate, lt):
    result = []
    for elem in lt:
        if predicate(elem):
            result.append(elem)
    return result

def len_greater_than(num):
    def len_greater_than_num(elem):
        return len(elem) > num
    return len_greater_than_num

lt = ['Justin', 'caterpillar', 'openhome', 24]
print('大於 5：', filter_lt(len_greater_than(5), lt))
print('大於 7：', filter_lt(len_greater_than(7), lt))
```

在這邊故意於 `lt` 中設定了一個數字，因為數字無法使用 `len()` 取得長度，執行時會發生 `TypeError`，假設事先並不知道有這個問題，想使用 `pdb.set_trace()` 來除錯：

```
>>> import filter_demo3
> c:\workspace\pdb_demo\filter_demo3.py(4)<module>()
-> def filter_lt(predicate, lt):
(Pdb) c
Traceback (most recent call last):
```

```
   File "<stdin>", line 1, in <module>
   File "C:\workspace\pdb_demo\filter_demo3.py", line 4, in <module>
     def filter_lt(predicate, lt):
   File "C:\workspace\pdb_demo\filter_demo3.py", line 7, in filter_lt
     if predicate(elem):
   File "C:\workspace\pdb_demo\filter_demo3.py", line 13, in
len_greater_than_num
     return len(elem) > num
TypeError: object of type 'int' has no len()
>>> pdb.pm()
> c:\workspace\pdb_demo\filter_demo3.py(13)len_greater_than_num()
-> return len(elem) > num
(Pdb) p elem
24
(Pdb) p num
5
(Pdb) p len(elem)
*** TypeError: object of type 'int' has no len()
(Pdb)
```

當程式因為例外而中斷後，執行 pdb.pm() 會回到 return len(elem) > num，最後執行 p len(elem) 時就發現問題所在了。

以上介紹的是 pdb 模組的基本使用方式，實際上 pdb 模組還有更多進階用法，雖然只能在文字模式下，不能使用滑鼠操作，實際功能並不輸整合開發工具的 Debugger，若有需要，可以再深入看看官方文件對於 pdb 模組的說明[1]。

12.2　測試

對於身為動態定型語言（Dynamically-typing language）的 Python 來說，變數本身不帶型態，若有型態上的錯誤，基本上是在執行時期運行至該段程式碼時，才會產生錯誤訊息；雖然 Python 3.5 加入型態提示，減輕了型態檢查的負擔，然而型態檢查能力尚不及靜態定型（Statically-typing language）語言的編譯器，若干型態檢查的職責，仍必須由開發者來承擔。

另一方面，程式中的錯誤也不只有型態錯誤，也可能有功能不符或邏輯等方面的錯誤，想確認程式功能符合需預期、確保程式品質，最好方式之一，就是撰寫良好的測試程式。

---

[1]　pdb 模組：docs.python.org/3/library/pdb.html

在 Python 的世界中，當然不乏撰寫測試的相關工具，像是：

- assert 陳述是在程式中安插斷言（Assertion）時很方便的一個方式。

- doctest 模組在 DocStrings 找尋類似 Python 互動環境的文字片段，執行並驗證程式是否符合預期。

- unittest 模組有時稱為 PyUnit，是 JUnit[2]的 Python 實現。

- 第三方測試工具（像是 nose、pytest 等）

12.2.1　使用 **assert** 斷言

要在程式中安插斷言，可以使用 assert，其語法如下：

```
assert_stmt ::=  "assert" expression ["," expression]
```

使用 assert expression 的話，相當於以下的程式片段：

```
if __debug__:
    if not expression: raise AssertionError
```

如果有兩個 expression，例如 assert expression1, expression2，相當於以下的程式片段：

```
if __debug__:
    if not expression1: raise AssertionError(expression2)
```

也就是說，第二個 expression 的結果，會被當作 AssertionError 的例外訊息。**__debug__ 是個內建變數，一般情況下會是 True，如果執行時加上 -O 引數會是 False**。例如以下是互動環境中的一些例子：

```
C:\workspace>python
Python 3.9.0 (tags/v3.9.0:9cf6752, Oct  5 2020, 15:34:40) [MSC v.1927 64 bit
(AMD64)] on win32
Type "help", "copyright", "credits" or "license" for more information.
>>> assert 1 == 1
>>> assert 1 != 1
Traceback (most recent call last):
  File "<stdin>", line 1, in <module>
AssertionError
```

2　JUnit：junit.org

```
>>> __debug__
True
>>> exit()
C:\workspace>python -O
Python 3.9.0 (tags/v3.9.0:9cf6752, Oct  5 2020, 15:34:40) [MSC v.1927 64 bit
(AMD64)] on win32
Type "help", "copyright", "credits" or "license" for more information.
>>> assert 1 != 1
>>> __debug__
False
>>>
```

那麼何時該使用斷言呢？一般而言有幾個建議：

- 前置條件斷言客戶端呼叫函式前，已經準備好某些條件。

- 後置條件驗證客戶端呼叫函式後，具有函式承諾之結果。

- 類別不變量（Class invariant）驗證物件某時間點下的狀態。

- 內部不變量（Internal invariant）使用斷言取代註解。

- 流程不變量（Control-flow invariant）斷言程式流程中絕不會執行到的程式碼部份。

可以使用前置條件斷言的一個例子，若發現有類似以下的程式片段：

```
def __set_refresh_Interval(interval: int):
    if (interval < 0) or (interval > 1000 / MAX_REFRESH_RATE):
        raise ValueError('Illegal interval: ' + interval)
    …之後是函式的程式流程
```

程式中 if 檢查進行了防禦式程式設計（Defensive programming），檢查使用者指定的參數值，是否在後續執行時允許的範圍，這可用 assert 來取代：

```
def __set_refresh_Interval(interval: int):
    (assert (interval >= 0) and (interval <= 1000 / MAX_REFRESH_RATE),
            'Illegal interval: ' + interval)
    …之後是函式的程式流程
```

提示 >>> 防禦式程式設計有些不好的名聲，不過並不是做了防禦式程式設計就不好，可以參考〈避免隱藏錯誤的防禦性設計[3]〉。

---

[3]　避免隱藏錯誤的防禦性設計：openhome.cc/Gossip/Programmer/DefensiveProgramming.html

一個內部不變量的例子則是如下：

```
if balance >= 10000:
    ...
elif 10000 > balance >= 100 and notVip:
    ...
else: # balance 一定是少於 100 的情況
    ...
```

如果在 else 的 balance 不是少於 100 時拋出 AssertError，以實現速錯（Fail fast）概念，而不是只使用註解來提醒開發者，可以改為以下：

```
if balance >= 10000:
    ...
elif 10000 > balance >= 100 and notVip:
    ...
else:
    assert balance < 100, balance
    ...
```

程式碼中有些不能執行到的流程區段，可以使用斷言來確保這些區段被執行時拋出例外。例如：

```
if suit == Suit.club:
    ...
elif suit == Suit.diamond:
    ...
elif suit == Suit.heart:
    ...
elif suit == Suit.spade:
    ...
else:  # 不會被執行
    pass
```

如果 suit 只能設為列舉的 Suit.club、Suit.diamond、Suit.heart、Suit.spade 之一，else 就不能被執行到，若 else 執行時想拋出例外，可以使用 assert。例如：

```
if suit == Suit.club:
    ...
elif suit == Suit.diamond:
    ...
elif suit == Suit.heart:
    ...
elif suit == Suit.spade:
    ...
else:
    assert False, suit
```

12.2.2　撰寫 doctest

　　Python 提供 `doctest` 模組，一方面是測試程式，另一方面也用來確認 DocStrings 的內容沒有過期，它使用互動式的範例來執行驗證，開發者只要為套件撰寫 REPL 形式的文件就可以了。

　　舉例來說，可以在 util.py 定義 `sorted()`函式，並撰寫以下的 DocStrings：

```
doctest_demo util.py
from typing import Callable, Any
import functools

Comparator = Callable[[Any, Any], int]

def ascending(a: Any, b: Any): return a - b
def descending(a: Any, b: Any): return -ascending(a, b)

def __select(xs: list, compare: Comparator) -> list:
    selected = functools.reduce(
        lambda slt, elem: elem if compare(elem, slt) < 0 else slt, xs)
    remain = [elem for elem in xs if elem != selected]
    return (xs if not remain
            else [elem for elem in xs if elem == selected]
                + __select(remain, compare))

def sorted(xs: list, compare = ascending) -> list:
    '''
    sorted(xs) -> new sorted list from xs' item in ascending order.
    sorted(xs, func) -> new sorted list. func should return a negative integer,
                        zero, or a positive integer as the first argument is
                        less than, equal to, or greater than the second.

    >>> sorted([2, 1, 3, 6, 5])        ◄────── ❶ DocStrings 中有 REPL 形式的執行範例
    [1, 2, 3, 5, 6]
    >>> sorted([2, 1, 3, 6, 5], ascending)
    [1, 2, 3, 5, 6]
    >>> sorted([2, 1, 3, 6, 5], descending)
    [6, 5, 3, 2, 1]
    >>> sorted([2, 1, 3, 6, 5], lambda a, b: a - b)
    [1, 2, 3, 5, 6]
    >>> sorted([2, 1, 3, 6, 5], lambda a, b: b - a)
    [6, 5, 3, 2, 1]
    '''

    return [] if not xs else __select(xs, compare)

if __name__ == '__main__':        ◄────── ❷ 直接執行.py 時條件式才會成立
    import doctest
    doctest.testmod()
```

若直接執行 util.py，在範例中__name__變數會被設定為'__main__'字串❷，因此，這種模式常用於為模組撰寫簡單的自我測試，當直接執行某個.py 檔案時，if 條件才會成立，測試的程式碼才會執行，import 該模組時，因為__name__是模組名稱，就不會在 import 時執行測試的程式碼。

在 DocStrings 中，撰寫了 REPL 形式的執行範例❶，直接使用 python util.py 執行時，就會進行測試，若加上-v 會顯示細節，例如：

```
C:\workspace\doctest_demo>python util.py -v
Trying:
    sorted([2, 1, 3, 6, 5])
Expecting:
    [1, 2, 3, 5, 6]
ok
Trying:
    sorted([2, 1, 3, 6, 5], ascending)
Expecting:
    [1, 2, 3, 5, 6]
ok
Trying:
    sorted([2, 1, 3, 6, 5], descending)
Expecting:
    [6, 5, 3, 2, 1]
ok
Trying:
    sorted([2, 1, 3, 6, 5], lambda a, b: a - b)
Expecting:
    [1, 2, 3, 5, 6]
ok
Trying:
    sorted([2, 1, 3, 6, 5], lambda a, b: b - a)
Expecting:
    [6, 5, 3, 2, 1]
ok
4 items had no tests:
    __main__
    __main__.__select
    __main__.ascending
    __main__.descending
1 items passed all tests:
   5 tests in __main__.sorted
5 tests in 5 items.
5 passed and 0 failed.
Test passed.
```

　　若想將 REPL 形式的測試範例，獨立地撰寫在文字檔案中，例如，撰寫在一個 util_doctest.txt：

doctest_demo util_doctest.txt

```
The ``util`` module
======================

Using ``sorted``
------------------

>>> from util import *
>>> sorted([2, 1, 3, 6, 5])
[1, 2, 3, 5, 6]
>>> sorted([2, 1, 3, 6, 5], ascending)
[1, 2, 3, 5, 6]
>>> sorted([2, 1, 3, 6, 5], descending)
[6, 5, 3, 2, 1]
>>> sorted([2, 1, 3, 6, 5], lambda a, b: a - b)
[1, 2, 3, 5, 6]
>>> sorted([2, 1, 3, 6, 5], lambda a, b: b - a)
[6, 5, 3, 2, 1]
```

　　若想以程式碼方式來讀取 util_doctest.txt，可以撰寫：

doctest_demo util2.py

```
if __name__ == '__main__':
    import doctest
    doctest.testfile("util_doctest.txt")
```

　　或者也可執行 doctest 模組，載入測試用的文字檔案以執行測試，例如：

```
C:\workspace\doctest_demo>python -m doctest -v util_doctest.txt
Trying:
    from util import *
Expecting nothing
ok
Trying:
    sorted([2, 1, 3, 6, 5])
Expecting:
    [1, 2, 3, 5, 6]
Ok
略…
```

12.2.3 使用 unittest 單元測試

unittest 模組有時亦稱為"PyUnit"，是 JUnit 的 Python 語言實現，JUnit 是 Java 實現的單元測試（Unit test）框架，單元測試指的是測試一個工作單元（a unit of work）的行為。

舉例來說，對於建築橋墩而言，一個螺絲釘、一根鋼筋、一條鋼索甚至一公斤的水泥等，都可謂是一個工作單元，驗證這些工作單元行為或功能（硬度、張力等）是否符合預期，方可確保最後橋墩安全無虞。

測試一個單元，基本上要與其他的單元獨立，否則會是同時測試兩個單元的正確性，或是兩個單元之間的合作行為。就軟體測試而言，單元測試通常指的是測試某函式（或方法），你給予該函式某些輸入，預期該函式會產生某種輸出，例如傳回預期的值、產生預期的檔案、新增預期的資料等。

Python 的 unittest 模組主要包括四個部份：

- 測試案例（Test case）測試的最小單元。

- 測試設備（Test fixture）執行一或多個測試前必要的預備資源，以及相關的清除資源動作。

- 測試套件（Test suite）一組測試案例、測試套件或者是兩者的組合。

- 測試執行器（Test runner）負責執行測試並提供測試結果的元件。

測試案例

對於測試案例的撰寫，unittest 模組提供基礎類別 TestCase，可以繼承它來建立測試案例。例如，可為 calc 模組的 plus()、minus()函式撰寫測試案例：

```
unittest_demo calc_test.py
import unittest
import calc

class CalcTestCase(unittest.TestCase):
    def setUp(self):
        self.args = (3, 2)

    def tearDown(self):
        self.args = None
```

```
    def test_plus(self):
        expected = 5;
        result = calc.plus(*self.args);
        self.assertEqual(expected, result);

    def test_minus(self):
        expected = 1;
        result = calc.minus(*self.args);
        self.assertEqual(expected, result)

if __name__ == '__main__':
    unittest.main()              ◄──── ❶執行測試
```

　　每個單元測試必須定義在 test 名稱為開頭的方法中，使用 python 執行此.py 檔案時，會自動找出 test 開頭的方法並執行。被測試的 calc 模組中，只有兩個簡單的函式定義：

unittest_demo calc.py

```
def plus(a, b):
    return a + b

def minus(a, b):
    return a - b
```

　　由於 calc_test.py 撰寫了 unittest.main()❶，若想執行單元測試，可以使用 python 直接執行 calc_test.py，執行結果如下：

```
C:\workspace\unittest_demo>python calc_test.py
..
----------------------------------------------------------------------
Ran 2 tests in 0.000s

OK
```

　　unittest.main()可以指定 verbosity 參數為 2，顯示更詳細的測試結果訊息，另一個執行測試的方式是使用 unittest 模組指定要測試的模組，例如 python -m unittest calc_test。

```
C:\workspace\unittest_demo>python -m unittest calc_test
..
----------------------------------------------------------------------
Ran 2 tests in 0.000s

OK
```

◎ 測試設備

如果有定義 setUp() 方法，執行每個 test 開頭的方法前，都會呼叫 setUp()，如果有定義 tearDown() 方法，執行每個 test 開頭的方法後，都會呼叫 tearDown()，因此，可以使用 setUp()、tearDown() 定義每次單元測試前後的資源建立與銷毀。

◎ 測試套件

根據測試的需求不同，你可能會想將不同的測試組合在一起，例如，CalcTestCase 可能有數個 test_xxx 方法，你只想將 test_plus 與 test_minus 組裝為一個測試套件，若使用程式碼撰寫的話可以如下：

```
suite = unittest.TestSuite()
suite.addTest(CalcTestCase('test_plus'))
suite.addTest(CalcTestCase('test_minus'))
```

或者是使用 list 定義要組裝的 test_xxx 方法清單：

```
tests = ['test_plus', 'test_minus']
suite = unittest.TestSuite(map(CalcTestCase, tests))
```

如果想自動載入某個 TestCase 子類別的 test_xxx 方法，可以如下：

```
suite = unittest.TestLoader().loadTestsFromTestCase(CalcTestCase)
```

你可以任意組合測試，例如，將某測試套件與某 TestCase 的 test_xxx 方法組合為另一個測試套件：

```
suite2 = unittest.TestSuite()
suite2.addTest(suite)
suite2.addTest(OtherTestCase('test_orz'))
```

也可以將許多測試套件再全部組合為另一個測試套件，例如，若模組中定義了 TheTestSuite() 函式，可傳回測試套件，就可使用以下的方式組合：

```
suite1 = module1.TheTestSuite()
suite2 = module2.TheTestSuite()
alltests = unittest.TestSuite([suite1, suite2])
```

測試執行器

若想使用撰寫程式碼的方式，除了先前看過的 `unittest.main()` 函式之外，也可在程式碼中使用 `TextTestRunner`，例如：

```
suite = (unittest.TestLoader().loadTestsFromTestCase(CalcTestCase))
unittest.TextTestRunner(verbosity=2).run(suite)
```

如果不想透過程式碼定義，也可在命令列中，使用 `unittest` 模組來運行模組、類別或個別的測試方法：

```
python -m unittest test_module1 test_module2
python -m unittest test_module.TestClass
python -m unittest test_module.TestClass.test_method
```

想得知 `unittest` 模組可用的引數，可使用以下指令：

```
python -m unittest -h
```

12.3　效能

效能評測（Profile）是個很大的議題，除了策略之外，也要有適當的工具，這一節要看的是，Python 有哪些內建模組可用來評測效能。

12.3.1　`timeit` 模組

`timeit` 用來量測程式片段的執行時間。在正式介紹 `timeit` 前，來看個情境，你會怎麼撰寫程式「顯示」以下執行結果呢？

```
0,1,2,3,4,5,6,7,8,9,10,11,12,13,14,15,16,17,18,19,20,21,22,23,24,25,26,27
,28,29,30,31,32,33,34,35,36,37,38,39,40,41,42,43,44,45,46,47,48,49,50,51,
52,53,54,55,56,57,58,59,60,61,62,63,64,65,66,67,68,69,70,71,72,73,74,75,7
6,77,78,79,80,81,82,83,84,85,86,87,88,89,90,91,92,93,94,95,96,97,98,99
```

以下的程式片段，因為使用了+來串接字串，在建立 `all` 時會比較緩慢嗎？

```
strs = [str(num) for num in range(0, 99)]
all = ''
for s in strs:
    all = all + s + ','
all = all + '99'
print(all)
```

也許你也聽過一種說法，對 `list` 使用 `join()` 會比較快？

```
strs = [str(num) for num in range(0, 100)]
all = ','.join(strs)
print(all)
```

那麼 all 的建立到底是使用+時比較快,還是 join()比較快呢?別再猜測了,直接試試著使用 timeit 來評測看看:

```
>>> prog1 = '''
... all = ''
... for s in strs:
...     all = all + s + ','
... all = all + '99'
... '''
>>> prog2 = '''
... all = ','.join(strs)
... '''
>>> import timeit
>>> timeit.timeit(prog1, 'strs = [str(n) for n in range(99)]')
25.573636465720142
>>> timeit.timeit(prog2, 'strs = [str(n) for n in range(100)]')
1.4678500405096884
>>>
```

timeit()的第一個參數接受字串表示的程式片段,第二個參數是準備測試用的材料,也是字串表示的程式片段,timeit()在材料準備好之後,就會運行第一個參數指定的程式片段並量測時間,單位是秒,就結果看來,似乎是 join() 勝出!

不過,以下卻是相反的結果:

```
>>> timeit.timeit(prog1, 'strs = (str(n) for n in range(99))')
0.09589868111083888
>>> timeit.timeit(prog2, 'strs = (str(n) for n in range(99))')
0.3774917078907265
>>>
```

差別在哪呢?在準備 strs 時,兩個都將[]改成了()罷了!如果將 strs 的建立也考慮進去,那麼結果就又不同了:

```
>>> prop1 = '''
... all = ''
... for s in [str(num) for num in range(0, 99)]:
...     all = all + s + ','
... all = all + '99'
... '''
>>> prop2 = '''
... all = ','.join([str(num) for num in range(0, 100)])
... '''
```

```
>>> import timeit
>>> timeit.timeit(prop1)
59.40711690576034
>>>
>>> timeit.timeit(prop2)
35.0965718301322
>>>
```

　　這邊的重點在於，如果考慮的是程式片段，就不只是考量+比較快還是 `join()`
比較快的問題，**效能是程式整體結合後的執行考量，不是單一元素快慢的問題，也
不是憑空猜測，必須以實際的評測作為依據。**

　　`timeit` 預設是執行程式片段 1,000,000 次，然後取平均時間，執行次數可
透過 number 參數控制，以下是幾個透過 API 運行的範例：

```
>>> timeit.timeit('strs=[str(n) for n in range(99)]', number = 10000)
0.33211180431703724
>>> timeit.timeit('strs=(str(n) for n in range(99))', number = 10000)
0.008800442406936781
>>> timeit.timeit('",".join([str(n) for n in range(99)])', number = 10000)
0.4142130435150193
>>> timeit.timeit('",".join((str(n) for n in range(99)))', number = 10000)
0.38637546380869026
>>> timeit.timeit('",".join(map(str, range(100)))', number = 10000)
0.28319832117244914
>>>
```

　　也可以透過命令列的指令來執行評測：

```
C:\workspace>python -m timeit "','.join(str(n) for n in range(100))"
10000 loops, best of 3: 39 usec per loop
```

　　底下是個更實際的評測案例，針對 `selectionSort()`、`insertionSort()` 與
`bubbleSort()` 三個函式進行評測，程式中使用 `timeit.Timer()`，針對個別的程式
片段分別建立了 `Timer` 實例，然後使用 `Timer` 的 `timeit()` 指定評測次數，最後取
平均值：

profile_demo sorting_prof.py

```
import timeit
repeats = 10000
for f in ('selectionSort', 'insertionSort', 'bubbleSort'):
    t = timeit.Timer('{0}([10, 9, 1, 2, 5, 3, 8, 7])'.format(f),
        'from sorting import selectionSort, insertionSort, bubbleSort')
    sec = t.timeit(repeats) / repeats
    print('{f}\t{sec:.6f} sec'.format(**locals()))
```

以下是個執行的範例：

```
selectionSort 0.000033 sec
insertionSort 0.000024 sec
bubbleSort    0.000084 sec
```

12.3.2　使用 cProfile（profile）

　　cProfile 用來收集程式執行時的一些時間數據，提供各種統計數據，對大多數的使用者來說是不錯的工具，這是用 C 撰寫的擴充模組，在評測時有較低的額外成本，然而不是所有系統都有提供，**profile** 介面上仿造了 **cProfile**，以純 Python 來實現，有較高的互通性。

　　以下是個使用 cProfile 的程式範例：

profile_demo sorting_cprof.py

```
import cProfile
import sorting
import random

l = list(range(500))
random.shuffle(l)
cProfile.run('sorting.selectionSort(l)')
```

　　以下是個執行後的統計資訊：

```
        251503 function calls (251004 primitive calls) in 0.104 seconds

   Ordered by: standard name

   ncalls  tottime  percall  cumtime  percall filename:lineno(function)
        1    0.000    0.000    0.104    0.104 <string>:1(<module>)
   124750    0.039    0.000    0.056    0.000 sorting.py:11(<lambda>)
      500    0.012    0.000    0.012    0.000 sorting.py:12(<listcomp>)
      499    0.007    0.000    0.007    0.000 sorting.py:14(<listcomp>)
   124750    0.017    0.000    0.017    0.000 sorting.py:3(ascending)
        1    0.000    0.000    0.104    0.104 sorting.py:6(selectionSort)
    500/1    0.003    0.000    0.104    0.104 sorting.py:9(__select)
      500    0.025    0.000    0.081    0.000 {built-in method _functools.reduce}
        1    0.000    0.000    0.104    0.104 {built-in method builtins.exec}
        1    0.000    0.000    0.000    0.000 {method 'disable' of
'_lsprof.Profiler' objects}
```

當中有許多欄位需要解釋一下：

- ncalls："number of calls"的縮寫，也就是對特定函式的呼叫次數。

- tottime："total time"的縮寫，花費在函式的執行時間（不包括子函數呼叫的時間）。

- percall：tottime 除以 ncalls 的結果。

- cumtime："cumulative time"的縮寫，花費在函式與所有子函式的時間（從呼叫至離開）。

- percall：cumtime 除以 ncalls 的結果。

- filename:lineno(function)：提供程式碼執行時的位置資訊。

除了直接察看 cProfile 的結果之外，**可以使用 pstats 對 cProfile 的結果，進行各種運算與排序**，這要先將 cProfile 收集的結果，儲存為一個檔案，然後使用 pstats 載入檔案，例如，以下的範例分別針對 name、cumtime 與 tottime 進行排序並顯示結果。

```
profile_demo sorting_cprof.py
import cProfile, pstats, random, sorting

l = list(range(500))
random.shuffle(l)
cProfile.run('sorting.selectionSort(l)', 'select_stats')

p = pstats.Stats('select_stats')
p.strip_dirs().sort_stats('name').print_stats()
p.sort_stats('cumulative').print_stats(10)
p.sort_stats('time').print_stats(10)
```

12.4　重點複習

在檢測錯誤時，有個順手的工具可以加速錯誤的檢出，Debugger 是最常使用也是最基本的工具之一。

Debugger 可以隨時察看相關資訊，不必（也不建議）在程式碼中使用 print() 來做相關變數的查看。

Step Over 執行程式碼的下一步，如果下一步是個函式，會執行完該函式至返回，若只想看看函式執行結果或傳回值是否正確，會使用 Step Over。

如果發覺函式執行結果不正確，可以使用 Step Into，顧名思義，若下一步是個函式呼叫，就會進入函式逐步執行，以便查看函式中的演算與每一步執行結果。

如果目前正在某個函式之中，接下來不想逐步檢視函式中剩餘之程式碼，可以執行 Step Out，這會完成目前函式未執行完的部份，並返回上一層呼叫函式的位置。

撰寫 Python 程式時，如果手邊正好沒有整合開發環境，只能在文字模式下執行程式進行除錯，可以使用 Python 內建的 pdb 模組。

Python 的變數沒有型態，如果有型態上的操作錯誤，基本上會是在執行時期運行至該段程式碼時，才會產生錯誤訊息，不若靜態定型語言還能有編譯器，在程式運行前檢查型態的正確性，因此檢查出型態不正確的任務，必須由開發者來承擔，而減輕這個負擔的最好方式之一，就是撰寫良好的測試程式。

要在程式中安插斷言，可以使用 assert。

__debug__ 是個內建變數，一般情況下會是 True，如果執行時加上 -O 引數，就會是 False。

一般而言 assert 的使用有幾個建議：

- 前置條件斷言客戶端呼叫函式前，已經準備好某些條件。
- 後置條件驗證客戶端呼叫函式後，具有函式承諾有結果。
- 類別不變量驗證物件某個時間點下的狀態。
- 內部不變量使用斷言取代註解。
- 流程不變量斷言程式流程中絕不會執行到的程式碼部份。

Python 提供了 doctest 模組，一方面是測試程式碼，一方面也是用來確認 DocStrings 的內容沒有過期，它使用互動式的範例來執行驗證，開發者只要為套件撰寫 REPL 形式的文件就可以了。

　　`unittest` 模組有時亦稱為"PyUnit"，是 JUnit 的 Python 語言實現，JUnit 是個 Java 實現的單元測試框架，單元測試指的是測試一個工作單元的行為。

　　測試一個單元，基本上要與其他的單元獨立，否則會是在同時測試兩個單元的正確性，或是兩個單元間的合作行為。就軟體測試而言，單元測試通常指的是測試某函式（或方法）。

　　`timeit` 用來量測一個小程式片段的執行時間。

　　效能是程式整體結合後的執行考量，不是單一元素快慢的問題，也不是憑空猜測，要有實際的評測作為依據。

　　`cProfile` 用來收集程式執行時的一些時間數據，提供各種統計數據，對大多數的使用者來說是不錯的工具，這是用 C 撰寫的擴充模組，在評測時有較低的額外成本，然而不是所有系統上都有提供，`profile` 介面上仿造了 `cProfile`，是用純 Python 來實現的模組，有較高的互通性。

　　可以使用 `pstats` 對 `cProfile` 的結果，進行各種運算與排序。

12.5 課後練習

實作題

1. 在書附範例的 samples/CH12/unittest_demo 中，有個 dvdlib1.py，你有辦法使用 unittest 為它撰寫測試嗎？

2. 在書附範例的 samples/CH12/unittest_demo 中，有個 dvdlib2.py，你有辦法使用 unittest 為它撰寫測試嗎？跟 dvdlib1.py 相比，哪個比較容易進行測試？有辦法將 dvdlib1.py 重構（Refactor），讓它變得容易進行測試嗎？

並行、平行與非同步

13.1　並行

　　到目前為止介紹過的範例都是單執行緒程式,也就是執行.py 從開始至結束只有一個流程,有時候設計程式時,會想針對不同需求,切分出不同的部份或單元,分別設計不同流程來解決,而且多個流程可以並行(Concurrency)處理,也就是從使用者的觀點來看,會是同時「執行」各個流程,然而實際上,是應用程式同時「管理」多個流程。

13.1.1　簡介執行緒

　　進行並行程式設計的方式之一,是透過執行緒,Python 提供執行緒的解決方案,在這之前先來看看沒有執行緒的例子。

　　如果要設計一個龜兔賽跑遊戲,賽程長度為 10 步,每經過一秒,烏龜會前進一步,兔子可能前進兩步或睡覺,那該怎麼設計呢?如果用目前學過的單執行緒程式來說,可能會如下設計:

```
threading_demo tortoise_hare_race.py

from random import choice

total_step = 10
tortoise_step = 0
hare_step = 0

print('龜兔賽跑開始...')
while tortoise_step < total_step and hare_step < total_step:
    tortoise_step += 1        ◀━━ ❶烏龜走一步
    print('烏龜跑了 {}  步...'.format(tortoise_step))
    if choice([True, False]): ◀━ ❷隨機睡覺
        print('兔子睡著了 zzzz')
    else:
        hare_step += 2  ◀━━ ❸兔子走兩步
        print('兔子跑了 {}  步...'.format(hare_step))
```

　　目前程式只有一個流程,就是從.py 開始至結束的流程。tortoise_step 遞增 1 表示烏龜走一步❶,兔子則可能隨機睡覺,random 模組的 choice()函式,會從指定的 list 中隨機挑選元素❷,如果不是睡覺就將 hare_step 遞增 2,表示兔子走兩步❸,只要烏龜或兔子其中一個走完 10 步就離開迴圈,表示比賽結束。

　　由於程式只有一個流程，只能將烏龜與兔子的行為混雜在這個流程中撰寫，而且為什麼每次都先遞增烏龜再遞增兔子步數呢？這樣對兔子很不公平啊！如果可以撰寫程式啟動兩個流程，一個是烏龜流程，一個兔子流程，程式邏輯會比較清楚。

　　如果想運用執行緒在主流程以外獨立運行流程，可以使用 threading 模組，例如，可以在兩個獨立的函式中分別設計烏龜與兔子的流程：

```
threading_demo tortoise_hare_race2.py

from random import choice
from threading import Thread

def tortoise(total_step: int):    ◀── ❶烏龜的流程
    step = 0
    while step < total_step:
        step += 1
        print('烏龜跑了 {} 步...'.format(step))

def hare(total_step: int):    ◀── ❷兔子的流程
    step = 0
    while step < total_step:
        if choice([True, False]):
            print('兔子睡著了 zzzz')
        else:
            step += 2
            print('兔子跑了 {}  步...'.format(step))

t = Thread(target = tortoise, args = (10,))    ◀── ❸建立 Thread 實例
h = Thread(target = hare, args = (10,))

t.start()    ◀── ❹啟動 Thread
h.start()
```

　　在 tortoise 函式中，烏龜只要專心負責每秒走一步就可以了，不會混雜兔子的流程❶。同樣地，在 hare 函式中，兔子只要專心負責每秒睡覺或走兩步就可以了，不會混雜烏龜的流程❷。

　　執行這個.py 時，使用了 threading 模組的 Thread，而 target 參數指定 tortoise❸，這表示稍後執行 Thread實例的 start()方法時❹，就會呼叫 tortoise() 函式，args 參數表示指定給函式的引數，使用的是 tuple，tortoise()只有一個引數，因此必須使用(10,)來表示這是單元素的 tuple。使用 Thread指定執行 hare() 函式時，也是類似的作法。

當 Thread 實例的 start() 方法執行時，指定的函式就會獨立地運行各自流程，而且「像是同時執行」，執行時的結果會像是…

```
烏龜跑了 1 步...
烏龜跑了 2 步...
兔子跑了 2  步...
烏龜跑了 3 步...
兔子跑了 4  步...
烏龜跑了 4 步...
兔子跑了 6  步...
烏龜跑了 5 步...
兔子睡著了 zzzz
烏龜跑了 6 步...
兔子睡著了 zzzz
烏龜跑了 7 步...
兔子睡著了 zzzz
烏龜跑了 8 步...
兔子跑了 8  步...
烏龜跑了 9 步...
兔子睡著了 zzzz
烏龜跑了 10 步...
兔子睡著了 zzzz
兔子睡著了 zzzz
兔子跑了 10   步...
```

如果真的必要，可以繼承 Thread，在 __init__() 中呼叫 super().__init__()，並在類別中定義 run() 方法來實作執行緒功能，然而不建議，因為這會使得你的流程與 Thread 產生相依性。以下示範與前面範例相同功能，不過是繼承 Thread 的實作：

threading_demo tortoise_hare_race3.py

```python
from random import choice
from threading import Thread

class Tortoise(Thread):
    def __init__(self, total_step: int) -> None:
        super().__init__()
        self.total_step = total_step

    def run(self):
        step = 0
        while step < self.total_step:
            step += 1
            print('烏龜跑了 {} 步...'.format(step))

class Hare(Thread):
```

```python
    def __init__(self, total_step: int) -> None:
        super().__init__()
        self.total_step = total_step

    def run(self):
        step = 0
        while step < self.total_step:
            if choice([True, False]):
                print('兔子睡著了 zzzz')
            else:
                step += 2
                print('兔子跑了 {}  步...'.format(step))

Tortoise(10).start()
Hare(10).start()
```

13.1.2　執行緒的啟動至停止

使用執行緒進行並行程式設計時，看來像是同時執行多個流程，**實際上是否真的「同時」，要看處理器的數量，以及使用的實作品而定。**

若只有一個處理器，在特定時間點上，處理器只允許執行一個執行緒，若使用的是 CPython，就算有多個處理器，每個啟動的 CPython 直譯器，同時間也只允許執行一個執行緒，在這兩類情況下，只不過執行緒切換速度，「有時候」快到人類感覺上像是同時處理罷了。

> 提示 »» CPython 直譯器在實現執行緒時，使用了 GIL（Global Interpreter Lock），用以控制同一時間，只能有一個原生執行緒執行 Python 位元碼，GIL 並非 Python 規範中的特性，只是 CPython 的實現方式，詳情可參考〈Grok the GIL[1]〉。

◉ 阻斷

所謂的「有時候」，通常是指目前執行緒需要等待某個阻斷作業完成時，例如等待輸入輸出，直譯器會試著執行另一個執行緒，因此**執行緒適用的場合之一，是輸入輸出密集的場合**，因為與其等待某個阻斷作業完成，不如趁著等待的時間來進行其他執行緒。

---

[1]　Grok the GIL：opensource.com/article/17/4/grok-gil

例如以下這個程式可以指定網址下載網頁，是不使用執行緒的版本：

threading_demo download.py

```
from urllib.request import urlopen

def download(url: str, file: str):
    with urlopen(url) as u, open(file, 'wb') as f:
        f.write(u.read())

urls = [
    'https://openhome.cc/Gossip/Encoding/',
    'https://openhome.cc/Gossip/Scala/',
    'https://openhome.cc/Gossip/JavaScript/',
    'https://openhome.cc/Gossip/Python/'
]

filenames = [
    'Encoding.html',
    'Scala.html',
    'JavaScript.html',
    'Python.html'
]

for url, filename in zip(urls, filenames):
    download(url, filename)
```

這個程式在每一次 for 迴圈時，會進行開啟網路連結、進行 HTTP 請求，然後再進行檔案寫入等，網路連結、HTTP 協定很耗時，也就是進入阻斷的時間較長，第一個網頁下載完後，再下載第二個網頁，接著才是第三個、第四個。可以先執行看看以上程式，看看你的電腦與網路環境會耗時多久。

如果可以第一個網頁在等待網路連結、HTTP 協定時，就進行第二個、第三個、第四個網頁的下載，那效率會改進行多。例如：

threading_demo download2.py

```
import threading
from urllib.request import urlopen

def download(url: str, file: str):
    with urlopen(url) as u, open(file, 'wb') as f:
        f.write(u.read())

urls = [
    'https://openhome.cc/Gossip/Encoding/',
    'https://openhome.cc/Gossip/Scala/',
    'https://openhome.cc/Gossip/JavaScript/',
```

```
      'https://openhome.cc/Gossip/Python/'
]

filenames = [
    'Encoding.html',
    'Scala.html',
    'JavaScript.html',
    'Python.html'
]

for url, filename in zip(urls, filenames):
    t = threading.Thread(target = download, args = (url, filename))
    t.start()
```

這次的範例執行 for 迴圈時，會建立新的 Thread 並啟動，以進行網頁下載，可以執行看看與上一個範例的差別有多少，這個範例花費的時間明顯會少很多。

對於計算密集的任務，使用執行緒不見得會提高處理效率，反而容易因為直譯器必須切換執行緒而耗費不必要的成本，使得效率變差。

Daemon 執行緒

如果主執行緒中啟動了額外執行緒，預設會等待被啟動的執行緒都執行完才中止程式。如果一個 Thread 建立時，指定了 daemon 參數為 True，在非 Daemon 的執行緒都結束時，程式就會直接終止，不會等待 Daemon 執行緒執行結束，如果需要在背景執行一些常駐任務，就可以指定 daemon 參數為 True。

安插執行緒

如果 A 執行緒正在運行，流程中允許 B 執行緒加入，等到 B 執行緒執行完畢後再繼續 A 執行緒流程，可以使用 join() 方法完成這個需求。這就好比你手上有份工作正在進行，老闆安插另一工作要求先做好，然後你再進行原本正進行的工作。

當執行緒使用 join() 加入至另一執行緒時，另一執行緒會等待被加入的執行緒工作完畢，然後再繼續它的動作，join() 的意思是表示，將執行緒加入成為另一執行緒的流程之中。

threading_demo join_demo.py

```python
import threading

def demo():
    print('Thread B 開始...')
    for i in range(5):
        print('Thread B 執行...')
    print('Thread B 將結束...')

print('Main thread 開始...')
tb = threading.Thread(target = demo)
tb.start()
tb.join(); # Thread B 加入 Main thread 流程

print('Main thread 將結束...')
```

　　程式啟動後主執行緒就開始，在主執行緒中新建 tb，並在啟動 tb 後，將之加入（join()）主執行緒流程中，tb 會先執行完畢，主執行緒才繼續原本的流程，執行結果如下：

```
Main thread 開始...
Thread B 開始...
Thread B 執行...
Thread B 執行...
Thread B 執行...
Thread B 執行...
Thread B 執行...
Thread B 將結束...
Main thread 將結束...
```

　　如果程式中 tb 沒有使用 join()加入主執行緒流程中，最後一行顯示"Main thread 將結束..."的陳述會先執行完畢。

　　有時候加入的執行緒可能處理太久，你不想無止境等待這個執行緒工作完畢，可以在 join()時指定時間，例如 join(10)，這表示加入成為流程的執行緒至多可處理 10 秒，數字可以是浮點數，如果加入的執行緒還沒執行完畢就不理它了，目前執行緒可繼續執行原本工作流程。

◎ 停止執行緒

　　如果要停止執行緒，必須自行實作，讓執行緒跑完應有的流程，例如，有個執行緒會在迴圈中進行某個動作，那麼停止執行緒的方式，就是讓它有機會離開迴圈：

```
threading_demo stop_demo.py
import threading, time

class Some:
    def __init__(self):
        self.is_continue = True

    def terminate(self):
        self.is_continue = False

    def run(self):
        while self.is_continue:
            print('running...running')
        print('bye...bye...')

s = Some()
t = threading.Thread(target = s.run)
t.start()
time.sleep(2)  # 主執行緒停 2 秒
s.terminate()  # 停止執行緒
```

　　在這個程式片段中，若執行緒執行了 run() 方法，就會進入 while 迴圈，想停止執行緒，就是呼叫 Some 的 terminate()，這會將 is_continue 設為 False，在跑完此次 while 迴圈，下次 while 條件測試為 False 就會離開迴圈，執行完 run() 方法，執行緒也就結束了。

　　因此**不僅是停止執行緒必須自行根據條件實作，執行緒的暫停、重啟，也必須視需求實作**。

13.1.3 競速、鎖定、死結

　　如果執行緒間不需共享資料，或者共享的資料是不可變動（Immutable），事情會單純一些，然而，執行緒之間不得不共用可變動狀態的資料，是蠻常見的情況，這時就必須注意，是否會發生競速、鎖定、死結等問題。

競速

　　若執行緒之間需要共享的是可變動狀態的資料，有可能發生競速狀況（Race condition），例如，若有個程式範例如下：

```
threading_demo race_demo.py
from threading import Thread

def setTo1(data: dict[str, int]):
    while True:
        data['Justin'] = 1
        if data['Justin'] != 1:
            raise ValueError(f'setTo1 資料不一致：{data}')

def setTo2(data: dict[str, int]):
    while True:
        data['Justin'] = 2
        if data['Justin'] != 2:
            raise ValueError(f'setTo2 資料不一致：{data}')

data: dict[str, int] = {}

t1 = Thread(target = setTo1, args = (data, ))
t2 = Thread(target = setTo2, args = (data, ))

t1.start()
t2.start()
```

　　在這個範例中，t1 與 t2 執行緒分別執行了 setTo1() 與 setTo2() 函式，兩個函式會對同一個 dict 物件設定，一個將 'Justin' 的對應值設為 1，另一個設為 2，執行時會發現，if 檢查的部份是可能成立的，因而會拋出例外，拋出例外的可能是 setTo1() 函式，也可能是 setTo2() 函式，引發例外的時間不一定，純綷看運氣。

　　問題的根源在於，執行緒之間會進行切換，切換的時機點無法預測，如果 t1 在 setTo1() 函式中 data['Justin'] = 1 執行完後，直譯器切換至 t2，這時正好執行了 setTo2() 函式的 data['Justin'] = 2，剛巧不巧地，切換再度發生而執行 t1，setTo1() 的下一句 data['Justin'] != 1 的判斷成立，因而引發例外。

鎖定

　　若要避免競速的情況發生，可對資源被變更與取用時的關鍵程式碼進行鎖定，例如：

```
threading_demo lock_demo.py
```

```python
from threading import Thread, Lock

def setTo1(data: dict[str, int], lock: Lock):
    while True:
        lock.acquire()
        try:
            data['Justin'] = 1
            if data['Justin'] != 1:
                raise ValueError(f'setTo1 資料不一致：{data}')
        finally:
            lock.release()

def setTo2(data: dict[str, int], lock: Lock):
    while True:
        lock.acquire()
        try:
            data['Justin'] = 2
            if data['Justin'] != 2:
                raise ValueError(f'setTo2 資料不一致：{data}')
        finally:
            lock.release()

lock = Lock()
data: dict[str, int] = {}

t1 = Thread(target = setTo1, args = (data, lock))
t2 = Thread(target = setTo2, args = (data, lock))

t1.start()
t2.start()
```

　　threading.Lock 實例只會有兩種狀態，鎖定與未鎖定。在非鎖定狀態下，可以使用 acquire()方法使之進入鎖定狀態，此時若再度呼叫 acquire()方法，就會被阻斷，直到其他地方呼叫了 release()，令 Lock 物件成為未鎖定狀態，如果 Lock 物件不是在鎖定狀態，呼叫 release()會引發 RuntimeError。

　　因此對於上面的範例來說，若 t1 執行了 setTo1()函式的 lock.acquire()，之後執行緒切換至 t2，執行至 setTo2()函式的 lock.acquire()時，由於 lock 處於鎖定狀態，因此 t2 被阻斷，只有在執行緒切換回 t1 並執行完 lock.release()，使 lock 成為未鎖定狀態，t2 才有機會執行 lock.acquire()取得鎖定，繼續執行之後的程式碼。

反過來地，只有在執行緒切換回 t2 並執行完 lock.release()，使 lock 成為未鎖定狀態，t1 才有機會執行 lock.acquire()取得鎖定，繼續執行之後的程式碼。

因此無論是哪個執行緒，都能確保 lock 在鎖定狀態期間，執行完關鍵的程式碼區域，而不會發生競速狀況。

實際上，threading.Lock 實作了 7.2.3 談到的情境管理器協定（Context Management Protocol），可以搭配 with 簡化 acquire()與 release()的呼叫，因此，上面的範例也可以改為：

threading_demo lock_demo2.py

```python
from threading import Thread, Lock

def setTo1(data: dict[str, int], lock: Lock):
    while True:
        with lock:
            data['Justin'] = 1
            if data['Justin'] != 1:
                raise ValueError(f'setTo1 資料不一致：{data}')

def setTo2(data: dict[str, int], lock: Lock):
    while True:
        with lock:
            data['Justin'] = 2
            if data['Justin'] != 2:
                raise ValueError(f'setTo2 資料不一致：{data}')

lock = Lock()
data: dict[str, int] = {}

t1 = Thread(target = setTo1, args = (data, lock))
t2 = Thread(target = setTo2, args = (data, lock))

t1.start()
t2.start()
```

死結

　　由於執行緒無法取得鎖定時會造成阻斷，不正確地使用 **Lock** 有可能造成效能低落，另一問題是死結（**Dead lock**），例如有些資源在多執行緒下彼此交叉取用，就有可能造成死結，以下是個簡單的例子：

> threading_demo deadlock_demo.py

```python
from threading import Thread

class Resource:
    def __init__(self, name: str, resource: int) -> None:
        self.name = name
        self.resource = resource
        self.lock = threading.Lock()

    def action(self) -> int:
        with self.lock:
            self.resource += 1
            return self.resource

    def cooperate(self, other_res: 'Resource'):
        with self.lock:
            other_res.action()
            print(f'{self.name} 整合 {other_res.name} 的資源')

def cooperate(r1: Resource, r2: Resource):
    for i in range(10):
        r1.cooperate(r2)

res1 = Resource('resource 1', 10)
res2 = Resource('resource 2', 20)

t1 = Thread(target = cooperate, args = (res1, res2))
t2 = Thread(target = cooperate, args = (res2, res1))

t1.start()
t2.start()
```

　　上面這個程式會不會發生死結，也是機率問題，你可以嘗試執行看看，有時程式可順利執行完成，有時程式會整個停頓。

　　會發生死結的原因在於，t1 在呼叫 a.cooperate(b)時，res1 的 lock 就被設為鎖定狀態，若此時 t2 正好也呼叫 a.cooperate(b)時，res2 的 lock 也被設為鎖定狀態，湊巧 t1 現在打算運用傳入的 res2 呼叫 action()，結果試圖呼叫 res2

的 lock 之 acquire()時被阻斷,而接下來 t2 打算運用傳入的 res1 呼叫 action(),結果試圖呼叫 res1 的 lock 之 acquire()時被阻斷,兩個執行緒都被阻斷了。

　　要更簡單解釋這個範例為何有時會死結,就是偶而會發生兩個執行緒都處於「你不解除你手上資源的鎖定,我就不放開我手上資源的鎖定」的狀態。

13.1.4　等待與通知

　　除了基本的 threading.Lock,threading 模組還提供其他鎖定機制,例如,threading.RLock 實現了可重入鎖(Reentrant lock),同一執行緒可以重複呼叫同一個 threading.RLock 實例的 acquire()而不被阻斷,不過要注意的是,release()時也要有對應於 acquire()的次數,方可以完全解除鎖定,threading.RLock 也實作了情境管理器協定,可搭配 with 來使用。

◎ Conditon

　　另一個經常使用的鎖定機制是 threading.Condition,正如其名稱提示的,某個執行緒在透過 acquire()取得鎖定之後,若要在特定條件符合之前等待,可以呼叫 wait()方法,這會釋放鎖定,若其他執行緒的運作促成特定條件成立,可以呼叫同一 threading.Condition 實例的 notify(),通知等待條件的一個執行緒可取得鎖定(也許有其他執行緒也正在等待),若等待中的執行緒取得鎖定,就會從上次呼叫 wait()方法處繼續執行。

　　notify()通知等待條件的一個執行緒,無法預期是哪一個執行緒會被通知,如果等待中的執行緒有多個,還可以呼叫 notify_all(),這會通知全部等待中的執行緒爭取鎖定。

　　wait()可以使用浮點數指定逾時,單位是秒,若等待超過指定的時間,就會自動嘗試取得鎖定並繼續執行,notify()可以指定通知的執行緒數量,目前的實作是指定多少就是通知多少個執行緒(如果執行緒數量足夠的話),不過文件上載明,依賴在特定數量並不安全,未來的實作可能會視情況,通知至少指定數量以上的執行緒。

　　wait()、notify()或notify_all()應用的常見範例之一，就是生產者與消費者。生產者會將生產的產品交給店員，而消費者從店員處取走產品消費，但店員一次只能儲存固定數量產品。

　　若生產者生產速度較快，店員可儲存產品的量已滿，店員會叫生產者等一下（wait），如果有空位放產品了再通知（notify）生產者繼續生產；如果消費者速度較快，將店中產品消費完畢了，店員會告訴消費者等一下（wait），如果店中有產品了再通知（notify）消費者前來消費。

　　以下舉個最簡單的範例，假設生產者每次生產一個整數交給店員，而消費者從店員處買走整數：

threading_demo condition_demo.py

```
from threading import Thread

class Clerk:
    def __init__(self):
        self.product = -1      ← ❶只持有一個產品，-1 表示沒有產品
        self.cond = threading.Condition()  ← ❷建立 Condition 物件

    def purchase(self, product: int):
        with self.cond:
            while self.product != -1:  ← ❸看看店員有沒有空間收產
                self.cond.wait()            品，沒有的話就稍侯
            self.product = product
            self.cond.notify()    ← ❹ 通知等待中的執行緒

    def sellout(self) -> int:
        with self.cond:
            while self.product == -1:  ← ❺看看目前店員有沒有貨，沒有
                self.cond.wait()            的話就稍侯
            p = self.product
            self.product = -1
            self.cond.notify()    ← ❻ 通知等待中的執行緒
            return p

def producer(clerk: Clerk):      ← ❼產生整數給店員
    for product in range(10):
        clerk.purchase(product)
        print('店員進貨 ({})'.format(product))

def consumer(clerk: Clerk):      ← ❽從店員處買走整數
    for product in range(10):
        print('店員賣出 ({})'.format(clerk.sellout()))

clerk = Clerk();
```

```
Thread(target = producer, args = (clerk, )).start()
Thread(target = consumer, args = (clerk, )).start()
```

Clerk 只能持有一個整數，-1 表示目前沒有產品❶，Clerk 中建立了 Conditon 實例來控制等待與通知❷。

假設現在 producer() 中呼叫了 purchase()，此時不會進入 while 迴圈本體而等待，Clerk 的 product 被設為指定的整數，由於此時沒有執行緒等待，呼叫 notify() 沒有作用❹，假設 producer() 中再次呼叫 purchase()，此時 Clerk 的 product 不為-1，表示店員無法收貨了，於是進入 while 迴圈，執行了 wait()❸，於是執行 producer() 的執行緒釋放鎖定進入等待。

假設 consumer() 中呼叫了 sellout()，由於 Clerk 的 product 不為-1，不會進入 while 迴圈本體，於是 Clerk 準備交貨，並將 product 設為-1，表示貨品被取走，接著呼叫 notify() 通知等待中的執行緒❻，最後將 p 傳回，如果 Consumer 又呼叫了 sellout()，此時 product 為-1，表示沒有產品了，於是進入 while 迴圈本體，執行 wait() 後進入等待❺，若此時執行 producer() 的執行緒取得鎖定，於是從 purchase() 中 wait() 處繼續執行。

producer() 函式使用 for 迴圈產生整數❼，clerk 代表店員，可透過 purchase() 方法，將生產的整數設給店員；consumer() 函式亦使用 for 迴圈來消費整數❽，可透過 clerk 的 sellout() 方法，從店員身上取走整數。

生產者會生產 10 個整數，而消費者會消耗 10 個整數，雖然生產與消費的速度不一，由於店員處只能放置一個整數，只能每生產一個才消耗一個：

```
店員進貨 (0)
店員賣出 (0)
店員進貨 (1)
店員賣出 (1)
店員進貨 (2)
店員賣出 (2)
店員進貨 (3)
店員賣出 (3)
店員進貨 (4)
店員賣出 (4)
店員進貨 (5)
店員賣出 (5)
店員進貨 (6)
店員賣出 (6)
店員進貨 (7)
```

```
店員賣出 (7)
店員進貨 (8)
店員賣出 (8)
店員進貨 (9)
店員賣出 (9)
```

　　實際上，如果需要這種一進一出，在執行緒間交換資料的方式，Python 標準程式庫提供了 queue.Queue，在建立實例時可指定容量，這是個先前先出的資料結構，實作了必要的鎖定機制，可以使用 put() 將資料置入，使用 get() 取得資料，因此，上面的範例也可以改寫為以下程式而執行結果不變：

threading_demo queue_demo.py

```python
from queue import Queue
from threading import Thread

def producer(clerk: Queue):
    for product in range(10):
        clerk.put(product)
        print(f'店員進貨 ({product})')

def consumer(clerk: Queue):
    for product in range(10):
        print(f'店員賣出 ({clerk.get()})')

clerk: Queue = Queue(1);
Thread(target = producer, args = (clerk, )).start()
Thread(target = consumer, args = (clerk, )).start()
```

　　標準程式庫除了 threading 的 Lock、RLock、Conditon，還有 Semaphore 與 Barrier。

Semaphore 與 Barrier

　　Semaphore 這個單字的意思是「信號」，建立 Semaphore 可指定計數器初始值，每呼叫一次 acquire()，計數器值遞減一，在計數器為 0 時若呼叫了 acquire()，執行緒就會被阻斷，每呼叫一次 release()，計數器值遞增一，如果 release() 前計數器為 0，而且有執行緒正在等待，在 release() 並遞增計數器之後，會通知等待中的執行緒。

Barrier 這個單字的意思是「柵欄」，顧名思義，可以設定一個柵欄並指定數量，如果有執行緒先來到這個柵欄，它必須等待其他執行緒也來到這個柵欄，直到指定的執行緒數量達到，全部執行緒才能繼續往下執行。

threading 的文件中有個簡單易懂的程式片段，如果希望執行伺服端執行緒與客戶端執行緒都必須準備就緒，才能繼續往下執行的話，可以如下：

```python
b = Barrier(2, timeout=5)

def server():
    start_server()
    b.wait()
    while True:
        connection = accept_connection()
        process_server_connection(connection)

def client():
    b.wait()
    while True:
        connection = make_connection()
        process_client_connection(connection)
```

13.2　平行

如果是計算密集式任務，在處理器中頻繁地切換執行緒不一定會增加效率，若使用 CPython，由於每個啟動的 CPython 直譯器，同時間只允許執行一個執行緒，針對計算密集式的運算，效率反而有可能低落，**若能在一個新行程（Process）啟動直譯器執行任務，在今日處理器普遍都具備多核心的情況下，任務有機會分配到各核心中平行（Parallel）運作，就有可能取得更好的效率。**

13.2.1　使用 subprocess 模組

subprocess 模組可以在執行 **Python** 程式的過程中，產生新的子行程，舉例來說，若想在執行 Python 程式的過程中，呼叫 Windows 文字模式下的 echo 指令取得%date%、%time%之類的環境變數，可以如下：

```python
>>> import subprocess
>>> subprocess.run('echo %date%', shell = True)
2018/08/23 週四
CompletedProcess(args='echo %date%', returncode=0)
>>> subprocess.run(['echo', '%time%'], shell = True)
10:28:30.03
```

```
CompletedProcess(args=['echo', '%time%'], returncode=0)
>>>
```

◐ **subprocess.run()**

　　從 Python 3.5 開始，建議使用 run()函式來呼叫子行程，由於打算呼叫文字模式下的指令，shell 參數必須設為 True，run()的第一個引數可以接受字串或 list，list 的元素是指令以及相關引數。

> **注意》》》** 在 Python 3.5 之前，subprocess 模組有些舊式的 API，像是 call()、check_all()、check_output()等，Python 3.5 的 run()取代了這些 API，如果想知道這些 API 如何以 run()來取代，可以參考〈Replacing Older Functions with the subprocess Module[2]〉。

　　subprocess.run()執行後會傳回 CompletedProcess 實例，而不是你看到的「2018/08/23 週四」或「10:28:30.03」顯示結果，這只是 echo %date%或 echo %time%的結果，直接送到了目前的 REPL 的標準輸出。

　　若想取得標準輸出的執行結果，可以指定 run()的 stdout 參數為 subprocess.PIPE，這會將指令的執行結果，轉接至 Python 程式內部，稍後就可以透過 CompletedProcess 實例的 stdout 來進行讀取，例如：

```
>>> p = subprocess.run(['echo', '%time%'], shell = True, stdout =
subprocess.PIPE)
>>> p.stdout
b'10:29:29.20\r\n'
>>>
```

　　如果子行程必須接受標準輸入，例如有個簡單的 hi.py 如下：

subprocess_demo hi.py

```
name = input('your name?')
print('Hello, ' + name)
```

---

[2]

Replacing Older Functions with the subprocess Module：docs.python.org/3/library/subprocess.html#replacing-older-functions-with-the-subprocess-module

那麼在執行 run()時可以指定 input 參數，作為子行程的標準輸入值。
例如：

```
>>> p = subprocess.run(['python', 'hi.py'], input = b'Justin\n', stdout =
subprocess.PIPE)
>>> p.stdout
b'your name?Hello, Justin\r\n'
>>>
```

subprocess.Popen()

subprocess.run()底層是透過 subprocess.Popen()實作出來的，Popen()有著
數量龐大的參數，然而，可以掌握更多子行程的細節。

舉例來說，方才的範例執行結果，也可以如下使用程式來達成：

```
>>> data = b'Justin\n'
>>> p = subprocess.Popen(['python', 'hi.py'], stdin = subprocess.PIPE, stdout
= subprocess.PIPE)
>>> result = p.communicate(input=data)
>>> result
(b'your name?Hello, Justin\r\n', None)
>>> result[0]
b'your name?Hello, Justin\r\n'
>>>
```

Popen()傳回一個 Popen 實例，可以透過它的 communicate()指定 input，以
提供輸入給子行程，communicate()傳回一個 tuple，分別是標準輸出與標準錯誤
的結果，這邊沒有指定標準錯誤，因此 tuple 的第二個元素是 None。

實際上，run()的底層只是直接將 input 參數的值，傳給 Popen 物件的
communicate()方法，而透過 subprocess.run()執行程式時，會等待子行程完成，
就是因為呼叫了 communicate()方法，communicate()方法完成才會傳回
CompletedProcess 實例。

也就是說，透過 subprocess.Popen()執行程式，會立即傳回 Popen 實例，若
真的想等待子行程結束，除了呼叫 communicate()方法之外，還可以呼叫 Popen
實例的 wait()方法。

不過，透過 subprocess.Popen()執行程式，會立即傳回 Popen 實例，不會等
待子行程結束，這就給了我們一個透過子行程，進行平行處理的機會。舉個例

子來說，若有一些 data1.txt、data2.txt、data3.txt 等檔案，當中有許多字元，你必須進行一些處理…

subprocess_demo one_process.py

```python
import sys

def foo(filename: str) -> int:
    with open(filename) as f:
        text = f.read()

    ct = 0
    for ch in text:
        n = ord(ch.upper()) + 1
        if n == 67:
            ct += 1
    return ct

count = 0
for filename in sys.argv[1:]:
    count += foo(filename)

print(count)
```

這個範例的 data1.txt、data2.txt、data3.txt 等檔案當中，實際上是隨機產生的一堆字元，每個將近 10MB 容量，foo()函式的處理也只是個示範，無趣地做些轉大寫、相加、判斷、計數的工作（更實際的任務可能是解壓縮、規則表示式比對這類的工作），重點在於這個程式是循序的，若指定的檔案極多時，處理起來會很沒有效率，在多核心的環境中，也沒有善用多核心的優勢。

可以撰寫以下的程式，使用多個子行程來完成相同的工作：

subprocess_demo multi_process.py

```python
import sys, subprocess

ps = [
    subprocess.Popen(
            ['python', 'one_process.py', filename],
                stdout=subprocess.PIPE
        ) for filename in sys.argv[1:]
]

count = 0
for p in ps:
    count += int(p.stdout.read())

print(count)
```

這個程式直接利用了方才的 one_process.py，然而，每次啟用一個子行程時，只指定一個 .txt 檔案給 one_process.py，而每個子行程各自獨立運行完的結果，透過 Popen 實例的 stdout 來讀取（記得要呼叫其 read()，這跟 CompletedProcess 實例的方式不同），轉為整數後進行相加，就是我們要的結果，然而效率上會好得多。

提示 》》 不要太執著地想清楚劃分並行與平行，雖然 CPython 的 GIL 特性，令執行緒與行程在用於並行與平行上，有較明顯的分界，然而就演算法本身來說，並行、平行在定義上有重疊，有些演算法在歸類上可以是並行也可以是平行，某些執行緒程式庫的實現，也有機會將任務分配至處理器的多個核心。

13.2.2 使用 multiprocessing 模組

如果想以子行程執行函式，然而使用類似 threading 模組的 API 介面，可以使用 multiprocessing 模組，舉個例子來說，先前的 one_process.py，可以改寫如下：

```
multiprocessing_demo multi_process.py
```

```python
import sys
from multiprocessing import Queue, Process

def foo(filename: str, queue: Queue):
    with open(filename) as f:
        text = f.read()

    ct = 0
    for ch in text:
        n = ord(ch.upper()) + 1
        if n == 67:
            ct += 1
    queue.put(ct)    ◀──── ❶將結果置入 Queue 中

if __name__ == '__main__':    ◀──── ❷必要的模組名稱測試
    queue: Queue = Queue()              ◀──── ❸儲存與取得結果用的 Queue
    ps = [Process(target = foo, args = (filename, queue))
                for filename in sys.argv[1:]]  ▲
    for p in ps:                        ❹建立 Process 物件
        p.start()    ◀──── ❺啟動 Process
    for p in ps:
        p.join()    ◀──── ❻等待全部 Process 完成

    count = 0
    while not queue.empty():◀──── ❼從 Queue 中取得全部結果
```

```
        count += queue.get()
    print(count)
```

首先必須注意的是，為了在子行程執行時，讓 python 直譯器安全地匯入 main 模組，**if __name__ == '__main__'的測試是必要的❷**，如果沒有這行的話，會引發 RuntimeError。

為了能在行程間進行資料的交換，這邊使用了 multiprocessing. Queue❸，在建立 Process 實例時❹，API 與 threading.Thread 是類似的，在指定 target 為 foo 的同時，args 的指定也包含了 Queue，在 foo()函式中，執行的結果透過 Queue 的 put()方法置入❶。

要啟動 Process 的話，可以呼叫它的 start()方法❺，對這個範例來說，必須取得全部行程執行的結果，因此必須等待全部行程完成，這時可以使用 join() 方法❻，這會讓流程停下，等待行程完成再繼續下一步，如果不需要等待全部行程完成，例如，各行程完成的結果直接存在各自的檔案中，就不必使用 join()。

在全部行程都完成後，取得 Queue 中全部的結果，可以使用 empty()測試 Queue 是否為空，使用 get()來取得 Queue 中的元素。

注意 >>> 使用 multiprocessing 模組時，除了 if __name__ == '__main__'的測試是必要的之外，還有其他必須遵守的規範，詳情可參考〈Programming guidelines [3]〉

建議在使用 multiprocessing 模組時，最好的方式是不要共享狀態，實現真正 的平行處理（特別是在計算密集式的任務），以獲取更好的效率，然而有時行程 之間難免需要進行溝通，**multiprocessing.Queue 是執行緒與行程安全的，實作了 必要的鎖定機制**，這表示，可以自行進行鎖定。這可以透過 multiprocessing 模 組的 Lock、RLock、Semaphore 等來達成。

---

[3] Programming guidelines：docs.python.org/3/library/multiprocessing.html#multiprocessing -programming

舉個例子來說，若有個程式範例如下：

multiprocessing_demo no_lock.py

```
from multiprocessing import Process

def f(i: int):
    print('hello world', i)
    print('hello world', i + 1)

if __name__ == '__main__':
    for num in range(100):
        Process(target=f, args=(num, )).start()
```

如果要的是標準輸出每次都連續輸出 i 與 i+1，這個範例不一定能達到目的，也許會有如以下的輸出：

```
略...
hello world 22
hello world 23
hello world 78
hello world 63
hello world 64
略...
```

顯然地，78 之前或之後並沒有連續的數字，這是因為各行程競爭標準輸出的關係，若想在執行時鎖定某個程式片段，可以如下：

multiprocessing_demo lock_demo.py

```
import multiprocessing
from multiprocessing.synchronize import Lock

def f(lock: Lock, i: int):
    lock.acquire()
    try:
        print('hello world', i)
        print('hello world', i + 1)
    finally:
        lock.release()

if __name__ == '__main__':
    lock: Lock = multiprocessing.Lock()

    for num in range(100):
        multiprocessing.Process(target=f, args=(lock, num)).start()
```

可以看到，使用方式與 `threading.Lock` 是類似的；在型態標註方面必須注意到，`multiprocessing.Lock()` 是個工廠方法，它傳回的實例型態是 `multiprocessing.synchronize.Lock`。

`multiprocessing.Lock` 也實作了情境管理器協定，可以搭配 `with` 來使用。

multiprocessing_demo lock_demo2.py

```python
import multiprocessing
from multiprocessing.synchronize import Lock

def f(lock: Lock, i: int):
    with lock:
        print('hello world', i)
        print('hello world', i + 1)


if __name__ == '__main__':
    lock: Lock = multiprocessing.Lock()

    for num in range(100):
        multiprocessing.Process(target=f, args=(lock, num)).start()
```

`multiprocessing` 模組也提供了一些不同於 `threading` 模組的 API，例如 `Pool`，這可以建立一個工作者池（worker pool），利用 `Pool` 實例可以派送任務並取得 `multiprocessing.pool.AsyncResult` 實例，在任務完成後取得結果，已經完成任務的行程會回到工作者池中，以便接受下一個任務，重複使用行程有助於善用資源，以便有機會取得更好的效率。

例如，先前的 multi_process.py 可改為不使用 `multiprocessing.Queue` 的版本：

multiprocessing_demo multi_process2.py

```python
import sys, multiprocessing

def foo(filename: str) -> int:
    with open(filename) as f:
        text = f.read()

    ct = 0
    for ch in text:
        n = ord(ch.upper()) + 1
        if n == 67:
            ct += 1
```

```
        return ct

if __name__ == '__main__':
    filenames = sys.argv[1:]
    with multiprocessing.Pool(2) as pool:  ◀── ❶建立有兩個工作者的 Pool 實例
        results = [pool.apply_async(foo, (filename,))  ◀── ❷派送任務
                        for filename in filenames]
        count = sum(result.get() for result in results)
        print(count)
                            ▲
                     ❸取得結果
```

在這邊故意只建立了有兩個工作者 Pool 實例❶，如果指定的檔案超過兩個，工作者任務完成後，就會自行取得下個任務，要派送任務可以使用 Pool 的 apply_async()❷，就如方法名稱提示的，這是個非同步的方法，執行後會立即傳回一個 multiprocessing.pool.AsyncResult 實例，透過 get()方法可以取得結果，如果任務尚未完成❸，get()會阻斷等待任務完成，就這個範例來說，這就是我們需要的。

13.3 非同步

使用先前討論過的執行緒或行程相關模組，可以掌握許多細節，然而在撰寫程式上不需要考量這些細節時，可以使用 Python 3.2 新增的 concurrent.futures 模組，它提供了執行緒或行程高階封裝，也便於實現非同步（Asynchronous）的任務。

Python 3.5 以後，提供了 async、await 等語法，以及 asyncio 模組的支援，如果非同步任務涉及大量的輸入輸出，可以善用這些特性，來獲得更好的執行效率。

13.3.1 使用 concurrent.futures 模組

無論是執行緒或是行程的建立，都與系統資源有關，如何建立、是否重用、何時銷毀、何時排定任務，這些都是複雜的議題，在 13.2.2 最後談到，multiprocessing.Pool 可達到重用行程的功能，而在 Python 3.2 以後內建了 concurrent.futures 模組，當中提供了 ThreadPoolExecutor 與 ProcessPoolExecutor 等高階 API，分別為執行緒與行程提供了工作者池的服務。

ThreadPoolExecutor

對於輸入輸出密集式的任務，可以使用 ThreadPoolExecutor，例如 13.1.2 曾使用執行緒進行多個網頁下載的任務，當時必須自行建立、啟動執行緒，每個達成任務的執行緒，會直接被丟棄，在網頁數量龐多時，頻繁建立執行緒可能造成資源上的負擔。

來試著使用 ThreadPoolExecutor 改寫範例，可以獲得重用執行緒的功能，然而無須涉入重用執行緒的細節：

concurrent_demo download.py

```python
from concurrent.futures import ThreadPoolExecutor
from urllib.request import urlopen

def download(url: str, file: str):
    with urlopen(url) as u, open(file, 'wb') as f:
        f.write(u.read())

urls = [
    'https://openhome.cc/Gossip/Encoding/',
    'https://openhome.cc/Gossip/Scala/',
    'https://openhome.cc/Gossip/JavaScript/',
    'https://openhome.cc/Gossip/Python/'
]

filenames = [
    'Encoding.html',
    'Scala.html',
    'JavaScript.html',
    'Python.html'
]

with ThreadPoolExecutor(max_workers=4) as executor:
    for url, filename in zip(urls, filenames):
        executor.submit(download, url, filename)
```

在上面的範例中，ThreadPoolExecutor 建立時，以 max_workers 指定了最多可以有四個執行緒，每個執行緒完成任務後，會回到池中等待指派任務，ThreadPoolExecutor 不使用時，可以使用 shutdown() 方法關閉，然而 ThreadPoolExecutor 實作了情境管理器協定，可以搭配 with 來進行資源的關閉。

ProcessPoolExecutor

對於計算密集式的任務，可以使用 ProcessPoolExecutor，例如，底下是純綷計算費式數的範例：

```
concurrent_demo fib.py
import time

def fib(n: int) -> int:
    if n < 2:
        return 1
    return fib(n - 1) + fib(n - 2)

begin = time.time()
fibs = [fib(n) for n in range(3, 35)]
print(time.time() - begin)
print(fibs)
```

在我的電腦上，約要七秒多才能完成計算：

```
7.044851541519165
[3, 5, 8, 13, 21, 34, 55, 89, 144, 233, 377, 610, 987, 1597, 2584, 4181, 6765,
10946, 17711, 28657, 46368, 75025, 121393, 196418, 317811, 514229, 832040,
1346269, 2178309, 3524578, 5702887, 9227465]
```

這是個計算密集式任務，每個費式數的計算彼此間也無需溝通，我的電腦處理器具備多核心，試著來使用 ProcessPoolExecutor 看看效率如何：

```
concurrent_demo fib2.py
from concurrent.futures import ProcessPoolExecutor
import time

def fib(n: int) -> int:
    if n < 2:
        return 1
    return fib(n - 1) + fib(n - 2)

if __name__=='__main__':
    with ProcessPoolExecutor() as executor:
        begin = time.time()
        futures = [executor.submit(fib, n) for n in range(3, 35)]
        fibs = [future.result() for future in futures]
        print(time.time() - begin)
        print(fibs)
```

　　ProcessPoolExecutor 與 ThreadPoolExecutor 擁有相同的介面，若沒有指定 max_workers，會預設為處理器（核心）數量；在這邊要知道的是，呼叫 submit() 方法並不會阻斷，在傳回 Future 實例後，會接著進行下個流程，Future 實例擁有 result() 方法可以取得結果，如果任務尚未完成，result() 會阻斷直到任務完成。

　　就這個範例來說，這就是我們需要的。在我的電腦上，這個範例約四秒多就能完成計算：

```
4.539260149002075
[3, 5, 8, 13, 21, 34, 55, 89, 144, 233, 377, 610, 987, 1597, 2584, 4181, 6765,
10946, 17711, 28657, 46368, 75025, 121393, 196418, 317811, 514229, 832040,
1346269, 2178309, 3524578, 5702887, 9227465]
```

　　就這個範例來說，主要是將 n 轉換為第 n 個費式數，也就是進行映射（map）任務，對於這類任務，可以使用 map() 方法來簡化程式的撰寫：

concurrent_demo fib3.py

```python
from concurrent.futures import ProcessPoolExecutor
import time

def fib(n: int) -> int:
    if n < 2:
        return 1
    return fib(n - 1) + fib(n - 2)

if __name__=='__main__':
    with ProcessPoolExecutor() as executor:
        begin = time.time()
        fibs = [n for n in executor.map(fib, range(3, 35))]
        print(time.time() - begin)
        print(fibs)
```

　　ProcessPoolExecutor 與 ThreadPoolExecutor 的 map() 方法，第一個參數接受轉換函式，第二個參數接受可迭代物件，每個元素是指定給轉換函式之引數，map() 方法會自動完成任務的指派，取得任務執行結果。

13.3.2 **Future** 與非同步

　　無論是使用執行緒或行程，在啟動或者交付任務之後，並不會阻斷當時的程式流程，若任務是個獨立流程，例如 13.1.2 下載網頁範例中的 download() 函式，在讀取網頁並存檔後就直接結束任務，那麼沒什麼大問題，然而，若讀取網頁之後，需要的不是存檔，而希望可以是任何自訂的操作呢？

讀取網頁是個獨立於主流程的任務，讀取完成是個事件，有事件發生時必須執行某個自訂操作，像這類**獨立於程式主流程的任務、事件生成，以及處理事件的方式，稱為非同步。**

使用執行緒或行程時，若想實現非同步概念，方式之一是採用註冊回呼函式，以方才談到的讀取網頁為例，可以如下實現：

concurrent_demo async_callback.py

```python
from typing import Callable
from concurrent.futures import ThreadPoolExecutor
from urllib.request import urlopen

Consume = Callable[[bytes], None]

def load_url(url: str, consume: Consume):
    with urlopen(url) as u:
        consume(u.read())

def save(filename: str) -> Consume:
    def _save(content):
        with open(filename, 'wb') as f:
            f.write(content)
    return _save

with ThreadPoolExecutor() as executor:
    url = 'https://openhome.cc/Gossip/Python/'
    loaded_callback = save('Python.html')
    executor.submit(load_url, url, loaded_callback)
```

在這個範例中，load_url()的 consume 接受函式，在讀取 URL 完成後會呼叫該函式，然而 load_url()只能註冊一個函式，若要能註冊多個函式，必須多點設計。

先前看過，executor 的 submit()執行過後會傳回 Future 實例，它擁有 add_done_callback()方法，可以註冊多個函式，當交付的任務完成時，就會執行被註冊的函式。例如可修改上例為：

concurrent_demo async_callback2.py

```python
from typing import Callable
from concurrent.futures import ThreadPoolExecutor, Future
```

```python
from urllib.request import urlopen

Consume = Callable[[Future], None]

def load_url(url: str) -> bytes:
    with urlopen(url) as u:
        return u.read()

def save(filename: str) -> Consume:
    def _save(future):
        with open(filename, 'wb') as f:
            f.write(future.result())
    return _save

with ThreadPoolExecutor() as executor:
    url = 'https://openhome.cc/Gossip/Python/'
    future = executor.submit(load_url, url)
    future.add_done_callback(save('Python.html'))
```

這邊要留意的是，Future 的 add_done_callback()接受之函式，在 Future 任務完成時，Future 實例會作為第一個引數傳入，若要取得執行結果，必須使用 result()方法。

除了 add_done_callback()、result()方法之外，Future 本身也定義了 cancel() 可以取消任務，在測試事件上，有 cancelled()、running()、done()方法，可以用於自定義事件處理，例如，可以在下載的同時實現簡單的進度列：

```python
...略
with ThreadPoolExecutor() as executor:
    url = 'https://openhome.cc/Gossip/Python/'
    future = executor.submit(load_url, url)
    future.add_done_callback(save('Python.html'))
    while True:
        if future.running():
            print('.', end='')
            time.sleep(0.0001)
        else:
            break
```

13.3.3　略談 `yield from` 與非同步

雖然可以使用 Future 的 add_done_callback()方法，註冊任務完成時的處理方式，然而若註冊的回呼函式執行完時，後續的處理方式也會是非同步的話，例如非同步下載網頁之後，也以非同步方式將結果存入檔案，這時該怎麼做？基本的解法是，後續的處理也傳回 Future，並在該 Future 上註冊回呼：

```
from concurrent.futures import ThreadPoolExecutor, Future
import time
import random

def asyncFoo(n: float) -> Future:
    def process(n):
        time.sleep(n)
        return n * random.random()

    with ThreadPoolExecutor(max_workers=1) as executor:
        return executor.submit(process, n)

def asyncFoo2(future: Future):
    asyncFoo(future.result()).add_done_callback(printResult)

def printResult(future: Future):
    print(future.result())

asyncFoo(1).add_done_callback(asyncFoo2)
```

在上例中，`time.sleep(n)` 模擬的是耗時的輸入輸出操作，然而這種寫法非常複雜，若後續處理為數個非同步函式的話，整個流程會馬上陷入難以理解的狀態。

對於這類情況，在 Python 3.3 時新增了 `yield from` 語法，Python 3.4 的 asyncio 與某些第三方程式庫，曾基於這個語法提出了解決方案，雖然 Python 3.5 以後建議不要使用 `yield from`，然而，稍微認識一下 `yield from`，對於 Python 3.5 以後建議使用的 `async`、`await`，會更容易掌握其使用情境。

● **yield from 與產生器**

在 4.2.6 時曾經談過，`yield` 可用來建立產生器，Python 有許多函式的執行結果是傳回產生器，善加利用的話，可以增進程式的執行效率，不過，如果打算建立一個產生器函式，資料來源是直接從另一個產生器取得，那會怎麼樣呢？舉例來說，`range()` 函式就是傳回產生器，而你打算建立一個 `np_range()` 函式，可以產生指定數字的正負範圍，但不包含 0：

```
from typing import Iterator

def np_range(n: int) -> Iterator[int]:
    for i in range(0 - n, 0):
        yield i

    for i in range(1, n + 1):
        yield i
```

```
# 顯示[-5, -4, -3, -2, -1, 1, 2, 3, 4, 5]
print(list(np_range(5)))
```

　　因為 np_range() 必須是個產生器，結果就是得逐一從來源產生器取得資料，再將之 yield，像是這邊重複使用了 for in 來迭代。Python 3.3 新增了 yield from 語法，上面的程式片段可以直接改寫為以下實作：

```
from typing import Iterator

def np_range(n: int) -> Iterator[int]:
    yield from range(0 - n, 0)
    yield from range(1, n + 1)
# 顯示[-5, -4, -3, -2, -1, 1, 2, 3, 4, 5]
print(list(np_range(5)))
```

　　當需要直接從某個產生器取得資料，以便建立另一個產生器時，yield from 可以作為銜接的語法。

◯ **yield from 與 Future**

　　接下來 yield from 與 Future 的探討，是個進階議題，如果只是想使用 Python 3.5 以後的 Asyncio 等機制，可以略過這部份的探討，因為接下來的內容，只是針對 Python 3.5 之前，yield from 與非同步間關係有興趣的讀者。

　　呼叫一個內含 yield 的函式，實際上並不會馬上執行函式，而是傳回一個產生器，可以透過 next() 函式、產生器本身的 send() 方法等，在函式呼叫者流程與函式內部流程之間溝通，4.2.6 就有個範例利用這種機制，在只有一個主執行緒的情況下，模擬出生產者、消費者的互動，13.1.4 則是利用多執行緒來完成相同任務。

　　這就有個有趣的思考點，若利用 yield 產生器，可否實現非同步呢？方才範例的 asyncFoo() 函式傳回 Future，如果在某個函式呼叫它，並在前頭加上 yield 會如何？

```
def asyncTasks() -> Generator[Future, float, None]:
    r1 = yield asyncFoo(1)
    print(r1)
```

　　若呼叫 asyncTasks() 會傳回產生器，假設被 g 參考，那麼 next(g) 才會開始執行 asyncTasks() 中定義之流程，這時 yield 出一個 Future，如果使用其 result() 方法獲得結果，並用來呼叫 g 的 send() 方法：

```
g = asyncTasks()
future = next(g)
g.send(future.result())
```

那麼流程會回到 asyncTasks() 之中，而 r1 會是 Future 的結果，如果 r1 用來呼叫另一個非同步函式呢？

```
def asyncTasks() -> Generator[Future, float, None]:
    r1 = yield asyncFoo(1)
    r2 = yield asyncFoo(r1)
    print(r2)
```

這個函式若想執行到 print(r2)，就得重複方才的 g.send(future.result()) 兩次，依此類推，如果有多個非同步函式，顯然就需要個迴圈：

```
Task = Callable[[], Generator]

def doAsync(task: Task):
    g = task()
    future = next(g)
    while True:
        try:
            future = g.send(future.result())
            g.send(future.result())
        except StopIteration:
            break
```

有了這個 doAsync() 函式，若有多個非同步函式，就可以如下撰寫程式：

```
def asyncTasks() -> Generator[Future, float, None]:
    r1 = yield asyncFoo(1)
    r2 = yield asyncFoo(r1)
    r3 = yield asyncFoo(r2)
    print(r3)

doAsync(asyncTasks)
```

此時程式執行雖然是非同步，然而撰寫風格上卻像是循序，閱讀理解上也容易多了，現在問題來了，若有人想呼叫 asyncTasks() 呢？甚至是在流程上組合多個這類的函式？這時就可以使用 yield from 了：

```
def asyncTasks() -> Generator[Future, float, None]:
    yield from asyncTasks()
    yield from asyncTasks()
```

為了便於觀察程式碼，以下列出完整的範例：

```
concurrent_demo yield_from_demo.py
from typing import Callable, Generator
from concurrent.futures import ThreadPoolExecutor, Future
import time
import random

Task = Callable[[], Generator]

def doAsync(task: Task):
    g = task()
    future = next(g)
    while True:
        try:
            future = g.send(future.result())
            g.send(future.result())
        except StopIteration:
            break

def asyncFoo(n: float) -> Future:
    def process(n):
        time.sleep(n)      # 代表某個阻斷操作
        return n * random.random()

    with ThreadPoolExecutor(max_workers=4) as executor:
        return executor.submit(process, n)

def asyncTasks() -> Generator[Future, float, None]:
    r1 = yield asyncFoo(1)
    r2 = yield asyncFoo(r1)
    r3 = yield asyncFoo(r2)
    print(r3)

doAsync(asyncTasks)

def asyncMoreTasks() -> Generator[Future, float, None]:
    yield from asyncTasks()
    yield from asyncTasks()

doAsync(asyncMoreTasks)
```

從 Python 3.5 開始，yield from 已經不建議使用了，因為有了語義更明確的 await，至於非同步函式的定義也簡單多了，可以使用 async 來定義，而 doAsync() 這類的角色，是由 asyncio 模組來提供相關的功能。

13.3.4 Asyncio 與並行

有個觀念必須先澄清，**並非多執行緒或多行程，才能實現並行**，如 3.1 節一開始就談到，並行是針對不同需求，切分出不同的部份或單元，並分別設計不同流程來解決，多個流程從使用者的觀點來看，會是同時執行各個流程，然而實際上，是同時「管理」多個流程。

多執行緒或多行程只是實現並行時比較容易，然而只要執行環境支援，在單一行程、單一執行緒中，也有可能實現並行。例如，若進行輸入輸出的函式，在遇到阻斷操作時讓出（yield）流程控制權給呼叫函式者，那呼叫函式的一方，就可以繼續下個並行任務的啟動。

要進一步將這些概念實現，需要許多的功夫，然而 Python 3.5 以後，可直接透過 async 關鍵字與 asyncio 模組來達到目的。

🌀 **使用 `asyncio.run()`**

如果定義函式時加上 `async` 關鍵字，呼叫該函式不會馬上執行函式流程，而是傳回 `coroutine` 物件，它在介面上有著類似產生器的 send()、throw() 等方法（不過沒有實現__next__()方法），想執行函式中定義的流程，可以透過 **`asyncio.run()`** 函式。例如：

```
>>> import asyncio
>>>
>>> async def hello_world():
...     print("Hello World!")
...
>>> asyncio.run(hello_world())
Hello World!
>>>
```

async def 定義的函式是個非同步任務，這個範例只有一個執行緒，**執行 `asyncio.run()` 會阻斷**，直到該執行緒完成指定的任務，也就是 hello_world()，如果有多個任務要指定呢？Python 3.7 以後可以使用 **`asyncio.create_task()`** 建立多個任務。例如，接續方才的範例，可以進一步撰寫：

```
>>> async def main():
...     asyncio.create_task(hello_world())
...     asyncio.create_task(hello_world())
...
>>> asyncio.run(main())
```

```
Hello World!
Hello World!
>>>
```

　　必須在 async def 函式中呼叫 asyncio.create_task()，也就是說，若有多個要執行的非同步任務，必須在 async def 的函式中組織，**asyncio.create_task() 不會阻斷執行緒**，它會傳回 asyncio.Task 實例，若有必要，可以用該實例來取得任務執行的相關資訊。

　　對於 async 等關鍵字、asyncio 模組提供的功能，接下來將以 Asyncio 來統稱。來個更實際的案例，可以將 13.1.2 使用多執行緒下載頁面的範例，改為使用 Asyncio 實現並行：

async_io download.py

```python
from urllib.request import urlopen
import asyncio

async def download(url: str, file: str):
    with urlopen(url) as u, open(file, 'wb') as f:
        f.write(u.read())

async def main():
    urls = [
        'https://openhome.cc/Gossip/Encoding/',
        'https://openhome.cc/Gossip/Scala/',
        'https://openhome.cc/Gossip/JavaScript/',
        'https://openhome.cc/Gossip/Python/'
    ]

    filenames = [
        'Encoding.html',
        'Scala.html',
        'JavaScript.html',
        'Python.html'
    ]

    for url, filename in zip(urls, filenames):
        asyncio.create_task(download(url, filename))

asyncio.run(main())
```

　　這個範例是單執行緒，當有下載任務遇到阻斷時，執行緒就會處理其他下載任務，因為是單執行緒，沒有執行緒切換的成本，不用處理物件的鎖定、競爭等問題,對於輸入輸出密集式的任務,有機會獲得較高的效率,也不會有多執行緒共用物件資源時,狀態不一致的問題。

事件迴圈

那麼這一切是怎麼辦到的呢?**大部份基於 Asyncio 的函式,建議使用 asyncio.run()來執行**,因為它處理了大多數的細節,像是取得事件迴圈、建立任務、執行任務並等待任務完成,最後關閉事件迴圈。

然而稍微認識一下 asyncio.run()背後的細節,對於 Asyncio 的進階應用是有幫助的,以方才第一個 REPL 範例來說,若不使用 asyncio.run(),在最簡單的情況下可以這麼撰寫:

```python
import asyncio

async def hello_world():
    print("Hello World!")

loop = asyncio.get_event_loop()          # 取得事件迴圈
task = loop.create_task(hello_world())   # 建立迴圈中的任務
loop.run_until_complete(task)            # 執行任務直到完成,這是阻斷操作
loop.close()                             # 關閉事件迴圈
```

程式只有一個執行緒,該執行緒在底層執行一個事件迴圈,不斷地檢查任務,若有阻斷會找出下個可執行的任務,asyncio.get_event_loop()就是用來取得事件迴圈,若要在事件迴圈中建立任務,是透過事件迴圈實例的 create_task() 方法,在 Python 3.7 之前沒有 asyncio.create_task(),就是透過這種方式來建立多個任務,事件迴圈實例的 run_until_complete()會阻斷至任務執行完畢,之後要記得關閉迴圈。

提示 >>> asyncio.get_event_loop()無法在 REPL 環境中呼叫。

對於方才第二個 REPL 範例,若要直接操作事件迴圈,可以如下撰寫:

```python
import asyncio

async def hello_world():
    print("Hello World!")

async def main(loop):
    loop.create_task(hello_world())
    loop.create_task(hello_world())
```

```
loop = asyncio.get_event_loop()
loop.run_until_complete(main(loop))
loop.close()
```

在應用 Asyncio 時，通常只需要一個事件迴圈，透過該事件迴圈實例來建立多個任務，在 Python 3.7 以後，若不想傳遞事件迴圈實例給 async def 函式，可以使用 **asyncio.get_running_loop()**，例如：

```
import asyncio

async def hello_world():
    print("Hello World!")

async def main():
    loop = asyncio.get_running_loop()
    loop.create_task(hello_world())
    loop.create_task(hello_world())

loop = asyncio.get_event_loop()
loop.run_until_complete(main())
loop.close()
```

顧名思義，asyncio.get_running_loop()會取得正在運行中的事件迴圈，若沒有運行中的迴圈會引發 RuntimeError，因此如方才談到的，它必須在 async def 函式呼叫。

提示 >>> 認識事件迴圈，有助於進一步掌握 Asyncio，不過方才的範例，還是過份簡化了，因為忽略了任務被迫中斷時的資源清理等問題，有興趣更進一步瞭解這些議題的話，可以參考歐萊禮（O'Reilly）的《Python 非同步設計｜使用 Asyncio》。

13.3.5　**async、await 與非同步**

就語義上，**async** 用來標示函式執行時是非同步，也就是函式中定義了獨立於**程式主流程的任務**，因而也可用來實現並行，如果必須**等待**前一個非同步任務完成，再進行後續定義的流程，**從 Python 3.5 開始，可以使用 await**，例如：

```
async_io await_demo.py
import asyncio
import time
import random

async def asyncFoo(n: float):
```

```
    time.sleep(n)    # 代表某個阻斷操作
    return n * random.random()

async def asyncTasks():
    r1 = await asyncFoo(1)
    r2 = await asyncFoo(r1)
    r3 = await asyncFoo(r2)
    print(r3)

asyncio.run(asyncTasks())
```

範例中的 time.sleep() 會阻斷流程，用來代表某個阻斷操作（例如檔案讀取），被 async 標示的函式，執行時會是非同步，await 跟 13.1.4 談 Condition 時使用的 wait() 不同，wait() **是要求執行緒等待**，然而 await 開頭的 a 代表非同步，**await 是等待非同步任務完成**，當執行緒發現必須等待任務完成時，它會在事件迴圈中尋找下個可執行的任務，若執行緒於事件迴圈中又回到目前 await 的任務，發現它已經完成任務，就會繼續後續程式碼定義的流程。

簡單來說，若想等待 async 函式執行完後，再執行後續的流程，可以使用 await，如此一來，雖然任務本身是非同步的，**撰寫風格上卻像是循序**；async 函式的任務完成後若有傳回值，會成為 await 的傳回值。

提示 >>> 可以 await 的對象，可以是 coroutine，或者是實作了 __await__() 方法的物件，這些物件稱為 awaitable[4]。

例如底下的例子中，load_url() 是 async 函式，在取得網頁的 bytes 傳回之後，會成為 await 的傳回值，之後指定給 content：

async_io download2.py

```
from urllib.request import urlopen
import asyncio

async def load_url(url: str) -> bytes:
    with urlopen(url) as u:
        return u.read()

async def save(filename: str, content: bytes):
    with open(filename, 'wb') as f:
```

---

[4] awaitable：docs.python.org/3/glossary.html#term-awaitable

```
        f.write(content)

async def download(url: str, filename: str):
    content = await load_url(url)
    await save(filename, content)

async def main():
    urls = [
        'https://openhome.cc/Gossip/Encoding/',
        'https://openhome.cc/Gossip/Scala/',
        'https://openhome.cc/Gossip/JavaScript/',
        'https://openhome.cc/Gossip/Python/'
    ]

    filenames = [
        'Encoding.html',
        'Scala.html',
        'JavaScript.html',
        'Python.html'
    ]

    for url, filename in zip(urls, filenames):
        asyncio.create_task(download(url, filename))

asyncio.run(main())
```

13.3.6　非同步產生器與 `async for`

隨著逐漸熟悉 async、await 與 asyncio 模組，或許你會開始試著將一些同步函式改為非同步，例如，若原本有底下這兩個函式：

```
from typing import Iterator
from urllib.request import urlopen

def fetch(urls: list[str]) -> Iterator[bytes]:
    for url in urls:
        with urlopen(url) as u:
            yield u.read()

def sizeof(urls: list[str]) -> list[int]:
    return [len(content) for content in fetch(urls)]
```

fetch()函式會傳回產生器，迭代產生器時會以阻斷方式讀取 URL 後傳回 bytes，在某些環境中，你希望迭代產生器時是非阻斷的方式，就結論而言，想達到這個目的，可以自行如下實作：

```
from typing import AsyncIterator
```

```
from urllib.request import urlopen

async def fetch(urls: list[str]) -> AsyncIterator[bytes]:
    url = iter(urls)
    class Iter:
        def __aiter__(self):
            return self

        async def __anext__(self):
            try:
                with urlopen(next(url)) as u:
                    return u.read()
            except StopIteration:
                raise StopAsyncIteration

    return Iter()
```

實際上__next__()不能被標註為 async，因此上例使用了__anext__()，對應的__iter__()也改使用__aiter__()。現在 fetch()是非同步了，sizeof()若也要能使用 fetch()，必須做出對應的修改：

```
async def sizeof(urls: list[str]) -> list[int]:
    g = await fetch(urls)
    sizes = []
    while True:
        try:
            content = await g.__anext__()
            sizes.append(len(content))
        except StopAsyncIteration:
            break

    return sizes
```

無論如何，實作上非常不直覺，如果環境是 Python 3.6 以上，可以如下實作就好了：

async_io page_sizes.py

```
from typing import AsyncIterator
from urllib.request import urlopen
import asyncio

async def fetch(urls: list[str]) -> AsyncIterator[bytes]:
    for url in urls:
        with urlopen(url) as u:
            yield u.read()

async def sizeof(urls: list[str]) -> list[int]:
    return [len(content) async for content in fetch(urls)]
```

```
urls = [
    'https://openhome.cc/Gossip/Encoding/',
    'https://openhome.cc/Gossip/Scala/',
    'https://openhome.cc/Gossip/JavaScript/',
    'https://openhome.cc/Gossip/Python/'
]

sizes = asyncio.run(sizeof(urls))
print(sizes)
```

如果函式中包含了 `yield`，呼叫後會傳回產生器，如果該函式又標示了 `async`，它傳回的不是 `coroutine`，而是**非同步產生器（Async generator）**，它實作了 **`__aiter__`**`()` 方法，這個方法傳回的物件實作了 `async` 標註的 **`__anext__`**`()` 方法，該物件稱為**非同步迭代器（Asynchronous iterator）**，以搭配 `async for` 來進行非同步迭代。

提示 >>> 若要更精確定義內含 `yield` 的 `async` 函式，可以使用 `typing` 模組的 `AsyncGenerator[YieldType, SendType]` 標註。

簡單來說，先前沒有使用 `async for` 的程式片段，實際上示範了非同步產生器與非同步迭代器的實作等原理，相較之下，使用 `async for` 的版本撰寫上直覺許多，基本上就是在函式上標註 `async`，並在 `for` 之前加上了 `async`。

範例中也可以看到，如果 `asyncio.run()` 指定的任務有傳回值，會成為 `asyncio.run()` 的傳回值，因此程式的執行結果，會顯示 `[8353, 18046, 14129, 14795]` 這樣的字樣。

13.3.7　情境管理器與 `async with`

在 7.2.3 曾經談過情境管理器與 `with` 的關係，若你發現某個資源在獲取、關閉時，必須耗費許多時間，為該資源實作的情境管理器，可能會希望以非同步執行 `__enter__`()、`__exit__`() 方法，若是如此，可以實作 `async` 的 **`__aenter__`**`()`、**`__aexit()__`**`()` 方法。例如：

```
async_io async_ctx_manager.py
```
```
from types import TracebackType
from typing import Optional, Type, AsyncContextManager
```

```python
import asyncio
import time

class Resource:
    def __init__(self, name: str) -> None:
        self.name = name
        time.sleep(5)
        print('resource prepared')

    def action(self):
        print(f'use {self.name} resource ...')

    def close(self):
        time.sleep(5)
        print('resource closed')

def resource(name: str) -> AsyncContextManager[Resource]:
    class AsyncCtxManager:
        async def __aenter__(self) -> Resource:
            self.resource = Resource(name)
            return self.resource

        async def __aexit__(self, exc_type: Optional[Type[BaseException]],
                    exc_value: Optional[BaseException],
                    traceback: Optional[TracebackType]) -> Optional[bool]:
            self.resource.close()
            return False

    return AsyncCtxManager()

async def task():
    async with resource('foo') as res:
        res.action()

asyncio.run(task())
```

在這個範例中，resource() 函式用來獲取實作了 __aenter__()、__aexit()__()
的物件，透過這兩個方法建立與關閉資源時，都是非同步的，這樣的物件可以
搭配 async with 語法來使用，不用自行呼叫 __aenter__()、__aexit()__()。

在 7.2.3 也談過，可以使用 contextlib 模組的 @contextmanager 來實作情境
管理器，讓資源的設定與清除更為直覺，對於非同步情境管理器，在 Python 3.7
以後，可以使用 **@asynccontextmanager**，例如上例可以改寫為底下：

```
async_io async_ctx_manager2.py
```

```python
from typing import AsyncIterator
from contextlib import asynccontextmanager
import asyncio
import time

class Resource:
    def __init__(self, name: str) -> None:
        self.name = name
        time.sleep(5)
        print('resource prepared')

    def action(self):
        print(f'use {self.name} resource ...')

    def close(self):
        time.sleep(5)
        print('resource closed')

@asynccontextmanager
async def resource(name: str) -> AsyncIterator[Resource]:
    try:
        res = Resource(name)
        yield res
    finally:
        res.close()

async def task():
    async with resource('foo') as res:
        res.action()

asyncio.run(task())
```

要留意的是，能被@asynccontextmanager 標註的函式，執行後必須傳回非同步產生器，因此 resource()被加上了 async，而傳回值的型態提示改成了 AsyncIterator。

非同步是個很大的議題，這一節談論的內容可以做為適當的起點，更多 Python 在非同步上的解決方案介紹，可以參考〈Asynchronous I/O, event loop, coroutines and tasks[5]〉的說明。

5
Asynchronous I/O, event loop, coroutines and tasks：docs.python.org/3/library/asyncio.html

13.4　重點複習

在 Python 中，如果想在主流程以外獨立設計流程，可以使用 threading 模組。當 Thread 實例的 start() 方法執行時，指定的函式就會像是獨立地運行各自流程。

繼承 threading.Thread 會使得流程與 threading.Thread 產生相依性。

若使用 CPython，python 直譯器同時間只允許執行一個執行緒，並不是真正的同時處理，只不過切換速度快到人類感覺上像是同時處理罷了。

執行緒適用於輸入輸出密集場合，因為與其等待某個阻斷作業完成，不如趁著等待的時間來進行其他執行緒。

對於計算密集的任務，使用執行緒不見得會提高處理效率，反而可能因為直譯器必須切換執行緒而耗費不必要的成本，使得效率變差。

如果要停止執行緒，必須自行實作，讓執行緒跑完應有的流程。不僅是停止執行緒必須自行根據條件實作，執行緒的暫停、重啟，也必須視需求實作。

要是執行緒之間需要共享的是可變動狀態的資料，就會有可能發生競速狀況，若要避免這類的情況發生，就必須資源被變更與取用時的關鍵程式碼進行鎖定。不過，由於執行緒無法取得鎖定時會造成阻斷，不正確地使用 Lock 有可能造成效能低落，另一問題則是死結。

threading.Condition 正如其名稱提示的，某個執行緒在透過 acquire() 取得鎖定之後，若需要在特定條件符合之前等待，可以呼叫 wait() 方法，這會釋放鎖定，若其他執行緒的運作促成特定條件成立，可以呼叫同一 threading.Condition 實例的 notify()，通知等待條件的一個執行緒可取得鎖定（也許有其他執行緒也正在等待），若等待中的執行緒取得鎖定，就會從上次呼叫 wait() 方法處繼續執行。

針對計算密集式的運算，若能在一個新的行程平行運行，在今日電腦普遍都有多個核心的情況下，有機會跑得更快一些。

如果想要以子行程來執行函式，然而使用類似 threading 模組的 API 介面，那麼可以使用 multiprocessing 模組。

Python 3.2 以後內建了 `concurrent.futures` 模組，當中提供了 `ThreadPoolExecutor` 與 `ProcessPoolExecutor` 等高階 API，分別為執行緒與行程提供了工作者池的服務。

獨立於程式主流程的任務、事件生成，以及處理事件的方式，稱為非同步。

`async` 用來標示函式執行時是非同步，也就是函式中定義了獨立於程式主流程的任務；從 Python 3.5 開始，`yield from` 已經不建議使用了，因為有了語義更明確的 `await`。就語義上，若想等待 `async` 函式執行完後，再執行後續的流程，可以使用 `await`，`async` 函式的任務完成後若有傳回值，會成為 `await` 的傳回值。

13.5 課後練習

實作題

1. 如果有個執行緒池可以分配執行緒來執行指定的函式，執行完後該執行緒必須能重複使用，該執行緒類別如何設計呢？

進階主題

14.1 屬性控制

在第 5 章曾經看過 @property 的使用，也討論過屬性名稱空間，實際上，在透過實例存取屬性時，還有許多的細節，可以決定物件該如何作出反應。

14.1.1 描述器

能被稱為描述器（Descriptor）的物件，必須擁有 __get__() 方法，以及選擇性的 __set__()、_ delete__() 方法，這三個方法的簽署如下：

```
def __get__(self, instance: Any, owner: Type) -> Any
def __set__(self, instance: Any, value: Any) -> None
def __delete__(self, instance: Any) -> None
```

Python 的謂描述器，是用來描述屬性的取得、設定、刪除該如何處理的物件，當描述器成為某類別的屬性成員，對於類別屬性或者其實例屬性的取得、設定或刪除，會交由描述器來決定處理方式（除了那些內建屬性，如 __class__ 等屬性之外）。例如：

attributes descriptor.py

```python
from typing import Any, Type

class Descriptor:
    def __get__(self, instance: Any, owner: Type):
        print(self, instance, owner, end = '\n\n')

    def __set__(self, instance: Any, value: Any):
        print(self, instance, value, end = '\n\n')

    def __delete__(self, instance: Any):
        print(self, instance, end = '\n\n')

class Some:
    x = Descriptor()

s = Some()
s.x
s.x = 10
del s.x

Some.x
```

範例中 Descriptor 類別實作了 __get__()、__set__()與__delete__()三個方法，符合描述器的協定，Descriptor 指定給 Some 類別的 x 屬性時，對於 Some 實例 s 的屬性取值、指定或刪除，分別相當於進行以下的動作：

```
Some.__dict__['x'].__get__(s,  Some)
Some.__dict__['x'].__set__(s,  10)
Some.__dict__['x'].__delete__(s)
```

對於 Some.x 這個取值動作，相當於：

```
Some.__dict__['x'].__get__(None, Some)
```

因此，上面這個範例的執行結果會是：

```
<__main__.Descriptor object at 0x0000021CA9A01FD0> <__main__.Some object at
0x0000021CA9A01FA0> <class '__main__.Some'>

<__main__.Descriptor object at 0x0000021CA9A01FD0> <__main__.Some object at
0x0000021CA9A01FA0> 10

<__main__.Descriptor object at 0x0000021CA9A01FD0> <__main__.Some object at
0x0000021CA9A01FA0>

<__main__.Descriptor object at 0x0000021CA9A01FD0> None <class
'__main__.Some'>
```

在 5.2.3 談屬性名稱空間時，曾說明過__dict__的作用，稍後也會看到__getattr__()的作用，結合描述器一併整理的話，當試圖取得某屬性，完整的搜尋順序應該是：

1. 在產生實例的類別__dict__中尋找是否有相符的屬性名稱。如果找到且是個描述器實例（也就是具有__get__()方法），並具有__set__()或__delete__()方法，若為取值，傳回__get__()方法的值，若為設值，呼叫__set__()（沒有這個方法會丟出 AttributeError），若為刪除屬性，呼叫__delete__()（沒有這個方法會丟出 AttributeError）；如果描述器僅具有__get__()，先進行第 2 步。

2. 在實例的__dict__中尋找是否有相符的屬性名稱。

3. 在產生實例的類別__dict__中尋找是否有相符的屬性名稱。如果不是描述器就直接傳回屬性值。如果是個描述器（此時一定是僅具有__get__()方法），傳回__get__()的值。

4. 如果實例有定義__getattr__()，視__getattr__()如何處理，若沒有定義
__getattr__()，會丟出 AttributeError。

以上的流程可以作個簡單的驗證：

```
>>> class Desc:
...     def __get__(self, instance, owner):
...         print('instance', instance, 'owner', owner)
...     def __set__(self, instance, value):
...         print('instance', instance, 'value', value)
...
>>> class X:
...     x = Desc()
...
>>> x = X()
>>> x.x
instance <__main__.X object at 0x000002708FEDED00> owner <class '__main__.X'>
>>> x.x = 10
instance <__main__.X object at 0x000002708FEDED00> value 10
>>> x.__dict__['x'] = 10
>>> x.x
instance <__main__.X object at 0x000002708FEDED00> owner <class '__main__.X'>
>>> x.__dict__['x']
10
>>> del x.x
Traceback (most recent call last):
  File "<stdin>", line 1, in <module>
AttributeError: __delete__
>>>
```

上面的示範中，只要透過 x 實例直接存取 x 屬性，都會由描述器處理，為
了繞過描述器，故意使用了 x.__dict__['x'] = 10 設值，然而，x.x 時還是被描
述器處理了，之後的 x.__dict__['x']證明，x 實例上確實是有個屬性被設為 10
了。

描述器的最基本協定是具備 __get__()方法，若還具有__set__()或
__delete__()方法或兩者兼具，可稱為資料描述器（Data descriptor），方才
REPL 中示範的，就是資料描述器的行為。

相對地，僅有__get__()方法的描述器，可稱為非資料描述器（Non-data
descriptor）。對於非資料描述器，若實例上有對應的屬性，描述器就不會有動
作。例如：

```
>>> class Desc:
...     def __get__(self, instance, owner):
...         print('instance', instance, 'owner', owner)
```

```
...
>>> class X:
...     x = Desc()
...
>>> x = X()
>>> x.x
instance <__main__.X object at 0x000002708FEDED30> owner <class '__main__.X'>
>>> x.x = 10
>>> x.x
10
>>> del x.x
>>> x.x
instance <__main__.X object at 0x000002708FEDED30> owner <class '__main__.X'>
>>>
```

　　在上面的示範中，一旦 X 的實例被指定 x 屬性值，就看不到描述器有動作了。簡單來說，**資料描述器可以攔截對實例的屬性取得、設定與刪除行為；非資料描述器，是用來攔截透過實例取得類別屬性時的行為。**

　　回顧 5.2.4 的內容，@property 是用來將對實例的屬性存取，轉為呼叫 @property 標註之函式，可想而知的，這是一種資料描述器的行為，我們可以自行模擬類似的功能，例如：

attributes prop_demo.py

```python
from typing import Any, Callable, Type

Getter = Callable[[Any], Any]
Setter = Callable[[Any, Any], None]
Deleter = Callable[[Any], None]

class PropDescriptor:
    def __init__(self,
                 getter: Getter, setter: Setter, deleter: Deleter) -> None:
        self.getter = getter
        self.setter = setter
        self.deleter = deleter

    def __get__(self, instance: Any, owner: Type) -> Any:
        return self.getter(instance)

    def __set__(self, instance: Any, value: Any):
        self.setter(instance, value)

    def __delete__(self, instance: Any):
        self.deleter(instance)

def prop(getter: Getter, setter: Setter, deleter: Deleter) -> PropDescriptor:
```

```
        return PropDescriptor(getter, setter, deleter) ◀━━ ❶ 傳回描述器

class Ball:
    def __init__(self, radius: float) -> None:
        if radius <= 0:
            raise ValueError('必須是正數')
        self.__radius = radius

    def get_radius(self) -> float:
        return self.__radius

    def set_radius(self, radius: float):
        self.__radius = radius

    def del_radius(self):
        del self.__radius

    radius = prop(get_radius, set_radius, del_radius) ◀━━ ❷ 傳入取值、設值等方法
ball = Ball(10)
print(ball.radius)  # 顯示 10
ball.radius = 5
print(ball.radius)  # 顯示 5
```

這個範例的重點在於，將 get_radius、set_radius、del_radius 傳入 prop()❷，它會傳回一個描述器❶，這個描述器被指定為 Ball 類別的 radius，因此，對於實例的 radius 屬性存取，都會透過描述器處理，也就是呼叫傳入的 get_radius、set_radius 或 del_radius 方法來處理。

14.1.2 定義__slots__

若想控制能指定給物件的屬性名稱，可以在定義類別時指定__slots__，這個屬性必須是個字串清單，列出可指定給物件的屬性名稱。例如，若想限制 Some 的實例只能有 a、b 屬性，可以如下：

```
>>> class Some:
...     __slots__ = ['a', 'b']
...
>>> Some.__dict__.keys()
['a', '__module__', 'b', '__slots__', '__doc__']
>>> s = Some()
>>> s.a
Traceback (most recent call last):
  File "<stdin>", line 1, in <module>
AttributeError: a
>>> s.a = 10
```

```
>>> s.a
10
>>> s.b = 20
>>> s.b
20
>>> s.c = 30
Traceback (most recent call last):
  File "<stdin>", line 1, in <module>
AttributeError: 'Some' object has no attribute 'c'
>>>
```

如上所示，雖然在__slots__列出的屬性，就存在於類別的__dict__中，但在指定屬性給實例前，不可以直接存取該屬性，而且只有__slots__列出的屬性，才能被指定給實例。

若類別定義時指定了__slots__，從類別建構出來的實例就不會有__dict__屬性。例如：

```
>>> s = Some()
>>> s.__dict__
Traceback (most recent call last):
  File "<stdin>", line 1, in <module>
AttributeError: 'Some' object has no attribute '__dict__'
>>>
```

可以在__slots__中包括'__dict__'名稱，讓實例擁有__dict__屬性，這麼一來，若指定的屬性名稱不在__slots__的清單中，就會被放到自行指定的__dict__清單，此時若要列出實例的全部屬性，就要同時包括__dict__與__slots__中列出的屬性。例如：

```
>>> class Some:
...     __slots__ = ['a', 'b', '__dict__']
...
>>> s = Some()
>>> s.__dict__
{}
>>> s.a = 10
>>> s.b = 20
>>> s.c = 30
>>> s.__dict__
{'c': 30}
>>> for attr in list(s.__dict__) + s.__slots__:
...     print(attr, getattr(s, attr))
...
c 30
a 10
b 20
```

```
__dict__ {'c': 30)
>>>
```

__slots__中的屬性，Python 會實作為描述器，而描述器具有__get__()方法，以及選擇性的__set__()、__delete__()方法，也就可以如下操作：

```
>>> class Some:
...     __slots__ = ['a', 'b']
...
>>> Some.__dict__.keys()
['a', '__module__', 'b', '__slots__', '__doc__']
>>> s = Some()
>>> Some.__dict__['a'].__set__(s, 10)
>>> Some.__dict__['a'].__get__(s, Some)
10
>>>
```

__slots__屬性最好被作為類別屬性來使用，尤其是在有繼承關係的場合中，父類別定義的__slots__，僅能透過父類別來取得，而子類別的__slots__只能透過子類別來取得。

在尋找實例上可設定的屬性時，基本上會對照父類別與子類別中的__slots__清單；然而，由於定義了__slots__的類別，實例才不會有__dict__屬性，因此若父類別沒有定義__slots__，子類別即使定義了__slots__，以子類別建構出來的實例，仍會具有__dict__屬性：

```
>>> class P:
...     pass
...
>>> class C(P):
...     __slots__ = ['c']
...
>>> o = C()
>>> o.a = 10
>>> o.b = 10
>>> o.c = 10
>>> o.__dict__
{'a': 10, 'b': 10}
>>>
```

反之亦然，如果父類別定義了__slots__，子類別沒有定義自己的__slots__，子類別建構出來的實例也會有__dict__。例如：

```
>>> class P:
...     __slots__ = ['c']
...
```

```
>>> class C(P):
...     pass
...
>>> o = C()
>>> o.a = 10
>>> o.b = 10
>>> o.c = 10
>>> o.__dict__
{'a': 10, 'b': 10}
>>>
```

　　__slots__中的屬性是由描述器來實作，對於一些屬性很少的物件來說，使用__slots__有可能增加一些效能，因為__dict__是字典物件，如果物件建立後僅設定少量屬性，對記憶體空間是種浪費，若使用__slots__的 list 實作屬性的存取，可能對效能有些幫助。

14.1.3 __getattribute__()、__getattr__()、__setattr__()、__delattr__()

　　物件本身可以定義__getattribute__()、__getattr__()、__setattr__()、__delattr__()等方法，以決定存取屬性的行為，這些方法的簽署如下：

```
def __getattribute__(self, name)
def __getattr__(self, name)
def __setattr__(self, name, value)
def __delattr__(self, name)
```

　　__getattribute__()最容易解釋，定義了這個方法，任何屬性的尋找都會被攔截（包含__xxx__內建屬性名稱）。

　　__getattr__()的作用，是作為尋找屬性的最後一個機會。 如果同時定義有__getattribute__()、__getattr__()在尋找屬性時的順序是：

1. 如果有定義__getattribute__()，傳回__getattribute__()的值。

2. 在產生實例的類別__dict__中尋找是否有相符的屬性名稱。如果找到且實際是個資料描述器，傳回__get__()方法的值。如果是個非資料描述器，進行第 3 步。

3. 在實例的__dict__中尋找是否有相符的屬性名稱，如果有則傳回值。

4. 在產生實例的類別__dict__中尋找是否有相符的屬性名稱。如果不是描述器，直接傳回屬性值。如果是個描述器（此時一定只具有__get__()方法），傳回__get__()的值。

5. 如果實例有定義__getattr__()，就視__getattr__()如何處理，若沒有定義__getattr__()，會丟出 AttributeError 。

簡單來說，取得屬性的順序之記憶原則為：**實例的__getattribute__()、資料描述器的__get__()、實例的__dict__、非資料描述器的__get__()、實例的__getattr__()。**

__setattr__()的作用，在於攔截所有對實例的屬性設定。如果對實例有個設定屬性的動作，設定的順序如下：

1. 如果有定義__setattr__()就呼叫，沒有進行下一步。

2. 在產生實例的類別上，看看__dict__是否有相符合的屬性名稱。如果找到且實際是個資料描述器，呼叫描述器的__set__()方法（如果沒有__set__()方法會丟出 AttributeError），如果不是，進行下一步。

3. 在實例的__dict__上設定屬性與值。

簡單來說，設定屬性順序記憶的原則是：**實例的__setattr__()、資料描述器的__set__()、實例的__dict__。**

__delattr__()的作用，在於攔截所有對實例的屬性刪除。如果對實例有個刪除屬性的動作，刪除的順序如下：

1. 如果有定義__delattr__()則呼叫，如果沒有進行下一步。

2. 在產生實例的類別上，看看__dict__是否有相符合的屬性名稱。如果找到且實際是個資料描述器，呼叫描述器的__delete__()方法（如果沒有__delete__()方法會丟出 AttributeError），如果不是資料描述器，進行下一步。

3. 在實例的__dict__上找看看有無相符合的屬性名稱，如果有就刪除，如果沒有會丟出 AttributeError 。

簡單來說，刪除屬性順序記憶的原則是：**實例的__delattr__()、資料描述器的__delete__()、實例的__dict__**。

14.2　裝飾器

到目前為止，你看過不少的標註，像是 @property、@staticmethod、@classmethod、@total_ordering 等，在既有程式碼的適當位置施加標註，就能改變程式碼的行為，這類的標註被稱為裝飾器（Decorator），這一節就來說明一下如何自定義裝飾器。

14.2.1　函式裝飾器

簡單的裝飾器可以使用函式定義，該函式接受函式且傳回函式。 這邊以實際的例子來說明，假設你設計了點餐程式，目前主餐有炸雞，價格為 49 元：

```
def friedchicken():
    return 49.0

print(friedchicken())  # 49.0
```

之後在程式中其他幾個地方都呼叫了 friedchicken()函式，若現在打算增加附餐，以便客戶點主餐時可以搭配附餐，問題在於程式碼該怎麼做？修改 friedchicken()函式？另外增加一個 friedchickenside1()函式？也許你的主餐不只有炸雞，還有漢堡、義大利麵等各式主餐呢！無論是修改各個主餐的相關函式，或者新增各種 xxxxside1()函式，顯然都很麻煩而沒有彈性。

別忘了，Python 的函式是一級值，函式可以接受函式並傳回函式，可以這麼撰寫：

```
from typing import Callable

PriceFunc = Callable[..., float]

def sidedish1(meal: PriceFunc) -> PriceFunc:
    return lambda: meal() + 30

def friedchicken():
    return 49.0
```

```
friedchicken = sidedish1(friedchicken)
print(friedchicken())      # 顯示 79.0
```

　　sidedish1()接受函式物件，其中使用 lamdba 建立一個函式物件，該函式物件執行傳入的函式取得主餐價格，再加上附餐價格，sidedish1()傳回此函式物件給 friedchicken 參考，之後執行的 friedchicken()，就會是主餐加附餐的價格。

　　這只是傳遞函式的一個應用。重點在於，Python 還可以使用以下語法：

decorators burgers.py

```python
from typing import Callable

PriceFunc = Callable[..., float]

def sidedish1(meal: PriceFunc) -> PriceFunc:
    return lambda: meal() + 30

@sidedish1
def friedchicken():
    return 49.0

print(friedchicken())       # 顯示 79.0
```

　　@之後可以接上函式，對於底下的程式碼，若 decorator 是個函式：

```python
@decorator
def func():
    pass
```

　　執行時結果相當於：

```python
func = decorator(func)
```

　　因此方才的範例，使用@sidedish1 這樣的標註方式，讓@sidedish1 像是對 friedchicken()函式加以裝飾，在不改變 friedchicken()的行為下，增加了附餐的行為，這類的函式稱為裝飾器，若必要，也可以進一步堆疊裝飾器：

decorators.burgers2.py

```python
from typing import Callable

PriceFunc = Callable[..., float]

def sidedish1(meal: PriceFunc) -> PriceFunc:
    return lambda: meal() + 30
```

```
def sidedish2(meal: PriceFunc) -> PriceFunc:
    return lambda: meal() + 40

@sidedish1
@sidedish2
def friedchicken():
    return 49.0

print(friedchicken())    # 顯示 119.0
```

最後執行時的函式順序，就是從堆疊最底層開始往上層呼叫，因此就像是以下的結果：

```
def sidedish1(meal: PriceFunc) -> PriceFunc:
    return lambda: meal() + 30

def sidedish2(meal: PriceFunc) -> PriceFunc:
    return lambda: meal() + 40

def friedchicken():
    return 49.0

friedchicken = sidedish1(sidedish2(friedchicken))

print(friedchicken())
```

實際上，**@之後可以是傳回函式的運算式，因此若裝飾器語法需要帶有參數，用來作為裝飾器的函式，必須先以指定的參數執行一次，傳回的函式物件再用來裝飾指定的函式**。例如以下這個帶參數的裝飾器：

```
@deco('param')
def func():
    pass
```

實際上執行時，相當於：

```
func = deco('param')(func)
```

因此若要讓點餐程式更有彈性一些，可以這麼設計：

decorators burgers3.py

```
from typing import Callable

PriceFunc = Callable[..., float]
SideDishDecorator = Callable[[PriceFunc], PriceFunc]

def sidedish(number: int) -> SideDishDecorator:
```

```
    return {
        1 : lambda meal: (lambda: meal() + 30),
        2 : lambda meal: (lambda: meal() + 40),
        3 : lambda meal: (lambda: meal() + 50),
        4 : lambda meal: (lambda: meal() + 60)
    }.get(number, lambda meal: (lambda: meal()))

@sidedish(2)
@sidedish(3)
def friedchicken():
    return 49.0

print(friedchicken()) #  顯示 139.0
```

以上是使用 lamdba 建立函式，設定為 dict 的值，指定的號碼會當成鍵，用來取得對應的函式，若不易理解，以下這個是個較清楚的版本：

```
def sidedish(number: int) -> SideDishDecorator:
    def dish1(meal: PriceFunc) -> PriceFunc:
        return lambda: meal() + 30

    def dish2(meal: PriceFunc) -> PriceFunc:
        return lambda: meal() + 40

    def dish3(meal: PriceFunc) -> PriceFunc:
        return lambda: meal() + 50

    def dish4(meal: PriceFunc) -> PriceFunc:
        return lambda: meal() + 60

    def nodish(meal: PriceFunc) -> PriceFunc:
        return lambda: meal()

    return {
        1 : dish1,
        2 : dish2,
        3 : dish3,
        4 : dish4
    }.get(number, nodish)

@sidedish(2)
@sidedish(3)
def friedchicken():
    return 49.0

print(friedchicken())
```

暫且先回頭看看方才的 burgers.py，如果經過裝飾的 friedchicken()函式本身 print()出來，會顯示什麼呢？

```
@sidedish1
def friedchicken():
    return 49.0

#   <function sidedish1.<locals>.<lambda> at 0x0000027090022F70>
print(friedchicken)
```

喔喔！明明就是 friedchicken，顯示出來卻說它是⋯嗯⋯sidedish1 中的 lambda 函式，這是因為傳回的函式不是原本的函式，就目前這個範例來說，雖然不會有什麼問題，然而，若這是某模組中的函式，被裝飾的過程是私有實作，透過查看函式的資訊，就有可能因曝露相關的實作細節而被誤導。

簡單來說，若希望被裝飾的函式，可以假裝它就是原本的函式，必須修改傳回函式的名稱等相關資訊（像是記錄在__module__、__name__、__doc__ 等之資訊），想達到此目的，捷徑之一是透過 **functools.wraps** 裝飾要傳回的函式：

decorators burgers4.py

```
from typing import Callable
from functools import wraps

PriceFunc = Callable[..., float]

def sidedish1(meal: PriceFunc) -> PriceFunc:
    @wraps(meal)
    def wrapper():
        return meal() + 30
    return wrapper

@sidedish1
def friedchicken():
    return 49.0

# 顯示 79.0
print(friedchicken())

# 顯示 <function friedchicken at 0x00000270900180D0>
print(friedchicken)
```

functools.wraps 會以指定的函式之資訊，對被裝飾的函式進行修改，因此這個範例最後看到的函式名稱，就會是 friedchicken 的字樣。

14.2.2 類別裝飾器

方才看到，簡單的裝飾器可以使用函式定義，既然如此，這個函式可以接受類別嗎？可以的，如果撰寫以下的程式碼：

```
def decorator(cls):
    pass

@decorator
class Some:
    pass
```

程式碼執行的效果相當於：

```
def decorator(cls):
    pass

class Some:
    pass

Some = decorator(Some)
```

若函式接受類別並傳回類別，就可設計為類別裝飾器，用來標註類別，例如，若先前的 `friedchicken()` 函式，因為設計上的考量，打算定義為 `FriedChicken`，若想對 `FriedChicken` 類別裝飾，加上附餐功能，可以設計一個函式如下：

decorators burgers5.py

```
from typing import Type
from functools import wraps

def sidedish1(cls: Type) -> Type:     ◀── ❶ 接受類別
    wrapped_content = cls.content
    wrapped_price = cls.price

    @wraps(wrapped_content)
    def content(self):
        return wrapped_content(self) + ' | 可樂 | 薯條'

    @wraps(wrapped_price)
    def price(self):
        return wrapped_price(self) + 30.0

    cls.content = content
    cls.price = price

    return cls     ◀── ❷ 傳回類別

@sidedish1     ◀── ❸ 類別裝飾器
```

```
class FriedChicken:
    def content(self):
        return "不黑心炸雞"

    def price(self):
        return 49.0

friedchicken = FriedChicken()
print(friedchicken.content())    # 不黑心炸雞 | 可樂 | 薯條
print(friedchicken.price())      # 79.0
```

這個範例的 sidedish1() 函式接受類別 ❶，在函式內部修改了類別的 content() 與 price() 方法，最後原類別被傳回 ❷，如果使用@sidedish1 裝飾 FriedChicken 類別 ❸，在建構類別實例之後，透過實例呼叫 content() 與 price() 方法，都會先呼叫原類別定義之方法，然後加上額外的資訊。

14.2.3　方法裝飾器

除了對函式或類別裝飾，對類別定義的方法裝飾也是可行的。若是實例方法，傳回的函式，第一個參數是用來接受類別的實例。

例如，若要以函式來實作方法裝飾器，一個簡單的例子如下：

```
from functools import wraps
from typing import Callable

Mth = Callable[['Some', int, int], int]

def log(mth: Mth) -> Mth:
    @wraps(mth)
    def wrapper(self, a: int, b: int) -> int:
        print(self, a, b)
        return mth(self, a, b)

    return wrapper

class Some:
    @log
    def doIt(self, a, b):
        return a + b

s = Some()
print(s.doIt(1, 2))
```

粗體字的部份，相當於在類別中定義了：

```
doIt = log(doIt)
```

因為要接受實例，wrapper 的 self 參數不可省略。可以將上例設計的更通用一些，讓@log 裝飾的對象，不限於可接受兩個引數的方法。例如：

decorators method_demo.py

```
from functools import wraps
from typing import Callable

def log(mth: Callable) -> Callable:
    @wraps(mth)
    def wrapper(self, *arg, **kwargs):
        print(self, arg, kwargs)
        return mth(self, *arg, **kwargs)

    return wrapper

class Some:
    @log
    def doIt(self, a, b):
        return a + b

s = Some()
print(s.doIt(1, 2))
```

14.2.4 使用類別實作裝飾器

到目前為止，都是使用函式來實作裝飾器，好處在於實作上比較簡單，然而，在需求變複雜的情況下，像是需要特定協定，以輔助相關操作或資訊之取得，就會需要使用類別來實作。

結合__call__()

若物件定義有__call__()方法，可以如下執行：

```
>>> class Some:
...     def __call__(self, *args):
...         for arg in args:
...             print(arg, end=' ')
...         print()
...
>>> s = Some()
```

```
>>> s(1)
1
>>> s(1, 2)
1 2
>>> s(1, 2, 3)
1 2 3
>>>
```

　　如果物件具有＿＿call＿＿()方法，就可以使用圓括號()來傳入引數，這會呼叫物件的＿＿call＿＿()方法。函式物件就是具備＿＿call＿＿()方法的實際例子。

　　因此，若想用類別定義函式裝飾器，簡單的作法為：

```
class decorator:
    def __init__(self, func):
        self.func = func

    def __call__(self, *args):
        result = self.func(*args)
        # 對 result 作裝飾（傳回）

@decorator
def some(arg):
    pass

some(1)
```

　　執行以上的程式片段，其實相當於：

```
some = decorator(some)
some(1)    # 呼叫 some.__call__(1)
```

　　範例在建構 decorator 實例時指定了 some，而後 decorator 實例成了 some 參考的對象，之後對 some 實例的呼叫，都會轉換為對＿＿call＿＿()方法的呼叫。

　　不過，若最後 some 參考之實例，想偽裝為被裝飾前的函式，必須額外下點功夫。例如：

```
from functools import wraps

class CallableWrapper:
    def __init__(self, func):
        self.func = func

    def __call__(self, *args):
        result = self.func(*args)
        # 對 result 作裝飾（傳回）

def decorator(func):
```

```
        callable_wrapper = CallableWrapper(func)

        @wraps(func)
        def wrapper(arg):
            return callable_wrapper(arg)

        return wrapper

@decorator
def some(arg):
    pass

some(1)
```

wraps 會使用 func 的資訊，修改傳回的 wrapper 函式，而最後呼叫 some(1) 等同於呼叫 wrapper(1)，結果就是 callable_wrapper(1)，最後呼叫了 callable_wrapper.__call__(1)。

例如可以將 burgers5.py 改寫如下：

---

decorators burgers6.py

```
from typing import Callable
from functools import wraps

PriceFunc = Callable[..., float]

class Sidedish1:
    def __init__(self, func: PriceFunc) -> None:
        self.func = func

    def __call__(self):
        return self.func() + 30

def sidedish1(meal: PriceFunc) -> PriceFunc:
    sidedish1 = Sidedish1(meal)

    @wraps(meal)
    def wrapper():
        return sidedish1()

    return wrapper

@sidedish1
def friedchicken():
    return 49.0

print(friedchicken())      #    79.0
```

● 結合 __get__()

　　在方法標註上，如果想實作出 @staticmethod 與 @classmethod 的功能。可以搭配描述器來實作。例如底下這個範例，實作出 @staticmth 模擬了 @staticmethod 的功能：

```
decorators staticmth_demo.py
```

```python
from typing import Any, Type, Callable

class staticmth:     # 定義一個描述器
    def __init__(self, mth: Callable) -> None:
        self.mth = mth

    def __get__(self, instance: Any, owner: Type) -> Callable:
        return self.mth

class Some:
    @staticmth          # 相當於 doIt = staticmth(doIt)
    def doIt(a, b):
        print(a, b)

Some.doIt(1, 2) # 相當於 Some.__dict__['doIt'].__get__(None, Some)(1, 2)

s = Some()
# 以下相當於 Some.__dict__['doIt'].__get__(s, Some)(1)
# 因此以下會 TypeError: doIt() missing 1 required positional argument ..
s.doIt(1)
```

　　staticmth 類別的 __get__() 僅傳回原本 Some.doIt 參考的函式物件，而不會作為實例綁定方法，因此就算是透過實例呼叫了被 @staticmth 裝飾的方法，方法的第一個參數也不會被綁定為實例。

　　如果要實作出 @classmth 模擬 @classmethod 的功能，可以如下：

```
decorators classmth_demo.py
```

```python
from typing import Any, Type, Callable
from functools import wraps

class classmth:
    def __init__(self, mth: Callable) -> None:
        self.mth = mth

    def __get__(self, instance: Any, owner: Type) -> Callable:
        @wraps(self.mth)
        def wrapper(*arg, **kwargs):
```

```
            return self.mth(owner, *arg, **kwargs)

        return wrapper

class Other:
    @classmth      # 相當於 doIt = classmth(doIt)
    def doIt(cls, a, b):
        print(cls, a, b)

Other.doIt(1, 2)   # 相當 Other.__dict__['doIt'].__get__(None, Other)(1, 2)

o = Other()
o.doIt(1, 2)       # 相當 Other.__dict__['doIt'].__get__(o, Other)(1, 2)
```

由於描述器協定中，__get__() 的第三個參數總是接受類別實例，因而可用來指定給原類別的方法作為第一個參數，藉以實作出 @classmethod 的功能。

14.3　Meta 類別

在 6.1.4 時，曾經看過如何定義抽象類別，當時在定義類別時，還指定了 metaclass 為 abc 模組的 ABCMeta 類別，你可以自行定義 meta 類別，這可以用來決定類別本身的建立、初始以及其實例之建立與初始，這一節就來看看它是怎麼辦到的。

14.3.1　認識 type 類別

Python 可以使用類別來定義物件的藍圖，每個物件實例本身都有 __class__ 屬性，參考至實例建構時使用之類別，而類別本身也有 __class__ 屬性，那麼它會參考至什麼？

```
>>> class Some:
...     pass
...
>>> s = Some()
>>> s.__class__
<class '__main__.Some'>
>>> Some.__class__
<class 'type'>
>>>
```

類別的 __class__ 參考至 type 類別，類別也是一個物件，是 type 類別的實例。

　　先前談類別裝飾器時，曾看過類別可以定義__call__()方法，物件本身使用圓括號()來呼叫時，就會呼叫__call__()方法，既然類別是個物件，建構物件實例時是在類別名稱後接上圓括號，那麼試著在類別上呼叫__call__()會如何呢？

```
>>> class Some:
...     def __init__(self):
...         print('__init__')
...
>>> Some()
__init__
<__main__.Some object at 0x000002708FEF1FA0>
>>> Some.__call__()
__init__
<__main__.Some object at 0x000002708FEF1190>
>>>
```

　　透過 Some.__call__()竟然呼叫了 Some 定義的__init__()！這其實是 type 類別定義的行為，每個類別是 type 類別的實例，這樣想的話，就完全符合__call__()方法的行為了。

　　既然每個類別都是 type 類別的實例，那麼有沒有辦法撰寫程式碼，直接使用 type 類別來建構出類別呢？可以！必須先知道的是，使用 type 類別建構類別時，必須指定三個引數，分別是類別名稱（字串）、類別的父類別（tuple）與類別的屬性（dict）。

　　使用 type 類別建立的實例會擁有__call__()方法，假設 type 建立之實例為 Some，如果以 Some(10)呼叫，等同於呼叫 Some.__call__(10)，這會呼叫 Some 的 __init__()方法（如果有定義__new__()方法的話，會在__init__() 前呼叫）。

　　事實上，如果如下定義類別的話：

```
class Some:
    s = 10
    def __init__(self, arg):
        self.arg = arg

    def doSome(self):
        self.arg += 1
```

　　Python 在剖析完類別之後，會建立 s 名稱參考至 10、建立__init__與 doSome 名稱分別參考至各自定義的函式，然後呼叫 type()建立 type 類別的實例，並指定給 Some 名稱，也就是類似於：

```
Some = type('Some', (object,), {'__init__' : __init__, 'doSome' : doSome})
```

在 Python 中，**物件是類別的實例，而類別是 `type` 的實例，如果有方法能介入 `type` 建立實例與初始化的過程，就有辦法改變類別的行為，這就是 meta 類別的基本概念。**

> **注意 >>>** 這與裝飾器的概念不同，要對類別使用裝飾器時，類別本身已經產生，也就是已經產生了 type 實例，然後才去裝飾類別的行為；meta 類別是直接介入 type 建構與初始化類別的過程，時機點並不相同。

14.3.2 指定 `metaclass`

type 本身既然是個類別，那麼可以繼承它嗎？可以的，而且 type 類別的子類別，一樣可以指定類別名稱（字串）、類別的父類別（tuple）與類別的屬性（dict）三個引數，例如：

```
metaclass_demo type_demo.py
from typing import Any, Type, Callable

Bases = tuple[Type]
Attrs = dict[str, Callable]

class SomeMeta(type): # 繼承 type 類別
    def __new__(mcls, clsname: str, bases: Bases, attrs: Attrs) -> Any:
        cls = super(mcls, mcls).__new__(
            mcls, clsname, bases, attrs)
        print('SomeMeta __new__', mcls, clsname, bases, attrs)
        return cls

    def __init__(self, clsname: str, bases: Bases, attrs: Attrs) -> None:
        super(type(self), self).__init__(clsname, bases, attrs)
        print('SomeMeta __init__', self, clsname, bases, attrs)

Some = SomeMeta('Some', (object,), {'doSome' : (lambda self, x: print(x))})

s = Some()
s.doSome(10)
```

在上面的例子中，繼承 type 建立了 SomeMeta，定義了 `__new__()` 與 `__init__()` 方法，`__new__()` 方法傳回的實例，才是 Some 最後會參考的類別，接著 `__init__()` 進行該類別的初始化，執行的結果會是：

```
SomeMeta __new__ <class '__main__.SomeMeta'> Some (<class 'object'>,)
{'doSome': <function <lambda> at 0x00000212D4CDE0D0>}
```

```
SomeMeta __init__ <class '__main__.Some'> Some (<class 'object'>,) {'doSome':
<function <lambda> at 0x00000212D4CDE0D0>}
10
```

在上例中，直接使用 `SomeMeta` 建構類別實例，實際上，可以在使用 `class`
定義類別時，指定 `metaclass` 為 `SomeMeta`：

```
>>> class Other(metaclass = type_demo.SomeMeta):
...     def doOther(self, x):
...         print(x)
...
SomeMeta __new__ <class 'type_demo.SomeMeta'> Other () {'__module__':
'__main__', '__qualname__': 'Other', 'doOther': <function Other.doOther at
0x000001D2213B21F0>}
SomeMeta __init__ <class '__main__.Other'> Other () {'__module__':
'__main__', '__qualname__': 'Other', 'doOther': <function Other.doOther at
0x000001D2213B21F0>}
>>> other = Other()
>>> other.doOther(10)
10
>>>
```

繼承了 `type` 的類別可以作為 `meta` 類別，`metaclass` 是個協定，若指定了
`metaclass` 的類別，Python 在剖析完類別定義後，會使用指定的 `metaclass` 進行
類別的建構與初始化，其作用就像先前的範例。

如果使用 `class` 定義類別時繼承某個父類別，也想指定 `metaclass`，可以如
下：

```
class Other(Parent, metaclass = OtherMeta):
    pass
```

由於 `type` 本身也是個類別，使用類別建立物件時：

```
x = X(arg)
```

實際上相當於：

```
x = X.__call__(arg)
```

`__call__()` 方法預設會呼叫 X 的 `__new__()` 與 `__init__()` 方法，若想改變一個
類別建立實例與初始化的流程，可以在定義 meta 類別時定義 `__call__()` 方法：

metaclass_demo call_demo.py

```
class SomeMeta(type):
    def __call__(cls, *args, **kwargs):
        print('call __new__')
```

```
        instance = cls.__new__(cls, *args, **kwargs)
        print('call __init__')
        cls.__init__(instance, *args, **kwargs)
        return instance

class Some(metaclass = SomeMeta):
    def __new__(cls):
        print('Some __new__')
        return object.__new__(cls)

    def __init__(self):
        print('Some __init__')

s = Some()
```

藉由觀察這個範例的執行結果，有助於瞭解類別被呼叫、建立實例與初始化的過程：

```
call __new__
Some __new__
call __init__
Some __init__
```

基本上，**meta** 類別就是 `type` 的子類別，藉由 `metaclass = MetaClass` 的協定，可在類別定義剖析完後，繞送至指定的 meta 類別。

可以定義 meta 類別的`__new__`()方法，決定類別如何建立；定義 meta 類別的`__init__`()，可以決定類別如何初始；定義 meta 類別的`__call__`()方法，能決定若使用類別來建構物件，該如何進行物件的建立與初始。

一個有趣的事實是，`metaclass` 並不僅僅可指定類別。Python 呼叫指定物件的`__call__`()方法，會傳入物件本身、類別名稱、父類別資訊與特性，函式在呼叫時，也可以透過函式物件的`__call__`()方法：

```
>>> def foo(arg):
...     print(arg)
...
>>> foo(10)
10
>>> foo.__call__(10)
10
>>>
```

知道了這些之後，故意對 metaclass 指定函式的話，基本上是可以執行的：

```
metaclass_demo call_demo2.py
def metafunc(clsname, bases, attrs):
    print(clsname, bases, attrs)
    return type(clsname, bases, attrs)

class Some(metaclass = metafunc):
    def doSome(self):
        print('XD')
```

在上例中，函式的傳回值將作為類別，metafunc 的作用相當於 meta 類別的 __new__() 與 __init__()，以此為出發點，就執行上而言，metaclass 可以指定的對象可以是類別、函式或任何的物件，只要它具有__call__()方法。

不過，既然命名為 metaclass，就表示它應該被指定類別，而不是函式，上面的範例雖然可以執行，然而使用 mypy 檢查時，會發生" Invalid metaclass"的錯誤。

14.3.3　**__abstractmethods__**

在 6.1.4 談過抽象方法的定義，現在應該已經很清楚了，abc 模組的 ABCMeta 類別就是方才談過的 meta 類別，而@abstractmethod 就是 14.2 談過的裝飾器，既然如此，這邊不妨來自行實作出類似的功能。

在了解如何實作之前，必須先知道，**可以定義類別的__abstractmethods__**，**指明某些特性是抽象方法**。例如：

```
>>> class AbstractX:
...     def doSome(self):
...         pass
...     def doOther(self):
...         pass
...
>>> AbstractX.__abstractmethods__ = frozenset({'doSome', 'doOther'})
>>> x = AbstractX()
Traceback (most recent call last):
  File "<stdin>", line 1, in <module>
TypeError: Can't instantiate abstract class AbstractX with abstract methods
doOther, doSome
>>>
```

在類別建立之後可指定__abstractmethods__屬性，__abstractmethods__接受集合物件，集合物件中的字串表明哪些方法是抽象方法，如果一個類別的__abstractmethods__集合物件不為空，那它是個抽象類別，不可以直接實例化。

子類別看不到父類別的__abstractmethods__。例如：

```
>>> class ConcreteX(AbstractX):
...     pass
...
>>> x = ConcreteX()
>>> ConcreteX.__abstractmethods__
Traceback (most recent call last):
  File "<stdin>", line 1, in <module>
AttributeError: __abstractmethods__
>>>
```

子類別若沒有實作父類別的抽象方法，然而也想定義抽象方法，必須定義自己的__abstractmethods__。

了解這些之後，就可以嘗試模仿 ABCMeta 及 abstractmethod()函式：

metaclass_demo myabc.py
```
from typing import Any, Type, Callable

Bases = tuple[Type]
Attrs = dict[str, Callable]

def abstract(func):
    func.__isabstract__ = True # 標示這個函式是個抽象方法
    return func

def absmths(cls, mths):
    cls.__abstractmethods__ = frozenset(mths)

class Abstract(type):
    def __new__(mcls, clsname: str, bases: Bases, attrs: Attrs) -> Any:
        cls = super(mcls, mcls).__new__(mcls, clsname, bases, attrs)

        # 類別上定義的抽象方法
        abstracts = {name for name, value in attrs.items()
                     if getattr(value, "__isabstract__", False)}

        # 從父類別中繼承下來的抽象方法
        for parent in bases:
            for name in getattr(parent, "__abstractmethods__", set()):
                value = getattr(cls, name, None)
                if getattr(value, "__isabstract__", False):
```

```
        abstracts.add(name)

    # 指定給 __abstractmethods__
    absmths(cls, abstracts)

    return cls

class AbstractX(metaclass=Abstract):
    @abstract
    def doSome(self):
        pass

# TypeError: Can't instantiate abstract class AbstractX with abstract methods
doSome
x = AbstractX()
```

在這個範例中，被自訂的@abstract 標註的方法，都會被設定__isabstract__屬性，而在 Abstract 的__new__()中，會將具有__isabstract__屬性的方法收集起來，並指定給類別的__abstractmethods__。

因此，當定義類別時，metaclass 指定了 Abstract，而且使用@abstract 標註了抽象方法，Abstract 就不能直接用來建構實例了，子類別也必須重新定義抽象方法，才能用來建構實例。

14.4　相對匯入

在這一路學習 Python 的過程中，或許你建立了許多的模組，也許也開始應用套件來管理這些模組了，在 2.2 中討論過的模組與套件管理，應該足以應付絕大多數的需求。

不過，也許你寫的模組越來越多了，模組可能會匯入同一套件中其他模組，而套件之中也開始會有子套件了，你也許早就發現，單純使用 2.2 中討論過的模組與套件管理，雖然可以應付需求，但是開始顯得麻煩，不但要小心模組名稱必須避開標準程式庫中的模組名稱，若要匯入其他套件中的模組，老是要打著又臭又長的匯入程式碼。

實際上，到目前為止使用的匯入方式，都是**絕對匯入**（Abstract import），也就是完整指定套件與模組的完整名稱。Python 實際上還支援**相對匯入**（Relative import）。舉個例子來說，如果有個套件結構如下：

```
pkg1/
    __init__.py
    abc.py
    mno.py
    xyz.py
```

若想在 xyz.py 匯入 abc 模組，xyz.py 中不能寫 import abc，因為 Python 3 中這會是絕對匯入，會匯入標準程式庫的 abc 模組，而不是 pkg1 的 abc 模組。

如果想在 xyz.py 匯入 mno 模組，xyz.py 中不能寫 import mno，這會引發 ImportError，指出沒有 mno 這個模組，如果要使用絕對匯入，必須撰寫 import pkg1.mno，若使用相對匯入，可以撰寫 from . import mno。

> **注意** >>> 在 Python 2.7 中，還是可以 import mno，若是在套件之中，這會匯入同一套件中的指定模組，這稱為隱式相對匯入（Implicit relative import），在 Python 3 中已經不能這麼做了，若要匯入同一套件中的模組，必須使用 from . import mno，這稱為顯式相對匯入（Explicit relative import），Python 3 移除了隱式相對匯入的理由很容易理解，畢竟 Python 的哲學是「Explicit is better than implicit」。

如果想使用的 mno 模組的 foo() 函式，使用相對匯入的話，可以撰寫 from .mno import foo 這樣的方式，這麼一來，就可以直接使用 foo() 來呼叫了。

相對匯入的使用，還可以讓套件中的模組在使用時更為方便，例如，在某個程式中，若只是 import pkg1 的話，只會執行 __init__.py 的內容，沒辦法直接使用 pkg1.abc 模組或其他模組，若想使用 pkg1.abc 模組，必須再進行一次 import pkg1.abc 才可以，如果想在 import pkg1 時，就能直接使用 pkg1.abc 模組或套件中其他模組，可以在 pkg1 的 __init__.py 中撰寫：

```
from . import abc
from . import mno
from . import xyz
```

這麼一來的話，只要 import pkg1，就可以撰寫 pkg1.abc、pkg2.mno、pkg1.xyz 來使用模組了，同樣的手法也可應用在套件中還有子套件的情況。例如，若有個套件與模組階層如下：

```
pkg1/
    __init__.py
    abc.py
    mno.py
    xyz.py
```

```
sub_pkg/
    __init__.py
        foo.py
        orz.py
```

如果想要 import pkg1 之後，可以直接使用 pkg1.abc、pkg2.mno、pkg1.xyz 模組，而且還能直接使用 pkg1.sub_pkg.foo、pkg1.sub_pkg.orz 模組，那麼在 pkg1 的 __init__.py 可以撰寫：

```
from . import abc
from . import mno
from . import xyz
from . import sub_pkg
```

而在 pkg1.sub_pkg 的 __init__.py 可以撰寫：

```
from . import foo
from . import orz
```

有一點小小的麻煩是，相對匯入只能用在套件中，如果試圖使用 python 直譯器執行的某個模組中含有相對匯入，會引發 SystemError，例如，若 xyz.py 中撰寫了：

```
from . import mno

def do_demo():
    mno.demo()

if __name__ == '__main__':
    do_demo()
```

直接使用 python xyz.py 執行時，將會有以下的錯誤：

```
raceback (most recent call last):
  File "xyz.py", line 1, in <module>
    from . import mno
SystemError: Parent module '' not loaded, cannot perform relative import
```

14.5　型態提示進階

本書從 4.3 談過型態提示之後，後續在範例中，都適當地加上型態提示，力求在可讀性、型態檢查之間取得平衡，如果你曾認真面對過型態正確性的問題，應該已經體會到，善用型態提示與 mypy 之類的工具帶來的好處。

實際上，Python 的型態提示，已經非常接近靜態定型語言可做到的約束，像是 6.4 曾經簡介過基本的泛型語法，或許你已經早就在使用，也開始遇到泛型上的一些問題需要克服，而這一節，就是為了這類的需求而準備的。

14.5.1 型態邊界

在使用 TypeVar 定義泛型的佔位型態時，可以指定 bound 來定義型態的邊界。例如：

```
from typing import TypeVar, Generic

class Animal:
    pass

class Human(Animal):
    pass

class Toy:
    pass

T = TypeVar('T', bound=Animal)

class Duck(Generic[T]):
    pass

ad = Duck[Animal]()
hd = Duck[Human]()

# error: Value of type variable "T" of "Duck" cannot be "Toy"
td = Duck[Toy]()
```

在上例中，使用 bound 限制指定 T 實際型態時（預設是不限定），必須是 Animal 的子類別，你可以使用 Animal 與 Human 指定 T 實際型態，但是不能使用 Toy，因為 Toy 不是 Animal 的子類別。

應用的場合可以像是，你打算設計一個 orderable_min() 函式，只有實作了 Orderable 協定的物件，才可以呼叫該函式：

```
generics bound_demo.py
from typing import TypeVar
from abc import ABCMeta, abstractmethod

class Orderable(metaclass=ABCMeta):
    @abstractmethod
```

```
    def __lt__(self, other):
        pass

OT = TypeVar('OT', bound=Orderable)

class Ball(Orderable):
    def __init__(self, radius: int) -> None:
        self.radius = radius

    def __lt__(self, other):
        return self.radius < other.radius

def orderable_min(x: OT, y: OT) -> OT:
    return x if x < y else y

ball = orderable_min(Ball(1), Ball(2))
print(ball.radius)
```

在這個例子中，orderable_min()函式可以傳入 Ball 實例，因為 Ball 繼承 Orderable，其他沒有繼承 Orderable 的物件，使用 mypy 進行型態檢查時，會出現錯誤。

14.5.2 共變性

在能夠定義泛型之後，就有可能接觸到共變性（Covariance）的問題，例如定義了以下類別：

```
from typing import TypeVar, Generic, Optional

T = TypeVar('T')

class Node(Generic[T]):
    def __init__(self, value: T, next: Optional['Node[T]']) -> None:
        self.value = value
        self.next = next
```

如果有個 Fruit 類別繼承體系如下：

```
class Fruit:
    pass

class Apple(Fruit):
    def __str__(self):
        return 'Apple'

class Banana(Fruit):
    def __str__(self):
```

```
        return 'Banana'
```

若有以下程式片段，使用 mypy 檢查型態時會發生錯誤：

```
apple = Node(Apple(), None)
```

```
# error: Incompatible types in assignment
# (expression has type "Node[Apple]", variable has type "Node[Fruit]")
fruit: Node[Fruit] = apple
```

在這個片段中，apple 實際上參考了 Node[Apple]實例，而 fruit 型態宣告為 Node[Fruit]，那麼 Node[Apple]是一種 Node[Fruit]嗎？顯然地，從 mypy 的型態檢查錯誤訊息看來並不是！

如果 **B** 是 **A** 的子類別，而 **Node[B]** 可視為一種 **Node[A]**，則稱 **Node** 具有共變性或有彈性的（flexible）。

使用 **TypeVar** 建立的佔位型態預設為不可變的（Nonvariant），然而，可藉由 **covariant** 為 **True** 來支援共變性。

例如，將方才的 T = TypeVar('T')改為 T = TypeVar('T', **covariant=True**)，mypy 檢查時就不會出現錯誤訊息。一個實際應用的例子是：

generics covariance_demo.py

```
from typing import TypeVar, Generic, Optional

T = TypeVar('T', covariant=True)

class Node(Generic[T]):
    def __init__(self, value: T, next: Optional['Node[T]']) -> None:
        self.value = value
        self.next = next

class Fruit:
    pass

class Apple(Fruit):
    def __str__(self):
        return 'Apple'

class Banana(Fruit):
    def __str__(self):
        return 'Banana'

def show(node: Node[Fruit]):
    n: Optional[Node[Fruit]] = node
    while n:
```

```
        print(n.value)
        n = n.next

apple1 = Node(Apple(), None)
apple2 = Node(Apple(), apple1)
apple3 = Node(Apple(), apple2)

banana1 = Node(Banana(), None)
banana2 = Node(Banana(), banana1)
banana3 = Node(Banana(), banana2)

show(apple3)
show(banana3)
```

　　show()函式目的是可以顯示所有的水果節點，如果參數 node 宣告為 Node[Fruit]型態，為了可接受 Node[Apple]、Node[Banana]實例，T 必須是 TypeVar('T', covariant=True)以支援共變性，否則 mypy 檢查時會出現錯誤。

　　在支援共變性的情況下，若使用工具於靜態時期檢查型態正確性時，要留意底下的問題：

```
node: Node[Fruit] = apple1
apple: Apple = node.value

# error: Incompatible types in assignment
# (expression has type "Fruit", variable has type "Apple")
apple: Apple = node.value
```

　　以上程式片段，透過 fruit 的話，靜態時期只會知道 value 參考的物件型態是繼承 Fruit，因此，指定給 Apple 型態的 apple 就靜態時期而言，mypy 視為錯誤，類似的問題也會發生在像是 list 的情況：

```
lt: list[Fruit] = [Apple(), Apple()]
apple: Apple = lt[0]

# error: Incompatible types in assignment
# (expression has type "Fruit", variable has type "Apple")
apple: Apple = lt[0]
```

14.5.3　逆變性

　　繼續前一節的內容，如果 B 是 A 的子類別，如果 Node[A]視為一種 Node[B]，則稱 Node 具有逆變性（Contravariance）。也就是說，如果以下程式碼片段進行型態檢查時沒有發生錯誤，Node 具有逆變性：

```
fruit = Node(Fruit(), None)
node: Node[Banana] = fruit # 若型態檢查通過,表示支援逆變性
```

TypeVar 建立的佔位型態預設為不可變的,然而,**可藉由 contravariant 為 True 來支援逆變性**。T = TypeVar('T', contravariant=True)時,表示 T 也可以是實際型態之父型態,像是上例第二行,T 的實際型態為 Banana,除此之外,也可以是父型態 Fruit。

支援逆變性看似奇怪,可以從實際範例來瞭解,假設你想設計一個籃子,可以指定籃中置放的物品,放置的物品會是同一種類(例如都是一種 Fruit),並有一個 dropinto()方法,可以將籃中物品倒入清單。

```
class Basket(Generic[T]):
    def __init__(self, things: list[T]) -> None:
        self.things = things

    def dropinto(self, lt: list[T]):
        while len(self.things):
            lt.append(self.things.pop())
```

如果是裝 Apple 的籃子,那麼 dropinto()方法的 lt 會是 list[Apple],可以傳入 list[Apple],若是個裝 Banana 的籃子,那麼 dropinto()方法的 lt 會是 list[Banana],可以傳入 list[Banana];若有個需求,希望使用 list[Fruit]來收集全部籃子的水果,然後依重量排序呢?

```
apples = Basket([Apple(25, 150), Apple(20, 100)])
bananas = Basket([Banana(15, 250), Banana(30, 500)])

fruits: list[Fruit] = []
apples.dropinto(fruits)
bananas.dropinto(fruits)

fruits.sort(key=lambda fruit: fruit.weight)
for fruit in fruits:
    print(fruit)
```

這時 apples 的 dropinto()勢必要認為 list[Apple]是一種 list[Fruit],apples 的 dropinto()勢必要認為 list[Banana]是一種 list[Fruit],不過,list(或 Python 3.9 以後被棄用的 typing 的 List)不支援逆變性,因此底下的範例自訂了 Lt 來達到這個需求:

```
generics contravariance_demo.py
```

```python
from typing import TypeVar, Generic, Callable, Any

T = TypeVar('T', contravariant=True)

class Fruit:
    def __init__(self, weight: int, price: int) -> None:
        self.weight = weight
        self.price = price

    def __str__(self):
        return f'({self.weight}, {self.price})'

class Apple(Fruit):
    def __init__(self, weight: int, price: int) -> None:
        super().__init__(weight, price)

    def __str__(self):
        return 'Apple' + super().__str__()

class Banana(Fruit):
    def __init__(self, weight: int, price: int) -> None:
        super().__init__(weight, price)

    def __str__(self):
        return 'Banana' + super().__str__()

class Lt(Generic[T]):
    def __init__(self):
        self.lt = []

    def append(self, elem: T):
        self.lt.append(elem)

    def sort(self, key: Callable[[T], Any]):
        self.lt.sort(key=key)

    def foreach(self, consume: Callable[[T], None]):
        for elem in self.lt:
            consume(elem)


class Basket(Generic[T]):
    def __init__(self, things: list[T]) -> None:
        self.things = things

    def dropinto(self, lt: Lt[T]):
        while len(self.things):
            lt.append(self.things.pop())

apples = Basket([Apple(25, 150), Apple(20, 100)])
bananas = Basket([Banana(15, 250), Banana(30, 500)])
```

```
fruits = Lt[Fruit]()
apples.dropinto(fruits)
bananas.dropinto(fruits)

fruits.sort(key=lambda fruit: fruit.weight)
fruits.foreach(print)
```

使用泛型若開始考量到共變性、逆變性，確實是會增加不少複雜度，在靜態定型語言中，這類複雜度有時難以避免，然而對身為動態定型語言的 Python 而言，泛型是一種選項，要考量的是，如何在型態約束、可讀性與複雜度之間取得平衡。

14.5.4　結構型態

Python 的物件間有許多協定，例如第 9 章談資料結構時，就接觸過 hashable、iterable 等協定，若要在靜態時期檢查物件是否實作了協定，可以透過型態提示，例如 typing 模組的 Hashable、Iterable 等，例如，檢查 Foo 實例是否實現了 __iter__() 協定：

```
from typing import Iterable

class Foo:
    def __iter__(self):
        pass

iterable: Iterable = Foo()
```

Foo 類別並沒有繼承任何類別，單純就是結構上符合了 Iterable 的要求，也就是實現了 __iter__() 方法，像 Iterable 這類的型態，稱為**結構型態**（**Structural type**），既有動態語言鴨子定型的優點，又能進行靜態時期型態檢查，在靜態定型語言中若有實現這類功能，也常稱為靜態時期鴨子定型（Static duck typing）。

問題來了，如果不只是利用 Python 內建的結構型態，而想自定義結構型態呢？Python 3.8 以後 typing 提供了 Protocol，可用來自定義結構型態，例如：

protocols quack_demo.py

```
from typing import Protocol

class Duck(Protocol):
```

```
    def quack(self):
        pass

class Human:
    def quack(self):
        print('我會呱呱叫')

human: Duck = Human()
human.quack()
```

可以繼承 Protocol 來定義結構型態，在上例中，Human 雖然沒有繼承 Duck，然而實現了 quack()方法，符合結構型態 Duck 的要求，可以通過 mypy 的型態檢查；只要是結構型態定義的方法，靜態時期型態檢查時都認為是協定的一部份（即便方法本體並非標示為 pass）。

結構型態本身也是個抽象類別（Protocol 內部實作時 metaclass 指定了 abc.ABCMeta），可以結合 abc 模組的@abstractmethod 來標示抽象方法，若有類別繼承了結構型態，執行時期就會檢查是否實作了抽象方法。

因此，如果想定義一個抽象類別，同時獲得靜態時期與動態時期的檢查能力，也可以透過定義結構型態來達成。例如：

protocols quack_demo2.py

```
from typing import Protocol
from abc import abstractmethod

class Duck(Protocol):
    @abstractmethod
    def quack(self):
        pass

class Donald(Duck):
    def quack(self):
        print('我會呱呱叫')

duck: Duck = Donald()
duck.quack()
```

typing 模組的 Hashable、Iterable 等，也都是結構型態，協定方法也都標示了@abstractmethod，必要時也可以繼承它們，以獲得執行時期檢查的能力。

如果想基於某個已定義的結構型態，擴充新的協定方法，也可以透過多重繼承來達成。例如，基於 typing 的 Sized，增加 close()方法：

```
from typing import Sized, Protocol

class SizedAndClosable(Sized, Protocol):
    def close(self) -> None:
        ...
```

Protocol 支援泛型，若定義結構型態時需要泛型，可以如下：

```
from typing import TypeVar, Iterable, Iterator, Protocol

T = TypeVar('T')

class Iterable(Protocol[T]):
    @abstractmethod
    def __iter__(self) -> Iterator[T]:
        ...
```

提示 >>> 進一步地，型態邊界、共變、逆變等進階泛型的定義，Protocol 也支援；Protocol 也能將屬性作為結構檢查的對象，這在其他語言中比較少見，對更複雜的 Protocol 使用方式有興趣，可以參考 PEP 544[1]。

14.5.5　字面值型態

Python 3.8 新增了字面值型態（Literal type），可以透過 typing 模組的 Literal，為特定的一組字面值定義型態，例如：

```
from typing import Literal

Gene = Literal['A', 'C', 'G', 'T']

g1: Gene = 'A'
g2: Gene = 'B'  # 無法通過型態檢查
```

Gene 型態只有四個值 'A'、'C'、'G'、'T'，如果撰寫 g: Gene = 'A'（或另三個值）可以通過型態檢查，然而 g: Gene = 'B' 會失敗，因為 'B' 不在 Gene 的型態定義。

這特色乍看令人不明就理，其中常見的疑問是：為什麼特定一組值能構成型態？第二個常見疑問是：應用的場合？

---

[1]　PEP 544：www.python.org/dev/peps/pep-0544/

在 Python 3.8 提供字面值型態之前，其實 Python 的 `bool` 型態就是一組字面值構成的型態，`bool` 只有兩個值 `True` 與 `False`，若想檢查變數或者函式的參數只能接受 `True`、`False`，型態提示就要指定 `bool`。

類似地，如果想設計一個函式，參數只能接受特定的一組字面值，可以使用 `Literal` 來定義。例如：

```python
from typing import Literal

def mutate(gene: Literal['A', 'C', 'G', 'T']):
    print(f'mutate {gene}')

mutate('C')
mutate('X')  # 無法通過型態檢查
```

可以看到的是，字面值型態也提供了文件的效果，在閱讀這個範例的程式碼時，可以立即知道 `mutate()` 函式只接受 `'A'`、`'C'`、`'G'`、`'T'` 四個值，而這個效果也是字面值型態與 6.2.3 談過的列舉，在應用上的不同之處。

另一方面，來設想一個情境，開發者已經基於 `'A'`、`'C'`、`'G'`、`'T'` 的值實作了函式本體流程，後來發現有其他開發者會誤傳別的值作為引數，若想透過型態提示結合工具來檢查出這個問題，列舉型態或字面值型態哪個好呢？

透過字面值型態，只要在參數上標註 `g: Gene`，函式本體都不用改；透過列舉的話，函式實作就得更動，例如修改為 `g.name` 來取得列舉名稱之類的；規範字面值型態的 PEP 586[2] 文件說明，其中也是以標準程式庫 `open()` 函式來描述這類應用場景。

定義字面值型態時使用的字面值，可以是整數、位元組（byte）、字串、布林值、列舉值與 `None`，而且不能是運算式的結果。例如以下是合法的字面值型態：

```python
Literal[26]
Literal[0x1A]   # 等同於 Literal[26]
Literal[-4]
Literal['hello world']
Literal[b'hello world']
Literal[True]
```

PEP 586：www.python.org/dev/peps/pep-0586/

```
Literal[Color.RED]   # Color 是列舉型態
Literal[None]
```

字面值型態也可以基於既有的字面值型態來組合，例如：

```
ReadOnlyMode          = Literal['r', 'r+']
WriteAndTruncateMode  = Literal['w', 'w+', 'wt', 'w+t']
WriteNoTruncateMode   = Literal['r+', 'r+t']
AppendMode            = Literal['a', 'a+', 'at', 'a+t']

AllModes = Literal[ReadOnlyMode, WriteAndTruncateMode,
                   WriteNoTruncateMode, AppendMode]
```

上例的結果單純就等同於 `Literal['r', 'r+', 'w', 'w+', 'wt', 'w+t', 'r+',
'r+t', 'a', 'a+', 'at', 'a+t']`，也就是全部展開罷了，類似地，
`Literal[Literal[Literal[1, 2, 3], "foo"], 5, None]` 等同於 `Literal[1, 2, 3,
"foo", 5, None]`，可以看到，某個字面值型態的值成員，不一定要是同一型態。

14.6 重點複習

物件能被稱為描述器，必須擁有 __get__() 方法，以及選擇性的 __set__()、
__delete__() 方法。

資料描述器可以攔截對實例的屬性取得、設定與刪除行為，而非資料描述
器，是用來攔截透過實例取得類別屬性時的行為。

若想控制指定給物件的屬性名稱，可以在定義類別時指定 __slots__，這個
屬性是個字串清單，列出可指定給物件的屬性名稱。__slots__ 屬性最好被作為
類別屬性來使用。

一但定義有 __getattribute__() 方法，任何屬性的尋找都會被攔截，即使是
那些 __xxx__ 的內建屬性名稱。__getattr__() 的作用，是作為尋找屬性的最後一
個機會。

取得屬性的順序之記憶原則為：實例的 __getattribute__()、資料描述器的
__get__()、實例的 __dict__、非資料描述器的 __get__()、實例的 __getattr__()。

設定屬性順序記憶的原則是：實例的 __setattr__()、資料描述器的
__set__()、實例的 __dict__。

　　__delattr__()的作用，在於攔截所有對實例的屬性設定。刪除屬性順序記憶的原則是：實例的__delattr__()、資料描述器的__delete__()、實例的__dict__。

　　簡單的裝飾器可以使用函式，可接受函式且傳回函式。如果裝飾器語法需要帶有參數，用來作為裝飾器的函式，必須先以指定的參數執行一次，傳回一個函式物件再來裝飾指定的函式。

　　除了對函式進行裝飾之外，也可以對類別作裝飾，也就是所謂類別裝飾器。除了使用函式來定義裝飾器之外，也可以使用類別來定義裝飾器。

　　除了直接對函式或類別進行裝飾之外，也可以對類別上定義之方法進行裝飾。可以選擇使用函式或者類別來實作，重點在於，方法的第一個參數總是類別的實例本身。

　　類別的__class__參考至 type 類別，每個類別也是一個物件，是 type 類別的實例。物件是類別的實例，而類別是 type 的實例，如果有方法能介入 type 建立實例與初始化的過程，就有辦法改變類別的行為，這就是 meta 類別的基本概念。

　　meta 類別就是 type 的子類別，藉由 metaclass = MetaClass 的協定，可在類別定義剖析完後，繞送至指定的 meta 類別，可以定義 meta 類別的__new__()方法，決定類別如何建立，定義 meta 類別的__init__()，則可以決定類別如何初始，而定義 meta 類別的__call__()方法，決定若使用類別來建構物件時，該如何進行物件的建立與初始。

　　metaclass 可以指定的對象可以是類別、函式或任何的物件，只要它具有__call__()方法。

　　如果模組與套件管理日趨複雜，善用相對匯入的話，可以在管理上更為方便。

　　Python 的型態提示，在泛型方面，支援型態邊界、共變性與逆變性；Python 3.8 以後，支援結構型態與字面值型態。

14.7 課後練習

實作題

1. 在 6.2.2 曾經看過 `functools.total_ordering` 的使用，請實作一個 `total_ordering()` 函式作為裝飾器，具有 `functools.total_ordering` 的功能。

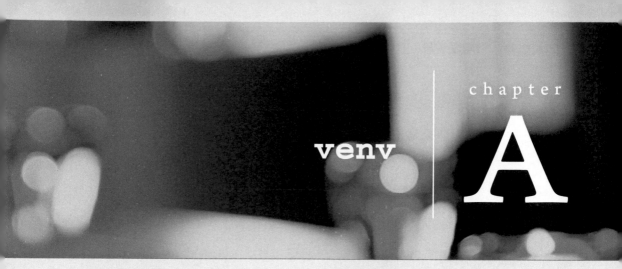

學習目標

- 使用 venv 建立虛擬環境

A.1 建立虛擬環境

Python 的套件多半是直接安裝到預設的系統路徑，例如在 Windows 中安裝 Django 時，`pip` 會將相關檔案存放到 Python 目錄的 Lib\site-packages\django，在初學 Python 的練習過程中，也許會安裝許多套件，若不想都安裝到系統路徑中，或者不具備系統管理者權限，無法安裝到系統路徑，又或者需要在多個套件版本間切換，會希望有個虛擬環境可以使用。

虛擬環境彼此之間互不干擾，可避免搞亂 Python 主要安裝路徑，從 Python 3.4 版本開始，內建了 `venv` 模組，可用來建立虛擬環境。

可以使用 `python -m venv myenv` 來建立虛擬環境，其中 myenv 是自行指定的名稱，這個環境以目錄為單位，因此會產生一個 myenv 目錄，進入該目錄後，可以用 Scripts\activate.bat 啟用虛擬環境，然後在其中用 `pip` 做些安裝，使用 Scripts\deactivate.bat 可以停用虛擬環境。

```
C:\workspace>python -m venv myvenv

C:\workspace>cd myvenv

C:\workspace\myvenv>Scripts\activate.bat
(myvenv) C:\workspace\myvenv>pip install django
Collecting django
  Using cached Django-3.1.1-py3-none-any.whl (7.8 MB)
  …略

(myvenv) C:\workspace\myvenv>Scripts\deactivate.bat
C:\workspace\myvenv>
```

在上面的範例中，Django 會被安裝 myvenv\Lib\site-packages。想使用這個虛擬環境，記得要執行 activate.bat，執行 deactivate.bat 可停用虛擬環境。

虛擬環境的目錄是獨立的，日後若搞亂了、用不著這個環境或看它不爽快，直接砍了也沒關係。

Django 簡介

- 建立 Django 專案
- 建立 App 與模型
- 使用 ORM
- 建立簡易表單

B.1　Django 框架入門

　　Web 應用程式的撰寫是 Python 的一個應用，做為入門 Python，也是個不錯的練習對象，因此在這個附錄中，將稍微談一下，如何使用 Python 來撰寫 Web 應用程式，使用的框架（Framework）是 Django。

B.1.1　Django 起步走

　　這邊會使用 venv 建立一個虛擬環境，並透過 pip 來安裝 Django，指令如下：

```
C:\workspace>python -m venv myvenv

C:\workspace>cd myvenv

C:\workspace\myvenv>Scripts\activate.bat
(myvenv) C:\workspace\myvenv>pip install django
C:\workspace\myvenv>Scripts\activate.bat
(myvenv) C:\workspace\myvenv>pip install django
Collecting django
  Using cached Django-3.1.1-py3-none-any.whl (7.8 MB)
    …略

(myvenv) C:\workspace\myvenv>
```

　　接著執行指令 django-admin startproject mysite 建立了一個 Django 專案 mysite，進入 mysite 目錄並執行 python manage.py runserver 指令後，應該會看到 Django 開發時的簡單伺服器啟動了 …

```
(myvenv) C:\workspace\myvenv>django-admin startproject mysite

(myvenv) C:\workspace\myvenv>cd mysite

(myvenv) C:\workspace\myvenv\mysite>python manage.py runserver
Watching for file changes with StatReloader
Performing system checks...

System check identified no issues (0 silenced).

You have 18 unapplied migration(s). Your project may not work properly until
you apply the migrations for app(s): admin, auth, contenttypes, sessions.
Run 'python manage.py migrate' to apply them.
September 25, 2020 - 09:48:04
Django version 3.1.1, using settings 'mysite.settings'
Starting development server at http://127.0.0.1:8000/
Quit the server with CTRL-BREAK.
```

開啟瀏覽器，瀏覽 http://127.0.0.1:8000/，會看到以下畫面，在命令提示字元中鍵入 Ctrl+C 可以關閉伺服器。

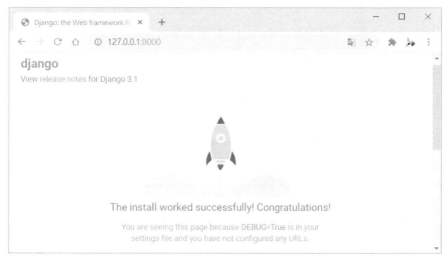

圖 B.1 Django 的簡單伺服器

B.1.2　建立 App 與模型

你已經建立第一個 Django 專案，來看看專案中有哪些東西呢？

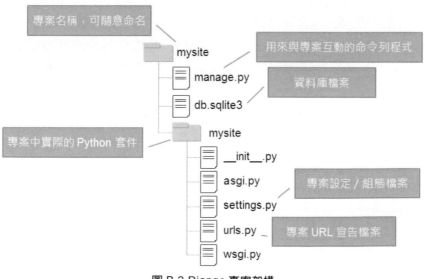

圖 B.2 Django 專案架構

專案資料夾中，有看到 db.sqlite3 資料庫檔案，存放的位置可在 mysite/settings.py 中 DATABASES 的'default'項目中設定，其中'ENGINE'設定為 'django.db.backends.sqlite3'，表示使用 sqlite3，如果想設定其他資料庫系統，可以改為像是'django.db.backends.postgresql'、'django.db.backends.mysql'、 'django.db.backends.oracle'等值；而'NAME'可用來設定資料庫檔案位置，預設值是 BASE_DIR / 'db.sqlite3'，表示儲存在專案目錄之下：

```
...
DATABASES = {
    'default': {
        'ENGINE': 'django.db.backends.sqlite3',
        'NAME': BASE_DIR / 'db.sqlite3',
    }
}
...
```

WSGI（Web Server Gateway Interface）是 Web 伺服器與 Web 應用程式間溝通的協議規範，簡單來說，你可以採用成熟的 Web 伺服器，只要它支援 WSGI，就可以支援 Django 專案，而專案部署的相關資訊是在 wsgi.py 中設定 透過 python manage.py runserver 指令啟動的，就是 Django 內建支援 WSGI 的伺服器。

由於 Python 3.7 以後支援 async、await 等，令非同步程式設計上更為便捷，Django 3.0 以後也正式支援非同步，類似地，支援非同步的 Web 伺服器與 Web 應用程式間，需要有一套針對非同步的溝通規範，也就是 ASGI（Asynchronous Server Gateway Interface），你可以採用成熟的非同步 Web 伺服器，只要它支援 ASGI，就可以支援非同步的 Django 專案，而專案部署的相關資訊是在 asgi.py 中設定，Django 3.x 對非同步的支援是逐步加入，在撰寫本文的這個時間點，Django 3.1 到支援非同步 View 的階段，尚在完善非同步支援的過程。

因為原本的命令提示字元正在執行一個簡單的伺服器，接著你需要啟動另一個命令提示字元，進入虛擬環境，然後執行 python manage.py migrate，就會看到一些建構資料表格的過程，並建立一個預設的驗證系統，如果想使用 Django 預設的後台管理，就會使用到這個驗證系統：

```
(myvenv) C:\workspace\myvenv\mysite>python manage.py migrate
Operations to perform:
  Apply all migrations: admin, auth, contenttypes, sessions
Running migrations:
  Applying contenttypes.0001_initial... OK
```

```
Applying auth.0001 initial... OK
Applying admin.0001_initial... OK
Applying admin.0002_logentry_remove_auto_add... OK
Applying admin.0003_logentry_add_action_flag_choices... OK
Applying contenttypes.0002_remove_content_type_name... OK
Applying auth.0002_alter_permission_name_max_length... OK
Applying auth.0003_alter_user_email_max_length... OK
Applying auth.0004_alter_user_username_opts... OK
Applying auth.0005_alter_user_last_login_null... OK
Applying auth.0006_require_contenttypes_0002... OK
Applying auth.0007_alter_validators_add_error_messages... OK
Applying auth.0008_alter_user_username_max_length... OK
Applying auth.0009_alter_user_last_name_max_length... OK
Applying auth.0010_alter_group_name_max_length... OK
Applying auth.0011_update_proxy_permissions... OK
Applying auth.0012_alter_user_first_name_max_length... OK
Applying sessions.0001_initial... OK

(myvenv) C:\workspace\myvenv\mysite>
```

接下來鍵入指令 `python manage.py startapp polls` 建立一個簡單的 poll app，這是一個用來作問題投票用的簡單 app；然後編輯 polls/models.py 的內容如下：

mysite polls/models.py

```python
from django.db import models

class Question(models.Model):
    question_text = models.CharField(max_length=200)
    pub_date = models.DateTimeField('date published')

    def was_published_recently(self):
        return self.pub_date >= timezone.now() - datetime.timedelta(days=1)

    def __str__(self):
        return self.question_text

class Choice(models.Model):
    question = models.ForeignKey(Question, on_delete=models.CASCADE)
    choice_text = models.CharField(max_length=200)
    votes = models.IntegerField(default=0)

    def __str__(self):
        return self.choice_text
```

　　這建立了兩個資料模型 Question 與 Choice，Question 有 question_text 與 pub_date 兩個欄位，代表想問題描述與發佈日期，was_published_recently()方法用來判斷，這個問題是不是最近一日內新發佈的，__str__()用來傳回 Question 實例的字串說明。Choice 用來記錄投票選項，question 關聯至問題（Question 實例），choice_text 是該問題的選項文字，votes 是投票數。

　　這個 app 剛建立，必須讓目前專案知道有這個 app 的存在，這要在 mysite/settings.py 中設定，找到其中的 INSTALLED_APPS，在最後加入 'polls'：

```
mysite mysite/settings.py
略...
# Application definition

INSTALLED_APPS = [
    'django.contrib.admin',
    'django.contrib.auth',
    'django.contrib.contenttypes',
    'django.contrib.sessions',
    'django.contrib.messages',
    'django.contrib.staticfiles',
    'polls'
]
略...
```

　　接著可以執行 python manage.py makemigrations polls，會看到以下的訊息：

```
(myvenv) C:\workspace\myvenv\mysite> python manage.py makemigrations polls
Migrations for 'polls':
  polls\migrations\0001_initial.py
    - Create model Question
    - Create model Choice

(myvenv) C:\workspace\myvenv\mysite>
```

　　makemigrations 告訴 Django 模型變動了，這會建立一個遷移（migration）檔案，像是方才建立的 0001_initial.py，當中載明了如何對資料庫作出變更，如果想知道接下來會執行哪些 SQL，可以執行 python manage.py sqlmigrate polls 0001 預覽一下：

```
(myvenv) C:\workspace\myvenv\mysite>python manage.py sqlmigrate polls 0001
BEGIN;
--
-- Create model Question
--
```

```
CREATE TABLE "polls_question" ("id" integer NOT NULL PRIMARY KEY
AUTOINCREMENT, "question_text" varchar(200) NOT NULL, "pub_date" datetime NOT
NULL);
--
-- Create model Choice
--
CREATE TABLE "polls_choice" ("id" integer NOT NULL PRIMARY KEY AUTOINCREMENT,
"choice_text" varchar(200) NOT NULL, "votes" integer NOT NULL, "question_id"
integer NOT NULL REFERENCES "polls_question" ("id") DEFERRABLE INITIALLY
DEFERRED);
CREATE INDEX "polls_choice_question_id_c5b4b260" ON "polls_choice"
("question_id");
COMMIT;

(myvenv) C:\workspace\myvenv\mysite>
```

如果沒有問題的話，就執行 python manage.py migrate 完成遷移：

```
(myvenv) C:\workspace\myvenv\mysite>python manage.py migrate
Operations to perform:
  Apply all migrations: admin, auth, contenttypes, polls, sessions
Running migrations:
  Applying polls.0001_initial... OK

(myvenv) C:\workspace\myvenv\mysite>
```

接下來，就可以實際操作方才建立的 Question 與 Choice，相關的操作，都會自動與資料庫互動，像是做出變更或進行查詢。

B.1.3　ORM 操作

方才已經撰寫了模型程式碼，並且利用 Django 的遷移功能，自動建立了資料庫中的相關表格，接下來，我們就來操作模型與資料庫吧！

🔵 查詢全部資料

可以鍵入 python manage.py shell 指令，這會設定 DJANGO_SETTINGS_MODULE 環境變數，以便取用 Django 的 Python 模組，然後進入 Python 互動環境，在當中體驗一些 API 的使用。

```
(myvenv) C:\workspace\myvenv\mysite>python manage.py shell
Python 3.9.0 (tags/v3.9.0:9cf6752, Oct  5 2020, 15:34:40) [MSC v.1927 64 bit
(AMD64)] on win32
Type "help", "copyright", "credits" or "license" for more information.
(InteractiveConsole)
>>> from polls.models import Question, Choice
```

```
>>> Question.objects.all()
<QuerySet []>
>>> Choice.objects.all()
<QuerySet []>
>>>
```

一開始從 polls.models 模組匯入了 Question 與 Choice 類別，若想查詢全部的「問題」或「選項」，可以使用 Question.objects.all() 與 Choice.objects.all()，也就是在類別名稱之後，接著 objects.all()。

可以看到，不用撰寫任何 SQL，Django 會自動轉換對應的 SQL，取得結果然後包裝為物件，無需自行進行物件與關聯式資料庫之間的對應，這樣的技術稱為 ORM（Object-Relational Mapping），對於應用程式快速開發時非常便利，當然，目前「問題」與「選項」都沒有任何資訊，因此傳回空 QuerySet。

資料儲存、欄位查詢與更新

接著在資料庫進行資料的儲存，直接來看看如何儲存「問題」：

```
>>> from django.utils import timezone
>>> q = Question(question_text="What's new?", pub_date=timezone.now())
>>> q.save()
>>> q.id
1
>>> q.question_text
"What's new?"
>>> q.pub_date
datetime.datetime(2020, 9, 25, 2, 39, 18, 962017, tzinfo=<UTC>)
>>> q.question_text = "What's up?"
>>> q.save()
>>> Question.objects.all()
<QuerySet [<Question: What's up?>]>
>>>
```

Question 在儲存時，必須提供時間資訊，因此從 django.utils 模組匯入 timezone，要儲存一個「問題」，只要建立 Question 實例，呼叫 save() 就可以了，至於查詢或更新相關欄位，也只是對屬性做操作。

⬤ 特定條件查詢

　　那麼，如果有多個「問題」，想進行條件過濾呢？可以使用 `filter()`函式，例如：

```
>>> Question.objects.filter(id=1)
<QuerySet [<Question: What's up?>]>
>>> Question.objects.filter(question_text__startswith='What')
<QuerySet [<Question: What's up?>]>
>>> Question.objects.filter(id=2)
<QuerySet []>
>>> Question.objects.filter(question_text__startswith='What')
<QuerySet [<Question: What's up?>]>
>>>
```

　　可以看到，`filter()`函式會以 `list` 傳回符合條件的資料，如果只想取回一筆資料，也可以使用 `get()`，不過，若查詢的條件不存在，`get()`會引發 `DoesNotExist` 的錯誤，例如：

```
>>> Question.objects.get(pub_date__year=timezone.now().year)
<Question: What's up?>
>>> Question.objects.get(id=1)
<Question: What's up?>
>>> Question.objects.get(id=2)
Traceback (most recent call last):
略...
polls.models.Question.DoesNotExist: Question matching query does not exist.
>>> Question.objects.get(pk=1)
<Question: What's up?>
>>>
```

　　在查詢主鍵時，使用 `get(id=1)`或 `get(pk=1)`都可以。

⬤ 建立關聯與刪除資料

　　一個「問題」會有多個「選項」，來看看怎麼建立兩者間的關聯：

```
>>> q = Question.objects.get(pk=1)
>>> q.choice_set.all()
<QuerySet []>
>>> q.choice_set.create(choice_text='Not much', votes=0)
<Choice: Not much>
>>> q.choice_set.create(choice_text='The sky', votes=0)
<Choice: The sky>
>>> c = q.choice_set.create(choice_text='Just hacking again', votes=0)
>>> c.question
<Question: What's up?>
>>> q.choice_set.all()
```

```
<QuerySet [<Choice: Not much>, <Choice: The sky>, <Choice: Just hacking
again>]>
>>> q.choice_set.count()
3
>>> Choice.objects.filter(question__pub_date__year=timezone.now().year)
<QuerySet [<Choice: Not much>, <Choice: The sky>, <Choice: Just hacking
again>]>
>>> c = q.choice_set.filter(choice_text__startswith='Just hacking')
>>> c.delete()
(1, {'polls.Choice': 1})
>>>
```

這些操作都不太需要多做解釋，若想進一步瞭解更多這類操作，可以參考
〈The model layer[1]〉。

B.1.4 撰寫第一個 View

瞭解如何使用 Django 基本的 ORM 操作後，該是來撰寫第一個 View 的時
候了，開啟 polls/views.py，在當中撰寫如下的程式碼：

mysite2 polls/views.py

```
from django.http import HttpResponse

def index(request):
    return HttpResponse('Hello, world. You\'re at the poll index.')

def detail(request, question_id):
    return HttpResponse(
        'You\'re looking at question {id}.'.format(id = question_id))

def results(request, question_id):
    return HttpResponse(
        'You\'re looking at the results of question {id}.'.format(id =
question_id))

def vote(request, question_id):
    return HttpResponse(
        'You\'re voting on question {id}.'.format(id = question_id))
```

這兒的四個函式，將對應至不同的 URL 請求，目前只是簡單的作些字串顯
示。每個函式的第一個參數會是 HttpRequest 實例，封裝了關於請求的相關資

---

[1] Database API reference：docs.djangoproject.com/en/3.1/#the-model-layer

料，有些 URL 請求會帶有 question_id 請求參數，這可以在函式的第二個參數取得請求值。

每個 URL 請求該如何對應至函式，可以在 polls 目錄下建立一個 urls.py 檔案進行定義：

```
mysite2 polls/urls.py
from django.urls import path

from . import views

urlpatterns = [
    # ex: /polls/
    path('', views.index, name='index'),
    # ex: /polls/5/
    path('<int:question_id>/', views.detail, name='detail'),
    # ex: /polls/5/results/
    path('<int:question_id>/results/', views.results, name='results'),
    # ex: /polls/5/vote/
    path('<int:question_id>/vote/', views.vote, name='vote'),
]
```

path()的第一個參數定義了 URL 模式，角括號用來捕捉值，名稱表示處理器函式對應的參數，可以選擇性地加上型態轉換器，例如<int:question_id>將捕捉到的值轉換為 int 後指定給 question_id（如果想使用規則表示式定義 URL 模式，可以使用 django.urls 模組的 re_path()函式），第二個參數表示該對應至哪個函式，第三個參數用來定義這個 URL 模式的名稱，某些地方若要參考這個定義，可以透過名稱來指定參考。

如果仔細看上頭的規則表示式定義，會發現並沒有定義 polls 前置名稱，實際上這是在 mysite 目錄中的 urls.py 定義。例如：

```
mysite2 mysite/urls.py
from django.contrib import admin
from django.urls import include, path

urlpatterns = [
    path('polls/', include('polls.urls')),
    path('admin/', admin.site.urls),
]
```

這個 urls.py 定義了全名的 URL 對應，在上頭可以看到定義了 polls 前置名稱下，接下來的規則是包括在 `polls.urls`，也就是方才在 `polls` 目錄中定義的 urls.py 中。

完成以上定義之後，可以分別用瀏覽器請求不同網址，應該會看到以下結果：

圖 B.3 Django 中第一個 View

B.1.5 使用模版系統

之前在 polls/views.py 撰寫回應結果，不過實際的畫面組織不建議撰寫在這當中，想想看，如果想要 HTML 輸出，那麼直接在 polls/views.py 撰寫 HTML 輸出，程式碼與 HTML 糾結在一起，會是什麼樣的混亂結果。

建議 views.py 中只使用 Python 程式碼來準備畫面中動態的資料部份，但不包括頁面組織以及相關的呈現邏輯。你可以使用 Django 的模版系統，將頁面組織以及相關的呈現邏輯，從 Python 程式碼中抽離出來。

在你的 polls 目錄中建立一個 templates 目錄，Django 會在這個目錄中尋找模版，在 templates 目錄中建立另一個名為 polls 的目錄，並在其中建立一個名為 index.html 的檔案。

也就是說，現在你建立了一個模版檔案 polls/templates/polls/index.html，接著將以下的程式碼放入模版之中：

mysite3 polls/templates/polls/index.html

```
{% if latest_question_list %}
    <ul>
    {% for question in latest_question_list %}
        <li><a
href="/polls/{{ question.id }}/">{{ question.question_text }}</a></li>
    {% endfor %}
    </ul>
{% else %}
    <p>No polls are available.</p>
{% endif %}
```

接著再建立名為 detail.html 的檔案，並撰寫以下的程式碼：

mysite3 polls/templates/polls/detail.html

```
<h1>{{ question.question_text }}</h1>
<ul>
{% for choice in question.choice_set.all %}
    <li>{{ choice.choice_text }}</li>
{% endfor %}
</ul>
```

開啟 polls/views.py，並修改 index() 與 detail() 函式如下，記得 from import 的部份也要一致：

mysite3 polls/views.py

```python
from django.http import HttpResponse
from django.template import loader

from django.http import Http404
from django.shortcuts import render

from .models import Question

def index(request):
    latest_question_list = Question.objects.order_by('-pub_date')[:5]
    template = loader.get_template('polls/index.html')
```

```
    context = {
        'latest_question_list': latest_question_list,
    }
    return HttpResponse(template.render(context, request))

def detail(request, question_id):
    try:
        question = Question.objects.get(pk=question_id)
    except Question.DoesNotExist:
        raise Http404("Question does not exist")
    return render(request, 'polls/detail.html', {'question': question})
```

其他程式碼不變...

其中'latest_question_list'用來設定變數名稱，而 render()函式第二個引數'polls/index.html'用來設定模版檔案名稱。

在使用瀏覽器請求相關網址時，可以看到以下畫面：

圖 B.4 使用模型系統

B.1.6　建立簡易表單

目前模版檔案中，每個URL都有寫死的路徑，實際上，模版中可以使用url()函式，透過名稱空間等的指定，來動態產生 URL。

首先，在目前的 polls/urls.py 檔案中，urlpatterns 前加上 app_name = 'polls'：

```
mysite4 polls/urls.py

from django.urls import path

from . import views

app_name = 'polls'

urlpatterns = [
    # ex: /polls/
    path('', views.index, name='index'),
    # ex: /polls/5/
    path('<int:question_id>/', views.detail, name='detail'),
    # ex: /polls/5/results/
    path('<int:question_id>/results/', views.results, name='results'),
    # ex: /polls/5/vote/
    path('<int:question_id>/vote/', views.vote, name='vote'),
]
```

接下來，就可以在模版使用 url 與名稱空間設定，例如，修改 polls/templates/polls/index.html 模版：

```
mysite4 polls/templates/polls/index.html

{% if latest_question_list %}
    <ul>
    {% for question in latest_question_list %}
        <li><a href="{% url 'polls:detail' question.id %}">
            {{ question.question_text }}</a></li>
    {% endfor %}
    </ul>
{% else %}
    <p>No polls are available.</p>
{% endif %}
```

接著要建立一個簡易表單了，修改 polls/templates/polls/detail.html，如下包括 HTML 的<form>標籤內容：

```
mysite4 polls/templates/polls/detail.html

<h1>{{ question.question_text }}</h1>

{% if error_message %}<p><strong>{{ error_message }}</strong></p>{% endif %}

<form action="{% url 'polls:vote' question.id %}" method="post">
```

```
{% csrf_token %}
{% for choice in question.choice_set.all %}
    <input type="radio" name="choice" id="choice{{ forloop.counter }}"
value="{{ choice.id }}" />
    <label
for="choice{{ forloop.counter }}">{{ choice.choice_text }}</label><br />
{% endfor %}
<input type="submit" value="Vote" />
</form>
```

在 polls/views.py 增加以下內容與修改 results()及 vote()，讓 results()
可根據請求的 question_id 與指定的模版檔案繪製畫面，而 results()用以取得
question_id 更新選項結果：

mysite4 polls/views.py

```
from django.http import HttpResponse, HttpResponseRedirect
from django.template import loader
from django.shortcuts import get_object_or_404, render
from django.urls import reverse
from django.http import Http404
from .models import Choice, Question

# .. 其他程式碼

def results(request, question_id):
    question = get_object_or_404(Question, pk=question_id)
    return render(request, 'polls/results.html', {'question': question})

def vote(request, question_id):
    question = get_object_or_404(Question, pk=question_id)
    try:
        selected_choice = question.choice_set.get(pk=request.POST['choice'])
    except (KeyError, Choice.DoesNotExist):
        return render(request, 'polls/detail.html', {
            'question': question,
            'error_message': "You didn't select a choice.",
        })
    else:
        selected_choice.votes += 1
        selected_choice.save()
        return HttpResponseRedirect(reverse('polls:results',
args=(question.id,)))
```

其中 try..except..else 的部份，如果 try 區塊中沒有任的錯誤發生，會執
行 else 區塊，而 reverse('polls:results', args=(question.id,)) 傳回像是

'polls/3/results/'的字串，也就是當選項設定完成後，直接重新導向至問題的投票結果頁面。

當然，必須建立 polls/templates/polls/results.html 模版檔案：

mysite4 polls/templates/polls/results.html

```
<h1>{{ question.question_text }}</h1>

<ul>
{% for choice in question.choice_set.all %}
    <li>{{ choice.choice_text }} -- {{ choice.votes }}
vote{{ choice.votes|pluralize }}</li>
{% endfor %}
</ul>

<a href="{% url 'polls:detail' question.id %}">Vote again?</a>
```

接著可以試著連結網站，在上頭作些投票，應該能看到以下結果：

圖 B.5 簡易表單

Beautiful Soup、requests 簡介

學習目標

- Beautiful Soup 入門
- requests 入門

C.1　Beautiful Soup 入門

在 11.5 曾經談過 urllib 的使用，示範了如何下載頁面中圖片資源，當時在分析 HTML 頁面中的圖片與 src 時，使用了規則表示式，雖然規則表示式可以用來分析文字，然而若分析對象是必須考量上下文結構的 HTML，使用 Beautiful Soup[1] 可以更輕鬆地完成任務。

C.1.1　Beautiful Soup 起步走

這邊會使用 venv 建立一個虛擬環境，並透過 pip 來安裝 Beautiful Soup，指令如下：

```
C:\workspace>python -m venv myvenv

C:\workspace>cd myvenv

C:\workspace\myvenv>Scripts\activate.bat
(myvenv) C:\workspace\myvenv>pip install beautifulsoup4
Collecting beautifulsoup4
  Downloading beautifulsoup4-4.9.1-py3-none-any.whl (115 kB)
   …略

(myvenv) C:\workspace\myvenv>
```

接著，直接來看看 11.5.2 的 download_imgs.py 範例，使用 Beautiful Soup 改寫的話會是如何：

```
bs_demo download_imgs.py
from urllib.request import urlopen
from bs4 import BeautifulSoup

def save(content, filename):
    with open(filename, 'wb') as dest:
        dest.write(content)

def download(urls):
    for url in urls:
        with urlopen(url) as resp:
            content = resp.read()
            filename = url.split('/')[-1]
```

---

[1]　Beautiful Soup：www.crummy.com/software/BeautifulSoup/bs4/doc/

```
        save(content, filename)
def download_imgs_from(url):
    with urlopen('https://openhome.cc/Gossip') as resp:
        soup = BeautifulSoup(resp.read(), 'html.parser')
        imgs = soup.find_all('img')
        srcs = (img.get('src') for img in imgs)
        download(f'{url}/{src}' for src in srcs)

download_imgs_from('https://openhome.cc/Gossip')
```

Beautiful Soup 4 的起點是 bs4 模組的 BeautifulSoup 類別，在建構類別的實例時，可以指定 HTML 字串與剖析器，若不指定第二個參數，預設會使用標準程式庫的 html.parser 剖析器。

BeautifulSoup 實例的 find_all() 方法，可以指定標籤名稱，find_all() 會傳回 bs4.element.ResultSet 實例，其中包含全部符合的標籤，可以使用 for in 來迭代這個物件，每個被迭代出來的元素是 bs4.element.Tag 實例，這個實例上有 get() 方法，可以指定要取得哪個屬性值。

在上面的範例，只是為了示範每個方法操作的傳回實例為何，實際上，download_imgs_from() 函式，可以撰寫為更簡潔的模式：

```
def download_imgs_from(url):
    with urlopen('https://openhome.cc/Gossip') as resp:
        soup = BeautifulSoup(resp.read(), 'html.parser')
        srcs = (img.get('src') for img in soup.find_all('img'))
        download(f'{url}/{src}' for src in srcs)
```

經常地，抓取 HTML 網頁之後，會想去除 HTML 標籤，單純只想分析文件內容，這可以透過 BeautifulSoup 實例的 get_text() 方法輕鬆完成，例如：

```
from urllib.request import urlopen
from bs4 import BeautifulSoup
with urlopen('https://openhome.cc/Gossip') as resp:
    soup = BeautifulSoup(resp.read().decode('UTF-8'), 'html.parser')
    print(soup.get_text())
```

C.1.2　**find_all() 與 find()**

find_all() 方法可以指定標籤清單，也可以限制抓取的數量。例如：

```
soup.find_all(['img', 'a'], limit = 10)
```

如果只想抓取第一個，可以使用 find() 方法：

```
title = soup.find('title')
print(title)          # 顯示 <title>良葛格學習筆記</title>
print(title.string) # 顯示 良葛格學習筆記
```

在上面可以看到，如果標籤中包含文字，可以使用 string 來取得文字內容，無論是 find() 或是 find_all()，都可以使用 dict 來限制搜尋條件，例如：

```
bold_spans = soup.find_all('span', {'style': 'font-weight: bold;'})
```

甚至可以指定規則表示式，例如找出 https://開頭的鏈結：

```
https_anchors = soup.find_all('a', {'href': re.compile('https://.*')})
```

如果想以標籤中包含的文字來尋找，可以使用 string 參數，引數可以指定文字或規則表示式：

```
anchors = soup.find_all('a', string=re.compile('.*本質部份'))
```

C.1.3 走訪頁面結構

原始的 HTML 頁面在排版上可能很混亂，如果想在 Beautiful Soup 解析頁面之後，以巢狀方式排版 HTML 的各個標籤，可以使用 prettify() 方法。例如：

```
print(soup.prettify())
```

瞭解 HTML 標籤的佈局結構，就可以依結構來走訪標籤。例如，底下顯示 html 標籤中 body 標籤下第一個 div 節點：

```
print(soup.body.div)
```

也不一定要完全遵循 HTML 結構才能取得標籤節點，例如，底下會取得 HTML 中第一個遇到的 div 標籤：

```
print(soup.div)
```

通常不會直接從 HTML 標籤根節點走訪，而是找到某個標籤節點之後，以局部方式走訪，例如，透過 children 來取得直接子節點：

```
for li in soup.find('ul').children:
    print(li)
```

類似地，可以透過 `previous_sibling`、`next_sibling` 來取得最接近的鄰接節點，`previous_siblings`、`next_siblings` 則是全部的鄰接節點，`parent` 可以取得父節點等。

更多 Beautiful Soup 的說明，可以參考〈Beautiful Soup Documentation[2]〉。

C.2　requests 入門

在 11.5 曾經談過 `urllib` 的使用，它能控制許多細節，然而相對地，對於常見的需求，像是 Cookie 等，程式撰寫上就繁瑣許多，若需要更高階的 API 封裝，Python 社群推薦的第三方程式庫是 `requests`[3]，使用上會容易許多。

C.2.1　requests 起步走

這邊會使用 `venv` 建立一個虛擬環境，並透過 `pip` 來安裝 `requests`，指令如下：

```
C:\workspace>python -m venv myvenv

C:\workspace>cd myvenv

C:\workspace\myvenv>Scripts\activate.bat
(myvenv) C:\workspace\myvenv>pip install beautifulsoup4
Collecting requests
  Downloading requests-2.24.0-py2.py3-none-any.whl (61 kB)
   …略

(myvenv) C:\workspace\myvenv>
```

接著，來看看 11.5.2 的第一個 REPL 範例，使用 `requests` 改寫的話會是如何：

```
>>> import requests
>>> resp = requests.get('https://openhome.cc')
>>> print(resp.url)
https://openhome.cc/
>>> print(resp.headers)
```

2
3　Beautiful Soup Documentation：crummy.com/software/BeautifulSoup/bs4/doc/
requests：pypi.org/project/requests/

```
{'Date': 'Mon, 28 Sep 2020 03:31:45 GMT', 'Server': 'Apache', 'Upgrade':
'h2,h2c', 'Connection': 'Upgrade, Keep-Alive', 'Last-Modified': 'Thu, 17 Sep
2020 00:39:26 GMT', …略, 'Content-Type': 'text/html'}
>>> print(resp.status_code)
200
>>> print(resp.text)
<!DOCTYPE html>
<html lang="zh-tw">
  <head>
    <meta content="text/html; charset=utf-8" http-equiv="content-type">
    …略

</script></div>
  </body>
</html>

>>>
```

　　requests.get()函式會發出 GET 請求，預設使用 ISO-8859-1 編碼回應的內容，可以透過回應物件的 encoding 屬性設定回應編碼，例如設定為'UTF-8'：

```
>>> resp = requests.get('https://openhome.cc/Gossip')
>>> resp.encoding = 'UTF-8'
>>> resp.text
'<!DOCTYPE html>\n<html lang="zh-tw">\n  <head>\n    <meta
http-equiv="content-type" content="text/html; charset=utf-8">\n    <meta
name="viewport" content="width=device-width, initial-scale=1.0">\n    <meta
name="description" content="我是一隻弱小的毛毛蟲，想像有天可以成為強壯的挖土機，擁
有挖掘夢想的神奇手套！">\n    <meta property="og:locale" content="zh_TW">\n
<meta property="og:title" content="良葛格學習筆記">\n
…略
, \'pageview\');\n\n</script></div>\n  </body>\n</html>\n'
>>>
```

　　如果請求的對象並非 HTML 頁面，而是圖片之類的其他資源，在請求時必須設定 stream 屬性為 True，之後使用回應物件的 raw 屬性，這是個類似檔案（file-like）的物件，可以透過它的 read()方法讀取資料，例如，C.1.1 的 download_imgs.py，若透過 requests 來改寫的話，會是如下：

requests_demo download_imgs.py

```
from bs4 import BeautifulSoup
import requests

def save(content, filename):
    with open(filename, 'wb') as dest:
        dest.write(content)

def download(urls):
    for url in urls:
```

```
    resp = requests.get(url, stream=True)
    filename = url.split('/')[-1]
    save(resp.raw.read(), filename)

def download_imgs_from(url):
    resp = requests.get(url)
    resp.encoding = 'UTF-8'
    soup = BeautifulSoup(resp.text, 'html.parser')
    imgs = soup.find_all('img')
    srcs = (img.get('src') for img in imgs)
    download(f'{url}/{src}' for src in srcs)

download_imgs_from('https://openhome.cc/Gossip')
```

　　如果 GET 請求時需要附上請求參數，可以透過 dict 實例來組織請求參數，之後指定給 params 參數，例如：

```
import requests

resp = requests.get('https://www.tenlong.com.tw/zh_tw/recent_bestselling',
                    params = {'range': 30, 'page': 2})
resp.encoding = 'UTF-8'
print(resp.text)
```

　　如果請求參數中含有保留字元或者是中文字元，會自動進行 URL 編碼。若想進行 POST 請求，可以透過 requests.post()，請求參數可以透過 dict 實例組織，之後指定給 data 參數。

　　如果要設置請求標頭的話，可以透過 dict 實例來組織標頭，之後指定給 headers 參數，例如：

```
import requests

resp = requests.get('https://www.google.com.tw/search?q=python',
        headers={'User-Agent' : 'Mozilla/5.0 (Windows NT 10.0; Win64; x64)
AppleWebKit/537.36 (KHTML, like Gecko) Chrome/85.0.4183.102 Safari/537.36'})

resp.encoding = 'UTF-8'
print(resp.text)
```

C.2.2　Cookie 與 Session

　　HTTP 是無狀態協定，HTTP 伺服器在請求、回應後，網路連線就中斷，下次請求會發起新連線，也就是說對 HTTP 伺服器來說，不會「記得」這次請求與下一次請求的關係。

　　然而有些功能必須由多次請求來完成，例如，批踢踢實業坊八卦討論版[4]透過瀏覽器首次進入時，會要求點選「我同意，我已年滿十八歲」按鈕，點選後才能繼續閱讀文章，既然對 HTTP 伺服器來說，不會記得這次請求與下一次請求的關係，那它又怎麼記得使用者曾經按點同意呢？

　　基本方式就是在此次請求中，將下次請求時 Web 應用程式應知道的資訊，先回應給瀏覽器，由瀏覽器在後續請求一併發送給 Web 應用程式，也就是由瀏覽器主動告知必要之資訊。

　　Cookie 是在瀏覽器儲存訊息的一種方式，Web 應用程式可以回應瀏覽器 Set-Cookie 標頭，瀏覽器收到這個標頭與數值後，會儲存下來，Cookie 可設定存活期限，在期限內，瀏覽器會使用 Cookie 標頭，自動將 Cookie 發送給 Web 應用程式，Web 應用程式就可以得知一些先前瀏覽器請求的相關訊息。

　　以八卦討論版為例，按下同意後，會發出請求參數 yes=yes，Web 應用程式收到後的回應標頭中，會包含 Set-Cookie: over18=1; Path=/，瀏覽器會以 Cookie 儲存資訊，存活期限是在瀏覽器關閉後就失效，在瀏覽器關閉前，每次對八卦版的請求，請求標頭中都會包含 Cookie: over18=1，Web 應用程式就知道你曾經點選同意，因而傳回八卦版的頁面內容。

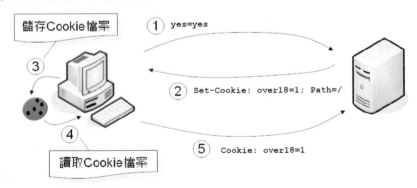

圖 C.1 使用 Cookie

---

[4] 批踢踢實業坊八卦討論版：www.ptt.cc/bbs/Gossiping/index.html

使用 Python 標準模組 urllib，雖然也可以進行 Cookie 相關設置，不過比較麻煩，透過 requests.get() 的話，在最簡單的需求時，只要透過 dict 實例來組織標頭，之後指定給 cookies 參數就可以了。例如：

```
import requests

resp = requests.get('https://www.ptt.cc/bbs/Gossiping/index.html',
                    cookies={'over18': '1'})

resp.encoding = 'UTF-8'
print(resp.text)
```

如果不想自行設置 Cookie，想要 requests 接受 Cookie 後，自動在後續的請求附上 Cookie，可以建立 requests 的 Session 實例，該實例模擬了瀏覽器與 Web 應用程式的對話，若對話期間有相關的 Cookie 設置，Session 實例會自動附在每次的請求中。

例如，想自行發送 yes=yes 請求參數，之後直接瀏覽八卦版的頁面內容，可以如下：

```
import requests

session = requests.Session()

# 同意 18 歲的表單網址是 https://www.ptt.cc/ask/over18
session.post('https://www.ptt.cc/ask/over18', params = {'yes' : 'yes'})

# 之後瀏覽八卦版首頁
resp = session.get('https://www.ptt.cc/bbs/Gossiping/index.html')
resp.encoding = 'UTF-8'
print(resp.text)
```

更多 requests 的說明，可以參考〈Requests: HTTP for Humans[5]〉。

---

[5]　Requests: HTTP for Humans：requests.readthedocs.io/en/master/

Python 3.9 技術手冊

作　　者：林信良
企劃編輯：江佳慧
文字編輯：詹祐甯
設計裝幀：張寶莉
發 行 人：廖文良

發 行 所：碁峰資訊股份有限公司
地　　址：台北市南港區三重路 66 號 7 樓之 6
電　　話：(02)2788-2408
傳　　真：(02)8192-4433
網　　站：www.gotop.com.tw
書　　號：ACL059900
版　　次：2020 年 12 月初版
　　　　　2022 年 12 月初版三刷
建議售價：NT$560

國家圖書館出版品預行編目資料

Python 3.9 技術手冊 / 林信良著. -- 初版. -- 臺北市：碁峰資訊，2020.12
　　面；　公分
　　ISBN 978-986-502-689-9(平裝)
　　1.Python(電腦程式語言)
312.32P97　　　　　　　　　　　　　109019624

讀者服務

● 感謝您購買碁峰圖書，如果您對本書的內容或表達上有不清楚的地方或其他建議，請至碁峰網站：「聯絡我們」\「圖書問題」留下您所購買之書籍及問題。(請註明購買書籍之書號及書名，以及問題頁數，以便能儘快為您處理)
http://www.gotop.com.tw

● 售後服務僅限書籍本身內容，若是軟、硬體問題，請您直接與軟體廠商聯絡。

● 若於購買書籍後發現有破損、缺頁、裝訂錯誤之問題，請直接將書寄回更換，並註明您的姓名、連絡電話及地址，將有專人與您連絡補寄商品。